Strauch
Soziokratie

Soziokratie

Organisationsstrukturen zur Stärkung von Beteiligung und Mitverantwortung des Einzelnen in Unternehmen, Politik und Gesellschaft

von

Barbara Strauch

Mit Illustrationen von Daniel Ornetzeder

2. komplett überarbeitete und erweiterte Auflage

Verlag Franz Vahlen München

Barbara Strauch ist die erste, vom SCN – Sociocratisch Centrum Nederland in Rotterdam zertifizierte deutschsprachige Soziokratie-Expertin. Sie gehört zu den Gründerinnen des Soziokratie Zentrums Österreich, das 2013 als wichtigste Initiative der Soziokratie im deutschsprachigen Raum entstanden ist. 2019 hat sie auch das International Sociocracy Certification Board ISCB und 2020 den Verband deutschsprachiger Soziokratie Zentren mitgegründet.

Abdruck des Zitats aus *Das Prinzip Menschlichkeit* von Joachim Bauer mit freundlicher Genehmigung des Verlags Hoffmann und Campe, Hamburg

Photo Credits:
August Comte: Johan Hendrik Hoffmeister,
http://augustecomte.org/musee/portraits-dauguste-comte/, gemeinfrei,
https://commons.wikimedia.org/w/index.php?curid=65100

Lester Frank Ward: gemeinfrei,
https://commons.wikimedia.org/w/index.php?curid=1052015

Kees Boeke: unbekannter Autor,
Derived from Nationaal Archief 119-0499, demeinfrei,
https://commons.wikimedia.org/w/index.php?curid=46890634

Gerard Endenburg: von Charlieshread, eigenes Werk, CC BY-SA 4.0,
https://commons.wikimedia.org/w/index.php?curid=74018774

ISBN Print: 978 3 8006 6351 4
ISBN E-Book ePDF: 978 3 8006 6352 1
ISBN E-Book ePub: 978 3 8006 6353 8

Satz: Fotosatz Buck
Zweikirchener Str. 7, 84036 Kumhausen
Druck und Bindung: Beltz Grafische Betriebe GmbH
Am Fliegerhorst 8, 99947 Bad Langensalza

Umschlaggestaltung: Ralph Zimmermann – Bureau Parapulie
Bildnachweis: © gorgrigo-depositphotos.com

Gedruckt auf säurefreiem, alterungsbeständigem Papier
(hergestellt aus chlorfrei gebleichtem Zellstoff)

Der Mensch ist (.) nicht für gesellschaftliche Modelle „gemacht“, in denen Kampf und Auslese vorherrschen. Es wird deutlich, dass ein gesellschaftliches Projekt, das Kooperation zur Grundlage und zum Ziel hat, pragmatisch, das heißt in der konkreten Realität unseres gesellschaftlichen Lebens gangbare Strategien erarbeiten und aufzeigen sollte. Was dies in konkreten Feldern unseres Alltags bedeutet, kann nicht „ex cathedra“ verkündet werden, sondern muss – dies wäre bereits ein erster zentraler Aspekt von Kooperation als gesellschaftlichem Projekt – im Rahmen eines Dialogs immer wieder neu erarbeitet werden. Dieser Dialog kann jedoch nicht beliebig sein, sondern muss Kooperation als zentrales Element einer gesellschaftlichen Wertordnung verankern. Eine auf Kooperation aufgebaute Ordnung muss die Freiheit des Einzelnen bewahren, sie muss Kreativität und Produktivität nicht nur zulassen, sondern fördern. Sie muss wirtschaftlich „funktionieren“, das heißt, ihre Ausgaben erwirtschaften. Sie muss Bildung und professionelle Kompetenz fördern, sie muss die Schwachen schützen und unterstützen, gleichzeitig aber über Regeln und Sanktionen verfügen, die sicherstellen, dass Vorzüge, die sich aus kooperativen Strukturen ergeben, gegen Missbrauch und Ausbeutung wirksam geschützt werden. Oberste Maxime muss jedoch sein, dass Kooperation und Menschlichkeit vor maximaler Rentabilität rangieren.

Joachim Bauer

Aus: Joachim Bauer: *Das Prinzip Menschlichkeit.*
Hoffmann und Campe, Hamburg 2008, S. 204f.

Vorwort

Seit der ersten Auflage dieses Buches (2018) sind die Themen „Selbstorganisation" und „agiles Management" im Unternehmenssektor weitgehend angekommen. Alle kennen Scrum oder das Spotify-Modell und versuchen, sich diesen Modellen anzunähern. Die Vorteile sind vielen Führungskräften bewusst, aber nicht immer wird dabei auch über eine neue Verteilung der Macht diskutiert.

Der bekannteste Vorteil in der Zusammenarbeit agiler Teams ist die Zufriedenheit der Mitarbeitenden auf der untersten Ebene. Man hat herausgefunden, warum sie dort zufriedener sind, nämlich weil sie sich selbstorganisieren dürfen und ihre Ausführungsentscheidungen im eigenen Team treffen können. Gerard Endenburg sagt dazu:

> Die Erfahrung hat gezeigt, dass nur durch Mitentscheiden auch Mitverantwortung entsteht.

Es geht um die Verteilung der Macht

Da die Mitverantwortung nicht auf der Teamebene enden darf, diskutiert man in der Soziokratie über die Verteilung der Macht auf allen Ebenen der Organisation. Wo sollte das Mitbestimmen der von Entscheidungen betroffenen Menschen enden und warum sollte es überhaupt irgendwo enden? Gibt es vernünftige Gründe, warum Personen von der Mitentscheidung ausgeschlossen sein sollen, wenn es um die Gestaltung ihrer eigenen Lebens- und Arbeitswelten oder Prozesse zur Erreichung von Zielen geht?

Wie das Teilen der Macht gehen kann, hat Gerard Endenburg bereits 1970 in seinem Unternehmen *Endenburg Elektrotechniek* herausgefunden. Zusammen mit seinen Teammitgliedern im ersten Soziokratie Zentrum in Rotterdam hat er in den darauffolgenden 35 Jahren nach der Entwicklung der vier Basisprinzipien auch die Werkzeuge und Prozesse für deren nachhaltige Umsetzung in unterschiedlichsten Kontexten ausgestaltet und vielfach erprobt.

Als ich 2011 zum ersten Mal nach Amsterdam zu einem globalen Treffen der Soziokratie-Anwender und -Expertinnen reiste, habe ich Gerard Endenburg für seine Entwicklungen einen Strauß weißer Rosen mitgebracht. Noch heute bin ich berührt, wenn ich an diesen Moment denke. Was für ein geniales Regelwerk wurde hier kreiert? Wir haben es für den deutschsprachigen Raum nur wenig angepasst, etwas weiterentwickelt und die Sprache teilweise verändert. Aber im Kern ist es immer noch dieselbe Sache, die nicht weiter „verbessert" zu werden brauchte. Man kann der Soziokratie nach Gerard Endenburg nur etwas wegnehmen – und wird ihre Wirkung damit schmälern. Aber man muss ihr nichts hinzufügen, damit sie funktioniert. Dass es darüber hinaus zur Selbstorganisation in unterschiedlichsten Bereichen auch viele weitere Werkzeuge gibt, ist keine Frage. Die von Endenburg entwickelte *Soziokratische Kreisorganisations-Methode* (SKM) kann mit jeder praktikablen Methodik kombiniert werden. Das zeigen alle Einführungsprozesse, die ich selbst und meine anwachsende Kollegenschaft im deutschsprachigen Raum und weltweit begleitet haben.

Hält man sich an die Prinzipien zur Verteilung der Macht, kann man mit der SKM hohe Zufriedenheit bei allen Beteiligten auf allen Ebenen des Unternehmens erzeugen. Weil die Zusammenarbeit durch die SKM wesentlich konfliktfreier gelingt, können auch Effektivität und Produktivität gesteigert werden.

Mit der 2., vollständig überarbeiteten Auflage dieses Buch möchten wir Lesern zahlreiche Erfahrungen zur Verfügung stellen, um sich ein gutes Bild von den Auswirkungen der Soziokratie bei sachgemäßer Anwendung machen zu können. Sie sollen einen Geschmack davon bekommen, wie die Grundprinzipien der Soziokratie wirken.

Die *Soziokratische KreisorganisationsMethode* (SKM) verändert die Machtverhältnisse in Organisationen. Wenn alle Personen gleichwertig bei der Beschlussfassung sind, entstehen Vertrauen, Kreativität, Respekt, Authentizität und Empathie ganz von selbst. Das entspannt alle Beteiligten, schafft Räume für die Entfaltung jedes und jeder Einzelnen und ermöglicht *Co-creation* – und damit das Entstehen von kollektiver Weisheit. Tausende Organisationen weltweit haben die SKM mittlerweile eingeführt – Vereine, NGOs, Genossenschaften, Schulen, Parteien, Unternehmen. Eine unsachgemäße Anwendung verhindert dagegen nicht nur den Erfolg, sie lässt leider die Methode häufig auch in einem schlechten Licht erscheinen. Wenn Sie bei Ihren ersten Experimenten an Grenzen stoßen, wenden Sie sich an einen oder eine der zahlreichen CSE – Certified Sociocracy Experts, die wir in unseren Soziokratie Zentren in den letzten Jahren ausgebildet haben.

Die Wirksamkeit kreisförmiger Organisationen

In den letzten Jahren weckten „kreisförmige Organisationen" zunehmend auch das Interesse von Wissenschaftlern. Als „kreisförmige Organisationen" (Circular Organizations) bezeichnen die Wissenschaftlerinnen der Wirtschaftsuniversität Wien Organisationen mit doppelter Koppelung und Gleichwertigkeit bei der Entscheidungsfindung. Nur wenn die Macht auch von unten nach oben und nicht ausschließlich von oben nach unten ausgeübt wird, gilt eine Organisation als „kreisförmig". Wirklich „kreisförmige Organisationen" gibt es nach dieser Definition erst, seit Gerard Endenburg die Doppelte Koppelung als Steuerungselement entwickelt hat (→ 3.3 *Drittes Basisprinzip: die Doppelte Koppelung*).

In mehreren Studien konnten die Effekte „kreisförmiger Organisationen" mittlerweile gemessen und die Kriterien für die Reduktion von Konfliktpotenzial und die Steigerung von Produktivität herausgefiltert werden. Die US-amerikanische Professorin für Politikwissenschaft Elinor Ostrom beschäftigt sich schon seit 1990 mit dem Funktionieren gemeinsamer Güter-Verwaltung. Ihre Kriterien zum Gelingen von Allmende-Gütern zeigen genau den Weg auf, den Endenburg auch mit seiner SKM beschrieben hat. Die WU-Wien belegt in einer ausführlichen Studie das Funktionieren kreisförmiger Organisationen, wenn diese Regeln eingehalten werden.

„Ändert man die Strukturen, ändert sich auch das Verhalten."

Diesen Satz hat Annewiek Reijmer, Endenburgs langjährige Mitarbeiterin im SCN, gern zitiert. Er stimmt bis heute. Eine der wichtigsten Verhaltensänderung, die viele Führungskräfte sich von ihren Mitarbeitenden wünschen, ist eine in Richtung mehr Mitverantwortung für das Ganze. Das brauchen wir nicht nur in Organisationen und Unternehmen, Familien und Vereinen, sondern auch für unseren gesamten Planeten.

Denn nur wer mitbestimmen kann, wie wir den Klimawandel stoppen, wird auch Mitverantwortung für die Maßnahmen übernehmen, die wir gemeinsam beschlossen haben. Nur Mitbestimmung erzeugt auch Mitverantwortung.

Mehrheitsentscheidungen sollten der Vergangenheit angehören

Zum Glück gibt es schon heute einige Beispiele, wie in Städten und Gemeinden gemeinsam mit den Bürgerinnen Entscheidungsprozesse aufgebaut sein können, die zu echter Teilhabe an der Macht und damit zu Mitverantwortung bei der Umsetzung führen. Damit das gelingt, müssen sich die aktuellen Muster „Parteipolitik“ und „Mehrheitsprinzip“ verändern. Das geht nicht von heute auf morgen. Es braucht immer einen gewissen Leidensdruck, damit Machthaber im herrschenden System an strukturelle Veränderung denken.

Gerade die COVID-Krise hat gezeigt, dass man mit Polarisierung rasch Widerstände auslöst. Der Versuch, eine von vielen getragene Gesundheitspolitik mithilfe des Parteien-Systems umzusetzen, kann als gescheitert bezeichnet werden. Das dysfunktionale Prinzip hinter diesem Scheitern ist die „Mehrheitsentscheidung“. In der Soziokratie würde man heikle Themen, die beispielsweise die Privatsphäre und Menschenrechte betreffen, nicht „über die Köpfe“ der Betroffenen, sondern nur mit ihnen gemeinsam entscheiden. Erst wenn alle Informationen aller Beteiligten auf dem gemeinsamen Tisch liegen, können die Argumente vorgebracht und von allen gehört werden. Daraus entwickeln dann alle gemeinsam eine Lösung, bei der niemand übergangen wird.

Viele soziokratische Organisationen haben während der COVID-Krise ihren Stellenabbau und viele andere weitreichende Entscheidungen mithilfe von soziokratisch gewählten Krisenstäben mit Konsent beschlossen und sehr kräfteschonend umgesetzt. „Während der Corona-Krise hat sich die Soziokratie bei uns erst so richtig bewährt“, konnte ich in vielen Sozialeinrichtungen und Unternehmen hören. Nicht eine einzige soziokratische Organisation hat meines Wissens das Prinzip „der Konsent regiert“ während der Pandemie verlassen. Die Mitarbeitenden sind vernünftig genug, auch in Krisenzeiten den von ihnen selbst in Offener Wahl gewählten Delegierten bei ihrer Entscheidungsfindung im Krisenstab zu vertrauen. Denn Menschen neigen allgemein dazu, den Vertreterinnen, die sie tatsächlich persönlich wählen können, mehr zu vertrauen als den heutigen „Volksvertretern“, die gewöhnlich nicht von den Bürgerinnen gewählt, sondern von ihrer „Parteispitze“ in führende Positionen berufen werden. Wie Politik auch anders aussehen kann, lesen Sie in den Beispielen im siebten Kapitel dieses Buches.

Den Weg zu effektiver Selbstorganisation vom Individuum bis in die gesamte Gesellschaft hinein hat Endenburg in seinem eigenen Unternehmen konstruiert, erprobt, evaluiert, verbessert, erneut erprobt und weiterentwickelt.

Der SKM-Implementierungsprozess ist ein begleiteter Prozess, bei dem gemeinsam mit der Organisation ein Weg kreiert wird, Selbstorganisation mithilfe von Gleichwertigkeit bei der Beschlussfassung – erzeugt durch die vier Basisprinzipien – individuell und mit den Möglichkeiten der handelnden Personen umzusetzen.

Immer mehr Menschen wünschen sich eine Welt des Miteinander, wo die Diversität von Meinungen genutzt wird, um gemeinsam noch kreativere Lösungen zu entwickeln. Ich freue mich, wenn Sie dieses Buch als Inspiration nutzen können, damit sich auch in

Ihren Lebenswelten mehr und mehr ein stärkendes Miteinander entwickelt und wichtige Dinge gemeinsam vorangebracht werden können.

Barbara Strauch

April 2022

Gender-Regel

In diesem Buch werden die weibliche, die männliche und die indifferente Form immer abwechselnd und synonym verwendet, je nach Textfluss, Sinn und Lesbarkeit. Außer bei namentlich erwähnten Personen sind immer auch die jeweils anderen Geschlechter mitgemeint.

Danksagung

2015, etwa sechs Jahre nachdem ich selbst die SKM – Soziokratische Kreisorganisations-Methode von meinen Vorreitern im SCN – Sociocratisch Centrum Netherland erlernt hatte, war mir klar, dass ich ein Buch für den deutschen Sprachraum schreiben musste, um die Methodik und die Erfahrungen damit zur Verfügung zu stellen. Mein Dank gilt darum als erstem Pieter van der Meché, der 2006 verstärkt die deutsche Sprache erlernt hatte, um die SKM auch in diesen Sprachraum zu bringen. Unterstützt wurde er dabei von Isabell Dierkes, die extra dafür Holländisch gelernt hatte, um bei der Übersetzung der wichtigsten Schriften mitwirken zu können. Vielen Dank dafür!

Christian Rüther konnte dann als Teilnehmer der ersten deutschsprachigen Trainings für das Netzwerk der GFK (Gewaltfreie Kommunikation) die Methode erlernen. Er hat 2008 auf Grundlage von John Bucks Buch „We the people" in seiner Masterarbeit erstmals die SKM auf Deutsch zugänglich gemacht. Ich habe Christian 2009 in der Initiative „Keimblatt Ökodorf" kennengerlernt, wo er geholfen hat, uns soziokratisch zu organisieren. Wir sind heute wirklich gute Freunde, die einen langen gemeinsamen Weg gegangen sind. Danke, Christian!

Nachdem ich 2011 in den deutschsprachigen Anwärterinnen-Kreis bei Pieter van der Meché eingetreten war, um mich zur Soziokratie-Expertin auszubilden, war Florian Bauernfeind auf mich mit der Idee zugegangen, ein Institut zu gründen, um Soziokratie in den deutschsprachigen Raum zu bringen. Wir hatten damals – bereits soziokratisch organisiert – im Netzwerk für gemeinschaftliches Leben zusammengearbeitet. Es hat dazu geführt, dass wir 2013 zusammen mit Katharina Lechthaler und Georg Ortner das Soziokratie Zentrum Österreich gründen konnten. Ich bin voller Dankbarkeit für dieses erste Team. Florian Bauernfeind leitet bis heute das Soziokratie Zentrum Österreich als Geschäftsführer.

2012 konnte ich erstmals mit Annewiek Reijmer zusammenarbeiten, die uns dabei unterstützt hatte, die ersten soziokratischen Statuten zu verfassen. Annewiek hat uns dann bis 2018 mit ihrer Weisheit und Ruhe begleitet. Als langjährige Mitarbeiterin von Gerard Endenburg hat sie die erste Auflage dieses Buches „konsentiert" und als Mitautorin mir die Sicherheit gegeben, dass ich die Methodik richtig verstanden habe. Herzlichen Dank dafür, liebe Annewiek!

Am 9. November 2013, dem Gründungstag für das Soziokratie Zentrum Österreich, waren Gerard Endenburg, Annewiek Reijmer und Pieter van der Meché nach Wien gereist. Vor ihren Augen konnten wir die ersten soziokratischen Organisationen präsentieren. Allen voran das Wohnprojekt Wien mit Katharina Liebenberger und Erich Kolenaty. Auch die spätere Gründerin des SoZe-Schweiz, Suzanne Käser, war schon mit dabei, und Annemarie Schallhart, die mir in der Rolle der Projekt-Leitung geholfen hat, die erste Auflage dieses Buches zu schreiben. Euch – und auch den 80 Teilnehmer*innen unserer Gründungsfeier – gilt meine tiefe Dankbarkeit. Es ist dadurch ein Netzwerk entstanden, das heute noch viele Früchte trägt.

2016 konnten wir, inzwischen ein gewachsenes Team des SoZeÖ, das internationale Jahrestreffen der Soziokratie Community in Wien durchführen. Dabei konnten Annewiek Reijmer und ich die Konferenz-Ausgabe des SOZIOKRATIE-Buches der Öffentlichkeit präsentieren. Auch John Buck aus Washington DC und Gilles Charest aus Kanada waren angereist. Wir hatten auch Dennis Brunotte zu diesem Ereignis eingeladen, der als Lektor beim Verlag Vahlen auf der Suche nach einem Buch über Soziokratie gewesen war. Ich bedanke mich bei Dennis für seine liebevolle Begleitung bei der Weiterentwicklung dieses Buches bis heute. Durch seine Hilfe und Betreuung habe ich mich enorm unterstützt gefühlt.

Während der fünf Jahre mit der TSG – The Sociocracy Group konnte ich auch Jerry Koch-Gonzales sowie Ted Rau, beide Gründer von SoFA – Sociocracy for All, kennenlernen, was sehr bereichernd für mich war. Nachdem wir uns alle drei – Jerry Koch-Gonzales, John Buck und auch ich (zusammen mit dem SoZeÖ) – von TSG getrennt hatten, konnten wir unsere internationale Zusammenarbeit stärken und 2019 das ISCB – International Sociocracy Certification Board gründen. Jerry und ich hatten schon 2015, damals noch im General Circle von TSG, davon geträumt. Ich bin John und Jerry sehr dankbar für die gute Zusammenarbeit im ISCB.

Ich konnte bei der Entstehung dieser 2. Auflage bereits auf zehn Jahre Erfahrung als Begleiterin von Soziokratie-Einführungsprozessen zurückgreifen und hatte viele Gelegenheiten, sie in meiner Rolle als Ausbildungsleitung und Supervisorin mitzuerleben. Es gibt da in jeder Organisation jemand, der oder die federführend die SKM mithilfe professioneller Begleitung sehr fundiert umgesetzt hat. Hier mag ich beispielhaft einige nennen. Allen voran Rita Mayrhofer, die ab 2014 als Elternteil für die KreaMont-Schule in St. Andrä-Wördern den SKM-Einführungsprozess begleitet hat. Mit Rita verbindet mich seither eine intensive Zusammenarbeit in unseren Topkreisen und beim Projekt SONEC.org. Siegfried Vogel hat ab 2016 federführend für die S.I.E – Solutions in Lustenau den Prozess als interner Organisationsentwickler initiiert und umgesetzt. Andreas Artlich war als Chefarzt verantwortlich für die Einführung der SKM in der Kinder- und Jugend-Klinik Ravensburg. Marianne Gugler hat als Mitgründerin der Otelo eGen und Aufsichtsratsmitglied der WOGEN in Wien viel für die Anwendung der SKM in Genossenschaften beigetragen. Christine Brandmeir hatte schon mit der Soziokratie-Berater-Ausbildung begonnen, als sie bei Bioland als Referentin des Präsidenten Jan Plagge eingestellt wurde, um den Einführungsprozess federführend mitzugestalten. Nennen mag ich noch Michaela Moser und Judith Pühringer für die Österreichische Armutskonferenz, Brigitta Buomberger in der Schweiz und Guido Güntert in Salzburg, die beide als Geschäftsführer von Betreuungseinrichtungen Gleichwertigkeit und Selbstorganisation die Türen geöffnet haben. Mein besonderer Dank gilt den Genannten und allen Führungskräften für ihren Mut und ihr Beispiel, Entscheidungen auf Augenhöhe mit den Menschen in ihren Betrieben und Organisationen umgesetzt zu haben.

An dieser Stelle möchte ich auch Daniel Ornetzeder für seine herzliche und konstruktive Art der Zusammenarbeit danken. Er hat alle Illustrationen für die zweite Auflage liebevoll angefertigt.

Ich denke voll Dankbarkeit auch an alle meine Kollegen und Kolleginnen in den inzwischen vier deutschsprachigen Soziokratie Zentren (Wien+Ostösterreich, Schweiz, Augsburg und Bodensee) und im Soziokratie Zentrum Griechenland, die in den letzten Jahren gemäß unserem Motto, „Ein stärkendes Miteinander entwickeln, um gemeinsame Projekte voranzubringen", wertvolle Impulse für eine bessere Welt beigetragen haben. Es gibt inzwischen über 100 diplomierte Gesprächsleiterinnen und -leiter, mehr als 70 interne SKM-Trainerinnen und -Trainer und bald 22 zertifizierte Soziokratie-Berater und Beraterinnen im deutschsprachigen Raum und Griechenland. Diese konnten ihre Ausbildungen mithilfe der Mitwirkenden in den Soziokratie Zentren absolvieren und so die SKM im deutschsprachigen Raum und darüber hinaus Kompetenz verbreiten.

Ein chinesisches Sprichwort sagt:

> Nicht in alle Ewigkeit geht, was wir getan, zugrunde.
> Alles reift zu seiner Zeit und trägt Frucht zu seiner Stunde.

Inhaltsübersicht

Kapitel 1

Eine kurze Geschichte der Soziokratie[1]

Kapitelübersicht

---

1 Dieses Kapitel basiert auf dem gekürzten Kapitel 3 aus „We The People" von John Buck und Sharon Villines, übersetzt von Ute Arneitz und in der deutschen Fassung aktualisiert von Barbara Strauch.

Der Begriff „Soziokratie" wurde zu Beginn des 19. Jahrhunderts vom französischen Philosoph und Soziologen August Comte geprägt und in den späten Jahren desselben Jahrhunderts vom US-amerikanischen Soziologen Lester Frank Ward erwähnt. Jedoch blieb die Soziokratie Theorie, bis der international bekannte Friedensaktivist und Pädagoge Kees Boeke ab 1926 das erste funktionierende soziokratische System entwickelte und in seinem Internat als Organisationsform einführte. Basierend auf den Prinzipien Boekes entwickelte der holländische Ingenieur Gerard Endenburg eine Steuerungsmethode, die sogenannte *Soziokratische KreisorganisationsMethode*, für das von seinem Vater geerbte Unternehmen. Diese war weitreichend verwendbar. Ausgehend vom *Sociocratisch Centrum Nederland SCN*, das Gerard Endenburg 1976 gründete, kam die Soziokratie in den 1980er-Jahren in die USA, nach Südamerika und Canada.

2011 wurde vom SCN unter der Leitung von Annewiek Reijmer *The Sociocracy Group TSG gegründet.* Ab 2016 entstanden neue Organisationen, aufbauend auf den Grundlagen von Gerard Endenburg: SoFA – Sociocracy for All, und der Verband deutschsprachiger Soziokratie Zentren. John Buck (Governance Alive), Jerry Koch-Gonzales (SoFA) und Barbara Strauch (Verband deutschsprachiger Soziokratie Zentren) gründeten 2020 das ISCB – International Sociocracy Certification Board.

August Comte

August Comte (1798 – 1857) wurde in die von der Französischen Revolution verursachten Unruhen hinein geboren. Er ist bekannt für seine Philosophie des Positivismus, die das Transzendente als Wissensbasis ausschließt. „Positives Wissen" bezieht sich auf natürliche, beobachtbare Erscheinungen und nachprüfbare Erfahrungen. Der Positivismus bildete die philosophische Grundlage für die wissenschaftlichen Methoden des 19. Jahrhunderts.

Die industrielle Revolution hatte begonnen, die europäische Gesellschaftsstruktur grundlegend zu verändern. Nach der Entmachtung der Monarchien und der Kirche waren Menschen aus allen Bereichen desillusioniert und es mangelte allen an Zuversicht. Comte forderte eine Lehre, die eine bessere Zukunft für alle Bürger gewährleistet. Er nannte diese neue Wissenschaft *Soziologie* und definierte zusätzlich ein soziales System, die *Soziokratie*, in dem sich alle Mitglieder einer Gesellschaft an ihrer eigenen Regierung beteiligen würden. Menschen sollten zum ersten Mal eine Gelegenheit bekommen, autark und selbstbestimmt agieren zu können – um vollständig ihre essenzielle menschliche Natur zu verwirklichen.

August Comte stellte sich die Soziokratie als eine inklusive Regierung vor, in der alle Interessengruppen mitbeteiligt sind. Doch die zeitgenössischen sozialen Strukturen reflektierend war er nicht fähig, sich diese ohne eine dominante Hierarchie zu denken; seine Gesellschaft sollte von humanistischen Experten zentral regiert werden (Comte, Positive Philosophy, 1853).

Lester Frank Ward

Lester Frank Ward (1843 – 1913), geistiger Vater der Soziologie in Amerika, war ursprünglich Paläontologe und Archäologe sowie Professor an der *Brown University*. Er wurde 1903 erster Präsident des Internationalen Soziologie Institutes und 1906 erster Präsident der Soziologischen Gesellschaft. Er führte die Gedanken Comtes fort, indem er die Soziokratie als eine ideale Gesellschaft erdachte, die von systematischer, wissenschaftlicher Denkweise durchdrungen war und weniger von göttlicher Gesetzmäßigkeit, Vererbung oder politischer Macht.

Ward glaubte an die einzigartigen menschlichen Eigenschaften des Verstandes und des Zweckes, die aus unserer physischen Natur evolviert sind. Sein Blick auf die Soziokratie war weniger auf die Untersuchung der sozialen Strukturen, wie es Comte verfocht gerichtet, sondern auf die Untersuchung außergewöhnlicher Individuen.

Wenn die Gesellschaft vom Willen und Intellekt aller Individuen vereint geleitet würde, dann würde die Gesellschaft die größte je bekannte Kraft sein. Frank Ward meinte, dass das Individuum den Politikern Unterricht erteilen sollte. Im rein spielerischen Milieu der Politik vergessen die Politiker das echte Interesse, den echten Anspruch der Gesellschaft und verlieren das Verständnis für wirkliche Belange. Sie vergessen selbst ihren eigenen besten Anspruch – wenn auch egoistisch, wäre der gemeinsame Wille aller Individuen eine weitaus sicherere Orientierungshilfe für Politiker. Üblicherweise werden diese Belange jedoch nicht beachtet, und Staaten werden allein von Politikern und von gewandten Repräsentanten des Wohlstands gelenkt. In der Soziokratie würde die Gesellschaft auf einem professionellen Weg ohne Angst, ohne Begünstigungen oder Befangenheit, das eigene Wohl verfolgend, nach immer neuen Wegen forschen, und das Gefundene als Chancen zur Verbesserung nutzen. Die Gesellschaft würde also dasselbe wie ein intelligentes Individuum tun. Sie würde über das Individuum hinaus mit allen möglichen Mitteln den eigenen Vorteil suchen (Ward 1902).

Ward schrieb eingehend über Bildung als die wichtigste Antriebskraft in der Entwicklung der Gesellschaft und glaubte, dass ungleiche Verteilung von Wissen für viele, wenn nicht sogar für alle, sozialen Probleme verantwortlich sei.

Kees Boeke: Demokratie – wie sie sein könnte

Die Unzufriedenheit mit der unvollständigen Demokratie, die im frühen 20. Jahrhundert überwog (dieselben Schwachstellen, die Ward der amerikanischen Demokratie vorwarf), und die Krise, die durch den ersten Weltkrieg ausgelöst wurde, bewegte die Soziokratie weg von den Idealen Comtes und Wards hin zu einer praktischen Anwendung. Genau wie Ward, verstand der holländische Friedensaktivist Kees Boeke (1884 – 1966) Bildung als ein erstklassiges Hilfsmittel, um Frieden zu stiften.

1914 besuchte Boeke mit seiner Familie den Libanon und Syrien. Er errichtete Werkstätten, in denen Kinder aller Kulturen und Religionen zusammen lernten, um die eigene und die fremden Kulturen besser zu verstehen. Als der erste Weltkrieg ausbrach, waren die Boekes gezwungen, in die Niederlande zurückzukehren. Mit dem Bemühen, eine neue Gesellschaftsordnung zu errichten, gründete Kees Boeke, zusammen mit anderen, die internationale Bruderschaft *Paco*[2], benannt nach dem Wort für Frieden in Esperanto. 1926 gründete Kees Boeke zusammen mit seiner Frau Beatrice Cadbury ein privates Internat, die *Werkplaats Kindergemeenschap*, eine Gemeinschaftswerkstatt und Schule für Kinder.

Beatrice (Betty) Cadbury stammte aus der großen englischen Schokoladen-Dynastie der Cadburys und sollte eigentlich ein Vermögen erben. Ihre Eltern waren nicht nur Großunternehmer, sondern auch Quäker. Betty bedeutete die christliche Lehre sehr viel. Ihren Wohlstand wollte sie deshalb teilen, seit sie denken konnte. Sie verzichtete schließlich auf ihr Erbe zugunsten der Arbeiter in den Fabriken

In ihrer Schule entwickelten Kees Boeke und Betty Cadbury soziokratische Rahmenbedingungen, um die von ihnen erachteten Werte, die in eine friedliche Gesellschaft führen und eine natürliche Entwicklung der Menschen erlauben, zu implementieren.

Schon 1933 wurden jüdische Jugendliche von ihren Familien sicherheitshalber von Deutschland nach Großbritannien oder die Niederlande geschickt. Einige waren in einem Haus in Bilthoven untergebracht. Als Kees Boeke bekannt wurde, dass die Jugendlichen keine Schule besuchten, richtete er einen speziellen Unterrichtsraum ein.

Als Kees Boeke von den Nationalsozialisten verhaftet wurde, trug er in seiner Tasche das Manuskript *Keine Diktatur.* Im Mai 1945, dem Monat, in dem die Kanadier die Niederlande befreiten, wurde dieses Manuskript unter dem Titel *Soziokratie: Demokratie – wie sie sein könnte* (Boeke, 1945, → Kapitel 7.1) veröffentlicht.

Das Interesse Boekes an der Soziokratie bestand in der Erforschung jener Art und Weise menschlicher Zusammenarbeit, die Gleichwertigkeit und Integrität jeder Person bewahrt. Er malte sich eine soziokratische Gesellschaft als „eine wahre Gemeinschaftsdemokratie aus, eine Organisation der Gemeinschaft durch die Gemeinschaft selbst". In seiner Schule entwickelte er eine selbst verwaltete Gemeinschaft mit fast 400 Schülern und Lehrern, von Lernenden und Lehrenden.

Kees Boeke war im *International Center for Progressive Schools (ICPS)* engagiert, und seine eigene Schule war international bekannt für ihre fortschrittliche Organisation. Nach dem Ende des Zweiten Weltkriegs wurde die *Werkplaats Kindergemeenschap* auch von drei Kindern der Königlichen Familie besucht. Königin Juliana, die in den Niederlanden von 1948 bis 1980 regierte, meinte, dass ihre Kinder mit anderen Kindern leben und lernen sollten.

Die erste Anwendung der Soziokratie

Boeke begann in seiner Schule ab 1926, das System der *Gesellschaft der Freunde* (deutsche Bezeichnung für „Quäker") zu adaptieren.

---

[2] Unter dem Namen „PACO" wurde 1921 in Bilthoven die Bewegung WRI –War Resisters' International, die Internationale der Kriegsdienstgegner/innen, gegründet.

Es gibt drei Grundregeln, die diesem System zugrunde liegen.

1. Die Belange aller Mitglieder müssen berücksichtigt werden, das bedeutet die Verneigung des Individuums vor den Interessen aller.
2. Es müssen Lösungen gesucht werden, die jeder akzeptieren kann. Andernfalls kann keine Handlung gesetzt und nicht zur Tat geschritten werden.
3. Alle Mitglieder müssen bereit sein, den Anweisungen zu folgen, wenn sie einstimmig beschlossen wurden.

Nach Boeke muss man nur diese Grundregeln beachten, um für eine gute Nachbarschaft zu sorgen: „Wo Liebe ist, wird eine Atmosphäre sein, in der echte Harmonie möglich wird." In einem soziokratischen System, in dem „Einverständnis erreicht werden muss, aktiviert dies eine gemeinsame Suche, die die ganze Gruppe näher zueinander bringt". Anstelle des erwarteten Stillstands und fehlenden Fortschritts, den man in dieser Situation erwarten könnte, fand Boeke, gegenseitiges Vertrauen und ein Verlangen, im Sinne der Gruppeninteressen zu handeln, „führt unausweichlich zum Fortschritt". (Boeke 1945)

Er betonte, dass viele Gruppen in dieser Art und Weise funktionieren und lieber gemeinsam entscheiden, als Stimmen zu zählen. Stimmt eine Gruppe mehrheitlich ab, dann ist es ein Indikator dafür, dass die Gruppe nicht gut funktioniert.

Kees Boeke hatte persönlich an vielen Quäker-Treffen mit über tausend Personen teilgenommen, die funktionierten, indem sie die Übereinkünfte gemeinsam erreichten. Soziokratie, genau wie die Tradition der Treffen der Quäker, muss erlernt werden.- Jedoch glaubte Boeke, die Quäker hätten bewiesen, dass dies zu schaffen sei: „Wir sollten fähig sein, diese Kunst zu erlernen und eine Tradition erlangen, die es ermöglicht, mit schwierigeren Fragen umzugehen." Dieser Prozess wurde in seiner Schule formalisiert. Es wurden „Talkovers" als wöchentliche Meetings durchgeführt, in denen Lehrer und Schüler, Lehrende und Lernende gleichwertig agierten.

Gerard Endenburg

Gerard Endenburg (geb. 1933) war die erste Person, die ein Regelwerk definierte, das der Soziokratie erlaubte, außerhalb von religiösen oder anderen heterogenen Gemeinschaften angewendet zu werden. Endenburg war Schüler bei Kees Boeke in der *Werkplaats Kindergemeenschap* zwischen 1939 und 1946. Aber anders als die Gesellschaftstheoretiker Comte, Ward oder Boeke war Endenburg ein Erfinder, Ingenieur und Unternehmer. Seine Interessen galten der praktischen Anwendung, Dinge machbar und funktionstüchtiger zu machen. Da seine Ausbildung eine naturwissenschaftliche war und nicht eine sozialwissenschaftliche, war Endenburg fähig, die Organisationsstrukturen und die soziale Interaktion von einer komplett anderen Perspektive zu analysieren – physikalisch und mathematisch.

Gerard Endenburg war der Sohn der politischen Aktivisten Anna und Gerardus Endenburg. Seine Mutter war darüber hinaus eine bekannte Schauspielerin, die immer wieder flammende Reden für radikale Reformen in den Niederlanden hielt. Nach dem

Zweiten Weltkrieg entschieden sich die Endenburgs – sehr zum Missfallen ihrer sozialistischen Freunde –, ein eigenes Unternehmen *Endenburg Elektrotechniek* zu gründen; das sei der einzige Weg zu testen, ob ihre egalitären Prinzipien solide und ökonomisch existenzfähig wären.

Kybernetik und analoges Denken

Gerard Endenburg beendete 1946 seine Schullaufbahn bei Kees Boeke und besuchte im Anschluss ein technisches College mit einem Ausbildner, der autokratisch über die Klasse herrschte. Die Studenten bildeten keine kollegialen Gruppen, einige waren sogar Schikaneure. Endenburg passte sich schnell dieser Situation an. Boeke hatte ihn gelehrt, dass das Verhalten von den vorherrschenden Sozialstrukturen geformt wird.

Endenburg fühlte sich von den Ingenieurswissenschaften angezogen. Im Studium konzentrierte er sich auf Elektrotechnik. Danach unterwies er Radartechniker unter anderem in der Kybernetik, der jungen Wissenschaft von der Steuerung und Regelung von Maschinen, lebenden Organismen und sozialen Organisationen, welche während des Zweiten Weltkriegs bei der Arbeit an Flugabwehrraketen entwickelt wurde. Nach dem Militärdienst arbeitete Gerard Endenburg für *Philips Electronics*. Dort erfand er den flachen Lautsprecher, der noch heute in Funkgeräten und anderen elektronischen Handgeräten wie Mobiltelefonen eingesetzt wird.

Endenburgs Vater unterbrach Gerards Karriere bei Philips, indem er ihn herausforderte, seine Führungsqualitäten zu testen. Der Vater hatte neben der eigenen Firma einen kleinen erfolglosen Betrieb gekauft und schlug Gerard vor, zu versuchen, den Verlust in Gewinn umzuwandeln, was ihm auch innerhalb eines Jahres gelang. Die Firma fusionierte danach mit *Endenburg Electrotechniek*. Ermutigt von Kees Boeke und durch Freunde herausgefordert seine Kenntnisse über die Kybernetik auch im Management anzuwenden, wurde Gerard Endenburg 1968 Geschäftsführer der *Endenburg Electrotechniek*. Der Wunsch seiner Eltern war, das Unternehmen als lebendige Forschungsstätte für neue Ideen in der Unternehmensführung weiterzuführen.

Von 1968 bis 1970 konzentrierte sich Endenburg darauf, die Unternehmensführung zu analysieren. Das Management ist im Wesentlichen die Kunst, die Aufgaben und Arbeitsabläufe der Menschen zu organisieren – analog dem Weg, wie ein Ingenieur den Strom und das Material organisiert. Das Ziel ist in jedem Fall das möglichst stärkste und leistungsfähigste System. Er beobachtete, dass die Technikwissenschaften und die Wissenschaft der Unternehmensführung ähnliche Begriffe benutzten, die er aber im technischen Kontext präzise definieren konnte, jedoch in der Führung von Menschen nicht so genau zu bestimmen waren, wie Energie, Spannung, Toleranz, Abweichung, Belastungsgrenze, Korrektur, Messung, Widerstand, Kapazität, Belastung, Dynamik, Systeme, Kreislauf, etc.

> „Niemand kann diese Begriffe im Bereich der menschlichen Systeme festlegen. Nun, wie kann irgendwer effektiv managen?“ Gab es hier die Möglichkeit in Analogien zu denken? „Ich weiß, wie ich die Energie in mechanischen und elektrischen Systemen lenke“, überlegte er. „Wie kann ich Energie in menschlichen Systemen lenken?“ (Buck, 2003)

Die Theorie der Kybernetik war elementar für seine Arbeit, insbesondere die Erkenntnisse des amerikanischen Mathematikers Norbert Wiener (1894 – 1964), der den Begriff der „Kybernetik" in seinem Buch *„Kybernetik. Regelung und Nachrichtenübertragung im Lebewesen und in der Maschine"* (1948) geprägt hat. Es war die Kybernetik, die Endenburg lehrte, in Analogien zu denken. Endenburgs Fähigkeit zu analogem Denken war ein wesentlicher Schlüssel zur Entwicklung einer allgemeingültigen und praktikablen Anwendung der soziokratischen Theorie.

Systemdenken

In Gerard Endenburgs Konstruktion der soziokratischen Organisation spiegelt sich auch die Arbeit der Systemdenker, einschließlich Kenneth Boulding, John Forbes Nash und Ilya Prigogine. Der britisch-amerikanische Wirtschaftswissenschaftler Kenneth Boulding (1910 – 1993) untersuchte die ethischen Auswirkungen großer Organisationen und menschliches ökonomisches Verhalten als Teil des umfangreicheren vernetzten Sozialsystems. Wie Comte und Boeke schon hervorgehoben hatten, fand auch Boulding, dass man, um Verhalten verstehen zu können, das allgemeine System, in dem es existiert, verstehen müsse. Wenn wir Verhalten ändern wollen, müssen wir das System verändern. Die Systemtheorie war das erste theoretische Modell, das menschliches Verhalten als Teil eines offenen Systems verstand, das heißt, es ist beeinflusst von der Umwelt, in welcher es existiert.

In einem offenen System von vernetzten Teilen können kleine Ereignisse große Veränderungen verursachen, und eine Veränderung in einem Bereich kann sich auf einen anderen Bereich auswirken. Ein System ist ein dynamisches und komplexes Ganzes, das wie eine strukturell-funktionale Einheit interagiert. Es kann aus nach Ausgleich strebenden Teilen zusammengestellt sein, aber es kann ebenso Chaos aufweisen oder exponentiell wachsen oder zerfallen.

Entscheiden im Konsent

Wie können die Arbeitnehmer, das Management und die Investoren gemeinsam Beschlüsse fassen, ohne den Prozess der Beschlussfassung zu lähmen? Konsens, wie Boeke es in seinen Schulen anwendete, und die einmütigen Beschlüsse, wie Quäker sie gebrauchen, gingen von langjährigem Lernen, gleicher Denkweise und gemeinsamen Werten aus. In einem Unternehmen benötigen viele Entscheidungen schnelle Reaktionen von sehr unterschiedlichen Personengruppen. Weder Boekes Konsens noch die einmütigen Beschlüsse der Quäker würden in Unternehmen funktionieren.

In einer drei Wochen langen Klausur rang Endenburg mit diesem Problem, bedachte alles, was er über die Prinzipien der Kybernetik kannte und was sie dazu zu sagen hatten. Die bekannten Formen der Entscheidungsfindung – autokratisch, Mehrheitswahl und Supermehrheitswahl (Supermajority) – waren nur Punkte in einem Kontinuum. Keine war befriedigend, denn keine von ihnen sicherte die Interessen aller Parteien und alle waren für Manipulationen anfällig. Keine dieser Methoden konnte die Interessen jeder Person gleichwertig beschützen, schon gar nicht in Krisen.

Er hatte sich die ganzen drei Wochen seines Retreats abgemüht und gab schlussendlich auf, in der Überzeugung, es gäbe keine Antwort. Er packte seine Koffer und wollte sie gerade in seinen Wagen laden, als ihn die Antwort geradezu wie der Blitz traf: *Konsent!*

In den technischen Wissenschaften arbeiten alle Teile eines Betriebssystems im Konsent – der Abwesenheit von entscheidenden Einwänden – zusammen. Wenn ein Teil eines Betriebssystems zusammenbricht, funktioniert das ganze System nicht mehr. Alle Teile müssen funktionsfähig sein, damit das ganze System funktioniert. Gerard Endenburg hatte den ersten leitenden Grundsatz definiert: „Konsent regiert die Beschlussfassung in Grundsatzentscheidungen".

Kees Boekes Grundkonzept basierte auf dem Prinzip: Wenn wir einander zuerst lieben und respektieren, können Probleme friedlich gelöst werden. Endenburg hatte versucht, das in einem neuen Kontext umzusetzen. Das Prinzip des Konsent respektierte Boekes Absicht, Probleme friedlich zu lösen, und erlaubte es gleichzeitig den handelnden Personen, Entscheidungen miteinander zu treffen, *ohne* die Grundvoraussetzung von Liebe und Vertrauen erfüllen zu müssen.

Ringe, Kreise oder round tables

Wo sollte die Beschlussfassung über den Konsent stattfinden? Die meisten Unternehmen haben eine lineare, hierarchische Struktur. Die vorhandene Arbeit reicht von konkreten handfesten Maßnahmen bis hin zu abstrakteren Entscheidungen. In einer autoritären Struktur fällen Manager und Vorgesetzte eher die abstrakteren Entscheidungen und leiten damit die handfesteren Maßnahmen, wie Produktion oder die Erbringung von Dienstleistungen. Warum sollten Arbeiter also zusammenkommen, um Grundsatzentscheidungen zu fassen, wenn die für sie relevanten Entscheidungen von den Managern oder Vorgesetzten getroffen werden?

Endenburg entwarf eine neue Leitungsstruktur, welche die Leitungsvollmacht, die normalerweise im Aufgabengebiet des Leitungsgremiums oder Firmenvorstands liegt, auf alle Ebenen der Organisation verteilt. Die Struktur ist aus Gruppen, auch „Kreise" genannt, zusammengesetzt, in welchen die Manager, Abteilungsleitungen und Arbeiter als Gleichstehende im Konsent Grundsatzentscheidungen treffen. Diese Kreisstruktur ist das zweite Basisprinzip. Jeder Kreis in dieser Struktur hat sein eigenes Ziel und plant seine eigene Arbeit, um Produktivität und Wirtschaftlichkeit sicherzustellen.

Das Wort *Kreis* ist eine vergleichende Übersetzung des niederländischen Wortes *kring*, welches wörtlich übersetzt *Ring* oder *Kreis* bedeutet, jedoch auch die Bedeutung von *Arena* einschließt. Ein Kring ist eine Arena, in der Veranstaltungen stattfinden oder Entscheidungen fallen. Die deutsche und englische Übersetzung ist schwierig, da wir kein entsprechendes Wort haben. *Kreis* ist eine wortgetreue Übertragung, aber ihre Assoziationen deuten nicht auf ernsthafte Entscheidungen hin.

Der Begriff *runder Tisch (round table)* ist in englischsprachigen Organisationen allgemein bekannt und trägt die Tradition der Diskussionen unter Gleichberechtigten in sich. König Arthur installierte die Tafelrunde, sodass seine Ritter ohne Statusverlust diskutieren und Streitfälle klären konnten. Heutzutage rufen Regierungen sowie die Industrie zu runden Tischen auf, um Grundsatzentscheidungen zu behandeln. Behalten wir das Bild des runden Tisches als eine Diskussion unter Gleichgestellten, wenn wir das Wort *Kreis* lesen, im Kopf.

Doppelte Verknüpfung

Die Anzahl der Personen, die an einem Kreis teilnehmen können, ist offensichtlich begrenzt. Wie kann eine große Anzahl von Leuten Beschlüsse im Konsent fassen? Wie können Organisationen Entscheidungen treffen, die mehr als einen Kreis betreffen? Um dieses Problem zu lösen, hat Endenburg das Konzept der doppelten Verknüpfung entwickelt.

Rensis Likert präsentiert in seinen zwei bahnbrechenden Arbeiten *New Pattern of Management* (1961, deutsch: *Neue Ansätze der Unternehmensführung,* 1993) und *The Human Organization* (1967, deutsch: *Die integrierte Führungs- und Organisationsstruktur,* 1992) die Idee des Managers als Bindeglied zwischen den verschiedenen Ebenen einer Organisation. Der Manager übt diese Verantwortlichkeit als Verbindungsglied durch Zusammenarbeit von der Spitze der Organisation bis zur untersten Ebene und von der untersten bis zur obersten Ebene aus.

Die Prinzipien der Kybernetik gebrauchend, folgerte Endenburg, dass eine Person als ein Bindeglied zwischen den Ebenen der Organisation nicht in der Lage sein könnte, Informationen in zwei Richtungen gleichzeitig zu transportieren. Er konzipierte eine zweite Verbindung, welche die Informationen von der untersten auf die oberste Ebene transportiert. Jeder Kreis sollte über zweierlei verfügen, einen Leiter (Likerts Verbindungsglied nach unten) und eine zweite Verbindung, eine Person, die gewählt wird, um verantwortlich zu sein für die Weiterleitung der Information von unten nach oben. Mit dieser doppelten Verknüpfung könnten hunderte Kreise in einem Netzwerk verbunden sein, was ermöglicht, die Informationen effizient auf- und absteigend in der Organisation weiterzutragen.

Diese doppelte Verknüpfung ist das dritte Basisprinzip und stellt ein Unikat der soziokratischen Methode dar. Sie ist wesentlich für die Qualitätskontrolle, weil sie Feedback-Schleifen erzeugt, die notwendig sind, um eine sich selbst regulierende Organisation zu gründen und zu erhalten.

Wahl der Personen für Funktionen und Aufgaben

Von Beginn an beabsichtigte Gerard Endenburg, dass Kreise auch den Konsent benutzen, um Personen für Funktionen und Aufgaben zu wählen. Da die Wahl einer Person eine der wichtigsten Entscheidungen in einem Kreis ist, sollte sie im Konsent erfolgen. In der Praxis fand Endenburg es notwendig, dieses Konzept einzeln hervorzuheben, weil Menschen es sonst nur zurückhaltend tun. So entwarf er das vierte Basisprinzip, um die Wahl im Konsent zu unterstützen. Dieser Prozess hat sich als ein wirkungsvoller Weg bewährt, um Kreismitglieder miteinander gut zu verbinden.

Die Erprobung der Methode

In der ersten Hälfte der 1970er-Jahre hat Gerard Endenburg die Erprobung der vier Basisprinzipien,

- Grundsatzentscheidungen mit Konsent beschließen,
- Kreise errichten, um Grundsatzentscheidungen zu treffen und zu realisieren,

- doppelte Verknüpfungen zwischen den Kreisen und
- die Wahl der Personen für Funktionen und Aufgaben im Konsent,

weiter fortgeführt, während sein Unternehmen *Endenburg Elektrotechniek* florierte. Das war den Zeitungen aufgefallen, und Endenburg begann, „seine" Soziokratie anderen Organisationen zu erklären.

Das Jahr 1976 veränderte dann einiges: Die niederländische Schiffsindustrie brach unter dem Konkurrenzdruck japanischer Schiffsbauer zusammen. Nahezu die Hälfte der *Endenburg Elektrotechniek*-Belegschaft war in der Starkstromverkabelung der Schiffe tätig.

Endenburg berief eine Notfallsitzung des Topkreises, inklusive des Verwaltungsrates ein, um Entlassungen zu planen. Zwei der vier externen Direktoren im Topkreis hatten Endenburg geraten, die soziokratischen Experimente zu beenden, weil er nun ein wichtiges Geschäft zu erledigen habe. Dem widersetzte sich Gerard Endenburg, wollte er doch die Wirkung der Soziokratie auch in der Krise testen. Zwei der drei externen Topkreismitglieder verließen deshalb das Unternehmen, während Gerard den Auftrag erhielt, innerhalb einer Woche einen Vorschlag zu erarbeiten, wie das Unternehmen überleben könne.

Im Allgemeinen Kreis wurden einschneidende Entlassungen für die Schiffsbranche angekündigt. Als diese Nachricht bekannt wurde, hatte ein Mechaniker, der in der Fertigungsabteilung arbeitete, eine Notfallsitzung der Fertigungsabteilung, die selbst nicht von den geplanten Kündigungen bedroht war, einberufen. „Wir müssen den Jungs von den Schiffen nicht kündigen", sagte er. „Die Firma hat eine strategische Reserve für Notfälle gebildet, und das ist ein Notfall. Ich schlage vor, wir stecken die Werftarbeiter in Anzüge und Krawatten, geben ihnen etwas Vertriebsschulung und schicken sie raus, um mehr Geschäft zu akquirieren." Der Fertigungskreis unterstützte seine Idee, und gemäß des Prinzips der doppelten Verknüpfung wählte man ihn zum außerordentlichen Repräsentanten (Delegierten), um seine Idee dem Allgemeinen Kreis der Firma vorzustellen. Der Allgemeine Kreis, der Führungskräfte und Delegierte aller Unternehmenskreise umfasste, machte wenige Änderungen am Vorschlag und wählte den Mechaniker als Delegierten für den Topkreis. Er brachte den Vorschlag dem Topkreis in seiner zweiten Besprechung über die Entlassungen vor. Eine heftige Diskussion folgte. Schlussendlich hatte der Topkreis den modifizierten Vorschlag angenommen. Die Werftarbeiter bekamen ein Training, um hinauszugehen und zu akquirieren. So konnten innerhalb weniger Wochen genügend Aufträge abgeschlossen werden, sodass die meisten Entlassungen widerrufen werden konnten. Das Unternehmen ist aus der Krise gestärkt hervorgegangen. Es konnte seine erfahrenen Arbeiter halten und zusätzlich wurde ihre Arbeit abwechslungsreicher.

Gerard Endenburg hatte damit die Bestätigung, dass die soziokratische Methode funktionierte. Sie konnte außergewöhnlich flexibel sein und wirksame kreative Denkweisen hervorbringen. Er hatte ein neues Führungssystem entwickelt. Es erlaubt einer komplexen Organisation, nach denselben Prinzipien von Eigeninteressen und Willensstärke zu agieren, wie ein Individuum sie gebraucht, um erfolgreich zu sein, und es schützt die Interessen aller Arbeitnehmer, Eigentümer und Investoren.

Die freien Organisationen

Endenburg ging dann zu der fundamentalen Frage der Macht in Organisationen über. Als ein Mehrheitsaktionär konnte er zu jeder Zeit entscheiden, das Unternehmen zu verkaufen, zu schließen oder zu einem autokratischen Management zurückzukehren. Er hielt immer noch die absolute Macht über das Unternehmen in seinen Händen. Nach zahlreichen Diskussionen mit seinen Anwälten und Wirtschaftsprüfern wurde das Unternehmen sein eigener Besitzer, indem es in eine Stiftung überführt wurde. Das Unternehmen ist nun gegen eine feindliche Übernahme gesichert und kann nicht ge- oder verkauft werden. Die Stiftung kann zustimmen, mit anderen Firmen zu fusionieren oder sich aufzulösen, aber nur, wenn sich zuvor die Organisation dazu im Konsent ihrer Mitwirkenden entscheidet.

Lehre, Forschung und Entwicklung

Gerard Endenburg widmete seine Zeit auch der Beratung und dem Unterricht in der Soziokratie an der Universität in Maastricht, an der er als Professor der Wirtschaftshochschule tätig war. Er war Inhaber des Lehrstuhls „Die lernende Organisation, insbesondere die Soziokratische Kreis Organisation“. 1978 gründete er das *Sociocratisch Centrum* in Rotterdam, um weitere Methoden zur Anwendung soziokratischer Prinzipien zu entwickeln und weltweit Organisationen dabei zu beraten, sich soziokratisch zu organisieren.

Seitdem Endenburg 1974 seine erste Streitschrift über die Organisationsprinzipien und sein Unternehmen veröffentlicht hatte, war die Firma das Objekt vieler Studien, Doktorarbeiten, Qualitätszertifizierungen und staatlicher Prüfungen. Die Regierung der Niederlande hat das Arbeitsrecht novelliert, um soziokratische Organisationen von der Verpflichtung zu befreien, einen Betriebsrat haben zu müssen, weil Soziokratie die Arbeiter besser schützt, als es die Betriebsräte können.

Inzwischen ist Gerard Endenburg 89 Jahre alt und konnte miterleben, wie sich seine *Soziokratische KreisorganisationsMethode SKM* weltweit verbreitete. Annewiek Reijmer, die Endenburg 1984 kennenlernte und 1986 als Mitarbeiterin in das *Sociocratisch Centrum* in Rotterdam eintrat, wirkte neben vielen anderen in den letzten 35 Jahren mit, Implementierungsprozesse und Ausbildungsprogramme auszuarbeiten, mit deren Hilfe die Basisprinzipien in Organisationen ganz praktisch eingeführt werden können.

Kapitel 2

Die Praxis der Soziokratischen Kreisorganisations Methode SKM

Kapitelübersicht

2.1 Am Anfang ist die Crowd

Der Quell-Ort einer Idee ist das gesellschaftliche Feld

Eine Crowd ist eine Menschenmenge. Völlig unstrukturiert, vielleicht wegen eines Aufrufs zusammengekommen (Demonstranten), wegen eines Bauwerkes (Touristen), wegen eines Festes (Freunde) oder wegen eines Begräbnisses (Trauernde). Etwas hat die Menschen bewegt, zusammenzukommen. Sie sind einem Ruf gefolgt: „Die Zeit ist reif für …!" Sie sind alle wegen dieser Sache hier. Und gleichzeitig können sie ganz unterschiedliche Ziele damit verfolgen.

Ein Teil der Demonstranten ist *für* die Sache, ein anderer Teil *dagegen*. Die einen Touristen sind Fachexperten, die anderen machen Sightseeing. Einige Freunde wollen sich beim Fest nur sehen lassen, andere wollen Begegnungen haben. Die einen Trauernden sind aus Anstand hier, die anderen, um sich von dem Verstorbenen zu verabschieden.

Eine Crowd ist relativ unsortiert. Mit einer Crowd könnte man meist keinerlei Beschlüsse fassen, denn es gibt sehr unterschiedliche Ziele darin. Und doch passiert es immer wieder, besonders bei Vernetzungsinitiativen, aber auch bei Demonstrationen, dass Menschen, die wegen derselben Sache unverbindlich zusammengekommen sind, meinen, nun müsse man am selben Strang ziehen und wenn möglich sogar alles im Konsens gemeinsam beschließen. Das ist ein Irrglaube und führt, wenn die Gruppe ihren eigentlichen Status nicht erkennt, zu den bekannten Zielkonflikten am Beginn vieler Projekte.

In einer Crowd liegt viel Potenzial. Alle sind wegen dieser Sache gekommen, weil sie Energie dafür spüren. Zum Beispiel ein Netzwerktreffen von Carsharing-Initiativen zum Austausch über das Organisieren von gemeinsam genutzten Autos. Grundsätzlich sind die Menschen froh, Problemlösungen vorzufinden, an denen sie sich orientieren können. Und gleichzeitig gibt es sehr unterschiedliche Anliegen innerhalb der Personengruppe. Die Einen möchten sich vielleicht zusammentun, um eine gemeinsame Stimme zu haben, um politische Forderungen auszusprechen und gemeinsame ideelle Werte zu vertreten. Die Anderen möchten nur Geld sparen und einen einfachen Zugriff auf ein Auto an jedem Punkt der Stadt haben.

Die Grundhaltung in einer soziokratischen Kultur ist immer „sowohl als auch". Solange man sich in der nicht-organisierten Crowd-Phase befindet, können die Ziele auch gegeneinander laufen. Und doch dürfen beide Ziele nebeneinander verfolgt werden! So kann eine Gruppe in der Carsharing-Bewegung eine politische Stimme für den Öffentlichen Verkehr sehen, eine andere möchte dagegen lediglich organisatorische Werkzeuge austauschen. Ob diese innerhalb ein und derselben Organisation tätig werden oder besser als getrennte Einheiten agieren, hängt von dem Maß an Toleranz ab, das die Einen für die Anderen aufbringen können.

Es erzeugt viel von kollektiver Weisheit, wenn alle an ihren eigenen Idealen arbeiten können und jeder, sofern er sich an die geltenden Gesetze und an die Menschenrechte hält, sich mit Gleichgesinnten zusammenzutun kann, die mit ihm sein Ziel teilen.

„Ich habe ein Ziel. Wer macht mit?"

Gemeinsame Ziele sind das, was uns Menschen miteinander verbindet.
Wir brauchen einander für den Austausch von Kompetenzen und Ressourcen.
Wir brauchen einander, um das Ziel zu erreichen.

Solange es kein gemeinsames Ziel gibt, zu dem sich Menschen verbinden und verpflichten, kann keiner behaupten: „Ich bin auch da, und darum darf niemand machen, was ich nicht will!"

Erst wenn ein Ziel vorgeschlagen wurde, kann man sich diesem anschließen oder nicht. Jene, die sich anschließen, sind dann wegen dieses Zieles da und können beginnen, sich zu organisieren. (→ 4.1 *Eine gemeinsame Ausrichtung*)

2.2 Wir regieren gemeinsam

Der Begriff Soziokratie setzt sich etymologisch aus dem lateinischen *socius* bzw. *societas* und dem griechischen *krat(e)ía* zusammen[3]:

- *socius* (Nomen): Gefährte, Kamerad, Bundesgenosse, Verbündeter, Kumpan, Mitglied
- *socius* (Adjektiv): verbündet, gemeinsam, verbunden
- *societas* (Nomen): Gemeinschaft, Bündnis, Gesellschaft, Kumpane, Gesellschaftsvertrag
- *krat(e)ía*: Macht, Herrschaft, Kraft, Stärke.

Soziokratie bedeutet demnach die Herrschaft von Verbündeten bzw. die einer Gemeinschaft. Wir regieren als soziale Gemeinschaft, und die Gemeinschaft steuert sich selbst. Die Gruppe bestimmt als Ganzes, ohne dabei Einzelne zu übergehen.

Es gibt viele Versuche, gemeinschaftliches Regieren strukturell zu erschaffen. Besonders die Demokratiebewegung des 20. Jahrhunderts, allen voran die sozialdemokratischen Parteien, verlangten nach gemeinschaftlichen Regierungsformen und arbeiteten daran, Minderheitenrechte zu etablieren – z. B. das Einspruchsrecht bei Bauvorhaben für Anrainer.

Die grundsätzlich befürwortete Mehrheitsbeschlussfassung steht Minderheitenrechten jedoch nach wie vor entgegen.

Dem Konsens (→ *Glossar*), der von vielen Menschen als die gemeinschaftliche Entscheidungsform schlechthin bevorzugt wird, fehlt meistens der Rahmen, der wirklich allen einen gleichwertigen Platz in der Entscheidungsfindung einräumt. Die im Konsens erzielten Beschlüsse leiden oft darunter, dass „wieder dieselben geredet haben", weil die Schnellen und Lauten sich selbst mehr Redezeit verschaffen können. Eher langsame oder leisere Menschen haben auch bei klassischen Konsensentscheidungen weniger oft das Wort, um ihre Meinung äußern zu können. Dadurch können sich auch im Konsensverfahren eher dominante Menschen leichter durchsetzen – Gleichwertigkeit in der Gemeinschaft kann so nur schwer entstehen.

---

[3] Rüther: Soziokratie. Ein Organisationsmodell. S. 9.

Nur wenn es möglich ist, einen gleichwertigen, von allen respektierten Platz in einer Gruppe einnehmen zu können, kann sich ein Mensch als Teil der Gemeinschaft willkommen fühlen. Wir können erst dann von „Gemeinschaft" sprechen, wenn alle Mitglieder einer Gruppe die gleiche Würde, die gleiche Wichtigkeit, die gleiche Einladung zur Mitsprache, Mitbestimmung und Mitwirkung haben. Und erst zu diesem Zeitpunkt beginnen Menschen, Mitverantwortung zu übernehmen.

Ich möchte den Begriff der *Soziokratie* nicht allein für die *Soziokratische KreisorganisationsMethode (SKM)* von Gerard Endenburg verwendet wissen. Soziokratie ist eine von vielen Menschen gewünschte Gesellschaftsform, die aus vielen Quellen erschaffen werden kann. Welche Merkmale lassen erkennen, dass in einer Organisation gemeinschaftlich regiert wird? Hier ein Versuch, Merkmale zu beschreiben, an denen zu erkennen ist, dass die Gemeinschaft regiert.

Allgemeine Merkmale von Soziokratie

- Wir haben eine gemeinsame Vision, eine Mission und ein gemeinsames Ziel oder suchen danach.
- Wir finden Gleichgesinnte, die mit uns die Vision teilen.
- Wir entscheiden uns bewusst füreinander und sind gemeinsam verantwortlich für die Zusammensetzung der Gruppe.
- Bei allen Entscheidungen haben alle Mitwirkenden eine gleichwertige (gleichrangige) Möglichkeit, ihre Zustimmung mithilfe von Argumenten zu verweigern.
- Wir definieren unsere Grundsätze im Sinne unseres gemeinsamen Zieles.
- Wir organisieren unsere Prozesse zur Zielverwirklichung gemeinsam und delegieren die einzelnen Aufgaben mithilfe offener Diskussion und transparenter Argumentation an die geeignetste Person.
- Wir verbessern unsere Kompetenzen gemeinsam, geben uns offenes, konstruktives Feedback und entwickeln uns dadurch gemeinsam weiter.
- Wir schaffen Transparenz und nutzen Feedback in allen Kommunikationsprozessen zur Verbesserung und Neufindung.
- Wir verbinden uns mit der unmittelbaren sozialen Umgebung unserer Organisation und übernehmen Mitverantwortung auch gegenüber der Außenwelt und ihren Interessen.

2.3 Kurzbeschreibung der Soziokratischen KreisorganisationsMethode SKM

Die Soziokratische KreisorganisationsMethode SKM, von Gerard Endenburg, wird in diesem Abschnitt zunächst im Kern erläutert. Wenn es in den vertiefenden Beschreibungen in den Kapitel 3 und 4 teilweise zu Wiederholungen kommt, sind diese beabsichtigt und dienen einem besseren Verständnis.

Die SKM kann in allen Kontexten angewendet werden, in denen Menschen ein gemeinsames Ziel verfolgen und gemeinschaftliche Entscheidungen gewünscht sind. Es gibt inzwischen weltweit tausende Unternehmen, Nonprofit-Organisationen, Vereine, Bürgerinitiativen, Parteien und Bildungseinrichtungen, die sich soziokratisch organisieren. 2010 wurde die Soziokratie auch in der Indischen Nachbarschaftsparlamente-Bewegung[4] bekannt. Seither sind hunderttausende Nachbarschafts- und Kinder-Parlamente in Indien soziokratisch organisiert.

Beispiele aus ganz Europa

- Einer der ersten Kunden im *Soziokratie Zentrum Österreich* war die S.I.E. SOLUTIONS – System Industrie Electronic GmbH, ein mittelständisches Familienunternehmen mit damals 120 Mitarbeitern. Das Unternehmen ist Entwicklungs- und Fertigungsdienstleister für Embedded-Computing-Lösungen in den Branchen Medical, Security und Telematic Infrastructure. Schon in den Vorgesprächen stellte sich heraus, dass die Menschen dort schon seit fast einem Jahr manche ihrer Entscheidungen im Konsent trafen. Siegfried Vogel, der interne Organisationsentwickler, kannte die Methode der Konsententscheidung bereits aus zivilgesellschaftlichen Engagements. Ab 2017 wurde nun die SKM voll implementiert. In 2019 konnte der Umsatz um 25 % ohne zusätzliche Personalressourcen gesteigert werden.
- Seit 2010 sind ausgehend von Wien bereits über 40 Cohousing-Projekte und Ökodörfer in ganz Österreich entstanden, die sich fast alle für soziokratische Organisationsstrukturen entscheiden. Das entscheidende Argument dafür liegt auf der Hand: Wenn allein bei der Errichtung eines Einfamilienhauses etwa 40.000 Entscheidungen anfallen, würden dann nicht die Entscheidungsprozesse für ein Haus mit 25 bis 40 Wohneinheiten alle Bewohnerinnen überfordern oder zumindest ihre Motivation für eine Mitarbeit enorm senken? Früher haben persönliche Konflikte das Entstehen von gemeinschaftlichen Wohnformen oft verhindert. Heute erzählen viele Wohnprojekte, dass sie ohne die SKM nicht existieren würden.
- Viele kleine und größere Sozialbetriebe in Österreich, Deutschland und der Schweiz, z.B. für die Betreuung von Menschen mit Beeinträchtigungen, betreute Wohngruppen und ambulante Angebote, Beratung für Arbeitsuchende, Hilfe bei Suchtkrankheiten, Hilfe für Asylwerber und Menschen mit Migrationshintergrund und viele andere nutzen seit Jahren die SKM sowohl für ihre Arbeit im Team, als auch für die Organisation des Betriebes.
- Eine der ersten NGOs war die „Österreichische Armutskonferenz". Unter der Leitung von Michaela Moser und Judith Pühringer macht man dort seit 2011 in der Plattform „Sichtbar Werden" mit von Armut betroffenen Menschen gute Erfahrungen bei soziokratischen Wahlen und anderen Entscheidungsprozessen. Dies war der erste Schritt zur Einführung der Soziokratie im Netzwerk der Armutskonferenz, wo heute mithilfe einer soziokratischen Kreisstruktur die gesamte Vernetzungsarbeit mit etwa 40 Anbietern organisiert ist.
- In der Grundschule „De School" in Zandvoort, die seit 2013 die SKM als Organisationsmethode verwendet, sind nicht nur die Lehrkräfte und das Verwaltungspersonal, sondern auch die 90 Schüler in ihren autonomen Entscheidungsbereichen in drei Ebenen von Kreisen organisiert. Bei den Kreisversammlungen treffen sie ihre Grundsatzbeschlüsse innerhalb ihrer Domänen (→ *Glossar*) im soziokratischen Konsent. Der Film „School Circles. Every Voice Matters", gedreht 2018 und 2019, zeigt sechs soziokratische Schulen in den Niederlanden und deren glückliche Kinder und Lehrer. Auch in der elternverwalteten KreaMont-Schule in St. Andrä-Wördern, soziokratisch seit 2015, wurden 2020 nun auch die Kinder in die Kreisstruktur integriert.
- Die Klinik für Kinder und Jugendliche in Ravensburg, mit fast 200 Mitarbeitenden eine der großen Kliniken der Oberschwabenklinik, hat mithilfe der SKM bereits zwei Jahre nach dem Start der Implementierung im Jahr 2018 messbare Verbesserungen der Prozessgestaltung, der Transparenz und der Mitarbeiterzufriedenheit erzielt. Es spricht sich bei Pflegekräften und Ärzten herum, dass in dieser Klinik das gute Klima

[4] https://ncnworld.org/ Eine internationale Organisation zur Vernetzung der Nachbarschafts- und Kinderparlamente-Bewegung, ausgehend von Indien.

der Zusammenarbeit strukturell etabliert und dadurch nachhaltig gesichert ist. Dadurch hat sich die Bewerbersituation signifikant verbessert. Zwei Jahre nach dem Start der Implementierung ist die Zahl stationär behandelter Patienten um 17 % gestiegen, ohne den Personalstand zu vergrößern, berichtet der Chefarzt und Initiator des Changeprozesses, Andreas Artlich.

- Die PAWI Verpackungen AG, ein Industriebetrieb in der Schweiz, der mit 190 Mitarbeitenden aus 25 Nationen und entsprechenden Verständigungsproblemen Verpackungen für die Lebensmittelbranche produziert, arbeitet seit Anfang 2019 mit soziokratischen Strukturen – gerade rechtzeitig vor der COVID-19-Krise. So konnte der soziokratisch gewählte Krisenstab mit einer enormen Akzeptanz der gesamten Belegschaft zusammen mit dem Geschäftsführer Andreas Keller über alle notwendigen Regelungen mit Konsent entscheiden.
- Bei Bioland e. V., einem der fünf großen Biobauern-Verbände in Deutschland und Südtirol, sind heute 8700 Bauern als Verein organisiert. 2018 hat unter dem Präsidenten, Jan Plagge, ein Change-Prozess in Richtung Soziokratie begonnen. Als Pilotprojekt wurde von 2019 bis 2021 die Einführung der SKM bei den „inneren Diensten" mit Sitz in Augsburg umgesetzt. Auch auf der Verbandsebene konnte die lang diskutierte Gleichwertigkeit zwischen Haupt- und Ehrenamt bei Grundsatzentscheidungen 2021 in der Satzung verankert werden. Durch die Ausbildung interner SKM-Trainerinnen hat auch der Betriebsrat die Vorteile der Methode für die betriebliche Mitarbeiter-Vertretung kennengelernt und 2022 beschlossen, die SKM dafür zu nutzen.
- Eine Erasmus+Partnerschaft mit neun Partner-Organisationen aus sechs europäischen Ländern mit insgesamt 40 Teilnehmerinnen realisiert von 2020 bis 2022 das Ziel, ein Konzept für SONEC – Sociocractic Neighborhood Circles – mithilfe einer soziokratischen Kreisstruktur gemeinsam auszuarbeiten, zu testen und die Ergebnisse in einem Manual zu dokumentieren. Dort werden Information und Inspiration für die Idee soziokratischer Nachbarschaftskreise zur Umsetzung der SDGs (→ *Glossar*) in Europa aufbereitet und hunderten Gemeinden in den sechs Partnerländern bekannt gemacht.
- Boris Gloger, Gründer und Geschäftsführer seines gleichnamigen Beratungsunternehmens mit Standorten in Österreich und Deutschland, begann 2020 mit der SKM-Implementierung in seinem Unternehmen, welches in selbstorganisierten Scrum-Teams strukturiert ist. Scrum ermöglicht eine gleichwertige Zusammenarbeit im Team. Darum liegt es auf der Hand, dass man in agilen Unternehmen auch weiter oben nicht auf Gleichwertigkeit verzichten will. Mit der SKM wurde der Führungskreis um gewählte Delegierte erweitert, Scrum-Master soziokratisch gewählt und Entscheidungen unternehmensweit transparent gemacht.
- Anfang 2020 startete in der griechischen Stadt Thermy ein von Soziokratie-Expertinnen begleitetes Projekt, um alle ihre jungen Bürgerinnen zwischen 15 und 29 Jahren zu einem flächendeckenden soziokratischen Jugendparlament einzuladen. In 8 der 14 Dörfer konnten die jungen Leute trotz Lockdown und social distancing bereits etliche Projekte selbstorganisiert umsetzen, unterstützt von der Gemeindeverwaltung. Der Jugendrat, bestehend aus soziokratisch gewählten Jugend-Vertreterinnen aus allen Dörfer und Stadtteilen, hat heute auch eigene Statuten, welche mit Konsent im Gemeinderat genehmigt werden.

Grundsätzlich sind in der Soziokratie nach Endenburg alle Mitwirkenden einer Organisation in die Beschlussfassungsstruktur integriert. Die Struktur besteht aus miteinander verbunden Kreisen. Jeder Kreis hat seine Domäne und leistet seinen Beitrag zum Funktionieren der gesamten Organisation. Er besteht aus Menschen, die für ihren Bereich selbst die Grundsatzbeschlüsse fassen und Funktionen und Aufgaben für die Ausführung der Beschlüsse selbstorganisiert aufteilen.

Für die Anwendung der SKM ist es sinnvoll, sich zunächst an eines der weltweit bestehenden Soziokratie-Zentren oder an die von diesen ausgebildeten Soziokratie-Expertinnen zu wenden, denn die mittlerweile fast 50-jährige Praxis der SKM hat gezeigt, dass es nicht einfach ist, die Implementierung der Methode ausschließlich anhand von Angaben in Büchern durchzuführen. (→ 4.10 *Der Implementierungsprozess*)

In diesem Buch sollen Erfahrungen, Impulse und Orientierung ermöglicht werden. Aber es braucht für die konkrete Situation den Blick von außen, die Begleitung von erfahrenen Experten bei der Einführung und bei auftretenden Schwierigkeiten. Es braucht eine gut implementierte Intervisionskultur, um die *Soziokratische KreisorganisationsMethode* als neue Unternehmenskultur nachhaltig zu etablieren. Unter www.thesociocracygroup.com, www.soziokratiezentrum.org und www.iscb.earth finden Sie Angebote in allen Erdteilen.

Die vier Basisprinzipien

Die *Soziokratische Kreisorganisationsmethode SKM* stellt viele konkrete Werkzeuge und Techniken zur Verfügung. Die von Gerard Endenburg entwickelten vier Basisprinzipien stellen dabei die Essenz dieses Kreisorganisationsmodells dar.

1. Basisprinzip: Das Konsentprinzip

Das Konsentprinzip beschreibt die Art und Weise, *wie* Entscheidungen getroffen werden. Im Konsent-Verfahren wird nicht die perfekte Lösung gesucht, sondern die im Moment sinnvollste. Es geht nicht darum, recht zu haben, sondern ein Ziel gemeinsam zu erreichen. Jeder im Kreis trägt zur Lösungsfindung bei und entscheidet gleichwertig mit allen anderen über den nächsten Schritt.

Was ist ein Konsent?

Im Konsent gibt es keine schwerwiegenden und begründeten Einwände gegen einen Lösungsvorschlag im Sinne der Ziele. Damit wird sichergestellt, dass im Entscheidungsprozess niemand übergangen wird. Gibt es – trotz erneuter Meinungsrunden – weiterhin einen schwerwiegenden, begründeten Einwand, kann der Lösungsvorschlag derzeit nicht beschlossen werden. Die Lösungsfindung kann nun vertagt, oder, sofern es notwendig ist, dass es rasch eine Lösung gibt, auch an die nächsthöhere Ebene delegiert werden.

Der Konsent „regiert" die Beschlussfassung (→ *Glossar*). Das heißt, bei Bedarf kann im Konsent auch entschieden werden, eine andere Art der Beschlussfassung zu verwenden, z. B. das Mehrheitsprinzip, die autokratische Entscheidung Einzelner, „Systemisches Konsensieren" (→ *Glossar*), oder man lässt gar das Los entscheiden. Um eine Konsent-Entscheidung vorzubereiten, werden in der Gesprächsführung vier Rederunden genutzt, wobei unter Einbeziehung aller Anwesenden die aktuell beste Lösung gemeinsam gefunden wird. Dieser Prozess wird von einem Kreismitglied moderiert.

2. Basisprinzip: Die Kreisstruktur

Eine soziokratische Organisation besteht aus „Kreisen". Einen Kreis bilden die Mitarbeitenden eines Bereiches, die Mitglieder einer Abteilung oder eines Teams. In den

Kreistreffen werden die Grundsatzbeschlüsse für die gemeinsame Zielerreichung getroffen – hier wird also die Politik gemacht.

Die Rahmenbedingungen eines Kreises

Jeder Kreis trifft innerhalb seiner Rahmenbedingungen seine Grundsatzbeschlüsse selbst. Innerhalb dieses Rahmens (auch Domäne genannt) entscheidet jeder Kreis über

- sein gemeinsames Ziel,
- seine Strategien und Prozesse zur Zielverwirklichung,
- die Verteilung der Arbeit, Aufgaben und Funktionen im Kreis,
- die Einstellung und Entlassung (→ *Glossar*) seiner Mitglieder,
- über die nötigen Weiterbildungsmaßnahmen.

Jeder Kreis hat einen Bereich, innerhalb dessen er sehr eigenständig agieren kann. Übergreifende Entscheidungen müssen mit den Vertretern der anderen Kreise gemeinsam im nächsthöheren Kreis getroffen werden. Der „Reparatur-Kreis" in einem Fahrradgeschäft kann beispielsweise selbstständig entscheiden, welches Material er für die Arbeit verwendet, welche Ausbildung die Mitarbeiter haben sollen oder wer wann in Urlaub gehen kann. Der Rahmen für den eigenen Entscheidungsbereich wird aber mit dem nächsthöheren Kreis abgestimmt. Im Sinne der Selbstorganisation soll der autonome Entscheidungsbereich eines Kreises so groß als möglich sein.

3. Basisprinzip: Die Doppelte Koppelung der Kreise

Durch die Doppelte Koppelung ist jeder Kreis über eine leitende Person und eine delegierte Person an den nächsthöheren Kreis angebunden. Das heißt, dass zusätzlich zur leitenden Person eine zweite Person aus dem unteren Kreis in den oberen Kreis entsendet wird.

Was bedeutet Doppelte Koppelung?

Die Leitung eines Bereichskreises wird vom Allgemeinen Kreis (Managementkreis, geschäftsführender Kreis) eingesetzt. Eine Vertreterin wird als Delegierte vom Bereichskreis selbst gewählt. Beide gemeinsam, also Leitung und Delegierte, sitzen sowohl in der Versammlung des eigenen Bereichskreises als auch in der des nächsthöheren Kreises (Allgemeiner Kreis). Dort entscheiden beide zusammen mit den Vertretern der anderen Bereichskreise über die Grundsätze aller Bereichskreise.

Es gibt also nicht nur eine leitende Person, die den Kreis (wie in linearen Strukturen üblich) bei seinen Zielverwirklichungsprozessen anleitet, sondern es gibt noch eine zweite Person neben der Leitung, die die Interessen des unteren Kreises im nächsthöheren Kreis vertritt. Alle Mitglieder des Kreises wählen gemeinsam „ihren" Delegierten für eine bestimmte Zeit.

Dieser Delegierte hat im nächsthöheren Kreis ein freies Mandat und genießt das Vertrauen „seiner" Kreismitglieder. Und das gewöhnlich auch dann, wenn er im nächsthöheren Kreis – durch die dortigen Argumente – etwas Neues lernt und seine ursprüngliche Meinung dadurch ändert.

Die Doppelte Koppelung der Kreise stellt sicher, dass kein Beschluss im übergeordneten Kreis getroffen werden kann, wenn dadurch die Interessen des unteren Kreises gefährdet wären. Der Delegierte achtet genau darauf, dass die „von oben" vorgegebenen

Rahmenbedingungen machbar sind für die Mitglieder seines Kreises; der Delegierte gibt seinen Konsent nur dann, wenn die Entscheidung auch für den unteren Kreis passend erscheint.

4. Basisprinzip: Die Offene Wahl

Alle Kreismitglieder entscheiden gemeinsam, wer für welche Rollen und Aufgaben am besten geeignet ist. Die Wahl wird nach offener Argumentation mittels Konsent-Entscheidung durchgeführt. Auch die Offene Wahl wird, wie jede Konsent-Entscheidung, von einem Kreismitglied moderiert (Wahlleiterin).

Was bedeutet Offene Wahl?

Funktionen und Aufgaben werden im eigenen Kreis vergeben. Dazu wird eine Funktions- und Aufgabenbeschreibung im Konsent beschlossen. Aus dem Kreise aller Mitglieder wählt nun jedes Kreismitglied die für sie geeignetste Person für die beschlossenen Aufgaben und Funktionen aus und schreibt diese auf einen Wahlzettel. Die Wahlleiterin liest einen Wahlzettel nach dem anderen vor und fragt nach den Argumenten des Wählers. In einer weiteren Runde hat jedes Kreismitglied die Möglichkeit, seine Wahl zu ändern. Danach schlägt die Wahlleiterin die Person zum Konsent vor, für die die besten Argumente genannt wurden.

Alle Rollen und Funktionen im eigenen Kreis werden von den Kreismitgliedern für eine bestimmte Zeit vergeben. Zu Beginn muss die Aufgabe gut beschrieben und die Kriterien für die Rolle festgelegt werden. Die nötigen Kompetenzen für die Aufgabe und der konkrete Auftrag werden im Konsent beschlossen.

Die Wahlleiterin sammelt die Wahlzettel ein und liest sie vor mit der Frage: „Warum hast du diese Person gewählt?“ Sind alle Argumente für alle gewünschten Personen gehört worden, gibt es eine Meinungsänderungsrunde, bei der jedes Kreismitglied nun seine neuen Argumente aufgrund des Gehörten zur Verfügung stellt. Die Wahlleiterin schlägt nun jemanden vor, für den die besten Argumente sprechen, und fragt um Konsent.

Durch das Hören der Argumente entstehen Transparenz und Wertschätzung in der Runde. Das stärkt und motiviert die Gewählten und fördert die Identifikation mit der neuen Rolle.

Wichtige Grundhaltungen und weitere Werkzeuge der Soziokratie

Die Struktur der Kreisversammlung

Soziokratische Meetings haben eine klare Struktur. Jede Kreisversammlung startet mit einer Eröffnungsrunde. Alle sind dabei eingeladen, kurz zu berichten, wie es ihnen geht und was sie von dem Treffen erwarten. Wir nennen das auch „Einstimmung auf das gemeinsame Ziel“.

Danach werden organisatorische Fragen geregelt: die Dauer des Treffens, die Wahl des Moderators und der Protokollantin, es werden die nächsten Termine vereinbart und überprüft, ob alle Informationen bereitstehen, die für das Bearbeiten der Agendapunkte notwendig sind. Dann wird die Agenda gemeinsam gesichtet, ergänzt und im Konsent beschlossen.

Der Hauptteil der Kreisversammlung besteht aus dem Bearbeiten der Agendapunkte. Dabei wird aus Gründen der Effektivität sehr darauf geachtet, dass zwischen Grundsatzbeschlüssen im Kreis, und Entscheidungen, die während der Ausführung getroffen werden können, unterschieden wird. Entscheidungen müssen gut vorbereitet sein. Möglichst viele Entscheidungen werden an die Ausführung delegiert. Es wird immer nur der Rahmen festgelegt, innerhalb dessen diejenigen, die einen Auftrag bekommen, dann selbst entscheiden können, wie sie die Ausführung gestalten, um das Ziel zu erreichen. Alle Entscheidungen im Kreis werden mit Konsent getroffen.

Am Ende jeder Kreisversammlung wird die Frage gestellt: „Wie zufrieden bist du mit der Effektivität des Meetings?" Das erzeugt meistens viel Wertschätzung für den Moderator, der ja viel dazu beigetragen hat, dass alle Punkte bearbeitet werden konnten, aber auch Wertschätzung für die Gruppe, wenn etwas gut gelaufen ist. Auch Verbesserungsvorschläge und Änderungswünsche sind Teil der Abschlussrunde.

Die vier Rollen in einem Kreis

Es gibt in jedem Kreis die Rollen Gesprächsleitung, Kreisleitung, Delegierte und Sekretär (Logbuchverantwortlicher).

- Die *Gesprächsleitung* sorgt dafür, dass das Treffen gut vorbereitet ist, die Versammlung effektiv abläuft und die Beschlüsse im Konsent getroffen werden.
- Die *Kreisleitung* sorgt dafür, dass es regelmäßige Kreisversammlungen für die Grundsatzbeschlüsse gibt und leitet die Zielverwirklichungsprozesse auch außerhalb der Kreisversammlung, indem sie die Arbeit koordiniert, die Teammitglieder unterstützt, motiviert und korrigiert.
- Der *Delegierte* nimmt die Bedürfnisse der Teammitglieder auf und sorgt im nächsthöheren Kreis dafür, dass diese nicht übergangen werden.
- Der *Sekretär* sorgt für die Ergebnissicherung während der Versammlung, befüllt das Logbuch mit den Grundsatzbeschlüssen und bringt Themen bei Erreichen eines Ablaufdatums wieder auf die Tagesordnung.

Ziele

Sehr viel Aufmerksamkeit wird in der Soziokratie der gemeinsamen Vision, der Mission und dem „gemeinsamen Ziel" einer Organisation oder eines Kreises gegeben. Das gemeinsame Ziel des Kreises ist sein Angebot an die Umgebung. Es ist der Grund, warum der Kreis existiert, seine Existenzberechtigung und die Basis seiner Selbstorganisation. Auch ein Meeting oder ein Tagesordnungspunkt haben ein Ziel. Genauso sollten auch eine Rolle und jede Aktivität im Kreis ein Ziel haben.

Umgang mit Fehlern

In der Soziokratie sind Messungen essentiell. Alle sind Lernende, Wissen wird permanent erneuert, alle entwickeln sich laufend weiter. Darum gibt es keine „Fehler", sondern nur Messergebnisse, die zeigen, ob man sich noch im vorgesehenen, gemeinsam oder auch für sich selbst beschlossenen Zielkorridor befindet oder nicht. Wenn man sich zu weit von der Möglichkeit einer Zielerreichung entfernt hat, wird das bei der Ausführung sichtbar. Man kann sich auch schon während der Ausführung für eine Änderung der Vorgehensweise entscheiden. Nur wenn das nicht geht, kommt man damit in die

Kreisversammlung und kann dort gemeinsam eine Änderung entscheiden. Bei der Ausführung stehen mithilfe der vereinbarten Zielverwirklichungsprozesse (→ *Glossar*) immer Messkriterien zur Verfügung, die rechtzeitig anzeigen, ob man noch auf einem geeigneten Weg zur Zielerreichung ist.

Dynamische Steuerung

Das Kreisprinzip (→ *Glossar*) betrifft nicht nur die Menschen, die an der Kreisversammlung teilnehmen. Darunter wird auch der Steuerungsprozess mit den drei Funktionen *Leiten* (planen/anleiten), *Ausführen* (umsetzen) und *Messen* (rückmelden) verstanden, der als „mechanischer Regelkreis" für technische Geräte besser bekannt ist. Aus der Technik wissen wir seit langem, wie wichtig die Funktion „Messen" für das Funktionieren eines Gerätes ist. Gerard Endenburg war es als Kybernetiker bewusst, dass wir dieses messende Element bei der Steuerung benötigen, um gut ans Ziel zu kommen. Darum hat er auch den persönlichen Messungen, die aus den Lernerfahrungen während der Ausführung stammen, eine entscheidende Rolle bei der Steuerung der Prozesse eingeräumt. Nur wenn die Steuerung sich dynamisch entlang der Messungen bewegt, kann das Ziel erreicht werden.

Zielverwirklichungsprozess

Jeder Kreis organisiert für sich selbst einen „Zielverwirklichungsprozess – ZVP" in 9 Schritten. Darin stehen alle Aktivitäten für die Umsetzung. Sind die Prozessschritte bekannt, dann können auch die Themen bestimmt werden, für die man Grundsatzentscheidungen braucht. Ein ZVP (9-Schritte-Plan) für den Kreis beschreibt das Netzwerk von Aufgaben und Funktionen. Alle Kreismitglieder haben dadurch bei der Ausführung eine gute Leitung und Messkriterien, anhand derer überprüft werden kann, ob mit den ausführenden Aktivitäten auch das Ziel erreicht wurde. Den Zielverwirklichungsprozess für einen Arbeitsbereich oder Teilbereiche zu entwerfen ist nicht nur sehr hilfreich zur Klärung der Schnittstellen mit den Auftraggebern oder Kunden, sondern gibt auch Aufschluss über den zu erwartenden Arbeitsaufwand.

Flexibilität und Autonomie

Oft genügt es, für eine Aktivität nur das Ziel zu formulieren. Wie die ausführende Person dahin gelangt, kann viel besser von ihr selbst, quasi beim Gehen, gefunden werden. Es ist wie beim Radfahren. Der Lenker wird permanent bewegt und den Gegebenheiten auf dem Weg angepasst, um sicher ans Ziel zu kommen. Zu starke Vorgaben verhindern die individuelle Kreativität im Ausführungsprozess. Da immer Faktoren auftreten, die zuvor nicht bekannt waren, ist hohe Flexibilität eine Voraussetzung für effektives Umsetzen!

Transparenz

In der Soziokratie gibt es ein hohes Maß an Transparenz. Alle haben Zugang zu allen relevanten Informationen. Beschlüsse werden im „Logbuch" veröffentlicht und sind allen Mitgliedern der Organisation immer zugänglich.

Topkreis

Zur Verbindung mit der Umgebung einer Organisation kann ein Topkreis mit externen Experten installiert werden. Da auch der Topkreis mit einem oder mehreren Delegierten aus dem Allgemeinen Kreis (Leitungskreis) doppelt verknüpft ist, kann keine Instanz entstehen, die den Betrieb oder die Interessen seiner Mitglieder stören könnte. Gewöhnlich ist der Topkreis eine unterstützende Institution, die mit ihrem übergeordneten Blickwinkel und der Verbindung mit der Welt eine größere Verantwortung trägt.

Entwicklungsgespräch

Zu dem 360°-Mitarbeitergespräch werden neben der eigenen Leitung auch ein Kollege von der selben Kreisebene und eine angeleitete Person eingeladen. In mehreren moderierten Rederunden wird herausgearbeitet, was gut läuft bzw. lief, wo die Stärken der Person liegen und wo sie Verbesserungspotenzial hat. Das soziokratische Entwicklungsgespräch fokussiert die Wertschätzung und verwandelt Kritik in Lernchancen und Unterstützungsangebote.

Entlohnungsmodell

Werden in der Organisation Werte erwirtschaftet, können diese soziokratisch verteilt werden. Die von Endenburg entwickelte sog. „ExistenzMöglichkeitsGarantie EMG" (→ *Glossar*) legt ein Niveau der Grundversorgung fest, das jedem Mitglied der Organisation zusteht. Die Verteilung der darüber hinaus erwirtschafteten Überschüsse wird bei Endenburg soziokratisch beschlossen.

Soziokratie in den Statuten bzw. der Satzung

Am Ende einer vollständigen Implementierung der *Soziokratischen KreisorganisationsMethode SKM* wird die soziokratische Beschlussfassungsstruktur auch in den juristischen Grundlagen der Organisation, in den Statuten bzw. in der Satzung (Gesellschaftsvertrag) eines Unternehmens festgelegt. Dadurch soll die SKM nachhaltig in der Organisation verankert bleiben.

Ausbildung der Experten

Drei bis vier Jahre dauert die Ausbildung zum Experten für Soziokratie. Der Titel *Certified Sociocracy Expert CSE* wird von der Zertifizierungsstelle des Verbands der deutschsprachigen Soziokratie-Zentren vergeben. Für „Soziokratische Gesprächsleiter" und „Interne SKM-Trainerinnen" werden Ausbildungen von den regionalen Soziokratie-Zentren angeboten. Alle Ausbildungsangebote im deutschsprachigen Raum findet man auf der Webseite www.soziokratiezentrum.org. Das ISCB – International Sociocracy Certification Board – ist ein Zusammenschluss von Soziokratie-Anbietern, die den Zertifizierungsrichtlinien des ISCB folgen. GA – Governance Alive –, SoFA – Sociocracy For All – und SoZeÖ Soziokratie Zentrum Österreich – sind die Gründer und ersten „Certifying Agencies", die ihre zertifizierten Berater auf der gemeinsamen Webseite www.iscb.earth präsentieren.

2.4 Erste Schritte zu einer soziokratischen Organisation

Immer mehr Menschen rufen nach Beteiligung, nicht nur in Politik und Bildung. Auch in ihrem beruflichen Umfeld möchten Menschen mit ihrem Können und ihrer Erfahrung mehr in die Gestaltung der Arbeit miteinbezogen sein. Die Begriffe „Potenzialentfaltung" (→ *Glossar*) und „Mitverantwortung" gewinnen zunehmend Bedeutung.

Beteiligung entsteht durch „Teilen der Macht"

„Es hat sich gezeigt, dass Mitverantwortung nur durch Mitbestimmung entsteht." Dieser Satz von Gerard Endenburg macht deutlich, dass der Gewinn auf dem Felde des brachliegenden „Human Potentials" für Unternehmer nur geerntet werden kann, wenn es ihnen gelingt, ihre Macht – also ihr alleiniges Entscheidungsmandat – mit den Mitarbeitern zu teilen. Als Führungskraft wünscht man sich immer ein hohes Maß an Mitverantwortung, Mitdenken, Mitmachen, Motivation und Selbstständigkeit von den Mitarbeitenden. All jene Chefs, die gelernt haben, ihre Mitarbeiterinnen wirklich auf Augenhöhe ernst zu nehmen, erleben wesentlich mehr Mitverantwortung, als jene, die ihren Mitarbeitenden wenig zutrauen. Die Bedeutung der Unternehmenssteuerung wird dabei nicht infrage gestellt. Es muss aber darum gehen, auch das Controlling in die Verantwortung der ausführenden Mitarbeiterinnen zu geben, denn diese können notwendige Messungen genauso gut selbst vornehmen und dabei ihre Arbeitsprozesse – und auch sich selbst – weiterentwickeln. Wie schon gesagt, wer sich nicht selbst steuern, also „regieren" kann, der kann sich auch nicht selbst organisieren. Wenn eine Führungskraft lernt, solche sich selbst steuernden Teams nicht nur zuzulassen, sondern zu unterstützen und auf Augenhöhe fachlich-menschlich anzuleiten, ist das der erste Schritt und auch die Grundvoraussetzung dafür, Beteiligung, Mitbestimmung und Mitverantwortung im eigenen Betrieb oder einer Abteilung zu ermöglichen.

Soziokratie kann nur top-down eingeführt werden

„Macht *mit* statt Macht *über*" heißt ein Slogan, den Soziokratie-Expertinnen nutzen, um das Thema Macht auf den Tisch zu bringen. Nur wer Macht hat, kann Macht teilen. Deshalb startet eine Soziokratie-Implementierung durch ein Einführungsgespräch mit der Unternehmensleitung oder dem Vorstand. Nur an der Spitze der Organisation kann der Wunsch, die Mitarbeiter bei allen grundlegenden Prozessen mitentscheiden zu lassen, in die Tat umgesetzt werden.

Wenn die Motivation zur Einführung soziokratischer Entscheidungsstrukturen von einer untergeordneten Ebene kommt, sollte man Wege suchen, die bestehende Führung für die Veränderung zu gewinnen. Es braucht ein Minimum an Wohlwollen von der Unternehmensleitung, um in einer der Abteilungen mit Experimenten zu beginnen. Zum Beispiel hatte der Chefarzt der Kinder- und Jugendklinik in Ravensburg das Glück, dass der für Finanzen und Personal zuständige Direktor in der Geschäftsführung der Oberschwaben-Klinik selbst ausgebildeter Fußballtrainer war. Dieser Mann hat sehr schnell verstanden, warum sich die Investition in eine Soziokratie-Implementierung auszahlt. Er wusste, dass Teamwork zum Ziel führt, und seine positiven Erwartungen an die Methode wurden sehr rasch bestätigt.

Fehlt eine solche Rückendeckung aus der Unternehmensführung, dann fehlen meistens auch die Ressourcen für eine Implementierung. Aber auch das fehlende Vertrauen kann zum Hemmschuh für den Erfolg werden.

Die vier Phasen der Implementierung

(→ 4.10 *Der Implementierungsprozess*)

1. *Kennenlernen* → Beschluss durch die Leitung (Implementierungsplan)
2. *Einführen* → Schulung der Pilotkreise, danach alle Teile der Organisation schulen
3. *Integrieren* → Intervision der Rollen (Gesprächsleitung, Kreisleitung, Delegierte, Sekretär/Administrator)
4. *Entwickeln* → Audit, Qualitätssicherung, Entwicklungsplan, Topkreis, soziokratische Statuten

In der Phase *Kennenlernen* unterstützt die Soziokratie-Expertin die Organisation dabei, die für sie richtige Struktur und den passenden Implementierungsplan zu gestalten. Nur die Mitwirkenden selbst können wissen, was sie mit den partizipativen Entscheidungsstrukturen bewirken möchten, wie die Entscheidungsdomänen der Kreise am besten aufgeteilt und wie die Schulungen der Teams zur Einübung soziokratischen Verhaltens organisiert werden können. Eine erfahrene externe Begleitung kann hier helfen, rasch sinnvolle Strukturen zu erkennen. Immer muss es eine Testphase geben, gut begleitet von einer divers zusammengestellten Projektgruppe, um die Auswirkungen der Veränderung gut nachsteuern zu können.

Starten mit der Konsentmoderation

Ich war 2015 von Wolfgang Kradischnig eingeladen worden, die SKM während der Eigentümerbesprechung der DELTA Gruppe vorzustellen. Die neun Eigentümer trafen sich vierzehntägig, um gemeinsam über aktuelle Themen, Strategien und Projekte zu entscheiden – bis zu diesem Zeitpunkt noch ohne soziokratische Moderation. DELTA ist ein Gesamtdienstleister für Hochbauprojekte. Alle Eigentümer sind auch Geschäftsführer in einer der vielen GmbHs und hatten den Anspruch, ihre Grundsatzentscheidungen in Einstimmigkeit zu treffen. Um die soziokratische Entscheidungsfindungsmethode zu testen, wurde ich aufgefordert, eine konfliktbehaftete Situation zu moderieren, die dringend gelöst werden musste. Die Fronten waren längst abgesteckt, die Meinungen verhärtet. Trotz grundsätzlich gutem Willen, meinte jede Partei zu wissen, dass die andere nachgeben müsse, um einen Schritt weitergehen zu können. Der Senior-Chef konnte notfalls ein Machtwort sprechen.

An dieser verfahrenen Situation zu demonstrieren, wie eine soziokratische Entscheidung zum Konsent führen kann, war nicht wirklich schwer. Nur durch meine Anwesenheit und mithilfe der Kreismoderation erlebten alle plötzlich eine bisher nicht gekannte Sicherheit, die allein schon entspannend wirkte und zu einer neuen Art der Kommunikation einlud. Im gegenseitigen Zuhören erfuhren die Eigentümer trotz unterschiedlicher Meinungen plötzlich eine respektvollere Behandlung und reagierten bereits ab der zweiten Meinungsrunde mit spürbar mehr Verständnis für den anderen. Es gelang gemeinsam, den Fokus auf die Lösungsfindung zu legen, und es konnte ein guter nächster Schritt im Konsent entschieden werden. Diese positive Erfahrung bewegte die Eigentümergruppe im eigenen Leitungsgremium, die soziokratische Sitzungsgestaltung und Konsentmoderation als Methode einzuführen. Die DELTA-Gruppe arbeitete schon damals aktiv an der Verbesserung der Zusammenarbeit in der Bau- und Immobilienwirtschaft und hat im Zuge dessen auch die

Prinzipien von Selbstorganisation und Kommunikation auf Augenhöhe im Unternehmen und im Kontakt mit Partnern zunehmend umgesetzt.

Jede Führungskraft kann als ersten Schritt die Konsentmoderation zur Beteiligung der Mitarbeiterinnen in ihrer Abteilung nutzen (→ 3.1 *Das Konsentprinzip*). Es ist hilfreich, die Hürden und Probleme, auf die man bei den ersten Versuchen stoßen wird, mit erfahrenen Soziokratie Beraterinnen zu reflektieren. Soll die Kommunikationskultur grundlegend verändert werden, ist es hilfreich, Soziokratie-Experten einzubeziehen.

Die wichtigsten Voraussetzungen bei der Verwendung des Konsentprinzips stehen in Kapitel 3.1.

Das Subsidiaritätsprinzip als Grundhaltung

Das Subsidiaritätsprinzip (→ *Glossar*) drückt aus, dass es Entscheidungen von einer übergeordneten Stelle nur geben muss, wenn es einer Person oder einem Team nicht möglich ist, diese Angelegenheit selbst zu lösen. Will man eine Organisationsstruktur nach dem Subsidiaritätsprinzip aufbauen, kann ein erster Schritt die Verteilung der Aufgaben auf unterschiedliche Bereichskreise sein. Gerade konsensual geführte Organisationen bzw. Gremien leiden oft unter dem Bedürfnis, alle Mitglieder müssten bei allen Entscheidungen mitwirken. Wir wissen, wie schwer es manchen Menschen fällt, Entscheidungen, von deren Auswirkungen sie selbst betroffen sein könnten, an andere zu delegieren. Das Bedürfnis, überall mitreden zu wollen, bedeutet jedoch enorm viel Zeitaufwand für die Abstimmungen aller mit allen. Organisationen sind nicht „flach“, nur weil sie von einer Plenarsitzung gesteuert werden. Eine „flache“ Organisation zeichnet sich dadurch aus, dass alle ihre Teile weitgehend selbstständig agieren können, ohne für alles immer „oben“ fragen zu müssen. „Oben“ ist in einer konsensual geführten Organisation das Plenum aller Mitglieder. Und ein solches Führungsgremium kann unter gewissen Umständen auch eine extreme Hierarchie produzieren, die es Einzelnen schwer macht, selbstständig innerhalb ihres eigenen Aufgabenbereiches eigene Entscheidungen zu treffen. Daher ist ein guter Schritt in Richtung effektiver Selbstorganisation, semi-autonome Bereiche einzurichten und diese mit klaren Zuständigkeiten auszustatten. Das nennen wir „das Kreisprinzip“.

Die wichtigsten Voraussetzungen bei der Verwendung des Kreisprinzips stehen in Kapitel 3.2.

Mit der Doppelten Koppelung beginnen

Es mag unglaublich klingen, dass ein Unternehmer alle Probleme in seinem Unternehmen mit der Doppelten Koppelung gelöst hat. Es ist aber nachvollziehbar, wenn man sich klarmacht, dass viele Spannungen allein durch die Unzufriedenheit der Mitarbeiter mit den Entscheidungen der Führungsebene entstehen. Wenn eine Führungskraft bei einem Management-Meeting eine von der eigenen Abteilung mit ihrem Konsent gewählte Mitarbeiterin neben sich sitzen hat, die die Interessen der Mitarbeiter bei allen Grundsatzentscheidungen vertritt, dann entspannt das alle Beteiligten. Dieses Element erlaubt die Übernahme von Verantwortung durch die Gruppe der Mitarbeiter. Und wenn Mitarbeiter im Leitungskreis mitverantwortlich sind für Grundsatzentscheidungen, hören sie auf, mit den Entscheidungen ihrer Führungsebene unzufrieden zu sein. Durch die erlebte Wertschätzung ihrer Entscheidungskompetenz sind sie motivierter. Entscheidungen sind jetzt ihre eigenen Entscheidungen, für deren Umsetzung sie sich wesentlich mehr zuständig fühlen als für bloße Anordnungen von oben.

Möchte ein Unternehmen Mitbestimmung durch die Einführung der Doppelten Koppelung initiieren, dann ist die Offene Wahl der Delegierten das richtige Instrument. Denn sie stellt sicher, dass die delegierte Person tatsächlich das Vertrauen aller Kolleginnen – und auch der Abteilungsleitung – besitzt, um im nächsthöheren Kreis mit freiem Mandat mitentscheiden zu können.

Die wichtigsten Voraussetzungen bei der Verwendung der Doppelten Koppelung stehen in Kapitel 3.3.

Mit der Offenen Wahl starten

Viele Experimente mit Offener Wahl in nicht-soziokratischen Organisationen, die ich kenne, sind schwierig verlaufen. Es braucht viel Erfahrung mit soziokratischer Moderation, um in nicht-soziokratischer Umgebung eine Offene Wahl durchzuführen. Eine junge Kollegin, Lisa Praeg aus Vorarlberg, die sich sehr für die Verwendung soziokratischer Elemente in Schulen einsetzt, hat, unterstützt von anderen Soziokratie-Expertinnen, darum eine kompakte Broschüre entwickelt, um Lehrkräften ausreichend Informationen an die Hand zu geben, eine soziokratische Klassensprecherwahl durchzuführen. Darin ist eine detaillierte Anleitung zu finden, wie ein Klassenlehrer mit seiner Klasse vorgehen muss, um die Offene Wahl zu einem positiven Erfolg zu führen. Stolpersteine ohne vorherige Einführung der ersten drei Basis-Prinzipien gibt es viele. (→ *Kapitel 3.4*)

Mit einem 360°-Entwicklungsgespräch beginnen

Einige Unternehmen haben zuerst mit diesem Element begonnen und gute Erfahrungen dabei gemacht. Speziell jene Branchen, in denen jährliche Mitarbeitergespräche obligatorisch durchgeführt werden, berichten von großer Erleichterung, toller Wertschätzung, konstruktivem Feedback, eingebettet in einen sicheren Rahmen, der wesentlich dazu beiträgt, das Verbesserungspotenzial zu erforschen und Schritte zur Weiterentwicklung der Mitarbeitenden gemeinsam zu beschließen. Aber wie erschafft man diesen sicheren Rahmen, wenn man nicht soziokratisch organisiert ist?

Ich habe mich entschieden, in dieser erweiterten Ausgabe erstmals auch das soziokratische Entwicklungsgespräch zu erläutern (→ *Kapitel 4.8*). Das hat zwei Seiten. Zum einen ist es ein Werkzeug, das auch ganz unabhängig von anderen SKM-Tools eingeführt werden kann. Zum anderen haben viele Soziokratie-Beraterinnen die Erfahrung gemacht, dass es eine sehr Soziokratie erfahrene Umgebung braucht, um soziokratische Entwicklungsgespräche ohne unerwünschte Nebenwirkungen umsetzen zu können.

Also empfehlen wir nicht, einfach mal so die Mitarbeiterinnengespräche auf 360° mit vier Feedbackrunden umzustellen, auch wenn es hauptsächlich positive Erfahrungen damit gibt. Wirklich sicher gelingt das soziokratische Entwicklungsgespräch, wenn die ganze Organisation bereits die SKM internalisiert hat. Die Umstellung ohne vorherige SKM-Einführung birgt ein gewisses Risiko, das durch die folgenden Punkte minimiert werden kann.

Was ist zu beachten, wenn man mit dem soziokratischen Entwicklungsgespräch startet?

- Die Teilnehmenden müssen geübt sein in gewaltfreier Kommunikation, das heißt, über sich selbst sprechen, Beobachtungen beschreiben, eigene Bedürfnisse erkennen und ausdrücken, Wünsche formulieren. Das will gelernt sein.
- Die Teilnehmenden müssen in offener soziokratischer Wahl, und zwar mit dem Konsent der Person, die das Feedback bekommt, gewählt werden. Nur so erzeugt man eine sichere Atmosphäre und vermeidet das Gefühl, einer Übermacht gegenüber zu sitzen.
- Das Gespräch darf nicht aufgrund einer Konfliktsituation einberufen werden. So macht man das Format zur „Keule" für „Missetäter". Konflikte sollten mit den in der Organisation bereits bekannten Konfliktlösungsmethoden bearbeitet werden, nicht mit Entwicklungsgesprächen.
- Die Führungsperson, die solche Gespräche für ihre Mitarbeiterinnen vorschlägt, muss selbst als Protagonist dieses Format mehrmals erlebt haben, um sich in die Situation der Mitarbeiterin hineinversetzen zu können.
- Es braucht einen gut begleiteten Prozess, um das Entwicklungsgespräch an die bisherigen Gepflogenheiten anzupassen. Die frühere Kultur kippt man nicht einfach weg, sondern man schafft Übergänge und baut auf dem Bewährten auf.
- Die Gesprächsleitung muss soziokratisch versiert sein. Gerade beim Entwicklungsgespräch ist hohe Sensibilität erforderlich, um Diskussionen an der falschen Stelle zu unterbinden und spontanes Reagieren an der richtigen Stelle zuzulassen.
- Die unterstützende Haltung muss über das Gespräch hinausgehen. Was vereinbart wurde, muss eine hohe Verbindlichkeit haben.

Man könnte hier noch vieles mehr aufzählen. Insgesamt braucht dieses wirklich schöne Format viel Achtsamkeit bei der Einführung.

Mit soziokratischen Statuten beginnen

Immer häufiger wollen Gründer von Organisationen, Vereinen, Start-ups oder Projekten mit einer soziokratischen Organisationsstruktur starten. Zum Glück kommen diese mutigen Pioniere auch sehr gern zu den erfahrenen Soziokratie-Expertinnen, denn sie ahnen, dass sie Hilfe brauchen. Grundsätzlich kann ich nach der Begleitung vieler Start-ups sagen, es ist besonders viel Einsatz seitens der Begleitung nötig, um ein Start-up mit Soziokratie auszustatten. Da meistens niemand aus der Gründergruppe viel über Soziokratie weiß, müssen nicht nur alle Besprechungen begleitet werden, um so rasch als möglich die Methode anwenden zu können, sondern es muss auch die gesamte Arbeitsstruktur erst entworfen und die soziokratischen Statuten dementsprechend geschrieben werden. Wächst ein solcher Verein dann rasch, kommt man kaum nach, die neuen Leute laufend zu schulen.

Die beste Chance auf eine fundierte Anwendung der SKM von Anfang an haben jene Gründer, die bereits mehrere Jahre Erfahrung mit der SKM in anderen Organisationen sammeln konnten. Alle anderen unterschätzen den Einsatz der Mittel, der nötig ist, um jeden einzelnen Neuzugang mit der Arbeitsweise so rasch als möglich vertraut zu machen. Worst case eines Start-ups mit soziokratischen Statuten sind uninformierte Mitglieder, die sich aufgrund der soziokratischen Kreisstruktur von der Mitbestimmung ausgeschlossen fühlen. Und das kann passieren, weil es im Onboardingprozess oft zu wenig Zeit gibt, um in angemessenem Tempo die Möglichkeiten der Doppelten Koppelung zu erfahren.

Mit einem Topkreis beginnen

John Buck startet am liebsten mit der Soziokratie-Implementierung im Aufsichtsrat. Das entspricht auch meiner Erfahrung, die in dem Satz ausgedrückt werden kann: Die Soziokratie kann nur top-down eingeführt werden Wenn es gelingt, dass sich ein oberstes Führungsgremium, das vor allem mit dem Controlling der Organisation betraut ist und darum weitgehend aus externen Mitgliedern besteht, auf soziokratische Entscheidungsstrukturen einlässt, dann hat die Implementierung gute Chancen auf Erfolg.

Aber auch in der soziokratisch organisierten Freistein-Schule, in der die Gründerinnen erst lernen mussten, ihr Konzept gegenüber den Eltern zu vertreten, hat es sehr geholfen, von Anfang an einen Topkreis zu installieren. Dieser Kreis, in dem ich selbst bis heute als Soziokratie-Expertin Mitglied bin, wurde von den beiden Montessori-Lehrerinnen als sehr unterstützend wahrgenommen. Heute rate ich allen Soziokratie-Start-ups, zunächst einen Topkreis zu gründen, in dem auch ein Soziokratie-Experte sitzt, um die Anwendung der SKM von der Spitze aus sicherzustellen.

Es hat sich in der Praxis gezeigt, dass die Veränderungen innerhalb eines Unternehmens oder einer Organisation durch die Verwendung von Elementen aus der *Soziokratischen KreisorganisationsMethode SKM* größer sind, als dies am Beginn vorstellbar erscheint.

Wie bei allen Veränderungsprozessen, müssen auch Elemente aus der SKM sehr achtsam und Schritt für Schritt eingeführt werden. Begleitende Messungen ermöglichen zeitgerechte Anpassungen, um allen Mitwirkenden die Chance zu geben, in die neuen Verhaltensweisen langsam aber sicher hinein zu wachsen. (→ Kapitel 4.10 *Der Implementierungsprozess*)

Zusammenfassung

Das Kapitel 2 soll die Tür in die *Soziokratische KreisorganisationsMethode SKM* öffnen. Von der Wichtigkeit einer gemeinsamen Ausrichtung über die Wortbedeutung von Soziokratie und die Kurzbeschreibungen der 4 Basisprinzipien bis zu den ersten Schritten mit der SKM wird ein Einblick in alle Elemente einer Methode geboten, deren Ziel es ist, Gleichwertigkeit bei der Beschlussfassung zu erzeugen. Mitentscheiden erlaubt es den Beteiligten, auch Mitverantwortung zu übernehmen.

Kapitel 3

Die vier Basisprinzipien in der Soziokratischen Kreisorganisations-Methode SKM

Kapitelübersicht

Die *Soziokratische KreisorganisationsMethode SKM* ist ein ganzheitliches Organisationsmodell auf Basis von Gleichwertigkeit aller Mitarbeitenden bei der Beschlussfassung. Ein Organisationsmodell oder Managementsystem enthält Parameter zu Vision-Mission-Zielsetzung, legt die spezifischen Kommunikationsformen fest, orientiert sich an bestimmten Werten und Haltungen und hat jeweils eigene Strukturen, um die Macht und die Arbeit zu verteilen.

An Universitäten und Hochschulen lernen die Studierenden, dass ein Managementsystem ein Regelkreis zur Steuerung der Zielerreichung ist. Ausgehend von den Zielen des Unternehmens werden Umsetzungspläne abgeleitet, die ihrerseits die Grundlagen für das Entscheiden liefern. Sind die Entscheidungen getroffen, geht es zur Umsetzung und von da weiter zur Kontrolle, von wo dann wieder die Informationen stammen, um die Ziele anpassen zu können. Das ist der Management- oder Steuerung-Kreis.

In linearen Organisationsstrukturen gibt es meistens viele Kontrollkriterien, die den Umsatz, das Kundenverhalten, den Zeitverbrauch oder auch die Mitarbeiterzufriedenheit betreffen.

Es gibt jedoch nur sehr wenige Messungen aus der direkten Umsetzung. An der Stelle, an der wichtige Erfahrungen von den Mitarbeiterinnen direkt bei der Ausführung gesammelt werden, mangelt es gewöhnlich an Feedbackschleifen, was sowohl deprimierend für die Mitarbeitenden, als auch gefährlich für das Management sein kann. Wer nicht unmittelbar gefragt wird, wie es ihm bei der Ausführung der von den Managern gemachten Pläne und Entscheidungen ging, verliert sehr leicht die Lust mitzuwirken. Mitarbeiter, die innerlich gekündigt haben, kann man sich aber als Unternehmen, Regierungsorganisation und NGO zunehmend weniger leisten. Man spricht davon, die Mitarbeiter-Potenziale stärker einzubinden. Wie kann das gehen? Die Werte heißen zwar längst „partizipativ“ und „gemeinsam“, die Haltungen und Kommunikationsformen haben sich aber noch nicht ausreichend verändert. Vielen Führungskräften fehlt das Wissen, dass Menschen nur dann ihr Potenzial einbringen können, wenn sie damit wirklich ernst genommen und berücksichtigt werden. Und wenn ein Manager das auch versteht, fehlt es ihm doch oft an Ideen, wie „Human Resources“ aktiviert werden könnten.

Wenn Messungen zu wenig Macht im Kreisprozess von leiten-tun-messen haben, ist die Steuerung nicht dynamisch genug, um auf Schwankungen adäquat reagieren zu können. Für eine funktionierende dynamische Steuerung müssen alle drei Teile – das Leiten, das Tun und das Messen gleichwertig sein. Die Ausführenden und Messenden brauchen eine gleichwertige Macht im Kreisprozess, um hilfreich mitsteuern zu können.

Wie das Ernstnehmen real praktiziert werden kann, hat Gerard Endenburg durch seine vier soziokratischen Basisprinzipien aufgezeigt. Alle vier Prinzipien sorgen jeweils einzeln, aber insbesondere zusammen dafür, dass das Feedback jedes Individuums, das Mitglied der Organisation ist, laufend in die Gesamt-Steuerung miteinbezogen wird. Die SKM stellt damit sicher, dass jeder Einzelne – und damit alle gemeinsam – die volle Verantwortung für die Zielerreichung haben. Das macht Lust, sich einzubringen, da macht es Freude, zusammenzuarbeiten, und es bringt Sinn ins eigene Leben. Solche Mitarbeiterinnen wünscht sich jede Führungskraft. Hier sind die Basics, die dieses Ziel in greifbare und erreichbare Nähe rücken.

3.1 Erstes Basisprinzip: Das Konsentprinzip

Gerard Endenburg beschreibt in seiner Norm, die er in seinem ersten Soziokratie Zentrum in Rotterdam zur Überprüfung der soziokratischen Prinzipien verfasst hat, das Konsentprinzip mit folgenden Worten:

> „Das Prinzip, dass ein Beschluss gefasst ist, wenn kein anwesendes Kreismitglied einen begründeten und schwerwiegenden Einwand gegen den Beschluss hat."

Endenburg will mit diesem Grundsatz erreichen, dass keine Person übergangen oder ignoriert werden kann. Übergehen, meint Endenburg, sei eine Form von Gewalt. Die Konsentbeschlussfassung macht ein korrigierendes Eingreifen bei Übergehen möglich. Damit kann Gewalt korrigiert werden, die Personen sich gegenseitig antun können.

Das Konsentprinzip gewährleistet die beiderseitige Anerkennung der Gleichwertigkeit von Menschen in der Kreisversammlung bei der Beschlussfassung. Alle Personen, die an der Kreisversammlung teilnehmen, verfügen ungeachtet ihrer Funktion über dieselben Rechte bei der Beschlussfassung.

Durch die Anwendung des Konsentprinzips entsteht eine Verbindung zwischen den Interessen Einzelner und den gemeinsamen Interessen, und auch eine Verbindung zwischen formellen (z. B. rationalen) und informellen (z. B. emotionalen) Seiten des Entscheidungsprozesses.

Gleichwertigkeit in der Beschlussfassung bedeutet letztendlich, dass bei der Entscheidungsfindung eine Situation entsteht, in der jeder über die Macht verfügt, die Übermacht eines anderen zu korrigieren. (Endenburg, Norm SCN 500, S. 8)

Der Konsent regiert die Beschlussfassung

Es herrscht der Grundsatz: „Der Konsent regiert die Beschlussfassung." Das bedeutet, dass ein Grundsatz als angenommen gilt, wenn niemand einen schwerwiegenden Einwand hat. Der Konsent regiert jedoch auch die anderen Wege, wie es zu Entscheidungen kommen kann. So können die Teilnehmer mit Konsent auch beschließen, andere Methoden der Entscheidungsfindung anzuwenden, beispielsweise die Mehrheitsentscheidung, systemisches Konsensieren (→ *Glossar*) oder das Zufallsprinzip. Sie können beschließen, die Entscheidung zu delegieren – an Einzelne, eine Minderheit (als gewünschte Autorität) oder noch andere Entscheidungsinstanzen.

„Konsent" – die Bedeutung des Wortes

Das Wort *Konsent* (→ *Glossar*) stammt aus dem englischen Sprachraum und bedeutet „kein Widerstand", auch übersetzt mit „Zustimmung". In der Technik wird der Begriff auch für das Funktionieren eines Gerätes oder einer Maschine benutzt. Wenn das Gerät „läuft", bzw. die Maschine „funktioniert", dann aufgrund des „Konsent" aller ihrer Teile.

Endenburg wollte ein deutliches Signal setzen, um den Konsent vom deutschen Wort *Konsens* zu unterscheiden. *Konsens* bedeutet „Übereinstimmung der Meinungen oder Standpunkte; Einigkeit; Einmütigkeit." (Aus: http://www.wortbedeutung.info/Wörterbuch)

Um einen Konsent zu erzielen, braucht es keine Übereinstimmung der Meinungen und Standpunkte. Es genügt, wenn es keine schwerwiegenden Einwände gegen einen Vorschlag gibt, um den nächsten Schritt machen zu können.

Wenn ein Rädchen in einem Uhrwerk nicht mehr mitmacht, steht die ganze Uhr still und man muss das Uhrwerk zerlegen, um herauszufinden, woran der Stillstand liegt. Jedes Rädchen muss überprüft werden, ob, und wenn ja, wo es hakt. Hat man das Problem gefunden, dann kann man daran gehen, es zu lösen (reparieren) und das Uhrwerk dann wieder so zusammenzusetzen, dass jeder Teil an seinem Platz landet. Bis es wieder „läuft".

„Konsent" heißt in diesem Sinne: „Kein Widerstand im Teamwork, alle Teammitglieder machen mit." Oder: „Wir haben alle Probleme gefunden und sie einer Lösung zugeführt."

Die Konsentformung

Gewöhnlich kommt ein Konsent bei einem Meeting in drei Phasen zustande.

1. Die Bildformung

Das ist die Informationsphase. Eine oder zwei Personen haben sich eventuell gut auf diesen Punkt vorbereitet. Alle verfügbaren Informationen werden in dieser Phase bekanntgegeben, gesammelt und ausgetauscht, sodass sich in jedem Kreismitglied ein möglichst deutliches Bild des Problems, der Fragestellung oder des bereits vorbereiteten Vorschlages formen kann. Die Moderatorin (Rolle eines Kreismitglieds) fragt in der Informationsrunde alle Kreismitglieder reihum, ob sie noch Informationen brauchen, um sich eine Meinung bilden zu können. Jeder, der etwas weiß, kann antworten.

2. Die Meinungsbildung

In der ersten Runde dieser zweiten Phase fragt die Moderatorin alle, was sie nun zu dem Thema denken oder wie es ihnen mit dem eingebrachten Vorschlag geht. Eine erste Reaktion ist gefragt. Wieder werden alle reihum gehört. Wenn alle ihre erste gefühlsmäßige Meinung geäußert haben, sollen nun alle in der zweiten Meinungsrunde bekannt geben, wie sich ihre Meinung nun durch das Gehörte geändert hat oder was sie beim Zuhören dazu gelernt haben. Das neu Entstandene schreibt die Moderatorin auf das Flipchart und verbessert damit weiter die gemeinsam entwickelte Lösung.

3. Die Konsentformung

Nun ist die Lösung schon sehr ausgereift und die Moderatorin formuliert daraus ihren Vorschlag, um „ihn zum Konsent zu stellen". Sie fragt die Runde: „Gibt es gegen diesen (gereiften) Vorschlag einen schwerwiegenden und begründeten[5] Einwand?" Wenn von keinem Kreismitglied ein Einwand formuliert wird, gilt der Beschluss als gefasst.

[5] Der Begriff „begründet" in der Formulierung „schwerwiegender und begründeter Einwand" bedeutet, dass die zugrunde liegenden Aspekte, Merkmale und Argumente in irgendeiner Weise kommuniziert werden, womit sie in Bezug zum gemeinsamen Ziel gebracht werden können. Auch Empfindungen oder Gefühle können Argumente sein.

Werden leichte Einwände angemeldet, fragt die Moderatorin, ob sich dahinter noch Argumente verbergen, die zur Verbesserung des Vorschlags dienen können. Wenn ja, integriert sie diese Ideen ebenfalls in den Vorschlag.

Gibt es zu dem Vorschlag der Moderatorin einen schwerwiegenden Einwand, werden die Argumente gehört und noch einmal ein oder zwei Meinungsrunden dazu gemacht. Gewöhnlich trägt ein schwerwiegender Einwand sehr zur Verbesserung der Lösung bei, sodass der daraus resultierende neue Vorschlag nun konsentiert werden kann. (→ 4.5 *Umgang mit dem schwerwiegenden Einwand*)

Abb. 1: Die Gesprächsleitung führt die Kreismitglieder durch den Prozess der Entscheidungsfindung und sichert das Ergebnis.

Damit wirklich alle zu Wort kommen, wird in der SKM (Soziokratische KreisorganisationsMethode) ein Kreismitglied gewählt, welches das Gespräch leitet. In dieser Rolle unterstützt jeweils ein Kreismitglied die ganze Gruppe im Prozess der Konsentfindung.

Die Konsentbeschlussfassungen, und gewöhnlich auch die gesamte Sitzungsgestaltung, werden vom Moderator (Gesprächsleiter) angeleitet. Alle Kreismitglieder helfen mit, dass die Gesprächsleitung funktioniert. Niemand ist im Kreis allein für etwas verantwortlich. Erinnern, korrigieren, direkt anpacken und motivieren darf und soll jedes Kreismitglied jederzeit, wenn es den Bedarf dafür sieht. Der Auftrag zu moderieren wurde von allen im Kreis an ein Kreismitglied delegiert. So bleiben alle verantwortlich, diese Person bei ihrer Aufgabe bestmöglich zu unterstützen.

Bei einer Implementierung des soziokratischen Managementsystems in einem Unternehmen, werden bei der Begleitung (Schulung) der Kreise auch die Rollen eingeübt.

Alle im Kreis können die externe Soziokratie-Expertin einige Male bei ihrer Gesprächsleitung und Sitzungsgestaltung beobachten, bevor sie selbst in diese Rolle schlüpfen (→ 4.10 *Der Implementierungsprozess*).

Wie ein Konsent entsteht

Stellen Sie sich vor, Sie sitzen mit Ihren Kollegen bei einer Arbeitsbesprechung und es gibt mehrere Dinge zu entscheiden. Ihre Vorgesetzte sitzt auch dabei. Bei jedem der Punkte der von einem der Kollegen vorgetragen wird, fragt nun die Moderatorin zuerst in die Runde, ob es Fragen zu dem Thema gibt. Wenn alle genug Informationen haben, um sich eine Meinung bilden zu können, beginnt die Moderatorin, eine Kollegin nach der anderen um ihre Meinung zu fragen. Das klingt etwa so: „Was hältst du von dem Vorschlag? Wie geht es dir damit, wenn das so umgesetzt wird?" Nun gibt jede reihum, kurz und bündig ihre Meinung dazu ab. Alle hören allen aufmerksam zu, während sich in jeder etwas bewegt – bei jeder Wortmeldung. Und nun kommt das eigentlich geniale Element in der soziokratischen Beschlussfassung: Die zweite Meinungsrunde!

Alle Anwesenden geben nun in der zweiten Runde bekannt, wie sich ihre Meinung durch das Zuhören verändert hat.

Indem ich deine Ideen in mich hineinlasse, hat sich etwas in mir verändert!
Du inspirierst mich, und das Neue entsteht in mir durch dich!

Alle neuen Ideen werden auf dem Flipchart festgehalten und verbessern den ursprünglichen Vorschlag. Zum Schluss fragt die Moderatorin noch, ob der Vorschlag nun gut genug ist, um damit den nächsten Schritt in Richtung Ziel gehen zu können.

John Buck kreierte dazu folgende Konsentabfrage: „Ist es gut genug für jetzt und sicher genug, um es zu versuchen?"

Das ist alles. Wenn in der letzten Runde zu diesem Punkt niemand einen schwerwiegenden Einwand hat, ist die Sache beschlossen. Sie kann nun an die Ausführung (→ *Glossar*) delegiert und ins Logbuch (→ 4.7 *Prozessmanagement und Transparenz*) eingetragen werden.

Die gute Lösung entsteht also aufgrund der Rederunden bei der Gesprächsführung. Diese Sprech-Ordnung erzeugt Gleichwertigkeit und entspannt damit alle Beteiligten. Auf strukturellem Wege wird ein gemeinschaftliches Setting geschaffen, in dem Vertrauen wachsen kann, weil die ritualisierte Kommunikation im Kreis jedes Mitglied davor beschützt, ignoriert zu werden.

Das ist der Weg, wie KONSENT entsteht, nämlich mithilfe der soziokratischen Konsentmoderation.

Ausnahmen bestätigen die Regel

Die Werkzeuge der SKM sollen nicht als Dogma verstanden werden. Gerard Endenburg antwortete auf die Frage: „Brauchen wir immer die Rederunden um zum Konsent zu kommen?" „Nein, nicht immer. Jede Gruppe hat auch ihre eigene Kultur. Die Hafenarbeiter schlugen sich auf die Schultern zum Zeichen, dass sie sich jetzt einig waren."

Aus Sicht der Moderation kann das Zulassen von Diskussion zwischen zwei Kreismitgliedern immer wieder auch hilfreich sein. Wenn beispielsweise eine Person über besondere Informationen verfügt und eine andere die Fragen gut formulieren kann, die dazu beitragen diese Informationen zu bekommen, lässt man diese beiden sich darüber austauschen. Besonders in kleineren Kreisen, die gut eingespielt sind, macht es Sinn, die Diskussion immer wieder auch laufen zu lassen. Wichtig ist jedoch, dass die Lösungsfindung im Fokus bleibt und am Ende wieder alle Kreismitglieder die Gelegenheit bekommen ihre Meinung zu sagen, bzw. um Konsent gefragt werden.

Voraussetzungen, um mit Konsent gemeinsam Entscheidungen zu treffen

1. **Das Team kümmert sich darum, dass jeder auf dem „richtigen" Platz ist**
   In einer erfolgreichen Organisation sollte jeder auf seinem Platz „funktionieren". Aber was ist „mein Platz"? Nur selten messen (überprüfen) wir, ob alle Rollen und Funktionen „richtig" besetzt sind. Wir sollten es aber messen, denn es hakt immer dann, wenn jemand nicht auf dem ihm entsprechenden, richtigen Platz ist. Das kann daran liegen, dass eine Person nicht über genügend Fähigkeiten verfügt, um den gewünschten Platz auszufüllen, oder sich mit dem Ausmaß der Arbeit überfordert fühlt. Es kann, neben der fehlenden Kompetenz, aber auch daran liegen, dass die Person zu wenig Wertschätzung oder zu wenig Unterstützung erfährt. Wenn ein Mensch „nicht funktioniert", ist das gemeinsame Ziel gefährdet. Darum nehmen wir den einzelnen Menschen in der SKM so wichtig. Sein *schwerwiegender Einwand* macht uns deutlich, dass wir ein Problem haben. Das Team läuft eben nicht mehr wie ein Uhrwerk, wenn eines der Rädchen die Aufgaben nicht bewältigt. Der Konsent im Team ist dann nicht mehr vorhanden, wenn jemand „unfähig" ist, mitzuwirken. In einem soziokratischen Team entdeckt man das meistens frühzeitig. Denn bei der Kreisversammlung werden alle gefragt, ob sie „Konsent geben können". Wenn ein Einzelner nicht mitkommt, gibt er keinen Konsent. Er oder sie wird eingeladen, die Belastungsgrenze zu thematisieren oder gegebenenfalls Nein zu neuen Aufgaben zu sagen. Das gibt uns als Team die Chance, rasch nach Lösungen zu suchen. Wir warten mit Veränderungen nicht bis zum Burn-out oder bis jemand kündigt. Wir können aufgrund der permanenten Mitentscheidung aller laufend nachsteuern, unsere Prozesse korrigieren, die Arbeit anders einteilen oder Tausend neue Wege erfinden.

2. **Die Atmosphäre ist sicher genug, um seinen Konsent nicht zu geben**
   Wenn Sie in Ihrem Team in der Rolle einer Vorgesetzten die Konsent-Beschlussfassung einführen, kann es passieren, dass Sie es nicht bemerken, wenn ein Teammitglied Ja sagt, ohne Ja zu meinen. Man getraut sich leichter, einer anderen Meinung als der Chef zu sein, wenn eine Begleitperson anwesend ist, die bei Meinungsverschiedenheiten für Gleichwertigkeit sorgt. Die Augenhöhe einzuführen, braucht Zeit, um Erfahrungen von Gleichwertigkeit machen zu können. Auch der wohlmeinende Chef eines Beratungsunternehmens, der autodidaktisch die Konsentmoderation eingeführt hat, musste im Coaching entdecken, dass er nach wie vor den „Chef-Vorteil" genießt. Wer widerspricht schon gern seinem Vorgesetzten? Auch wenn dieser wirklich ehrlich dazu einlädt, haben die meisten Erwachsenen in der Schule etwas anderes gelernt. *Man diskutiert nicht mit dem Lehrer. Der Lehrer hat immer recht.*

Man riskiert schlechte Noten, wenn man widerspricht. Einigen Menschen wird es also weiterhin schwerfallen, ihre Meinung kundzutun.
Was in solchen Situationen hilft, ist eine externe Moderation, die für den sicheren Rahmen und die entsprechende Achtsamkeit sorgt. Sie kann eingreifen, indem sie noch einmal nachfragt, eine dritte Rederunde durchführt, die Spannung anspricht oder einen Schritt zurückgeht. Dabei erhält der Chef die Chance zu lernen, wie er seine vorhandene Dominanz reduzieren kann, um Gleichwertigkeit zu ermöglichen. Die Mitarbeitenden lernen durch eine externe Moderation, die auch unbequeme Dinge anspricht, mutiger zu werden. Dann können auch vorsichtige Teammitglieder erleben, dass der Chef korrigierbar ist und sich ernsthaft freut, wenn alle Mitarbeitenden ihre Meinungen und Ideen angstfrei einbringen.

3. **Es gibt ein gemeinsames Ziel**
Konsent-Entscheidungen in Teams, die kein gemeinsames Ziel haben, führen zu gegenseitigen Blockaden. Wenn permanent schwerwiegende Einwände kommen, sollte man sich zuerst darum kümmern, ob wirklich alle eine gemeinsame Ausrichtung haben und gemeinsam in diese Richtung gehen wollen. Solange das nicht der Fall ist, macht es nämlich keinen Spaß, zusammenzuarbeiten. Konflikte sind vorprogrammiert und könnten der Methode statt dem Fehlen eines gemeinsamen Zieles zugeschrieben werden. (→ Kap. 4.1 *Eine gemeinsame Ausrichtung*)

4. **Die Gruppe ist klein genug, sodass alle zu Wort kommen**
Die Kreativität entsteht bei der Konsent-Entscheidung durch mehrere Rederunden, in welchen alle Teilnehmenden von den jeweils anderen Inspirationen bekommen, um in der nächsten Runde daran anschließen zu können und neue Ideen beizusteuern. Bei mehr als zehn Personen wiederholen sich bereits einige Wortmeldungen inhaltlich und es beginnt, anstrengend zu werden, so lange zuzuhören, bis man endlich wieder selbst etwas sagen darf. Die Erfahrung hat gezeigt, dass ein kreativer Lösungsfindungsprozess mit fünf bis maximal sieben Personen wirklich Spaß macht. Die Lösung wird nicht besser, nur weil mehr Menschen mitreden. Es müssen die „richtigen" im Kreis sein, nicht die „meisten". Je größer die Gruppe ist, umso zurückhaltender müssen alle mit ihren Beiträgen sein, um die Zeit aller zu sparen. Diese Zurückhaltung ist beim Finden von Lösungen aber nicht hilfreich. Zusätzlich gibt es viele Menschen, die sich bei Rederunden in Großgruppen schwertun, überhaupt zu reden. Also reden eher die Mutigen, und wir verlassen die Gleichwertigkeit. Gruppen mit bis zu 18 Mitgliedern kann man mit sehr straffer Moderation gerade noch bewältigen. Auf Konsent-Entscheidungen in Großgruppen mit über 20 Personen sollte man aber besser verzichten. In der SKM haben wir die Möglichkeit, eine Kreisstruktur zu bilden mit mehreren kleinen, Themen bezogenen Kreisen. Wenn man aber für gewisse Entscheidungen eine Großgruppe für sinnvoll hält, sollte man besser systemisch Konsensieren (→ *Glossar*), statt mit Konsent zu entscheiden.

3.2 Zweites Basisprinzip: Das Kreisprinzip

In der SKM nach Gerard Endenburg ist eine Organisation aus Kreisen aufgebaut, wobei jeder Kreis eine eigene Zielsetzung hat. Jeder Kreis steuert seine Prozesse auf der Grundlage des Kreisprozesses von Leiten (anleiten), Tun (ausführen) und Messen (rückmelden), und sorgt mithilfe der Integralen Schulung für seine benötigten Kenntnisse und Fertigkeiten.

Ein Kreis ist eine semi-autonome Gruppe von Personen, die nach der *Soziokratischen KreisorganisationsMethode* Grundsätze zur Verwirklichung eines gemeinsamen Zieles bestimmen.

Der Kreis ermöglicht die Verbindung zwischen Ich-Identität und Gruppen-Identität, sagt Endenburg. Die Bedürfnisse des Einzelnen und die der Gruppe werden wechselseitig aufeinander bezogen. Jeder Kreis sorgt außerdem für die Verfügbarkeit seiner Informationen, für seine fortwährende Weiterentwicklung und sein eigenes Erinnerungssystem. (Endenburg, Norm SCN 500)

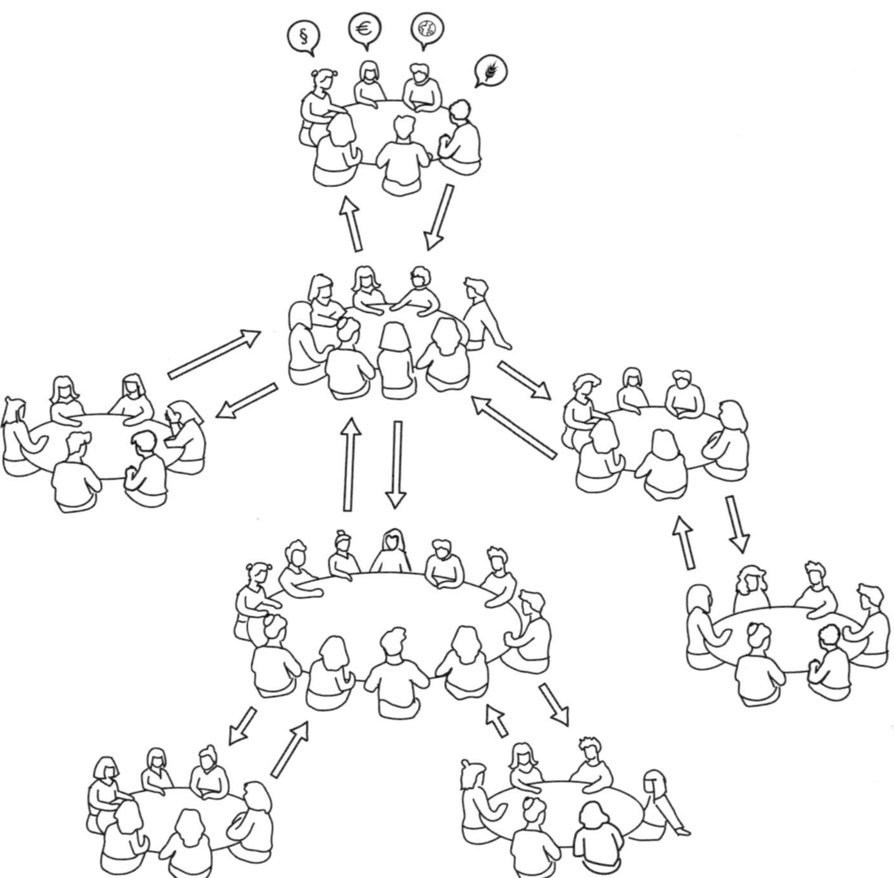

Abb. 2: Die Struktur bezieht alle Teilnehmerinnen der Organisation in die Beschlussfassung mit ein, indem sie jeder Einzelnen einen Platz innerhalb der Kreisorganisation einräumt.

Jedes Mitglied der Organisation hat einen Platz in „seiner" Kreisversammlung, von wo aus es alle Grundsatzentscheidungen der Gesamtorganisation beeinflussen kann.

Soziokratie bedeutet „Die Gemeinschaft regiert". Damit jeder in der Gemeinschaft wirklich mitregieren kann, muss auch jede Mitarbeiterin, jeder Angestellte und jede Aktionärin einen Platz in der Beschlussfassungsstruktur einnehmen.

Wie die Beschlussfassungsstruktur (Kreisstruktur) zusammengesetzt ist, hängt ganz von den Anforderungen des Unternehmens ab, von der Größe (vom Kleinunternehmen bis zur Netzwerk-Organisation), vom Thema (z. B. Produktions- oder Dienstleistungsbetrieb), von seiner Geschichte, seiner Kultur, von den handelnden Personen und vieles mehr.

Ein soziokratisches Organigramm

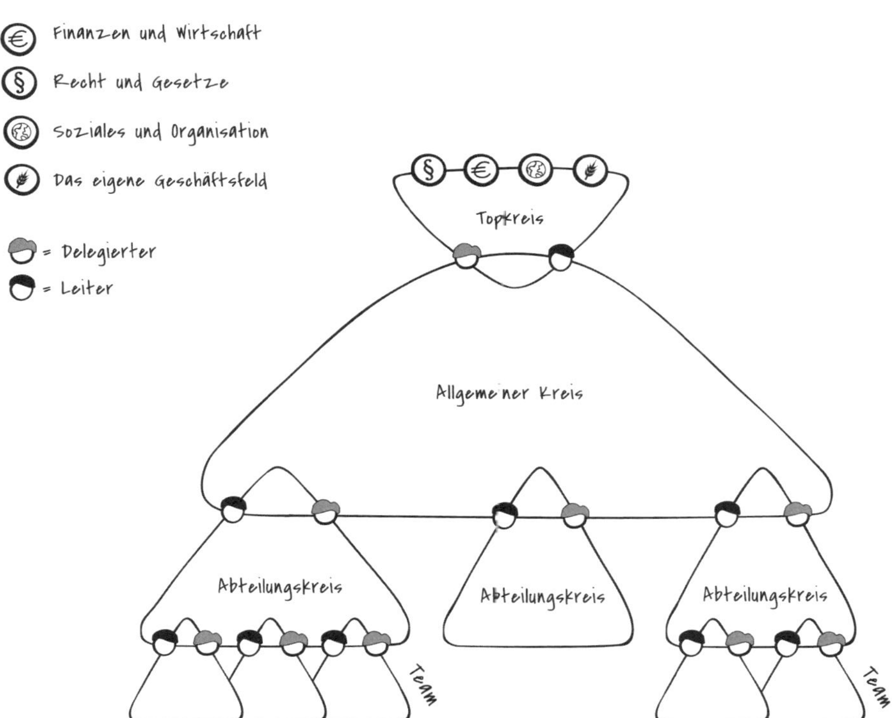

Abb. 3: Ein typisches soziokratisches Organigramm, dargestellt mit übereinander gestapelten Dreiecken. Die Kreise sind sowohl offen als auch geschlossen. Der Kreisprozess von Leiten-Ausführen-Messen zeigt sich in den drei Seiten jedes Dreiecks.

Jeder Mitwirkende in einer Organisation leistet seinen bestimmten Beitrag zum Gelingen auf seinem individuellen Platz. Jeder braucht dazu auch andere Mitwirkende, deren Leistungen dazu beitragen, dass er seine Aufgaben erfüllen kann. Betrachtet man alle Aktivitäten in einem Unternehmen, einer Organisation, dann sieht man ein großes Netzwerk von Aufgaben und Funktionen vor sich. Viele unterschiedliche Teile hängen zusammen bzw. sind voneinander abhängig.

Täglich müssen unzählige Entscheidungen getroffen und Prozesse miteinander abgestimmt werden. Nichts stört die Zusammenarbeit mehr als nicht abgestimmtes Handeln, wenn die rechte Hand nicht weiß, was die linke tut. Den Kitt, die Motivation für das ständige Abstimmen der Aktivitäten liefert die gemeinsame Vision, das gemeinsame Ziel aller Beteiligten.

> Ein Kreis ist eine Gruppe von Menschen, die eine gemeinsame Vision der Gesellschaft haben und einen Beitrag zu deren Verwirklichung leisten möchten.
>
> Die Angebote des Kreises (der Organisation) sollen helfen, die derzeitige in die gewünschte Gesellschaft zu transformieren.
>
> Gerard Endenburg

Kreis-Domäne – Entscheidungsbereich

Jeder Kreis hat seinen Entscheidungsbereich. Das ist der Rahmen, innerhalb dessen der Kreis autonom seine Entscheidungen trifft.

Jeder Kreis hat sein eigenes Ziel, seine eigene Mission und manchmal auch seine eigene Vision. Aber immer arbeitet ein Kreis daran mit, die Vision der Gesamtorganisation erreichen zu helfen. Er organisiert die Ausführung der Angebote und Dienstleitungen selbst. Damit leistet er seinen Beitrag zum Gelingen des gemeinsamen Zieles der Organisation. Die Mitglieder des Kreises werden vom Kreis selbst eingeladen und auch entlassen[6] (→ *Glossar*), je nachdem, welche Kompetenzen zur Zielverwirklichung gebraucht werden.

Jeder Kreis beschließt im Konsent, für sich seine Mission und seine Angebote (→ 4.1 *Eine gemeinsame Ausrichtung*), die er aus der allgemeinen Vision der Organisation abgeleitet hat, und stimmt diese mit dem nächsthöheren Kreis ab.

Innerhalb dieses wechselseitig abgestimmten Auftrags organisiert der Kreis autonom:

- Umsetzungspläne zur Zielverwirklichung
- Aufgabenverteilung, Funktionen- und Aufgaben einzelner Mitglieder
- Arbeitsbesprechungen zur laufenden Organisation der Ausführung
- Laufende Fortschrittsmessungen (→ *Glossar*) in Richtung Ziel
- Einstellen und entlassen von Kreismitgliedern
- Entwicklungsgespräche (→ *Glossar*) und integrale[7] Schulungen (→ *Glossar*)
- Weiterbildungen und Wissensmanagement.

Jeder Kreis ist ein leitungsgebendes Gremium, das die eigenen Ausführungsprozesse steuert.

Die Beschlüsse des Kreises werden von den Kreismitgliedern während der Ausführung umgesetzt (Tagesgeschäft).

---

[6] Wenn hier das Wort „entlassen" verwendet wird, ist damit eine Handlung gemeint, in der Form, wie man jemanden aus einer Rolle, oder aus einer Verantwortung „entlässt". Nicht zu verwechseln mit der im österr. Arbeitsrecht bekannten „Entlassung", die einer sofortigen Kündigung aufgrund von Fehlverhalten entspricht. Wenn ein Kreis ein Mitglied „entlässt", bedeutet das lediglich, diesen Kreis zu verlassen. Das Unternehmen wird innerhalb der gesetzlichen Rahmenbedingungen eine Lösung, z. B. einen anderen Einsatzbereich, für die von ihrem Kreis „entlassene" Mitarbeiterin finden müssen.

[7] Endenburg verwendet den Begriff „integrale Schulung" um klar zu machen, dass neben fachlich relevantem Wissen, auch Strukturwissen und Kommunikationsfähigkeiten im Kreis geschult werden müssen.

Es gibt neben den Rollen für die Ausführung des Kerngeschäftes, vier allgemeine Rollen im Kreis, die alle den Kreis dabei unterstützen, sein Ziel zu erreichen. Die Gesprächsleitung, die Kreisleitung, der Delegierte und der Sekretär oder Logbuchführer (→ 4.2 *Rollen im soziokratischen Kreis*).

Das Chaos lösen durch Kreisdomänen

Eine große Baugruppe, die rund um die Betreibung einer von Eltern geleiteten Schule in einer idyllischen Talsenke alle Gebäude aufgekauft hatte, fand sich nach 10 Jahren in einem Chaos von Rollen, die jedes Mitglied in sich vereinte. Fast alle waren Eltern von Kindern in der gemeinsam verwalteten Schule, etwa zwei Drittel waren Miteigentümer am Gelände und an den Gebäuden, und rund ein Drittel waren inzwischen Mieter von Häusern, deren Eigentümer nicht mehr hier wohnten. Es gab viel zu tun. Die 10 Hektar Land, die vor allem aus Wiesen und Wald bestanden, und von der Schule „bespielt" wurden, wollten gepflegt sein. Die Schule wurde von den Eltern selbst geführt, also musste man die grundsätzliche Ausrichtung laufend vereinbaren und die Anwesenheit der Eltern als Betreuer der Kinder organisieren. Vor Kurzem hatte auch noch ein Waldkindergarten gestartet, der auswärtige Kinder mitbetreute. Alle Gebäude, einschließlich des Schulgebäudes, gehörten der Eigentümergemeinschaft, die sich um die Pflege und Wartung, sowie um Veränderungen bei der Nutzung kümmern musste. Daneben gab es Mieter die auch Eltern waren, aber auch solche, die „nur" hier wohnten.

Als ich gerufen wurde, war das Chaos an seinem Höhepunkt angelangt. Alle Agenden wurden in einer wöchentlichen Plenarsitzung aller besprochen. Es waren dabei zunehmend große Spannungen spürbar, denn es gab sehr viele Punkte, die jeweils nur einen Teil der Gruppe betrafen. Gewisse Agenden sollten sogar ohne die Gruppe der Mieter behandelt werden. Aber niemand hatte den Mut, die „nur" Mieter von der Versammlung bei diesen Punkten wegzuschicken.

Meine erste Intervention war ein Dragon-Dreaming-Visionsprozess (→ *Glossar*), um wieder alle an ihre ursprüngliche Intention zu erinnern. Daraus entwickelten wir gemeinsam die Bereiche, die jetzt bearbeitet werden mussten und schon hatten wir die notwenige Kreisstruktur, die alle Zuständigkeiten klar regelte und jedem Kreis seinen Platz in der Gesamtorganisation zeigte.

Ab nun saßen nur noch die wirklich beteiligten Personen in „ihrer" Kreisversammlung, um ihre Grundsatzbeschlüsse selbst zu fassen. Die Zusammenführung der Themen wurde an einen Koordinationskreis delegiert und alle waren glücklich über die Klarheit und damit Entlastung von für sie unnötigen Themen. Natürlich saßen jetzt viele Mitglieder in mehreren Besprechungen, wie „Eigentümerversammlung", „Schul-Kreis", „Gemeinschaftsleben", „Mieterversammlung" oder „Waldkindergarten". Diese Treffen verliefen aber nun konzentriert und zielgerichtet innerhalb des eigenen Themas. Die ursprüngliche Spannung während der Plenarsitzungen war Freude bei den „eigenen" Treffen gewichen. Plena dienten ab nun dem Feiern und der guten Verbindung untereinander und mussten nicht zum Organisieren der Abläufe herhalten.

Der Kreisprozess „dynamische Steuerung"

Ein Kreis steuert in einem Kreislauf von „Leiten-Ausführen-Messen" seine Prozesse innerhalb seiner Domäne selbst:

- er setzt innerhalb seines Rahmens seine eigenen Ziele fest und plant selbst seine Prozesse zur Zielerreichung in der Kreisversammlung (policy meetings);

- die Kreismitglieder führen dann die Beschlüsse an ihren Arbeitsplätzen aus. Dabei treffen sie sich laufend auch zu Ausführungsbesprechungen (operational meetings);
- dann bringen sie die Messung, wie die Ausführung funktioniert hat, wieder in die Kreisversammlung zurück (policy meetings) um erneut Grundsätze zu beschließen.

Entscheiden anhand von Messungen

In einer Heizanlage, zum Beispiel, entscheidet die Messung des Thermostates, wann der Brenner zu feuern aufhören muss, damit die Heizung nicht explodiert. Durch die Messung kann die Anlage erst richtig gesteuert werden (Steuerung = Leitung). Die Leitung achtet mithilfe der Messung darauf, dass die Anlage nicht außerhalb ihrer Möglichkeiten gedrängt wird. So wie das Thermostat in der Steuerung der Heizung mitentscheidet, entscheiden im Konsentprinzip auch die ausführenden Kreismitglieder anhand ihrer Messungen, gleichwertig neben der leitenden Rolle, über Änderungen, z. B. das „Ein- und Ausschalten" von einmal getroffenen Entscheidungen.

Das Kreisprinzip ist das Prinzip, dass Leiten, Ausführen *und* Messen gemeinsam die Aktivitäten des Kreises steuern. Nur alle drei gemeinsam – fest miteinander verbunden – können gewährleisten, dass „die Maschine funktioniert" und ihr Ziel erreicht.

Im „Leiten" wird der Ablauf geplant und gemeinsam beschlossen. Bei der „Ausführung" des beschlossenen Planes werden Probleme und Abweichungen sichtbar die als „Messung" zurückgemeldet werden damit beim neuerlichen „Leiten" dafür gesorgt werden kann, dass entweder in der Ausführung korrigiert, oder der Plan im Kreis entsprechend angepasst wird – und so weiter. Das nennt man „dynamische Steuerung". Heute hat sich dafür der Begriff „Agilität" etabliert. Da das Wort „Agilität" jedoch durch das „Manifest für agile Software-Entwicklung" weitgehend besetzt wurde, bleiben wir hier besser bei der Bezeichnung „dynamische Steuerung". Die agilen Prinzipien für die Softwareentwicklung unterstreichen sowohl die Zusammenarbeit im Team bei der Ausführung, als auch die enge Zusammenarbeit mit dem Empfänger der Leistung, um kurzfristiges Nachsteuern zu ermöglichen.

Ein Radfahrer versucht, auf seinem Fahrrad eine kurze, gerade Strecke von A nach B zu fahren. Er könnte nun auf die Idee kommen, die Lenkstange zu fixieren, denn er meint, er kenne ja den Weg, der verläuft ganz gerade aus, und wenn er die Richtung genau einstellt, dann müsste er doch bei B ankommen. Nun, jeder weiß, dass er bei der ersten Schwankung seines Gleichgewichtes den Lenker bewegen muss, um nicht umzufallen! Die dynamische Steuerung ist die Fähigkeit, auf Schwankungen während der Ausführung zu reagieren.

Gerard Endenburg hat in der SKM die Messung im Kreisprozess institutionalisiert, indem er den ausführenden Kreismitgliedern Gleichwertigkeit in der Beschlussfassung einräumt. Die Kreismitglieder sind die Augen, Ohren, Hände und Füße des Radfahrers. Wenn sie beim Fahren bemerken, dass sie vom Weg abkommen, dann können sie rechtzeitig dafür sorgen, dass nachgesteuert wird. Und zwar sowohl im direkten Handeln, also spontan gleich während der Ausführung, als auch durch die entsprechende Rückmeldung bei der Kreisversammlung, sobald es auch andere betrifft. Die Messung zu ignorieren ist immer fatal. Genau wie beim Thermostat in der Heizanlage ist ohne diese Messung die Zielerreichung extrem gefährdet! Wer bei der Ausführung erlebt, dass etwas nicht ganz passt, soll sofort bei der nächsten Kreisversammlung die Gelegenheit bekommen, den Plan zu verändern. In der Soziokratie ist das nicht nur die Möglichkeit, einen Verbesserungsvorschlag an die Leitung heranzutragen, sondern es ist das Mitbestimmungsrecht bei der Steuerung im eigenen Bereich.

Abb. 4: Jedes Mitglied der Organisation hat die Grundsätze mit beschlossen. Tauchen bei der Ausführung strukturelle Probleme auf, die man selbst nicht lösen kann, werden diese als Messungen zurück in den Kreis gebracht.

Bezogen auf die Heizanlage und das Radfahren weiß man, dass Steuern ohne Messen nicht geht. Bezogen auf soziale Prozesse ist es leider in manchen Branchen immer noch üblich, dass man auf die Messungen der Menschen, die von den Auswirkungen der Entscheidungen betroffen sind, verzichtet. Gerne ist man versucht, einmal getroffene Entscheidungen festzumachen. Das ist jedoch statisch und erkennt nicht an, dass Störungen an der Tagesordnung sind. Darum ist es sinnvoll, Störungen als Messungen wahrzunehmen und dem messenden Teil einen festen Platz in der Steuerung einzuräumen.

Voraussetzungen für das Kreisprinzip

1. **Die Führungsebene ist gesprächsfähig**
   Auch wenn alle Teams perfekt innerhalb ihrer eigenen Domäne arbeiten, können Störungen auftreten, weil die Zusammenarbeit auf der nächsthöheren Ebene nicht funktioniert. Die Autonomie von Kreisen kann nur gelingen, wenn auch die Abstimmung zwischen den Kreisen gegeben ist. Sonst entstehen Enklaven, die sich schlimmstenfalls bekämpfen.
   Wenn wir soziokratische Zusammenarbeit einführen, verbessert sich gewöhnlich auch die Gesprächsfähigkeit der Führungskräfte. Gelingt das trotz soziokratischer Moderation nicht, muss die Störung gesucht und behandelt werden. In der SKM wählt jeder Kreis seine Mitglieder selbst und bestimmt deren Aufgaben und Funktionen. Wir klären im weiteren Fortschritt der Implementierung im Führungskreis auch die Ziele der Kreise (Aufträge an die Kreisleitungen) und wählen die Leitungsrollen mit Offener Wahl. Das bereinigt so manchen verdeckten Konflikt, stärkt das Vertrauen ineinander und ermöglicht gegebenenfalls, die Domänen der Kreise anzupassen.

2. **Klare Entscheidungsbereiche und Entscheidungsfindungsprozesse**
   Sogar von agilen Teams, die Scrum als Organisationsmethode nutzen und auf „Selbstorganisation" spezialisiert sind, hört man, dass Entscheidungen im mittleren Management oft nicht klar genug als getroffen gekennzeichnet werden. Auch die Entscheidungsdomänen fehlen oft. Wer ist zuständig? Die Unklarheit, ob nun eine Entscheidung getroffen wurde oder nicht und wer sie treffen darf, finden wir überall dort, wo es keine dokumentierten Domänen und keine definierten Prozesse zur Entscheidungsfindung gibt.
   Zu unserem soziokratischen Entscheidungsfindungsprozess gehört neben dem Prozess der Konsent-Entscheidung (→ Kap. 3.1) auch die Agenda mit der Vorbereitung jedes Themas, das zur Entscheidung ansteht (→ Kap. 4.3). Natürlich würden wir diesen Entscheidungsfindungsprozess nicht für „daily standups" empfehlen, wo der tägliche Fortschritt abgestimmt wird, aber bereits bei wöchentlichen Projekt-Meetings macht es Sinn, sich im Vorfeld zu überlegen, für welches der Themen man jetzt eine Entscheidung benötigt und ob die Sache schon gut vorbereitet ist.
   Was die Entscheidungsbereiche betrifft, hat sich das Logbuch (→ Kap. 4.7) bewährt, das sowohl alle Zuständigkeiten (Domänen), als auch alle Grundsatzentscheidungen transparent dokumentiert.

3. **Die Arbeit wird im Kreis verteilt**
   Ein Kreis ist, laut Gerard Endenburg, *eine Gruppe von Menschen, die gemeinsam ein Ziel verwirklichen wollen.* Wenn nun so ein Team zwar seine Aufgaben gut kennt, sich jedoch nicht gemeinschaftlich für deren Erfüllung zuständig fühlt, entsteht ein Ungleichgewicht. Worst-case-Szenarien sind bekannt: die Leitung trägt die Hauptlast der Arbeit oder es gibt keine ehrliche Feedback-Kultur, Personen machen Dienst nach Vorschrift, die Aktivitäten sind intransparent usw.
   Gemeinsame Verantwortung entsteht durch Mitbestimmung. In einem soziokratischen Team kommen alle Anliegen auf den Tisch – also auf die Agenda – und werden gemeinsam entschieden. Auch die Fortschrittsberichte und das Feedback sind institutionalisiert, sodass die Teammitglieder voneinander genug wissen, um

sich gegenseitig unterstützen zu können. Die Leitung ist für die Verteilung der Arbeit mit Offener Wahl im Team und für die Anleitung der Teammitglieder bei der Ausführung zuständig. Sie koordiniert die Aktivitäten, statt alles selbst auszuführen.

3.3 Drittes Basisprinzip: Die Doppelte Koppelung

Als Gerard Endenburg 1970 intensiv auf der Suche nach einem Weg war, die Mitbestimmung aller Mitglieder der Organisation auch über mehrere Ebenen zu garantieren, stieß er immer wieder auf die von Rensis Likert beschriebene Rolle der Leitung als „Link" zwischen der Unternehmensführung und den Mitarbeitern. Der „Link" war in Likerts Definition für die Informationsweitergabe in beide Richtungen zuständig. Von oben nach unten für die Überbringung der Anweisungen und Vorgaben aus der Unternehmensführung, und ebenso von unten nach oben, für die Auswertung und Übermittlung der Resultate aus der Umsetzung der Aufträge. Endenburg war als Techniker gewohnt, sich die Fragestellungen aus den sozialen Prozessen zuerst im mechanischen Regelkreis vorzustellen. Also war es für ihn naheliegend, dass das Feedback linear, so wie von Likert vorgeschlagen, nicht funktionieren konnte. Auch die Feedback-Schleifen von der Managementführung zu den Mitarbeiterinnen und zurück, musste zirkulär gedacht werden, genau wie jeder Regelkreis. So kam er bei der Lösungssuche eines Tages zur Erkenntnis, dass es zur Herstellung einer zirkulären Feedbackschleife zwei Personen brauchte, eine, die Informationen von oben nach unten, und eine andere, die Informationen von unten nach oben transportierte. Die Doppelte Koppelung war erfunden!

Heute ist die Doppelte Koppelung ein Basisprinzip und Alleinstellungsmerkmal der SKM nach Gerard Endenburg. In seiner Soziokratie-Norm SCN 1001-0 schreibt er: „... die Verbindung eines Kreises mit dem nächst höheren Kreis besteht aus einer Doppelten Koppelung, was bedeutet, dass mindestens zwei Personen eines Kreises, und zwar die leitungsgebende Person und mindestens eine delegierte Person aus dem Kreis dem nächst höheren Kreis angehören."

Alle Kreise haben demnach zwei Personen, eine Leitung und eine Delegierte, die gemeinsam im nächst höheren Kreis bei den übergeordneten Beschlüssen mitbestimmen. Es gibt nicht nur eine leitende Person, die den Kreis (genau wie in linearen Strukturen auch) bei seinen gemeinsam beschlossenen Zielverwirklichungsprozessen anleitet, sondern daneben gibt es noch eine zweite Person, die die Interessen des unteren Kreises im nächst höheren Kreis vertritt. Alle Mitglieder des Kreises, also die Mitarbeiterinnen zusammen mit der Kreis-Leitung, wählen gemeinsam diese zweite Person als „ihre" Delegierte für eine bestimmte Zeit.

Es kann durch „die Doppelte Koppelung der Kreise" kein Beschluss im übergeordneten Kreis getroffen werden, wenn dadurch die Interessen – und damit die Zielerreichung – des unteren Kreises gefährdet wären. Der Delegierte achtet genau darauf, dass die „von oben" vorgegebenen Rahmenbedingungen machbar sind für die Mitglieder seines Kreises, und gibt seinen Konsent im nächsthöheren Kreis nur, wenn die Entscheidung auch für seinen, den unteren Kreis nützlich ist.

Delegierte unterliegen dabei jedoch keinem „Fraktionszwang", wie wir das in demokratischen Regierungen oft sehen können. Ein Delegierter hat im nächst höheren Kreis immer ein freies Mandat und genießt das Vertrauen „seiner" Kreismitglieder gewöhnlich auch dann, wenn er im nächst höheren Kreis – durch die dort gehörten Argumente – etwas Neues lernt und seine ursprüngliche Meinung dadurch ändert. Er muss sich nur im Anschluss für diese Meinungsänderung verantworten. Das bedeutet, er erklärt den Kreismitgliedern die Situation und die Argumente, die zu seiner Meinungsänderung geführt haben. Meistens ist das gut verstehbar und wird akzeptiert.

Abb. 5: Je zwei Personen aus dem eigenen Kreis nehmen auch an der nächsthöheren Kreisversammlung teil, die Leitung und die Delegierte.

Kommt es jedoch im eigenen (unteren) Kreis zu einer neuen Meinung und zu einer, vom früheren (nächst höheren) Beschluss abweichenden Entscheidung im Konsent, dann gibt es mehrere Möglichkeiten, wie es zu einer Korrektur des früheren Beschlusses kommen kann. Da jedes Kreismitglied immer die Möglichkeit hat, einen einmal gegeben Konsent aufgrund neuer Argumente auch wieder zurückzunehmen, kann der Punkt vom Delegierten beim nächsten Meeting erneut auf die Agenda gesetzt werden. Der frühere Beschluss ist damit hinfällig. Oder es kann für diesen einen Fall zum Beispiel auch eine zweite Delegierte in den nächsthöheren Kreis entsendet werden, die die Anliegen aus der eigenen Abteilung besser argumentieren kann.

Wenn Sie bei der Vorstellung widerrufbarer Konsente erschrecken, so kann ich Sie beruhigen. In einem mit Doppelter Koppelung bestückten Leitungskreis entstehen in den meisten Fällen Lösungen, die für alle nachrangigen Kreise akzeptabel sind. Nur Leitungsbeschlüsse, die ohne Delegierte aus den Abteilungen getroffen wurden, laufen Gefahr, nicht akzeptiert zu werden. Ich habe als Delegierte in all den Jahren meiner soziokratischen Praxis nur ein einziges Mal erlebt, dass ich meinen im nächsthöheren Kreis gegebenen Konsent aufgrund neuer Informationen aus meinem Team wieder zurückziehen musste. Folgt man der Aufgabenbeschreibung des Delegierten, dann nimmt man sich die Zeit, sich auf die Sitzung des Leitungskreises gut vorzubereiten. Als Delegierte ist man auch eingeladen, die Themen, die oben auf der Agenda stehen, mit dem eigenen Kreis vorzubesprechen, um sich vor der Entscheidung ein Bild von den Bedürfnissen der Kollegen zu machen.

In einem Implementierungsprozess müssen alle Rollen geschult werden. Bei Leitung und Moderation ist das allen Beteiligten leicht einsehbar, denn nur wenige Menschen haben Gelegenheit sich in Gesprächsleitung zu üben. Öfters können Menschen Erfahrung als Projekt- oder Abteilungsleiterinnen sammeln, bevor sie in die Rolle einer Kreisleiterin gewählt werden. Dass es hier Schulungsbedarf gibt, speziell um die Werkzeuge der soziokratischen Moderation und soziokratischen Teamleitung zu erlernen, leuchtet jedem ein.

Bei den Delegierten jedoch, die ja „nur" die Messung ihres Kreises nach oben transportieren sollen, denkt man nicht daran, wie schwer das sein kann. Die Rolle der Delegierten ist die Schlüsselfunktion in der SKM. Führungskräfte hatten wir auch vorher. Und Gesprächsleitung ist uns schon lange nicht mehr fremd. Jedoch

- seine Meinung zu sagen in Anwesenheit des Vorgesetzten,
- sich eine eigene Meinung zu bilden und sie auszusprechen, trotz vieler Gegenargumente,
- den Faden nicht zu verlieren, wenn es um komplexe Zusammenhänge bei der Unternehmenssteuerung geht,
- sich etwas sagen zu trauen, auch wenn man damit den ganzen Prozess stoppt, oder
- einen schwerwiegenden Einwand zu geben, auch wenn einem spontan gar kein Argument dazu einfällt,

all das bedarf einer reflektierten Schulung der Rolle, entlang der Erfahrungen in differenzierten Situationen. In den von Soziokratie-Experten begleiteten Intervisionsgruppen für die einzelnen Rollen werden die Erlebnisse der ersten Monate in einer neuen Rolle besprochen und Lernerfahrungen daraus geformt. Unter Kolleginnen derselben Rolle holt man sich hier ein wichtiges Feedback und den Mut zu Verhaltensänderungen in Schlüsselmomenten. Wenn in der Intervisionsgruppe Delegierte aus anderen Ebenen des Unternehmens zusammensitzen, wird sichtbar, worauf es in dieser Rolle ankommt, ob als „kleine" Angestellte oder als Delegierter des Allgemeinen Kreises im Topkreis (→ 4.9 *Der Topkreis*).

Wie gut, dass wir unsere Delegierten in Offener Wahl wählen! Sie bringen gewisse Fähigkeiten mit, aufgrund derer die Kollegen sie als geeignet für die Rolle einschätzen, beispielsweise:

- gut zuhören können, andere verstehen,
- Offenheit für andere Meinungen (Integrationsfähigkeit),
- sich korrigieren lassen (Selbstreflexionsfähigkeit),
- hohe Lernfähigkeit gepaart mit Standfestigkeit,
- sich auf neue Situationen rasch gut einstellen können,
- das Vertrauen der Kreismitglieder haben (Integrität),
- ausreichend hohes Selbstwertgefühl.

Durch die Offene Wahl sind sie ausgestattet mit der Kraft des Kreises, der ihnen einen eindeutigen Auftrag gibt, nämlich ihre Meinung zu sagen und Messungen aus dem eigenen Kreis zur Verfügung zu stellen, sobald etwas für den eigenen Kreis Schwieriges auf der Tagesordnung im nächsthöheren Kreis erscheint!

Eine Delegierte muss sich auf die Kreisversammlungen gut vorbereiten, die Agenda kennen, sich in Materialien einarbeiten, eventuell die Ideen ihrer Kreismitglieder dazu einholen und ein paar Gespräche führen, bevor sie an der Sitzung ihres nächsthöheren Kreises – voll stimmberechtigt mit ihrer eigenen Meinung – teilnimmt.

Die Rolle der Delegierten bei der Wahl der eigenen Leitung

Ein oft von ehemals Konsens geleiteten Organisationen, aber auch in neueren, partizipativen Unternehmen gehörter Wunsch bei der Implementierung soziokratischer Entscheidungsstrukturen, betrifft die Wahl der Führungskräfte durch eine Vollversammlung aller Mitarbeiterinnen.

Wird eine Vollversammlung – statt dem Allgemeinen Kreis – dazu eingesetzt, die Kreis-Leitungen zu wählen, werden die Delegierten in ihrer Rolle als Mitentscheiderinnen von unten nach oben eingeschränkt. Die Delegierten sind es nämlich, die die Messung, ob und wie die Leitung ihres Kreises funktioniert, nach oben in den nächsthöheren Kreis bringen sollen. Sie steuern, wie wir schon gehört haben, alle Grundsatzentscheidungen, die ihren Kreis betreffen mit, und zwar aus der Perspektive eines direkt betroffenen Kreismitgliedes. Sie sind auch von ihrer Leitungsperson direkt betroffen und sind von ihrem Kreis (zu dem auch die Kreisleitung gehört) gewählt worden, um die Interessen ihres Kreises im nächst höheren Kreis zu vertreten. Wenn eine solche Delegierte nun nicht durch ihre unmittelbare Betroffenheit bei der Wahl ihrer Leitungsperson im nächst höheren Kreis mitentscheiden kann, sondern nur als eine unter Vielen in einer Vollversammlung mitentscheidet, dann verliert sie einen wesentlichen Teil ihrer Mission. Es geht um effektives und unmittelbares Feedback, welches das dritte Basisprinzip durch die Rolle der Delegierten bietet. In einer Vollversammlung reden bei einer Wahl ganz viele Leute mit, die nicht unmittelbar von einer Leitungsperson betroffen sind. Ihnen fehlt die Erfahrung, die nur die Mitglieder eines Kreises im unmittelbaren Kontakt mit ihrer Leitung gemacht haben. Jeder Kreis bekommt daher in einer soziokratischen Organisation das Recht, einen Delegierten in den nächsthöheren Kreis zu entsenden, der dort über seine eigene Leitung mitentscheidet. Das Feedback aus dem Kreis, der von der Entscheidung betroffen ist, steuert mit bei den Grundsatzentscheidungen im nächsthöheren Kreis. Auch die Wahl der eigenen Leitung ist eine Grundsatzentscheidung, die der geleitete Kreis über seine Delegierte mitsteuert.

Entlastung der Führungskräfte durch die Delegierten

Viele Führungskräfte erleben schon bald nach dem Start der Soziokratie-Implementierung eine spürbare Entlastung.

Sehen wir uns die beiden Rollen an, die eine Führungskraft gewöhnlich einnehmen muss. Zum einen ist das die Rolle der Letztverantwortlichen bei der Zielerreichung. Das heißt, sie muss dafür sorgen, dass die vorhandenen Ressourcen so effizient und effektiv wie möglich eingesetzt werden. Dafür muss sie sich nach oben hin verantworten.

Zum anderen ist sie zuständig für das Klima in der Abteilung, die sie leitet. Sie führt die Mitarbeitergespräche und sorgt für die Mitarbeiter-Zufriedenheit, so gut sie eben kann – mit all der Letztverantwortung für die Erreichung der Unternehmensziele.

Sobald es aber eine Delegierte neben der Leitung gibt, kann eigentlich nichts mehr schiefgehen. Nun steuert auch die ausführende Ebene im Managementkreis mit und sorgt frühzeitig dafür – nämlich schon ab der Planung der Ziele für den eigenen Bereichskreis – dass Entscheidungen sich auch an den vorhandenen Möglichkeiten der eigenen Abteilung orientieren. Die sogenannten „Fehlentscheidungen" der Managementebene, die „von oben herab" immer wieder aus Unwissenheit Entscheidungen trifft, welche „da unten" gar nicht umgesetzt werden können, gehören durch Mitbestimmung der Delegierten ab nun der Vergangenheit an.

Voraussetzungen für Delegierte in Organisationen

1. **Begleitung für Delegierte im nächsthöheren Kreis am Beginn**
   Es sollte kein Delegierter erstmals an der Kreisversammlung des nächsthöheren Kreises teilnehmen ohne die Anwesenheit eines externen Soziokratie-Experten oder einer SKM-Trainerin. Wer zum ersten Mal in einem bislang unbekannten Gremium sitzt, in dem mehrere Führungskräfte anwesend sind, die eventuell selbst verunsichert sind durch diese strukturelle Veränderung, braucht Prozessbegleitung.

2. **Delegierte nur wählen, wenn der Kreis eine soziokratische Schulung bekommt**
   Solange ein Team keine Soziokratie-Schulung erhält, sollte es auch keine Delegierten in den Führungskreis entsenden. Die Rolle der Delegierten baut auf den Informationen auf, die in soziokratischen Kreisversammlungen, bei Konsententscheidungen und Fortschrittsberichten, bei der Verteilung von Aufgaben mit Offener Wahl, bei Ankommens- und Abschlussrunden ausgetauscht werden. Ohne dieses soziokratische Arbeiten im Kreis weiß ein Delegierter nicht genug von seinen Kolleginnen, um sie vertreten zu können. Das führt zum Mitbestimmen im luftleeren Raum und rasch zu Konflikten aufgrund der plötzlichen Macht eines Teammitglieds im nächsthöheren Kreis.

3. **Delegierte vertreten ihren Kreis, nicht nur sich selbst**
   In Soziokratie ungeübte Teams neigen manchmal dazu, am Beginn jenes Teammitglied in den nächsthöheren Kreis zu entsenden, das viele eigene Bedürfnisse hat. Niemand traut sich zu, die besonderen Bedürfnisse jener Person weiter oben zu vertreten. Fälschlicherweise denken manche Teammitglieder intuitiv, diese Person sollte besser selbst im nächsthöheren Kreis sitzen, um ihre Interessen dort vorbringen zu können. Leider können Menschen, die selbst viel Aufmerksamkeit brauchen, weil sie besondere Ängste oder Bedürfnisse haben, eher weniger gut für andere mitdenken. Der Fokus liegt aber auf dem Kreis als Ganzes. Die Frage, die der Delegierte bei Entscheidungen im nächsthöheren Kreis zu beantworten hat, lautet: „Können wir als Kreis die Anforderungen erfüllen, die sich aus dieser Entscheidung ergeben?" Es geht nicht darum, vor allem die eigenen Grenzen mitzudenken.

4. **Delegierte sind weder Stellvertreter noch Assistenten oder gar Gegenspieler der Leitung**
   Es gibt die unterschiedlichsten Ideen, wie man Delegierte daran hindern kann, ihre so wichtige Rolle im Entscheidungsprozess auszuüben. Manche Organisationen verwenden sie als Stellvertreter oder Coach der Leitung, um Entscheidungen vorzubereiten oder sich zusammenzutun, um im nächsthöheren Kreis an einem Strang zu ziehen. Auch für Administrationsaufgaben wurden Delegierte schon genutzt oder als Sekretärin für die Leitung. Das alles führt dazu, dass die eigentliche Aufgabe des Delegierten in den Hintergrund gerät und er vergisst, was seine eigentliche Rolle ist. Natürlich kann man auch einmal ohne die eigene Leitung im nächsthöheren Kreis sitzen oder das Protokoll einer Besprechung verfassen, wenn man Delegierte ist. Aber das sollte nicht zur Gewohnheit werden.

Delegierte sind auch keine Gegenspieler der Kreisleitung, wie der Geschäftsführer eines Handelsunternehmens dachte. Er ließ die Delegierten der Teams ohne Beisein der Abteilungsleiter wählen. Wenige Monate später wunderte er sich über die Eifersucht, die er bei einigen seiner Führungskräfte erlebte, wenn der eigene Delegierte im Allgemeinen Kreis anderer Meinung war als sie selbst. So wie immer, wenn man nicht mitbestimmen darf bei Dingen, von denen man betroffen ist, kann dieser Abteilungsleiter keine Verantwortung für die Wahl des Delegierten übernehmen. Es darf nicht verwundern, wenn er unzufrieden mit dieser Wahl ist, bei der man ihn ausgeschlossen hat. Delegierte müssen das Vertrauen aller Kreismitglieder haben. Auch die Kreisleitung ist ein Kreismitglied! Hätte der Abteilungsleiter bei der Wahl mitbestimmen dürfen, dann hätte womöglich dieselbe Person die Rolle als Delegierte bekommen, aber jetzt mit dem Einverständnis der Führungskraft. Nun hat sie zugestimmt, dass genau dieser Mensch die Freiheit hat, eine eigene Meinung im Allgemeinen Kreis zu äußern. Durch die Verantwortungsübernahme bei der Wahl kann der Abteilungsleiter diese abweichende Meinung nun als Ergänzung erleben statt als Gegnerschaft.

3.4 Viertes Basisprinzip: Die Offene Wahl

Gerard Endenburg hat nach der Einführung der ersten drei Basisprinzipien in seinem eigenen Unternehmen angenommen, dass automatisch auch die Vergabe von Aufgaben und Funktionen im Konsent stattfinden würde. Nun, er bemerkte bald, dass es für viele Abteilungsleiter nicht so selbstverständlich war, die Auswahl neuen Personals oder die Zuteilung der Aufgaben innerhalb des Teams aus der Hand zu geben. Endenburg kreierte daher ein viertes Basisprinzip und schrieb in der Definition zur „Soziokratischen Wahl“:

Soziokratische Wahl

„Die Wahl von Personen für Funktionen und/oder Aufgaben nach dem Konsentprinzip und nach offener Argumentation. (…) Die Soziokratische Wahl entspricht im Wesentlichen der Anwendung des ersten Basisprinzips (Konsentprinzip), angepasst an die Verteilung von Aufgaben und Funktionen. Bei der Einführung der Soziokratischen Methode erwies sich, dass in Organisationen, in denen das Konsentprinzip eingeführt wurde, Aufgaben oft demokratisch oder autokratisch zugeteilt wurden. Aus diesem Grund wurde die Soziokratische Wahl als viertes Basisprinzip hinzugefügt.“

(Soziokratie-Norm 500, S. 8)

Alle Rollen und Funktionen im eigenen Kreis werden in der SKM von den Kreismitgliedern selbst vergeben. Dafür gibt es folgenden Ablauf:

Am Beginn wird die Aufgabe beschrieben und die Kriterien für die Rolle festgelegt. Es werden die nötigen Kompetenzen, die Aufgabe bzw. der Auftrag an die Person im Konsent beschlossen.

Dann schreibt jedes Kreismitglied seinen eigenen Namen und den Namen der gewünschten Person auf den Wahlzettel. Der Wahlleiter sammelt die Zettel ein und liest nun einen nach dem anderen vor mit der Frage: "Warum hast du diese Person gewählt?" Hier geht es, genau wie bei der Meinungsrunde des Konsentprinzips, um die Argumente für diese Person. Sind alle Argumente für alle gewünschten Personen gehört worden, gibt es auch hier eine Meinungsänderungsrunde, bei der jeder seine neuen Argumente, die er aus dem Gehörten gewonnen hat, zur Verfügung stellt. Der Wahlleiter formt daraus einen Vorschlag im Sinne der wichtigsten Argumente und fragt in der letzten Runde nach dem Konsent: „Ich schlage XY vor. Hat dagegen jemand einen schwerwiegenden Einwand?"

Konsent regiert die Beschlussfassung

Jeder Kreis wählt seine Mitglieder selbst! Es gibt in der SKM keine Ausnahme vom Konsentprinzip, wenn es um die Auswahl der „richtigen" Kreismitglieder geht. Der ganze Kreis hat die Verantwortung, die notwendigen Kompetenzen für die Zielerreichung zu haben. Würde man die Personal-Entscheidungen der Kreisleitung allein überlassen, dann hätten wir bald wieder eine Machtposition geschaffen, die dem soziokratischen Gleichwertigkeitsgrundsatz widerspricht. Allerdings kann auch eine Personal-Entscheidung, so wie alle anderen Entscheidungen auch, vom Kreis im Konsent an eine oder mehrere Personen, oder an den nächsthöheren Kreis delegiert werden. Das bedeutet es, wenn es heißt: „Der Konsent regiert die Beschlussfassung!"

Eine Ergänzung zum Grundsatz: Der Kreis wählt seine Mitglieder selbst: Er wählt alle Mitglieder selbst, außer natürlich die Delegierten aus den unteren Kreisen und die eigene Leitung, die ja vom nächsthöheren Kreis gewählt wird. Der Allgemeine Kreis wählt dem zu Folge die Leiterinnen der Bereiche. Ein Bereichskreis sucht sich selbst alle seine Mitglieder aus und wählt dadurch auch alle seine Teamleiterinnen für die Ausführungsteams selbst. Jeder Kreis hat über seinen Delegierten auch Einfluss auf die Wahl seiner Leitung, sowie über die Leitung eines unteren Kreises auch Einfluss auf die Wahl der Delegierten von unten.

Als wir vor Kurzem bei einem Erstgespräch in einem aufstrebenden Software-Entwicklungsunternehmen saßen, kamen wir genau auf diesen Punkt zu sprechen. Die Sorge des Geschäftsführers, er könne einen Delegierten aus seiner Abteilung neben sich haben, mit dem er sich nicht versteht, war unbegründet. Es kann nicht vorkommen, dass ein Geschäftsführer neben sich im Managementkreis einen Delegierten aus der von ihm geleiteten Abteilung sitzen hat, dem er keinen Konsent zu dessen Wahl gegeben hätte. Wir steuern in der SKM eben wirklich immer gemeinsam und übergehen niemand – auch nicht den Geschäftsführer.

Soll ein Kreismitglied entlassen werden, tauscht der Kreis auch darüber in zwei Meinungsrunden, in Anwesenheit des zu entlassenden Kreismitglieds, alle Argumente aus. Der Konsent wird jedoch in diesem – einzigen – Fall, nicht von der zu entlassenden Person abgefragt.

Bei der soziokratischen „Offenen" Wahl hören wir auf mit der bisher üblichen „geheimen" Abstimmung. Uns ist klar, dass es am Übergang von monarchistischen oder diktatorischen Gesellschaftsbedingungen hin zur heute praktizierten Mehrheitsdemokratie sehr wichtig war, den Wähler davor zu schützen, dass er von Andersdenkenden „identifiziert" und womöglich verfolgt werden konnte. Darum war die geheime Wahl damals essentiell!

Abb. 6: Der Wahlleiter (Moderator) sammelt die Wahlzettel ein, liest einen nach dem anderen vor und fragt nach den Argumenten für die jeweilige Wahl.

Unsere Entwicklung in Richtung einer „offenen Gesellschaft", wie Karl Popper[8] sie schon 1957 skizziert hat, ist weiter gegangen. Heute müssen wir – zumindest in westlichen Demokratien – nicht mehr fürchten, verfolgt und angeprangert zu werden, wenn wir offen unsere Meinung sagen. Wir können unterschiedlichste Plätze in der Gesellschaft einnehmen und sind dabei nur noch an wenige Tabus gebunden. Die Vielfalt der Meinungen ist in unserer Gesellschaft größtenteils erwünscht, auch wenn es weltweit noch lange nicht so ist. Popper hat diese Freiheit als Errungenschaft betrachtet, auch wenn dadurch die Beziehungen sich immer mehr in abstraktere gesellschaftliche Bereiche verlagert haben und Phänomene wie „der Klassenkampf" entstanden sind, also die Verlagerung der Stammeskämpfe auf Kämpfe innerhalb der Gesellschaft.

In diesem Prozess haben sich inzwischen aber auch die Kommunikationsformen in vielen Teilen der Gesellschaft verändert, sind gewaltfreier geworden und wertschätzender. Da nun (in der „offenen Gesellschaft") jeder Mensch meistens seine Entscheidungen

[8] Popper, Die offene Gesellschaft und ihre Feinde, Band 1, S 206 ff.

selbst treffen kann, ohne an Tabus gebunden zu sein, muss diese Freiheit nun mit viel Verantwortung genutzt werden, um nicht gegenseitige Ausbeutung und Ungerechtigkeit Tür und Tor zu öffnen. Die Möglichkeit, unsere Meinung zu veröffentlichen, ohne dafür bestraft zu werden, ist eine wirklich große Errungenschaft, die uns jedoch auch alle zu mehr Verantwortlichkeit aufruft.

Mit der Offenen Wahl sind wir nun eingeladen, verantwortlich unsere Argumente, die für die Beauftragung eines unserer Kreismitglieder sprechen, bekannt zu geben. Offenheit ist gefragt, um Feedback zu geben und damit vor allem unsere Wertschätzung auszudrücken. Darum können wir hier, wo wir gemeinsam eine Wahl treffen und uns im Kreis gegenseitig zuhören ohne uns ins Wort zu fallen, auch aufhören mit der Geheimhaltung unserer Gedanken.

Vertrauen aussprechen

Die Soziokratie lädt uns ein, bei der Verteilung von Aufgaben im Kreis offen und wertschätzend auszudrücken, wen wir warum für diese Rolle vorschlagen. Das klingt sehr einfach. Und es IST einfach! UND es erzeugt gleichzeitig neben kollektiver Weisheit auch eine wertschätzende Atmosphäre, in der viele Menschen hören dürfen, dass sie von den anderen im Kreis gesehen werden mit ihren Fähigkeiten, ihren Potenzialen und mit ihren Grenzen.

Was für ein Kulturwandel! Täglich können Menschen in soziokratischen Organisationen die gute Energie spüren, die entsteht, wenn man einer Kollegin oder einem Kollegen im Kreis das Vertrauen ausspricht und sie oder ihn mit einer verantwortungsvollen Aufgabe betraut.

„Ich wurde von meinem Kreis beauftragt" erzeugt bei der gewählten Person ein Gefühl von Sicherheit und Unterstützung durch die anderen. „Sie haben meine Bedenken gehört und wollten mich trotzdem ermutigen, es zu machen. Sie haben zugesagt, mich zu unterstützen, wenn ich Hilfe brauche, und sie werden mir verzeihen, wenn ich Fehler mache." All das bekomme ich nicht,

- wenn ich mich freiwillig melde,
- wenn der Chef mich auswählt,
- wenn es eine geheime Wahl gibt, in der Stimmen gezählt werden.

Auch die Wahl einer Führungskraft erfolgt in soziokratischen Unternehmen im Konsent nach offener Diskussion, und zwar immer unter Mitwirkung des Delegierten aus dem Bereich, der von der Führungskraft geleitet wird. Vielleicht kann es im ersten Moment schwierig erscheinen zu wissen: „Meine Mitarbeiterinnen haben mit der *Soziokratischen KreisorganisationsMethode* die Gelegenheit, mir über den von ihnen in Offener Wahl gewählten Delegierten den Konsent für meine Leitungsrolle zu entziehen!" Schwierig? Nein, wundervoll! Dadurch können Sie sich durchgehend sicher sein, dass man Sie haben will. Die Kreismitglieder sind mitverantwortlich dafür, wer sie leitet. Das ist die Soziokratie: Das Ende der Fremdbestimmtheit und der Anfang von Verantwortungsübernahme durch alle Mitwirkenden!

Voraussetzungen für die Offene Wahl

1. **Der Kreis besteht aus maximal 20 Mitgliedern**
   Es gibt eine natürliche Grenze für die Offene Wahl: die Anzahl der Teilnehmerinnen. Es ist dieselbe Grenze, die wir auch bei allen Konsententscheidungen bemerken. Je mehr Menschen im Kreis ihre Meinung sagen, umso mehr Zeit braucht man zum Zuhören. In einer soziokratischen Kreisorganisation sind die Kreise nach Themenbereichen gebildet und haben idealerweise zwischen 3 und 10 Mitgliedern (20 Mitglieder wäre das absolute Maximum). In dieser Kreisstruktur wählt jeder Kreis seine Mitglieder selbst, seine Rollen und Funktionen, seine Delegierten und die Leiter für die unteren Kreise. Eine Kreisversammlung ist der einzige Einsatzort für die Offene Wahl.
   Daher ist die Offene Wahl keine Lösung für Wahlen in großen Gruppen. Um Wahlen in größeren Gruppen „soziokratisch" zu gestalten, braucht es adaptierte Abläufe, die meistens auch nicht-soziokratische Elemente enthalten werden.
   Eine gute Alternative zur soziokratischen Wahl in großen Gruppen, wie z. B. bei politischen Wahlen, ist das „Systemische Konsensieren" (→ *Glossar*). Die von Erich Visotschnig und Siegfried Schrotta, beide aus Graz in Österreich, entwickelte Methode ermöglicht die Wahl derjenigen Personen, die den geringsten Widerstand in der Bevölkerung auslösen. (Visotschnig, Schrotta „Systemisches Konsensieren", 2013) Dadurch wird das Konfliktpotenzial erheblich gesenkt. Politische Wahlen mit dem Systemischen Konsensieren durchzuführen, wäre ein wichtiger Schritt in Richtung einer soziokratischen Gesellschaft.

2. **Erfahrung mit der Konsent-Moderation**
   Wir sind es nicht gewöhnt, Feedback zu geben. Wir sind es nicht einmal gewöhnt, positives Feedback zu geben. Darum lernen wir bei Soziokratie-Implementierungen zuerst die Konsent-Moderation, um sich daran zu gewöhnen, in Rederunden die eigene Meinung vertrauensvoll auszusprechen. Wenn man aber in einem nicht-soziokratischen Setting aufgefordert wird, eine Person vor allen anderen offen vorzuschlagen und dafür auch Argumente zu nennen, sind viele Menschen überfordert. Hände weg von Offener Wahl, ohne dass die Gruppe Erfahrung mit Konsent-Moderation hat! Es braucht Vertrauen in die Konsent-Methode, in die Moderatorin und in die Kreismitglieder, wenn man Menschen einlädt, Gründe zu nennen, warum jemand geeignet erscheint, eine Rolle zu übernehmen. Die einzige mir bekannte Ausnahme davon sind soziokratische Klassensprecher-Wahlen. Junge Menschen sind gewöhnlich noch sehr authentisch und haben weniger Berührungsängste. Für die soziokratische Klassensprecher-Wahl gibt es die ausführliche Anleitung von Lisa Praeg „Wir wählen!" (→ *Literaturverzeichnis*), die man unbedingt studieren sollte, bevor man das Wagnis eingeht.

Zusammenfassung

Die vier Basisprinzipien, Konsentprinzip, Kreisstruktur, Doppelte Koppelung und Offene Wahl sind das Herzstück der SKM, weil sie „das Produzieren von Gleichwertigkeit bei der Beschlussfassung" beschreiben. Sie sind das Geschenk von Gerard Endenburg an die Welt. Alle folgenden Elemente der SKM unterstützen das Gelingen dieser Prozesse und betten sie in ein ganzheitliches Management-System ein.

Kapitel 4

Werkzeuge für die soziokratische Organisation

Kapitelübersicht

4.1 Eine gemeinsame Ausrichtung

Sehr viel Aufmerksamkeit schenken wir in der Soziokratie der gemeinsamen Vision, der Mission und dem Angebot der Organisation sowie dem „gemeinsamen Ziel" und dem Angebot jeden Kreises – dem Zweck (Purpose) seiner Existenz. Alle diese Dimensionen von Zielen sind unsere gemeinsame Ausrichtung (→ *Glossar*).

„Ein Kreis ist eine Gruppe von Menschen, die eine gemeinsame Vision der Gesellschaft haben und einen Beitrag zu deren Verwirklichung leisten möchten. Die Angebote des Kreises sollen helfen, die derzeitige in die gewünschte Gesellschaft zu transformieren."

Gerard Endenburg

Vision und Mission

„Die Vision ist das Zukunftsbild der Gesellschaft, das die Organisation für wünschenswert hält", schreibt Endenburg in der SCN-Norm 500 (→ *Literaturverzeichnis*). Dieses Zukunftsbild verwirklicht sich, wenn die Menschen die Angebote der Organisation annehmen. Die Sustainable Development Goals (SDG) der Vereinten Nationen (→ *Glossar*) sind ein gutes Beispiel für die Vision einer Gesellschaft. Sie enthalten Bilder von einer gewünschten Zukunft.

Nach Gerard Endenburg bezeichnet die Mission einer Organisation oder eines Kreises „das Angebot der Organisation an die relevante Umgebung, um das gewünschte Bild der Zukunft zu erreichen". Folgen wir der Vision der SDGs, dann sind nun alle 195 Länder der Erde, die diese unterzeichnet haben, aufgerufen, entsprechende Beiträge zu leisten, um dieses Bild der Zukunft Wirklichkeit werden zu lassen.

Wie man an der Weltgemeinschaft sieht, ist es noch ein langer Weg von der gemeinsam beschlossenen Vision bis zu deren Verwirklichung. Es braucht dazu vor allem Commitment, also die Bereitschaft und den Willen aller Beteiligten, etwas zur Verwirklichung der gemeinsamen Vision beizutragen.

Eine neue, verantwortungsvolle Grundhaltung im Sinne der Vision von einer verbundenen Welt können wir vorerst in kleineren Gesellschaften, in unseren Institutionen, Unternehmen und Organisationen einüben. Eine Vision als Bild der Zukunft und eine Mission als Beitrag, dieses Bild zu verwirklichen, bereichern das Leben der daran beteiligten Menschen, weil sie den Zweck verstehen und ihr Handeln mit Sinn erfüllt ist.

Die Mission des Verbands der deutschsprachigen Soziokratie-Zentren, der 2021 als Zusammenschluss von vier Zentren gegründet wurde, lautet daher schlicht: „Stärkendes Miteinander entwickeln, um gemeinsame Anliegen voranzubringen". Das Angebot des Verbands ist, eine qualitätsgesicherte Ausbildung sowie Informationen möglichst regional bereitzustellen, um den Menschen im deutschsprachigen Raum praktisches Wissen über Soziokratie in hoher Qualität zu vermitteln.

Das gemeinsame Ziel des Kreises

Besonders bewährt hat sich das von Gerard Endenburg eingeführte „gemeinsame Ziel eines Kreises". Endenburg nennt es auch „seine Existenzberechtigung". Es besteht aus zwei bis drei Sätzen und enthält die Essenz aus Vision, Mission und Angebot. Es beschreibt den Beitrag, den der Kreis zum Tausch anbietet. Beim gemeinsamen Ziel geht es nicht, wie bei SMART-Zielen (→ *Glossar*), vordergründig um Quantifizierung oder Terminierung im engeren Sinne, sondern um den Tauschprozess zwischen Gruppen von Menschen, die einen Beitrag zur Gesellschaft leisten wollen. Welches Produkt (oder welche Dienstleistung) bietet der Kreis seiner Umgebung an? Wenn es ein sinnvolles Tauschobjekt sein soll, muss der Nutzen für den Kunden erkennbar sein.

Das gemeinsame Ziel eines Kreises soll so formuliert sein, dass es vom Kunden, vom potenziellen Auftraggeber gut verstanden werden kann, sodass sich dieser auf den Tauschprozess einlässt.

Ein klar definiertes Ziel ist auch die Grundlage um Entscheidungen danach ausrichten zu können. Wir entscheiden mit Konsent immer *im Sinne unseres gemeinsamen Zieles.* Die beim „schwerwiegenden und begründeten Einwand" (→ 3.1 *Das Konsentprinzip*) genannten Argumente, beziehen sich immer auf die Möglichkeit oder die Gefahr, dieses gemeinsame Ziel unter Umständen zu verfehlen. Indem wir das Ziel gemeinsam beschlossen haben, können wir auch darauf vertrauen, dass alle mitwirken werden, gute Lösungen für dessen Erreichung zu finden.

Wie zielgerichtet sogar die Natur arbeitet, beschreibt Gerald Hüther in seinem Buch „Kommunale Intelligenz" (S. 120 ff.): „Eine Kommune ist ein lebendes System, ein Unternehmen auch, ebenso wie eine Schule oder ein Sportverein. Jeder Mensch ist ein lebendes System." Und während man bisher glaubte, dass für die Herausbildung eines lebenden Systems bestimmte innere Programme – ähnlich wie Bauanleitungen oder Verwaltungsstrukturen – verantwortlich sind, beginnt sich seit einigen Jahren ein gänzlich anderes, neues Verständnis der Strukturierung und Organisation lebender Systeme abzuzeichnen, so Hüther (S. 121):

> Alle lebenden Systeme sind intentional.
> Mit anderen Worten und einfacher ausgedrückt:
> Jedes lebende System will etwas.

Warum ein gemeinsames Ziel wichtig ist

Stellen Sie sich vor, dass Sie eine Schiffsreise auf einem Segelboot mit Freunden planen. Sie haben auch jemanden eingeladen, der unbedingt nach Athen segeln möchte. Alle anderen wollen den Hafen von Piräus aber am liebsten meiden, auch weil der Verkehr dort zu dicht wäre und der Hafen in vielerlei Hinsicht gefährlich sei.

Zu Beginn der Reise wurde vereinbart, dass alles im soziokratischen Konsent entschieden werden muss. Nun beginnt ein Tauziehen darüber, welche Route und welche Ziele (Destinationen) angesteuert werden sollen.

Da die Crew sehr unterschiedliche Wünsche und Bedürfnisse äußert, verbringen sie viele Stunden in Kreisversammlungen, um die Anderen von der Wichtigkeit ihres Bedürfnisses zu überzeugen. Im schlimmsten Fall wird kein Beschluss gefasst. Damit ist der Segelurlaub so gut wie beendet.

Für effektives Handeln hat das Festlegen eines gemeinsamen Ziels zu Beginn einer Unternehmung die höchste Priorität. Hier, am Beginn, finden wir die Quelle der Idee: die Gründer, den Entwickler, die Initiatoren, die vielleicht als Paar oder Freundeskreis ihre Vision von einer besseren Welt verwirklichen wollen. In einer *gelungenen* Pionierphase legen die Gründer ihr Ziel fest und suchen erst dann Menschen, die diese Vision mit ihnen teilen.

Gerard Endenburg sieht einen Kreis immer als eine Gruppe von Menschen, die eine bestimmte Vision der Gesellschaft haben und einen Beitrag zu deren Verwirklichung leisten möchten. Denn nur mit einer gemeinsamen Vision, einem gemeinsamen Ziel, können wir damit rechnen, dass alle Kräfte gebündelt in die gleiche Richtung streben.

Abb. 7: Das gemeinsame Ziel ermöglicht es, eine Richtung einzuschlagen.

Unterschiede in den Zielen rasch sichtbar machen

Wenn Sie gleich zum Start von Projekten die Soziokratische Methode nutzen, werden die Unterschiede mithilfe der Konsentbeschlussfassung sehr rasch sichtbar. Es kann nicht zum Konsent kommen, wenn die Bilder von der Zukunft zu verschieden sind. Manchmal stimmen die Vorstellungen von der Zukunft überein, aber die Wege dorthin sind zu verschieden, um sie innerhalb desselben Kreises gehen zu können. Wenn wichtige Grundsatzentscheidungen keinen Konsent im höchsten Kreis bekommen, dann ist es sinnvoll sich zu trennen und zwei Kreise zu bilden. Das erspart viele Kämpfe, erlaubt, sich selbst treu zu bleiben, und erhöht die Vielfalt von Projekten!

Frühes Trennen erspart langes Tauziehen

Zwei Lehrerinnen, Sabine und Edith, hatten ihre Jobs gekündigt, weil sie mit den Kämpfen und den vielen Kompromiss-Entscheidungen in einer von Eltern geführten alternativen Schule nicht mehr einverstanden waren. Sie entwickelten ein neues Konzept und schlossen sich mit Renate, einer Mutter von vier Kindern, zusammen, der es sehr gut gefiel. Auf etlichen Seiten hatten die beiden Lehrerinnen ihre Vorstellungen vom Umgang mit den Kindern bis hin zur Schulung der Eltern festgehalten. Von Übereinstimmung getragen wurde gemeinsam der zur Gründung notwendige Verein initiiert. Alle drei waren nun im Vorstand. Da die Soziokratie als Organisationsmethode von allen willkommen geheißen wurde, führte die Mitarbeit von weiteren Eltern in den Arbeitsbereichen auch zur steten Anreicherung des Leitungskreises mit Delegierten.

Renate, die seit Beginn im Vorstand war, schlug nun im Leitungskreis eine Ausnahmeregelung vor, die das Schulkonzept in einem Punkt infrage stellte, nämlich beim Aufnahmeprozedere. Ein wichtiger Grundsatz lautete bisher: „Alle Kinder einer Familie müssen in unsere Schule gehen, außer wenn sie bereits die 6. Klasse erreicht haben“. Aus Sicht von Renate bedurfte es hier einer Anpassung, da zwei Familien durch diesen Grundsatz ausgeschlossen worden wären. Renates Vorschlag zielte darauf ab, für die Anfangsphase der neuen Schule eine Ausnahmeregelung zu treffen, damit auch jene Familien eine Chance auf Aufnahme hätten, deren ältere Kinder nicht die Schule wechseln wollten. Edith und Sabine argumentierten dagegen, dass die unterschiedliche Lernumgebung zwischen den Geschwistern zwangsläufig zu Spannungen führen würde, sodass auch die Kinder in der neuen Schule keine entspannte Umgebung zuhause vorfinden würden. In diesem Fall könnten die Lehrerinnen nicht die Verantwortung für den sicheren Schulerfolg übernehmen. Dieser Grundsatz war ein wichtiger Teil des Gründungskonzeptes, weshalb es von Sabine und Edith keinen Konsent für die Ausnahmeregelung gab.

Für einige Tage fühlte es sich wie ein sehr unangenehmer Machtkampf an; hier musste sich jemand durchsetzen und Führung übernehmen, die anderen sollten sich anpassen, unterordnen, sich verbiegen oder ihre Meinung ändern. Renate wollte den Lehrerinnen nicht folgen, und die Lehrerinnen konnten Renate nicht folgen. Da bereits viele Eltern von Renates Meinung überzeugt waren, wurde im Leitungskreis immer mehr der Wunsch gestärkt, die Ausnahmeregelung zuzulassen.

In der Soziokratie kann es eine Ausnahmeregelung ohne Konsent der Lehrerinnen im Leitungskreis nicht geben. Damit waren sehr viele Kreismitglieder unzufrieden. Es kam zu unangenehmen Szenen und Streit, alle deutliche Signale, dass es hier um einen Kampf an den Grundfesten der Quelle ging.

Es hat jeder Mensch das Recht, sein Ziel zu erreichen und seine Wege zu gehen, wie er es möchte. Es ist nur die Frage, wer den Weg mitgeht. Wenn die Existenz davon abhängt, sind Menschen eher bereit, sich entgegen ihrer eigenen Vision irgendwo bzw. irgendjemandem anzuschließen.

Frühes Trennen erspart langes Tauziehen (Fortsetzung)

Alle Beteiligten hatten die Freiheit behalten, sich selbst treu zu bleiben. Ökonomische Zwänge gab es nicht. Die Lehrerinnen folgten ihrem ursprünglichen pädagogischen Konzept und die Eltern sind ihrem Wunsch nach Flexibilität und grundsätzlicher Offenheit treu geblieben. Zuletzt verblieb nur noch eine Trennung die zwar nicht schmerzfrei, aber doch sehr erleichternd für alle Beteiligten war.

Die beiden Lehrerinnen haben danach eine Schule gegründet, in der die Pädagoginnen für das Konzept, dessen Auslegung und Umsetzung sowie den Aufnahmeprozess zuständig sind. Die Bereiche zur Mitwirkung der Eltern waren geregelt, bevor die ersten Eltern aufgenommen wurden.

Und Renate, die mitwirkende Mutter der ersten Stunde, hat in dem Prozess erkannt, dass sie selbst die Leitung einer Schule in der Hand haben möchte. Sie hat mit anderen Eltern „ihre“ Schule gegründet, in der die Eltern die passenden Lehrerinnen und Lehrer anstellen, die ihren Vorstellungen von guten Begleitern für die Kinder entsprechen.

Die Trennung hat zur Vermehrung von Schulprojekten beigetragen. In diesem Fall sind zwei Schulprojekte entstanden, wobei jedes von Beginn an sehr eindeutig das eigene „gemeinsame Ziel“ des Projektes festgelegt hat. Daran können sich nun alle später dazu stoßenden Eltern und Lehrer orientieren.

Keine Zusammenarbeit ohne gemeinsames Ziel

Jeder Mitarbeiter hat das Recht, seinem Kreis ein neues Ziel vorzuschlagen. Das entspricht dem Grundsatz, dass jeder Mitarbeiter einen Tagesordnungspunkt einbringen kann, der auch behandelt werden muss.

Die Leitung des Kreises stellt fest, dass ein Vorschlag zur Tagesordnung, der ein neues Ziel betrifft, auch nach mehreren meinungsbildenden Runden, nicht konsentiert werden kann. Das Kreismitglied, welches das neue Ziel eingebracht hat, sorgt über längere Zeit für Spannungen, und der Kreis findet keine befriedigende Lösung, mit der dieses Kreismitglied leben kann. Es gibt also auch keinen Konsent darüber, dass die bisherigen Ziele unverändert bleiben sollen.

In diesem Fall muss die Frage, ob es dieses zusätzliche Ziel geben soll oder nicht, in den nächsthöheren Kreis gebracht werden. Der nächsthöhere Kreis entscheidet dann, ob das Ziel des Kreises angepasst wird oder nicht.

Der jeweils nächsthöhere Kreis findet eine Lösung, wenn der eigene Kreis keine Konsent-Entscheidung treffen konnte, eine Lösung aber notwendig geworden ist. Vom höheren Kreis kann eine bessere Übersicht erwartet werden; dort sitzen auch Mitglieder, die beispielsweise nicht direkt in die Spannung involviert sind. Die Entscheidung des höheren Kreises ist zu akzeptieren. Sollte diese Entscheidung für eine Person im unteren Kreis nicht tragbar sein, muss sich dieses Mitglied sowie das ganze Team überlegen, ob es sinnvoll ist, weiter in dieser Konstellation zusammenzuarbeiten. Der Kreis ist auch dafür verantwortlich, notfalls zu entscheiden, dass ein Mitglied, welches nicht am gemeinsamen Ziel mitwirken möchte oder kann, den Kreis verlassen muss. Im Falle einer

„Entlassung“ (→ *Glossar*) wird der Mitarbeiter zwar bei der Meinungsbildung gehört, er wird jedoch nicht um seinen Konsent gebeten und muss die Entscheidung der Kolleginnen akzeptieren.

Solche Trennungen werden nie leichtfertig getroffen. Durch den offenen Austausch von Argumenten ist es für alle transparent, warum jemand aus dem Kreis gehen muss. Wenn die Trennung daran liegt, dass man kein gemeinsames Ziel mehr hat, ersparen sich alle Beteiligten aufreibende Konflikte.

Zwei Beispiele für ein gemeinsames Ziel

In der KreaMont-Schule im österreichischen St. Andrä Wördern (http://www.kreamont.at) wurde ab 2015 eine soziokratischen Organisationsstruktur eingeführt. Hier sind heute 80 Schüler aus 55 Familien und 14 Mitarbeitende, davon 12 Pädagoginnen aktiv.

Jeder Kreis der Schule hat sein „gemeinsames Ziel“ und verwaltet dafür auch sein eigenes Budget:

- Arbeitskreis „Marketing“: Der AK-Marketing koordiniert das Marketing der Schule und hält Kontakt zur Öffentlichkeit. Er trägt das Bild der Schule nach außen durch Veranstaltungen und Präsentationsformen. Er sorgt durch Marketingkonzepte für einen finanziellen Beitrag zum Schulbudget.
- Arbeitskreis „Betrieb“: Der AK-Betrieb sorgt für einen effizienten Schulbetrieb und schafft dadurch die Voraussetzungen für eine lebendige Pädagogik.
- Arbeitskreis „Pädagogik“: Der AK-Pädagogik wahrt das pädagogische und ethische Konzept der KreaMont und erarbeitet Vorschläge zu dessen Änderung. Er leitet die Eltern-Teams, sorgt für die Aufnahme neuer Kinder im Rahmen der Gesamtschüler-Zahl, organisiert die Rahmenbedingungen des Schulalltags und die Fortbildung für Lehrkräfte. Er leitet die Ausführung der Pädagogik laut pädagogischem Konzept.

Gemeinsam verwirklichten diese drei Kreise bis 2019 das übergeordnete Ziel:

> „KreaMont – Kreatives Lernen nach Montessori. Privatschule für 6- bis 14-Jährige.“

Anfang 2020 war es soweit, die Beteiligung der Schüler in den Entscheidungsstrukturen sollte starten. Die wichtigste Voraussetzung dafür war die gelungene Anwendung der SKM im pädagogischen Team. Die Lehrerinnen waren nicht von Beginn an begeistert, ihre gute Team-Kultur durch eine soziokratische zu ersetzen. Nachdem die Schulleiterin zusammen mit einem Delegierten des Lehrer-Teams aber seit 2015 im Koordinationskreis Mitglied war, konnte das Team zu Schulbeginn 2018 von der Nützlichkeit der SKM bei Grundsatzentscheidungen überzeugt werden. Unterstützt von einer externen Soziokratie-Beraterin hatten die Pädagoginnen dann sehr rasch die Konsent-Entscheidung und Offene Wahl zu schätzen gelernt. Erste Experimente von Konsent-Entscheidungen mit Schülerinnen waren gut gelungen und man konnte damit beginnen, einen Implementierungskreis zur Planung der Schülerinnen-Beteiligung zu installieren (→ Kapitel 4.10 *Der Implementierungsprozess*). Heute sind alle 6 „Stammgruppen“, die aus jeweils 12 bis 14 Kindern bestehen, im sogenannten „Schüler*innen Ministeriums-Kreis – SMK“, als Stammgruppen-Kreis verbunden. Das „Gemeinsame Ziel“ dieses Stammgruppen-Kreises lautet:

„Wir Schüler*innen bearbeiten unsere Anliegen und Bedürfnisse selbst, finden Lösungen für unsere Probleme und bringen Ideen und Verbesserungsvorschläge, für deren Umsetzung wir bei Bedarf Unterstützung organisieren, auf die Agenda im SMK oder eines anderen zuständigen Kreises. Dadurch sind wir Mitgestalter*innen unserer Schule und übernehmen Mitverantwortung für die Rahmenbedingungen unserer Schulbildung."

Das Ziel der Österreichischen Armutskonferenz lautet: „Es ist genug für alle da! Armut bekämpfen. Armut vermeiden." Die Armutskonferenz ist seit 1995 als Netzwerk von über 40 sozialen Organisationen, sowie Bildungs- und Forschungseinrichtungen, aktiv. Sie thematisiert Hintergründe und Ursachen, Daten und Fakten, Strategien und Maßnahmen gegen Armut und soziale Ausgrenzung in Österreich. Gemeinsam mit Armutsbetroffenen engagiert sie sich für eine Verbesserung deren Lebenssituation. Die in der Armutskonferenz zusammengeschlossenen sozialen Organisationen beraten, unterstützen und begleiten über 500.000 Menschen im Jahr.

Auch diese Netzwerk-Organisation ist seit 2016 soziokratisch organisiert. Das gemeinsame Ziel der Österreichischen Armutskonferenz ist gut sichtbar im Bereich „Über uns" auf der Webseite www.armutskonferenz.at beschrieben, sodass alle Mitwirkenden, aber auch von Armut betroffene Personen und Fördergeber in nur einer Minute Lesezeit verstehen, worin die selbst gewählte Aufgabe und damit das Angebot der Österreichischen Armutskonferenz besteht.

Gelungene Zielverwirklichung in Städten und Gemeinden

Im Zusammenhang mit großen Partizipationsprojekten, bei denen es um die Beteiligung von Bürgerinnen und Bürgern bei der Planung von Infrastrukturprojekten wie Stromleitungen, Öl-Pipelines oder Autobahnen geht, kann die Soziokratische KreisorganisationsMethode unterstützen, gemeinsame Ziel zu entwickeln.

Menschen lösen ihre Probleme selbst

„Versuche, die Gräben zwischen lokaler Politik und BürgerInnen zu schließen, fangen am besten bei den Wurzeln des Problems an: bei der Notwendigkeit, die Bedürfnisse und Interessen jedes einzelnen Bürgers, jeder Bürgerin zu respektieren."

Romme, 2016: "From Competition and Collusion to Consent-Based Collaboration" (Übersetzung: Markus Spitzer)

Nur wer die Möglichkeit bekommen hat, innerhalb eines gemeinsamen Zieles seine Probleme zusammen mit seinem Kreis selbst zu lösen, wird an der Umsetzung gerne mitwirken. Darum ist es wichtig, die vom Problem betroffenen Menschen direkt in die Lösungsfindung einzubeziehen. Ein Problem kann die Notwendigkeit einer Umgehungsstraße sein, weil ganze Stadtgebiete aufgrund von Durchgangsstraßen unattraktiv geworden sind. Ein anderes Problem ist vielleicht eine von höherer Stelle verordnete Stromleitung, für die eine Trasse gefunden werden muss, die niemanden zu stark in seinen privaten Rechten einschränkt.

Gibt man diese Probleme zur Lösung den Betroffenen selbst, dann werden sie im soziokratischen Konsent subsidiär auch eine Lösung finden. Dazu wird man eine Kreisstruktur aufbauen, Rahmenbedingungen festlegen und einen Koordinationskreis errichten. Das wichtigste Element ist, die Beteiligten ernstzunehmen. So muss der Bürgermeister Mitglied des Koordinationskreises sein und die darin im Konsent getroffenen Entscheidungen mittragen. Alle Betroffenen haben die volle Verantwortung für die Lösung, was sich gewöhnlich so auswirkt, dass niemand mehr seine Eigeninteressen gegen die legitimen Interessen anderer durchsetzen will. Sobald wir in einer mit Entscheidungsbefugnis ausgestatteten Gemeinschaft einander wirklich zuhören, entsteht eine Balance zwischen gemeinschaftlichen und individuellen Interessen. Diese Erfahrung machte Kees Boeke bereits 1926 in seiner Schule (→ Kap. 7.1). Gerard Endenburg hat in 40 Jahren der Erprobung der SKM dieselbe Erfahrung unzählige Male ermöglicht, und auch wir im Verband der deutschsprachigen Soziokratie-Zentren kennen diesen Effekt der gemeinsamen Verantwortung aus allen Kreisversammlungen soziokratischer Organisationen. Man kann sagen, es funktioniert.

Wenn es auf der unteren Ebene kein gemeinsames Ziel gibt, muss weiter oben eines entwickelt werden

Oft stehen die Interessenkonflikte so extrem gegeneinander, dass der Konflikt unüberbrückbar scheint; wenn es beispielsweise darum geht, ein Alpental mit einer Autobahn zu durchschneiden. Die Bewohner, Tourismusverbände und Bürgermeister werden gewöhnlich gegen den Bau sein, die Landesregierung stattdessen hat eine EU-Vereinbarung auszuführen und muss die Autobahn bauen. Hier hat es bereits weiter oben einen „Deal“ ohne Einbeziehung der Betroffenen gegeben. Deshalb muss auch weiter oben nach einem gemeinsamen Ziel gesucht werden.

Gemeinsames Ziel in der Europäischen Union

Innerhalb der EU gibt es das erklärte Ziel, freie Marktwirtschaft und einen freien Personenverkehr zu ermöglichen. Wir stellen uns dazu die Frage, ob zur Erreichung dieses Ziels der Güter- und Personentransport auf der Straße zunehmen muss und wenn ja, warum?

Wir hören die Argumente. Und wenn sich alle einig sind, dass der Verkehr aufgrund der freien Marktwirtschaft zunehmen muss, hilft die Frage, wie man mit dessen Folgen umgehen möchte: Welche Ideen haben die Betroffenen, um dieses Problem zu lösen? Es kann sich beispielsweise zeigen, dass der Verkehr eventuell gar nicht auf der Straße stattfinden muss. Kommen jedoch gute Argumente für die Straße und alle Betroffenen können sich diesen anschließen, dann geht es im nächsten Schritt um Lösungen für den Bau einer Straße. Die Betroffenen könnten eine Lösung finden, die die Straße „im Berg verschwinden“ lässt. Falls nun das Problem der hohen Kosten auftaucht, werden sich nun alle mit der Lösung des Finanzproblems beschäftigen müssen.

Fragt man alle Bürgerinnen, wie sie das Finanzierungsproblem lösen möchten, könnten sie in den Meinungsrunden ihrer Kreisversammlung gemeinsam auf die Idee kommen, ein groß angelegtes Crowdfunding für den Tunnelbau zu organisieren.

Jeder Schritt folgt dem weiter oben gefundenen gemeinsamen Ziel.

Wenn es keine doppelte Koppelung gibt, hat auch ein übergeordnetes gemeinsames Ziel, das weiter oben vereinbart wurde, keine Zustimmung von unten und wird Konflikte produzieren

Der im vorherigen Absatz aufgezeigte Weg der Zielfindung kann gemeinschaftlich nur mithilfe einer doppelten Koppelung funktionieren. Damit ganz oben die Betroffenen eingebunden sind, müssen deren Repräsentanten bei den Zielen auch (ganz oben) mitbestimmen dürfen. Selbst die mit klarer Mehrheit gewählten Repräsentanten können nicht alle Betroffenen vertreten. Es wird die Gruppen der Wahlverlierer geben, die sich nicht gehört und dadurch übergangen fühlen. Darum kann man mit Mehrheitsentscheidungen keine Konflikte lösen.

Die Soziokratische KreisorganisationsMethode schlägt vor, alle Betroffenen mit in die Verantwortung zu nehmen. Auch Minderheiten haben ihre Leitungsperson im nächsthöheren Kreis, wo mit Konsent gemeinsame Lösungen gefunden werden. Daneben hat sich diese Minderheitengruppe mit offener Wahl im Konsent für eine Vertrauensperson entschieden, von der sie sich im nächsthöheren Kreis gut vertreten fühlen.

Dass eine Lösung nicht optimal für jeden, aber tragbar sein wird, verspricht die Konsententscheidung mit doppelter Koppelung auf höherer Ebene. Natürlich erfordert die neue Art des Umgangs – weg von Konfrontation hin zu Kooperation unter Mitmenschen – ein Umlernen. Vielleicht wird zu Beginn der SKM etwas mehr Zeit für Entscheidungen benötigt. Aber am Ende werden die politischen Entscheidungen intelligenter und wesentlich nachhaltiger sein als heute. Das kann gelingen, sobald wir uns gemeinsam auf diesen Weg machen wollen.

Partizipationsprozesse brauchen den politischen Willen der gewählten Volksvertreter

Die SKM sorgt dafür, dass niemand übergangen wird. Auch nicht die Führungskräfte! Darum haben Partizipationsprozesse ohne Beisein oder Auftrag der zuständigen politischen Gremien wenig Chancen auf Umsetzung. Wer als gewählter Politiker nicht in den Entscheidungsfindungsprozess miteinbezogen war, tut sich schwer, hinter der Entscheidung zu stehen. Wer nicht das Ziel teilt, Bürgerinnen partizipativ in Entscheidungen, von denen sie betroffen sind, einzubeziehen, wird keine Freude haben, wenn Bürgerinnen sich auch unaufgefordert zu Wort melden.

In Vorarlberg in Österreich startete 2004 eine Bewegung, die sich „Bürger-Räte" nennt. Mit der Methode von Jim Rough's: „Dynamic Facilitation", wurden in den letzten Jahren viele Partizipationsprozesse in Städten und Gemeinden begleitet. Es wurde geradezu modern, Bürgerinnen-Räte anzuregen. Die erreichten Erfolge in mehr als 60 solcher Prozesse dürfen jedoch nicht darüber hinwegtäuschen, dass die Umsetzung der meisten Vorhaben an eine Grenze stößt, die nicht nur von den beteiligten Bürgern, sondern auch von den engagierten Prozessbegleitern als schmerzlich erfahren wird. Wenn ein „Bürger-Rat" am Ende eines zweitägigen Prozesses seine Ergebnisse der Gemeinde präsentiert, sind es zwar immer sehr überzeugende Ideen, die auch Anklang finden, jedoch gibt es weder einen Auftrag (von wem?) an die Zivilgesellschaft, sich um die Umsetzung zu kümmern, noch nehmen die Politiker selbst die Umsetzung in die Hand. Viel zu oft passiert einfach nichts.

Aus der Sicht der SKM ist dieses Phänomen ganz einfach zu verstehen: Wer nicht beim Entscheidungsprozess dabei war, fühlt sich nicht mitverantwortlich für die Umsetzung! Es passiert genau dasselbe, wenn die Bevölkerung nicht in Entscheidungen involviert war. Wer auch immer von der Meinungsbildung und Entscheidung ausgeschlossen wird, in diesem Fall die verantwortlichen Politikerinnen, übernimmt keine Mitverantwortung für die Ausführung. Ein Bürgermeister entwickelt keine intrinsische Motivation und wird sich nicht für die Umsetzung der Ergebnisse engagieren, wenn er nicht selbst Mitglieder im Bürger-Rat war.

Bei ausreichend politischem Willen kann es zum Beispiel hilfreich sein, einen Bürgerinnen-Rat als erweiterten Gemeinderat oder Bezirksrat zu installieren. Sitzungen des Bürger-Rates werden zu Gemeinderatssitzungen, bei denen alle Gemeinderäte und die geladenen Bürgerinnen gemeinsam Lösungen für die Probleme in ihrer Stadt, ihres Stadtteils oder ihrer Gemeinde entwickeln – und dann auch gemeinsam im soziokratischen Konsent gültige Entscheidungen treffen.

„Die Erfahrung hat gezeigt, dass nur durch Mitentscheidung auch Mitverantwortung entsteht."

Gerard Endenburg

Die Corona-Pandemie in den Jahren 2020 und 2021 hat uns allen starkes Committment abverlangt, um die Entscheidungen unserer Politikerinnen zu akzeptieren. Die Landesregierung von Baden-Württemberg hatte das Einfühlungsvermögen, die Bürgerinnen in die Diskussion an prominenter Stelle einzubeziehen. Ein durch Zufallsprinzip zusammengestellter Bürger-Rat aus etwa 40 Personen aller Altersgruppen und Bevölkerungsschichten traf sich ab Dezember 2020 monatlich, um die Landesregierung bei ihren Entscheidungen zu beraten. Auch wenn es in diesem Prozess weniger um das Finden gemeinsamer Lösungen ging, sondern hauptsächlich darum, die Bedenken und Ängste der Bevölkerung gut wahrzunehmen, war es ein Schritt in die richtige Richtung. Allein wenn ein zufällig ausgewählter Bevölkerungsdurchschnitt gemeinsam mit Regierungsvertreterinnen über Maßnahmen zur Lösung eines gemeinsamen Problems diskutieren kann, steigt das Gefühl aller, am gleichen Strang zu ziehen.

Dem Thema „Soziokratie ist Politik" ist das Kapitel 7 gewidmet.

Zusammenfassung

Es lohnt sich die Mühe, in allen Organisationsprozessen, in welchen unterschiedliche Bedürfnisse vorerst entgegengesetzte Wünsche produzieren würden, sich auf die Suche nach einem gemeinsamen Ziel zu machen. Dabei eine übergeordnete Perspektive einzunehmen, ermöglicht Überblick und neue Sichtweisen. Gerade beim gemeinsamen Ziel hilft es uns, wenn wir „sowohl als auch" denken, statt „entweder oder". Im Kreis finden wir gewöhnlich immer kreative Wege, die uns helfen, Zäune abzubauen und Hürden zu überwinden. Ist dann ein gemeinsames Ziel gefunden, erwächst daraus auch die Kraft zu gemeinsamen Veränderungen.

4.2 Rollen im soziokratischen Kreis

Eines der wichtigsten Argumente für das Arbeiten im Kreis ist die Verteilung der Aufgaben auf mehrere Schultern. Wir lernen, *gemeinsam* Verantwortung zu übernehmen!

Der Weg des einsamen Wolfs ist zu Ende.

Tut euch zusammen.

Verbannt das Wort Kampf und Mühsal
von eurer Haltung und aus eurem Vokabular.

Alles, was wir jetzt tun,
muss auf eine heilige Art getan werden,
als Feier und als ein Fest.

Wir sind diejenigen,
auf die wir immer gewartet haben.

Diese Botschaft der Hopi-Ältesten[9] aus dem Jahr 2001, kündigte davon, dass wir beginnen sollten, uns zusammen zu tun. Dazu schlugen die Hopi vor, dass wir die Worte „Kampf“ und „Mühsal“ aus unserem Vokabular und aus unserer Haltung verbannen sollten. Alles, was getan werden muss, meinen sie, sollen wir auf eine „heilige Art“ tun, „als Feier und als ein Fest“. Und zuletzt machen uns die Ältesten der Hopi darauf aufmerksam, dass diejenigen, auf die wir immer gewartet haben, wir selbst sind.

Der *Soziokratischen KreisorganisationsMethode SKM* liegt die Vorstellung einer Gemeinschaft zugrunde, die für ein gemeinsames Ziel zusammenarbeitet. In dieser Gemeinschaft wird gemeinsam im Konsent entschieden, wie die Aufgaben verteilt werden.

Kampf und Mühsal verschwinden, wenn jeder seine übernommenen Aufgaben erfüllt. Dann können wir einander vertrauen und uns entspannen. Aber das funktioniert nur in Freiwilligkeit. Niemand darf zu Aufgaben gezwungen werden.

Ein Fest wird es,

- wenn wir als Gemeinschaft ein gemeinsames Ziel haben,
- wenn wir unsere Aufgaben im Sinne dieses Zieles festlegen,
- wenn wir mit offener Wahl für jede Aufgabe die geeignete Person wählen,
- wenn die gewählte Person zustimmt, die Aufgabe zu übernehmen,
- wenn alle ihr Versprechen, die Aufgaben auszuführen, auch einhalten.

„Der Ursprung allen Konflikts zwischen mir und meinen Mitmenschen ist, dass ich nicht sage, was ich meine, und nicht tue, was ich sage.“

Buber: Der Weg des Menschen, S. 38f.

Wie kann es gelingen, im Team ein Klima zu erzeugen, bei dem alle ihre Bedürfnisse offenlegen und sich gleichzeitig nach ihren Fähigkeiten und Ressourcen einbringen?

Offenheit und Verlässlichkeit

… entstehen, wenn wir sagen, was wir meinen, und tun, was wir sagen. Dabei geht es auch um die Art, wie wir uns gegenseitig die Wahrheit sagen, wenn wir eine Aufgabe zu vergeben haben.

---

9 Die Hopi sind ein Stamm der Pueblo-Indianer aus dem Gebiet des nordöstlichen Arizona.

In der soziokratischen „Offenen Wahl" (→ 3.4 *Die Offene Wahl*) tun wir das ganz bewusst. Je mehr wir sie üben, umso leichter fällt es uns, gegenseitige Wertschätzung zu zeigen und damit transparente Kommunikation in unsere Arbeitsaufteilung zu bringen. Der strukturierte, moderierte Redekreis hilft uns sehr dabei.

Darüber hinaus schlägt Gerard Endenburg vor, in einem soziokratischen Team mit offener Wahl feste Rollen zu installieren, die allesamt den Kreis unterstützen, sein Ziel zu erreichen. Am meisten unterstützen diese Rollen die bisherigen Führungskräfte. Jede der folgenden Rollen ist auf ihre Art eine Führungsrolle im Sinne von Mitverantwortung für das gemeinsame Ziel.

Vier Prozess-Rollen für jeden Kreis

Den Begriff „Prozess-Rollen" haben Jerry Koch-Gonzales und Ted Rau in ihrem Buch „Many Voices One Song" (→ Literaturverzeichnis) geprägt. Ich übernehme ihn hier, weil er am besten die Unterscheidung zwischen den vier unterstützenden Rollen in einem soziokratischen Kreis und den sonstigen Aufgaben, Funktionen und Rollen im Team deutlich macht. In jedem Kreis gibt es idealerweise diese vier unterstützenden Rollen:

1. **Gesprächsleitung**
   Die Gesprächsleitung sorgt dafür, dass ein Treffen gut vorbereitet ist und die Kreisversammlung effektiv abläuft. Das bedeutet, jeder Agendapunkt hat ein klares Ziel und eine realistische Dauer, sodass die Beschlüsse im Sinne der Zielerreichung im Konsent, wie geplant getroffen werden können. Sie stellt gut sichtbar die Ergebnisse eines Treffens zusammen und hilft der Kreis-Leitung, sofern es keine Sekretärsrolle gibt, neben der Vorbereitung der Agenda auch bei der Nachbereitung der Kreisversammlung.

2. **Kreisleitung**
   Die Kreisleitung ist auch Mitglied des nächsthöheren Kreises, wo sie die Ziele und übergeordneten Aufträge an den Kreis, den sie leitet, mitbestimmt. Sie sorgt dafür, dass es regelmäßige Kreisversammlungen für die Grundsatzbeschlüsse gibt und die zu entscheidenden nächsten Schritte entlang des vereinbarten primären Prozesses zeitgerecht im Kreis beschlossen werden. Sie leitet die Zielverwirklichungsprozesse auch außerhalb der Kreisversammlungen an, indem sie die Arbeit koordiniert und die Kreismitglieder bei der Ausführung ihres Teiles des Prozesses unterstützt. Die Kreisleitung sorgt für positive Spannung und behält den Überblick über die Ausführung. Dabei hat sie keine „vorgesetzte", sondern eine helfende Rolle, weil sie in der Beschlussfassung gleichwertig mit allen Kreismitgliedern ist.

3. **Delegierte**
   Die Delegierte vertritt die Interessen des eigenen Kreises im nächsthöheren Kreis, indem sie dort die Argumente für die Interessen des eigenen Kreises einbringt und ihren Konsent zu Entscheidungen, die den eigenen Kreis betreffen, nur gibt, wenn die Entscheidung auch die Kreisinteressen berücksichtigt. Die Delegierte nimmt die Möglichkeiten und Bedürfnisse der Kreismitglieder auf und sorgt im nächsthöheren Kreis dafür, dass diese nicht übergangen werden. Wie die Kreisleitung bringt auch sie Informationen aus der nächsthöheren Ebene in den eigenen Kreis zurück.

4. **Sekretär oder Logbuchführer (auch „Kreis-Administrator" genannt)**
   Der Sekretär oder Logbuchführer hilft der Kreisleitung bei der Vorbereitung der Agenda, indem er die vertagten Punkte aus der letzten Kreisversammlung auf die Agenda setzt und alle Kreismitglieder einlädt, neue Agendapunkte einzubringen. Er sorgt für die Ergebnissicherung während der Kreisversammlung, schreibt die Grundsatzbeschlüsse anschließend ins Logbuch und bringt das Thema beim Ablaufdatum (→ *Glossar*) des Beschlusses wieder auf die Tagesordnung.

Alle Rollen werden in offener Wahl vom jeweiligen Kreis gewählt (→ 3.4 *Die Offene Wahl*). Die Kreisleitung für den eigenen Kreis wird im nächsthöheren Kreis gewählt. Die Delegierte wird im eigenen Kreis für den nächsthöheren Kreis gewählt. Gesprächsleitung und Sekretär/Logbuchführer werden im Kreis für den eigenen Kreis gewählt.

Neben den vier Rollen für den Kreis werden auch alle anderen für die Ausführung benötigten Rollen und Funktionen, wie zum Beispiel Projektleiter, Einkauf-Verantwortliche, Veranstaltungsmanager, Kundenbetreuer oder Teamleiterin, mit offener Wahl gewählt.

Verteilen und gestalten von Aufgaben und Funktionen (Rollen)

Die Voraussetzung für die Verteilung der Aufgaben ist der Zielverwirklichungsprozess, ZVP, der im Sinne des gemeinsamen Ziels vom Kreis entwickelt und beschlossen wurde (→ 4.7 *Prozessmanagement und Transparenz*). Aus dem Zielverwirklichungsprozess ergeben sich laufend neue Aufgaben, die von den Kreismitgliedern ausgeführt werden müssen. Das können unterschiedlichste Aufgaben sein, die an Personen in entsprechenden Rollen vergeben werden. In einer Bildungseinrichtung kann eine solche Aufgabe beispielsweise die Verantwortung für die News auf der Webseite, sowie den Newsletter der Einrichtung sein. Die Grundsätze für die Ausführung der Aufgaben dieser Rolle werden im Kreis festgelegt.

Die Rolle einer Newsverantwortlichen wird vergeben

Ein Problem taucht auf

Schon bei der letzten Sitzung hat der Geschäftsführer bei seinem Fortschrittsbericht erklärt, er habe aufgrund der Steigerung des Umsatzes kaum mehr Zeit, sich um die Newslettererstellung zu kümmern. Vom Kreis-Administrator wurde er darum gleich ermuntert, für das nächste Treffen eine Rollenbeschreibung vorzubereiten, um jemand aus dem Team für diese Rolle zu wählen.

Vorbereitung des Themas

Der Geschäftsführer sendet dem Kreis-Administrator wie üblich drei Tage vor dem Termin seinen Vorschlag mit der Bitte, diesen an alle auszusenden: „Weiterhin soll monatlich ein Newsletter mit maximal 12 Beiträgen erscheinen. Es müssen alle Mitarbeitenden und Trainerinnen um Highlights bei ihren Einsätzen gefragt werden. Insgesamt nicht mehr als 1800 Wörter. Jeder Beitrag muss ein Bild enthalten und eine Story mit maximal 120 Wörtern. Zusätzlich sollen wöchentlich ein bis zwei News auf der Homepage gepostet werden. Dafür sollen auch längere Beiträge mit vielen Bildern verfasst werden. Beim Posting von News auf der Webseite ist die News-Verantwortliche frei. Dagegen muss der Newsletter als Testversion an alle Themenbringer zur Kontrolle gesendet werden. Mindestens zwei Feedbacks inkl. Rechtschreibkontrolle sind nötig, bevor er ausgesendet werden kann."

Der Kreis-Administrator lädt diesen Vorschlag neben allen anderen Informationen für das kommende Treffen im entsprechenden Ordner hoch und sendet den Link zur Agenda zwei Tage vor dem Treffen an alle Kreismitglieder aus.

Die Gesprächsleiterin eröffnet das Thema

Sie bittet den Geschäftsführer kurz sein Ziel für diesen Punkt vorzustellen. Er erläutert: „Ich schaffe es nicht mehr selbst und möchte daher heute jemand aus unserem Kreis wählen, der oder die zukünftig verantwortlich für den Newsletter und die News auf der Webseite ist.“ Nun fragt die Gesprächsleiterin alle reihum, ob sie den Vorschlag für die Rollenbeschreibung gelesen haben und ob es Fragen dazu gibt. Bei jeder Frage bittet sie den GF, diese gleich zu beantworten. „Ja, der Aufruf, Beiträge zu bringen, muss gleich nach der Versendung erfolgen.“ „Die Freiheit des News-Redakteurs für Postings auf der Webseite hat den Sinn, dass er oder sie rasch reagieren kann. Alle Beiträge müssen ohnehin im Sinne unseres PR-Konzeptes gestaltet sein.“ Nun schaltet er den Beamer ein und zeigt allen den Ort, wo das PR-Konzept zu finden ist. Einige versuchen, es rasch auf ihren Laptops zu lesen. Die Gesprächsleitung meint, der Link solle vom Protokollanten ins Protokoll aufgenommen werden.

Die Aufgabenbeschreibung für die Rolle gemeinsam erarbeiten

Die Gesprächsleiterin ergänzt nun den Vorschlag im Protokoll um den Hinweis „News werden im Sinne des PR-Konzeptes erstellt“ und fragt, ob es noch weitere Fragen gibt. Alle verneinen. Darum eröffnet sie jetzt die erste Meinungsrunde mit der Frage: „Ist diese Rollenbeschreibung vollständig genug, um die Wahl durchzuführen, oder fehlt noch etwas?“ Da die ersten bereits die Hand aufs Herz legen, um zu zeigen, dass sie Konsent geben können, verändert die Gesprächsleitung auch sofort die Frage: „Habt ihr alle schon Konsent?“ Da nun alle das Zeichen für Konsent geben, kann der zweite Teil, nämlich die notwendigen Kompetenzen für die Rolle zu sammeln, beginnen.

Die Kompetenzen für die Rolle festlegen

Die Gesprächsleiterin stellt die Frage: „Was muss jemand können, um diese Aufgaben gut auszuführen?“ Und: „Hast du dir dazu auch schon etwas ausgedacht“ – in Richtung des Geschäftsführers. Dieser hebt die Schultern und meint, „Nein, lasst uns das gemeinsam entwickeln.“ Die Gesprächsleitung fordert nun nonverbal alle auf, zu sprechen, indem sie sich mit dem Stift in der Hand an das Flipchart stellt und offensichtlich wartet, dass jemand das Brainstorming beginnt. „Die Person muss gut im Texten sein, also Redakteurskompetenz“, sagt eine junge Kollegin. Während die Gesprächsleiterin mitschreibt, meldet sich der Geschäftsführer: „Sie muss auch selbst auf Ideen kommen, was zur Veröffentlichung geeignet ist, also kreativ sein und Freude für unser Angebot ausstrahlen.“ „Kreativität und Freude an unserem Angebot“, werden ebenfalls auf dem Flipchart festgehalten. Nun fällt auch der Gesprächsleiterin etwas ein und setzt sich deshalb auf ihren Stuhl, um als Kreismitglied zu sprechen: „Sie muss uns alle liebevoll anleiten können, damit wir gern Beiträge liefern.“ Auch diese Kompetenz landet auf der Liste. Die Gesprächsleiterin schaut nun fragend in die Runde, und als nichts mehr hinzugefügt wird, fragt sie, ob es denn schon so passt, ob noch etwas fehlt oder ob etwas gestrichen werden sollte? Als keine Ansagen kommen, fragt sie: „Ist diese Liste gut genug für diese Rolle oder hat jemand einen schwerwiegenden Einwand gegen diese Kriterien?“

Niemand hat einen schweren Einwand.

Also stehen die Rollenbeschreibung mit Aufgaben und die Kriterien für die Kompetenz der Person jetzt fest und man kann zur Wahl schreiten.

Abb. 8: Der Kreis wählt die für diese Aufgabe geeignetste Person.

Die Wahl einer Person für eine Rolle

Wie im Kapitel 3.4 *Die Offene Wahl* beschrieben, wird nun aus dem Kreis diejenige Kollegin in Offener Wahl gewählt, die allen am geeignetsten für die Rolle erscheint. Durch die zwei Rederunden kommen alle Argumente auf den Tisch, und die Gesprächsleiterin schlägt die Person vor, die als die kompetenteste für die Aufgabe genannt wurde. Für diese werden alle Kreismitglieder um Konsent gefragt; am Ende der Runde auch das gewählte Mitglied selbst. In unserem Fallbeispiel war ausschlaggebend, dass die gewählte Person die Möglichkeit hatte, mehr Stunden zu machen. Sie wurde aufgefordert, diese Mehrstunden in ihrer Stundenliste unter der Rubrik „Newsletter" klar zu messen, damit man errechnen konnte, wie viel Mehrkosten diese Rolle für die Organisation bedeuten würde.

Nach der Wahl vereinbarte der Geschäftsführer noch kurz eine Übergabebesprechung mit der gewählten Kollegin, sodass sie bereits für den kommenden Newsletter die Aufgaben erfüllen konnte. Alle Kreismitglieder tragen Mitverantwortung dafür: einerseits, indem sie die Rahmenbedingungen mitbeschlossen haben, und andererseits, indem sie die geeignetste Person aus ihrem Kreis gemeinsam bestimmt haben.

4.3 Die Struktur der soziokratischen Kreisversammlung

Soziokratie heißt „gemeinsam regieren". Das setzt gemeinsam getroffene Entscheidungen voraus. Soziokratie bedeutet also auch: „Wir entscheiden gemeinsam." Niemand darf ausgeschlossen sein, der von einer Entscheidung betroffen ist. Alle sind da, weil wir davon überzeugt sind, dass jeder Einzelne zu einer guten Lösung beitragen kann.

Um wichtige Entscheidungen treffen zu können, bedarf es eines Ortes und Zeit. Für Organisationen kann dieser Ort ein Besprechungszimmer für Management- und Team-Meetings sein, in Familien das Wohnzimmer, für Gemeinden der Gemeinderatssaal, für Schulen der Klassenraum oder das Konferenzzimmer.

Damit wir beständig gemeinsam entscheiden, benötigen unsere Besprechungen einen Rhythmus, sodass alle von den Entscheidungen betroffenen Kreismitglieder in die Kontinuität der Gemeinsamkeit vertrauen können. Beziehung braucht Kontinuität!

Jedes Kreismitglied wird in die Vorbereitung einer Besprechung einbezogen und kann Vorschläge für die Agenda machen. Alle Punkte werden berücksichtigt. Der Sekretär oder Kreis-Administrator stellt einen Vorschlag für die Tagesordnung zusammen und lädt zur Besprechung ein. Gibt es keinen Sekretär oder hat es dieser verpasst, einzuladen, hilft die Kreisleitung aus (hat sie doch die Verantwortung inne, dass die soziokratische Beschlussfassung eingehalten wird).

Es ist erstaunlich, wie viel Zeit Menschen in Sitzungen verbringen, obwohl diese häufig keinerlei Relevanz für sie haben. Das kann daran liegen, dass sie die besprochenen Themen gar nichts angehen oder zu Dingen befragt werden, die dann doch eine andere Person (autokratisch) entscheidet. Aber auch banale Gründe wie eine fehlende Vorbereitung verlängern Meetings unnötig. Soziokratische Kreisversammlungen sind anders: sie sind gut vorbereitet, verfolgen ein klares Ziel, haben eine erprobte Struktur und die Ergebnisse werden an einem verlässlichen Ort gesichert.

Effektivere Besprechungen auf Abteilungsleiterebene

In einer psychosomatischen Klinik mit etwa 120 Mitarbeitern sollten unter anderem die Besprechungen der Geschäftsleitung effektiver werden. Ein Sekretär wurde gewählt, der alle Abteilungsleiterinnen vor dem Treffen um ihre Tagesordnungspunkte bat, um dann gemeinsam mit dem Klinik-Chef die Agenda festzulegen. Mithilfe einer am Anfang unterstützenden externen Moderation war man erstaunlich schnell mit den einzelnen Punkten fertig, sodass plötzlich Zeit blieb, sich mit lange vorgenommenen Entwicklungsthemen zu beschäftigen. Ein weiterer Effekt war die größere Selbstständigkeit der Abteilungen. Vieles, was zuvor im Treffen der Abteilungsleiterinnen besprochen worden war, konnte aufgrund klarer Rahmenvereinbarungen an die Abteilungen delegiert werden. Die größere Gestaltungsfreiheit produzierte in zwei der fünf Abteilungen zwar am Beginn mehr Besprechungsbedarf, der aber durch die Einführung der soziokratischen Sitzungsgestaltung bald ausgeglichen werden konnte.

Durch die Schulung aller Abteilungskreise genießen inzwischen alle Mitarbeiter die Energie bringenden Treffen. Die eingekehrte Klarheit wurde zur Routine, die Redekultur führte zu mehr Ruhe und brachte ein Maß an Entspanntheit, das auch bald von den Patienten bemerkt wurde.

Aber nicht nur in Unternehmen, auch in unseren privaten Beziehungen würde mehr Klarheit zu entspannteren Gesprächen führen. Wie angenehm könnten beispielsweise Familiengespräche ablaufen, wenn man sich zu einem zuvor abgestimmten Thema in einer Familien-Kreisversammlung treffen würde. Da gibt es eine Geschichte von einem unserer Soziokratie-Experten in Ausbildung, der die SKM auch in seiner Familie eingeführt hatte, nachdem er sie in einem Wohnprojekt kennengelernt hatte:

Soziokratie in der Familie

Pippin ist acht Jahre alt und das jüngste von vier Kindern. Er hat erlebt, dass sich bei wichtigen Besprechungen alle Familienmitglieder auf Kissen auf dem Boden des Wohnzimmers versammeln und ein Redestab (→ *Glossar*) herumgereicht wird – wenn es beispielsweise um die Urlaubsplanung, um die Beteiligung an der Hausarbeit geht oder wer in welchem Zimmer des neu gebauten Hauses wohnen wird. Das sind alles wichtige Dinge, die im Kreise aller Familienmitglieder im Konsent beschlossen werden.

Pippin hatte sehr bald herausgefunden, wozu man diese Kreisversammlungen braucht. Sein Vater erzählte uns, dass Pippin begonnen hat, mit dem Sitzkissen unter dem Arm zu seiner Mutter oder seinem Vater zu gehen, sobald er etwas Wichtiges erreichen will.

„Komm, wir brauchen einen Kreis!", sagt er dann, denn er weiß, im Kreis müssen ihm alle zuhören. Dort hat er eine größere Chance auf Erfolg, als wenn er mit jedem Familienmitglied einzeln über sein Anliegen sprechen würde.

Die Erfahrungen vieler Familien, die die Prinzipien soziokratischer Mitbestimmung anwenden, zeigen, dass die Kinder Mitverantwortung übernehmen, wenn auch sie mitentscheiden können.

Der Unterschied zwischen Kreisversammlung und Arbeitsbesprechung

„Effektive Meetings gestalten" lautet der Titel unserer Seminare, in welchen wir die Struktur soziokratischer Kreisversammlungen den Moderatoren und Teamleiterinnen vermitteln. Die Meetings zur Entscheidung von Grundsatzfragen nennen wir in der Übersetzung aus dem Niederländischen gerne „Kreisversammlungen" (→ *Glossar*). Es sind nicht einfach Meetings. Wir kommen in „Kreisversammlungen" zusammen, um die grundsätzlichen Prozesse zu steuern, die alle Kreismitglieder betreffen.

Neben diesen Kreisversammlungen finden bei Bedarf „in der linearen Struktur" (→ *Glossar*), das heißt, „wie im Kreis beschlossen", immer auch ad hoc oder regelmäßig Arbeitsbesprechungen mit den Personen statt, die für die Ausführung einer Aufgabe bestimmt wurden.

Kreisversammlungen

Kreisversammlungen sind nur nötig, um grundsätzliche Entscheidungen zu treffen, bei denen alle Kreismitglieder mitentscheiden wollen. Nur für diese Grundsatzentscheidungen, die von Endenburg auch „Politik" genannt werden, brauchen wir soziokratische Meetings mit Tagesordnung, Moderation und strukturiertem Ablauf. Alles andere ist „Ausführung" und kann in der linearen Struktur in bedarfsbezogenen Arbeitsbesprechungen vereinbart werden, in denen das „operative" Geschäft organisiert wird.

John Buck, der seit 1986 weltweit zahlreiche Organisationen soziokratisch geschult und begleitet hat, unterscheidet die beiden Treffen als „Political Meetings" und „Operational Meetings". Es sind zwei unterschiedliche Ziele, die wir hier erreichen wollen:

1. Bei den „politischen" Treffen geht es um die Einbeziehung aller bei für sie wichtigen strategischen Weichenstellungen. Niemand soll übergangen werden, der mitbetroffen ist. Hier werden von allen gemeinsam die Rahmenbedingungen für die Ausführung festgelegt.
2. Bei den „operativen" Treffen geht es um Ausführungsbesprechungen innerhalb der zuvor gemeinsam vereinbarten Rahmenbedingungen.

Ich schätze Gerard Endenburg für seinen beständigen Fokus, mit dem er das „Übergehen werden" mithilfe soziokratischer Regeln immer wieder verhindert. So schreibt er in der Soziokratie-Norm zur Unterscheidung zwischen Grundsatz und Ausführung:

> „Die Absprache, dass der Kreis die Unterscheidung zwischen Grundsatz und Ausführung bestimmt, ist wichtig, um zu vermeiden, dass ein Thema als Ausführung bezeichnet und damit aus der Konsentbeschlussfassung ausgeschlossen werden kann. Auch wenn allein ein Kreismitglied ein Thema als grundsatzbestimmend einschätzt, muss dieser Beschluss auf die Agenda gesetzt werden, und der Kreis muss darüber beschließen, ob es sich um Grundsatz oder Ausführung handelt. Das Kreismitglied, das diesen Agendapunkt eingebracht hat, hat über das Konsentprinzip Einfluss auf diesen Beschluss."
>
> (Norm SCN 1001, S. 18)

Operative Treffen benötigen nicht zwingend einen bestimmten Ablauf. Bei Bedarf können sie aber moderiert und protokolliert werden. Jedoch sind immer die Rollen ganz klar, weil diese in der Kreisversammlung vereinbart wurden. Jedes Kreismitglied kann Arbeitsbesprechungen einberufen. Als Letztverantwortliche für die Zielerreichung und Unterstützung der Kreismitglieder bei ihren Arbeiten, wird es aber oft die Kreisleitung sein, die zu Arbeitsbesprechungen einlädt. In der Ausführung geht es um Commitment, also „handeln wie verabredet". Bei der Kreisversammlung darf dagegen alles infrage gestellt werden und vorübergehend sogar Chaos entstehen. Wenn wir aber auseinandergehen, sollen wir sicher sein, dass jeder macht, was er versprochen hat.

Durch die Trennung von Grundsatz und Ausführung sind weniger Kreisversammlungen notwendig. Alle zwei Monate sollte sich aber jeder Kreis treffen, um den Zielfortschritt zu messen (Monitoring) und aufgrund der Informationen aus der Ausführung (Feedback) seine Prozesse gezielt steuern zu können. Das Monitoring darüber, ob die gemeinsam getroffenen Entscheidungen noch passen, hilft dabei, flexibel zu bleiben und führt die Menschen ggf. wieder zusammen, denn es wird erfahren, woran jedes Kreismitglied arbeitet und wie es ihm dabei geht.

Ablauf einer soziokratischen Kreisversammlung

Für die Kreisversammlungen hat sich ein bestimmter Prozess bewährt. Dieser beginnt mit der Einladung an jedes Kreismitglied, Agendapunkte einzubringen und den Fortschrittsbericht zu verfassen. Aus den eingegangenen Punkten stellt die Kreisleitung gemeinsam mit dem Sekretär die Agenda zusammen und überprüft bereits hier, ob die Punkte Grundsätze sind (→ 4.4 *Unterscheiden zwischen Grundsatz- und Ausführungsentscheidungen*) und zu welchen Punkten es noch mehr Vorbereitung bedarf. Danach erfolgt der Versand des Agendavorschlags. In der Einladung sollte ganz oben immer das gemeinsame Ziel des Kreises stehen. Zusätzliches Informationsmaterial zu Agendapunkten soll bereits bei der Einladung im Anhang mitgesendet werden.

Die Gesprächsleitung ist für den soziokratischen Verlauf des Meetings verantwortlich (→ 4.2 *Rollen im soziokratischen Kreis*), sie sorgt dafür, dass alle gemeinsam entscheiden. Das beginnt bereits beim Festlegen der Agenda.

Die im Konsent getroffenen Grundsatzbeschlüsse werden nach dem Treffen vom Sekretär aus dem Protokoll in das sogenannte Logbuch, das „Gedächtnis des Kreises" übertragen. (→ 4.7 *Prozessmanagement und Transparenz*).

Die vier Elemente der Kreisversammlung im Überblick

1. **Ankommensrunde:** Ankommen und einstimmen auf das gemeinsame Ziel
2. **Organisieren des inhaltlichen Teiles:**
   Gesprächsleiter, Protokollantin und Dauer des Treffens festlegen; allfällige Informationen, nächste Termine;
   Agendapunkte und Zeitbedarf je Thema festlegen,
   Ziel für jeden Agendapunkt bestimmen.
3. **Inhaltlicher Teil:** Abarbeiten der Agendapunkte beginnend mit den Fortschrittsberichten
4. **Abschlussrunde:** Messen der Effektivität des Meetings

Ankommensrunde

Die Ankommensrunde sichert den ganz persönlichen Rahmen für jeden Einzelnen zur Einstimmung zu Beginn des Treffens. Es ist wichtig, zu würdigen, dass hier Personen aus individuellen Lebenswelten zusammenkommen. Jedes Mitglied berichtet kurz, wie es ihm aktuell geht. In der Ankommenssrunde vergewissern wir uns, dass alle wegen des gemeinsamen Zieles anwesend sind. Die Moderatorin oder die Kreisleitung weisen auch speziell auf dieses gemeinsame Ziel hin (→ 4.1 *Eine gemeinsame Ausrichtung*). Hier können auch Erwartungen abgefragt und daraus weitere Agendapunkte formuliert werden.

Es geht um den Übergang und die Verbindung von außen nach innen. Wenn man zum Beispiel krank und trotzdem anwesend ist, oder wenn man noch etwas anderes im Kopf bewegt, dann ist das gemeinsame Ziel weit weg und man ist nicht verbunden. Es hilft, wenn dies benannt wird und seinen Platz findet, innerhalb oder außerhalb der Kreisversammlung. Die Mitglieder wissen dann, warum man still, traurig oder aufgeregt ist.

Es ist wichtig, dass während der Ankommensrunde niemand unterbrochen wird.

Check-in

Nach vielen Jahren Erfahrung in soziokratischen Organisationen können nicht-soziokratische Sitzungen zur Qual werden. Ein Topkreismitglied im Soziokratie Zentrum Österreich berichtete von ihren üblichen Teambesprechungen in einer Magistratsabteilung: „Wenn niemand danach fragt, wie man heute da ist, sondern die Leitung mit einer allgemeinen Begrüßung, bei der sonst niemand zu Wort kommt, startet, dann fühlt sich das für mich heute sehr befremdlich an. So, als wenn ich ignoriert und übergangen werde, Als wenn ich ganz unwichtig wäre und ganz unnötig hier sitze."

Am Ende einer Ankommensrunde sind die Teilnehmer stärker verbunden, um gemeinsam alles, was auf unserem Tisch liegt, anzupacken und das gemeinsame Ziel zu erreichen.

Organisieren des inhaltlichen Teils

Dieses Element sichert den notwendigen Rahmen der Kreisversammlung ab. Beim Punkt „Organisieren des inhaltlichen Teiles" legen wir zuerst gemeinsam fest, wie das Protokoll verfasst werden soll. Manchmal braucht man gar kein Protokoll. Es gibt soziokratische Organisationen, die dokumentieren nur Beschlüsse in ihr Logbuch, ohne die Diskussion festzuhalten, die dazu geführt hat. Ich frage bei allen Meetings immer zuerst: „Braucht jemand ein Protokoll? Wer wird es im Nachgang lesen?" Wenn ein Protokoll für mindestens ein Kreismitglied wichtig ist, frage ich diese Person, wie genau sie die

Mitschrift haben möchte. Erst wenn wir das festgelegt haben, frage ich, wer es denn in diesem Sinne übernehmen könnte. Meldet sich jemand, wird der Kreis um Konsent zu dieser Person gebeten. Die Protokollführung sollte immer wechseln, denn es hindert viele Menschen daran, sich selbst inhaltlich einzubringen, wenn sie damit beschäftigt sind, jeden gesprochenen Satz aufzuschreiben.

Spätestens jetzt wird auch der Gesprächsleiter (falls es keinen festen Moderator im Kreis gibt) festgelegt. Es gibt Raum für Ankündigungen und administrative bzw. allfällige Mitteilungen. Auch die Dauer des Meetings wird angesprochen und geklärt, ob alle durchgehend anwesend sein werden.

Wenn der Kreis das als Grundsatz bestimmt hat, findet jetzt die Überprüfung des letzten Protokolls statt, denn daraus können sich noch Agendapunkte für heute ergeben.

Die in der Einladung vorgeschlagenen Agendapunkte müssen jetzt gemeinsam festgelegt werden. Eventuell gibt es Ergänzungen oder aktuelle Prioritäten. Zuerst werden die Fragen zur Unterscheidung von Grundsatz- und Ausführungsentscheidungen (→ 4.4 *Unterscheiden zwischen Grundsatz- und Ausführungsentscheidungen*) gestellt. Wenn ein Agendapunkt ein „Grundsatz" in diesem Sinne ist, klären wir nun auch das Ziel dieses Punktes, was dabei erreicht werden soll. Nicht immer handelt es sich um Beschlüsse. Wir fragen also: „Was wird hier benötigt?" Braucht jemand Ideen aus der Gruppe, um an einer Sache weiterarbeiten zu können? Manchmal genügt schon ein Brainstorming zur vorliegenden Fragestellung als Grundlage für die Weiterarbeit des Kreismitglieds an seinem Thema. Oder geht es darum, Informationen zu einer Fragestellung zu sammeln als *Bildformung* (→ 3.1 *Das Konsentprinzip*). Dann müssen wir die entsprechende Zeit einplanen, um die Frage zu beantworten oder Informationen zusammenzutragen. Es kann zu einem Punkt eine *Meinungsbildung* benötigt werden, um die Richtung der Weiterarbeit zu erkennen. Oder es handelt sich um eine Entscheidung zu einem ausgearbeiteten Vorschlag in Form einer *Beschlussfassung*. Dazu sollten alle benötigten Informationen bereits ausgesendet worden sein oder jetzt vorliegen. Wir klären auch die Zeit, die wir für jeden Punkt benötigen werden.

Indem die Agenda gemeinsam im Konsent beschlossen wird, wird sichergestellt, dass alle Teilnehmer in etwa das Gleiche wollen. Ansonsten werden Differenzen jetzt entdeckt und geklärt. Es sind also alle gleichermaßen verantwortlich, wie die Kreisversammlung genutzt wird. Später kann niemand sagen, dass *die Anderen es falsch gemacht haben* – höchstens, dass *wir es falsch gemacht haben*. Das erhöht die Sicherheit und das Vertrauen im Kreis.

Der inhaltliche Teil

Wir starten jede Agenda gern mit sogenannten „Fortschrittsberichten". Dadurch haben alle Kreismitglieder die Gelegenheit, über ihre Fortschritte bei der Ausführung zu berichten. Die Fortschrittsberichte können auch vorab schriftlich gesammelt werden und stehen dann bereits im Protokoll, wenn reihum alle über ihre Arbeit berichten. Reicht die Zeit nicht für persönliche Berichte, kann zumindest jeder nachlesen, was sich seit dem letzten Treffen bei den Einzelnen und auch in angrenzenden Ebenen der Organisation getan hat. Fortschrittberichte haben neben der reinen Information auch den Effekt, dass alle Kreismitglieder Wertschätzung für die getane Arbeit bekommen. Wir feiern am Beginn des inhaltlichen Teiles, was uns seit letztem Mal gelungen ist.

Auch hat es sich bewährt, jeden inhaltlichen Agendapunkt gut vorzubereiten. Dadurch kann man nicht nur den Zeitaufwand für den Punkt im Meeting gut einschätzen, sondern die benötigte Zeit bei der Besprechung erheblich reduzieren. Wer ein Anliegen hat, das in der Kreisversammlung beschlossen werden soll, sollte für sich die folgenden Fragen im Vorfeld beantworten:

- Was ist das Problem, das die Gruppe lösen soll? Warum sollte sich die Gruppe damit beschäftigen?"
- Welche Informationen gibt es dazu? Hat die Sache eine Geschichte? Was wurde bisher getan, um das Problem zu lösen?
- Gibt es bereits einen Lösungsvorschlag? Haben sich die relevanten Personen schon Gedanken gemacht, wie die Sache zu lösen ist? Wie sollte die Entscheidung im Sinne der Themenbringerin lauten?
- Wie soll diese Sache umgesetzt werden? Welche Ressourcen sind erforderlich (Zeit, Geld, Know-how)?

Es hilft zudem, jede Themenbringerin zu bitten, ein Ziel für ihr Thema bekanntzugeben:

Agendapunkte können folgende Ziele haben:

- Eine Information an die anderen oder eine Informationssammlung → Bildformung
- Die Vorbereitung auf ein mögliches, zukünftiges Thema → Meinungsbildung
  - Es hat sich bewährt, für die Vorbereitung wichtiger Entscheidung einen Hilfskreis (→ *Glossar*) zu beauftragen, der aus jenen Personen besteht, die entweder das Anliegen haben oder das Wissen, um einen Vorschlag auszuarbeiten.
- Eine Grundsatzentscheidung zu einem gut ausgearbeiteten Lösungsvorschlag → Beschlussfassung
  - Dem Beschluss kann eine Offene Wahl folgen, um bestimmte Personen mit der Ausführung der Entscheidung zu beauftragen.
  - Wichtig ist, nach jeder Entscheidung nächste Schritte zu beschließen.

Nach guter Vorbereitung und Klarheit zu jedem Agendapunkt werden im Hauptteil der Kreisversammlung alle Punkte mithilfe der Moderation kurz und zielgerichtet abgearbeitet. Die Rederunden werden möglichst eingehalten, sodass alle zu Wort kommen, ihre Fragen zur Bildformung stellen, ihre Meinung sagen und ihren Konsent geben oder auch ihre Einwände einbringen können. Wird die vereinbarte Zeit eines Punktes überschritten, wird die Moderatorin darauf hinweisen und mit dem Kreis einen Umgang damit vereinbaren. Wenn alle einverstanden sind, kann die Zeit für einen Punkt auch verlängert werden, oder es stellt sich heraus, dass doch noch nicht genügend Informationen vorliegen, um sich eine Meinung bilden zu können? Dann wird der Punkt mit der Bitte vertagt, beim nächsten Mal mehr Informationen bzw. einen konkreteren Vorschlag einzubringen. Im besten Fall enthalten Grundsatzentscheidungen Kriterien für die Ausführung und es werden Personen mit offener Wahl gewählt, welche innerhalb dieses Rahmens den Beschluss selbstständig ausführen.

Die Abschlussrunde

Sie dient der Reflektion des Ergebnisses der Kreisversammlung: Ist das Ziel erreicht worden? Haben wir geschafft was wir uns vorgenommen hatten? Was kann beim nächsten Treffen besser gemacht werden? Die Moderatorin fragt zum Beispiel: „Wie zufrieden bist du nun mit dem Meeting?" Hier ist auch Platz zum Feiern von Erfolgen. Haben wir die Zeit gut genutzt? Sind wir zu gemeinsamen Ergebnissen gekommen, die uns helfen, dem Ziel näherzukommen? Wenn wir uns über die Effektivität, das Klima im Kreis, die gute Moderation oder die überwundenen Hürden freuen können, dann verlassen alle die Kreisversammlung mit mehr Energie als vorher.

Check-out

Die Abschlussrunde ist in soziokratischen Kreisversammlungen nicht mehr wegzudenken. Als ich auch bei den Gartenbesprechungen meines neu gegründeten Gemeinschaftsgartens erstmals Rederunden moderiert hatte, wollte ich am Ende von den fünf Anwesenden wissen, wie die Besprechung jetzt für sie war, wie sie diese Art der Gesprächsführung denn jetzt gefunden hatten und ob sie mit dem Ergebnis unserer Besprechung zufrieden wären. Ich konnte bei dieser erstmaligen Abschlussrunde erfahren, dass einige zwar erstaunt über die Art und Weise der Sitzungsgestaltung waren, aber positiv berührt. In den Rückmeldungen hörte ich, dass meine strukturierte Gesprächsleitung für Effektivität gesorgt hatte, und somit alle Punkte zu einem guten Ergebnis geführt worden waren. Indem alle die Rückmeldungen der anderen gehört hatten, entstand eine gute Stimmung in der Gruppe und man ging fröhlich zum informellen Teil über,

Es gibt Sicherheit und Verbindung, wenn man innerhalb der Kreisversammlung voneinander hört, was gut oder weniger gut war. Wenn jemand etwas verbessern möchte, sollte er dafür die Verantwortung übernehmen und es in der Abschlussrunde einbringen. Schließlich wird in der Abschlussrunde der Übergang von innen nach außen möglich gemacht.

Muster für den Ablauf einer soziokratischen Kreisversammlung

1. Ankommensrunde

- Wie geht es dir? Was erwartest du dir heute? Punkte für Agenda sammeln.

2. Administrativer Teil – Organisation der Kreisversammlung

- Allgemeine Informationen zum Rahmen (Dauer, Pausen, Wer muss früher weg?)
- Wer schreibt das Protokoll? Als Mitschrift oder Fotoprotokoll?
- Wer moderiert?
- Ist alles vorhanden, um die Versammlung durchführen zu können (Flipchart, Stifte, letztes Protokoll, Vorbereitungspapiere für die Agendapunkte, Getränke, Kekse ...?)
- Agenda mit Konsent aller Anwesenden festlegen

3. Inhaltlicher Teil – Kreisversammlung durchführen

Agendapunkte abarbeiten. Jeder Punkt hat einen Titel und ein Ziel (Information, Meinungsbildung oder Entscheidung)

Die Punkte sollten nach Priorität gereiht werden

1. Punkt: Fortschrittsberichte aus der Ausführung (Bildformung)
2. Punkt: ....
3. Punkt: ....
4. Punkt: ....
5. Punkt: ....

4. Abschlussrunde:

Messen der Effektivität des Meetings. Wie zufrieden bist du mit dem Ergebnis?

Zur Erinnerung: Was ist das Soziokratische an der Struktur der Kreisversammlung?

- Das Sich-gegenseitig-Zuhören am Beginn des Meetings zeigt Interesse an jedem als Mensch. Jeder ist eingeladen, sich zu zeigen und wird gesehen.
- Der sichere Raum, der allen Kreismitgliedern gleichwertig zur Verfügung steht, um ihre Argumente, egal ob für oder gegen eine Sache, ihre Sorgen, Bedenken und Hoffnungen zu jedem Thema äußern zu können, und ihre Probleme und Lösungsvorschläge, sowie ihre Kreativität einzubringen.
- Die Gewissheit, dass Dinge gut überlegt sind und nur umgesetzt werden, wenn sie realisierbar erscheinen und erwarten lassen, dass der Kreis sein Ziel erreicht. Man merkt das daran, dass jeder der Anwesenden die Sache für machbar hält und die Umsetzung unterstützen wird.
- Die vier unterstützenden Rollen in jedem Kreis, mit deren Hilfe die Sicherheit entsteht, dass wir am gemeinsamen Ziel arbeiten (Kreisleitung), dass alle gleichwertig zu Wort kommen (Gesprächsleitung), dass es ein Mitbestimmungsrecht im nächsthöheren Kreis gibt (Delegierter) und dass alles, was wichtig ist, aufgezeichnet wird und von jedem Kreismitglied nachgelesen werden kann (Sekretär/Logbuchführer).
- Das Lernen aus jedem Treffen: Am Ende des Meetings fragen wir nochmal jedes Mitglied, ohne es zu unterbrechen, ob es gut war, was wir gemacht haben, und wie wir es nächstes Mal besser machen können. Jedes Feedback wird ernst genommen.

Auch für uns ist es immer wieder aufs Neue überraschend, wie sich durch diesen Rahmen Menschen entspannen, ihr Verhalten um 180 Grad ändern, beginnen, ihre Ideen einzubringen, oder endlich entdecken, dass sie nicht allein sind.

Zusammenfassung

Das Arbeiten im soziokratischen Kreis, mit seinen vier klassischen Rollen und dem einfachen Prozedere zur Verteilung von Aufgaben und Funktionen, entlastet jedes Kreismitglied. Niemand hat eine alleinige Verantwortung, auch nicht die Kreisleitung. Indem auch die Struktur eines Meetings einem bewährten Ablauf folgt, hilft diese Klarheit allen Beteiligten, sich auf die Inhalte der Besprechung zu fokussieren und effektiv im Sinne des gemeinsamen Zieles zusammenzuarbeiten.

4.4 Unterscheiden zwischen Grundsatz- und Ausführungsentscheidungen

Jedem von uns ist es schon passiert, dass wir uns in Meetings finden, wo viel Zeit damit verbracht wird, unausgegorene Themen ziel- und ergebnislos zu diskutieren. Niemand weiß, warum die Themen besprochen werden, wen sie überhaupt angehen und wohin sie führen sollen. Ein Teilnehmer hatte ein Problem, eine Idee oder eine Beschwerde, und schon verfangen sich acht Menschen in einem Meinungsaustausch oder machen Problemlösungsvorschläge, nach denen niemand gefragt hat.

In Kreisversammlungen vermeiden wir derartige ziellose Diskussionen durch die Unterscheidung zwischen Grundsatz und Ausführung. Darüber hinaus führt uns die Unterscheidung zwischen Grundsatz- und Ausführungsentscheidungen zu weitgehender

Selbstorganisation! Denn nur wer selbst bestimmen kann, wie die Ausführung organisiert wird, hat auch Freude an der Arbeit. Es macht uns Freude, wenn wir innerhalb eines festgelegten Rahmens selbst entscheiden können, und es macht uns als Kreismitglieder glücklich, wenn wir jedem Einzelnen von uns zutrauen, diesen Freiraum im besten Sinne und zum Wohle der Gemeinschaft zu nutzen. Daneben sparen wir viel Zeit, wenn jedem Menschen bei der Ausführung Gestaltungsfreiheit gegeben wird. Wir fordern seine Führungsqualitäten sowie seine Kreativität heraus und erlauben ihm, sich selbst zu organisieren – mit allem, was dazu gehört.

Jedes Detail in einem Kreis festzulegen, zermürbt nicht nur die Kreismitglieder, sondern insbesondere die Person, die den Auftrag für die Umsetzung erhält. Stattdessen bereiten uns das Vertrauen, das wir bekommen, und die Möglichkeit zur Selbstorganisation, die daraus entsteht, viel Freude.

Deshalb ist es sehr hilfreich, für jeden Agendapunkt die Unterscheidung zu treffen, ob der Punkt in dieser Besprechung auch am richtigen Ort ist oder besser an die Ausführung delegiert werden sollte.

Die Frage nach der Grundsatzentscheidung

Die Frage nach einer Grundsatzentscheidung lautet: „Müssen wir hier gemeinsam etwas Grundsätzliches entscheiden oder kann diese Entscheidung auch von einem oder mehreren Kreismitgliedern, die mit der Ausführung beschäftigt sind, selbst entschieden werden?“

Heißt es: „Ja, bei diesem Thema müssen alle mitreden“, dann kommt der Punkt auf die Agenda.

Heißt es: „Nein, das muss nicht in der Kreisversammlung entschieden werden“, dann wird festgelegt, wer die Entscheidung trifft, und wir nehmen den Punkt von der Agenda der Kreisversammlung.

Eine einfache Frage ändert die Besprechungen

Nach einem Jahr der Anwendung der Soziokratischen KreisorganisationsMethode in einer Beratungsstelle für Menschen mit psychischen Beeinträchtigungen ist das Team dort sehr zufrieden mit seiner Meetingsstruktur. Zwei Drittel der Besprechungszeit wurden eingespart. Wo zuvor basisdemokratisch entschieden wurde, verließen die Teammitglieder unzufrieden ihre Besprechungen. Niemand hatte bekommen, was er wollte, keiner konnte gut arbeiten. Mit der Einführung der Kreisstruktur wurde die Frage gestellt: „Wie viel Besprechungszeit benötigen wir wofür?“ Man begann damit, zwischen Jour fixe für den wöchentlichen kollegialen Austausch, und den Grundsatzentscheidungen, die nur noch in wenigen Kreisversammlungen bewegt wurden, zu unterscheiden. Jetzt kommen endlich alle zum Arbeiten! Und zusätzlich treffen sie jetzt endlich gute Entscheidungen. Die Dokumentation der Beschlüsse wurde mit einem Logbuch (→ 4.7 *Prozessmanagement und Transparenz*) auf neue Füße gestellt. Hier werden nur noch Grundsatzentscheidungen dokumentiert. Eine Excel-Datei dient als Logbuch dazu, die für jeden Kreis wesentlichen Informationen verfügbar zu halten.

Der Unterschied zwischen Grundsatzentscheidungen und der Ausführung (alltägliche Entscheidungen)

Wenn ein Tagesordnungspunkt während der Kreisversammlung vorgestellt wird, stellt der Moderator zunächst fest, ob der Kreis die Qualifikation hat, um über diese Angelegenheit zu entscheiden. Das findet im „Festlegen des inhaltlichen Teils" statt. Der Moderator stellt folgende drei Fragen zu dem eingebrachten Tagesordnungspunkt:

1. **Fällt es in den Bereich des Kreises?**
   a. Wenn nicht, wird die leitende Person oder irgendein anderes Mitglied aus dem Kreis gebeten, das Thema an den richtigen Platz zu bringen. Das kann ein anderer Kreis sein oder eine Person in der Organisation.
   b. Wenn ja, dann geht es zu Frage 2.
2. **Ist es Ausführung?** Können oder wollen die Kreismitglieder die Sache delegieren oder ist es eine grundsätzliche Frage, an deren Entscheidung alle Kreismitglieder beteiligt sein müssen oder wollen?
   a. Handelt es sich um eine ausführende Angelegenheit, dann wird sie an ein oder mehrere Mitglieder des Kreises delegiert, die sich der Sache annehmen.
   b. Handelt es sich dagegen um etwas Grundsätzliches, dann geht es zu Frage 3.
3. **Ist das Thema schon so weit vorbereitet, dass Meinungen dazu geäußert oder Entscheidungen getroffen werden können?**
   a. Wenn nicht, wird die Vorbereitung dazu an ein Kreismitglied oder einen Hilfskreis (→ *Glossar*) delegiert.
   b. Wenn ja, werden ein Ort und eine Zeit gesucht, um über das Thema innerhalb des Kreises zu sprechen.

Wenn es bei der Beantwortung der drei Fragen zu Diskussionen kommt, dann gehört das Thema auf die Tagesordnung! Es folgt eine weitere Überprüfung im „inhaltlichen Teil" der Kreisversammlung.[10]

Da die Soziokratie gewöhnlich eine Haltung des „Sowohl-als-auch" einnimmt, sollten auch Kreisversammlungen nicht dogmatischen Abläufen folgen, sondern sich an den Bedürfnissen der Teilnehmer orientieren. Kontinuität, klare Ziele, Klarheit bei den Rollen, den Abläufen, den Aufträgen und den Unterscheidungen der Art von Treffen, Transparenz und Ergebnissicherung sind wichtig und erleichtern das Zusammenarbeiten.

Das Drama von Mikromanagement

Ein CSE-Kollege (→ *Glossar*) schrieb in seinem Rezertifizierungsbericht auch über die Einführung der SKM in dem von ihm mitgegründeten Cohousing-Projekt. Das Drama des Mikromanagements: Wie frustrierend ist es für soziokratisch erfahrene Menschen, wenn andere all die Kleinigkeiten einer Sache mitbestimmen wollen, weil sie noch wenig Erfahrung damit haben, wie angenehm es sich anfühlt, wenn gute Rahmenpakete geschnürt werden, innerhalb derer die Tuenden nach ihrem eigenen Befinden gestalten dürfen! Auch größere Entscheidungen, betreffend die Architektur, die Klima relevanten technischen Lösungen, die Gestaltung des Außenbereichs oder die Einrichtung der gemeinsamen Werkstatt können mit wenigen Rahmen gebenden Parametern in der Ausführung delegiert werden. Durch die Fortschrittsberichte in den regelmäßigen Kreisversammlungen können bei der

10 Die beschriebene Vorgehensweise orientiert sich am Skript „Anleitung für das Arbeiten im Kreis" des *Sociocratisch Centrum Nederland – SCN.*

Ausführung auftretende Probleme oder Änderungen der Bedingungen notfalls gemeinsam besprochen werden. Aber auch das bestimmen die ausführenden Personen selbst.

4.5 Umgang mit einem schwerwiegenden Einwand

Häufig taucht in unseren Seminaren die Frage auf, wer denn entscheidet, ob ein schwerwiegender Einwand gilt oder nicht. Die *Soziokratische KreisorganisationsMethod*e beantwortet diese Frage eindeutig:

Ob ein Einwand „schwer“ ist und die Entscheidung darum nicht getroffen werden kann, entscheidet der Einwandbringer selbst.

Der Einwandbringer benötigt dazu von niemandem eine Erlaubnis. Würden Sie versuchen, durch Regeln, Checklisten oder Fragebögen herauszufinden, ob sein schwerwiegender Einwand berechtigt ist, dann würden Sie das Grundprinzip der Entscheidungsfreiheit jedes einzelnen untergraben. Denn es gibt keine objektive Wahrheit, sondern viele verschiedene Blickwinkel auf eine Sache.

Es ist nicht hilfreich, wenn die anderen Kreismitglieder den Einwand ablehnen dürften oder der Moderator darüber entscheidet. Denn dann könnte jedes Kreismitglied zahlreiche Einwände einbringen, ohne für die Auswirkungen verantwortlich zu sein. Aber genau darum geht es, um Verantwortung. Und nehmen Sie die Person wirklich ernst, wenn Sie mithilfe einer Checkliste die Glaubwürdigkeit ihres Einwands infrage stellen?

Viele Eigentümer von Unternehmen haben am Beginn der Implementierung Sorge, dass es Mitarbeiter geben könnte, die durch ihre schwerwiegenden Einwände wichtige Entscheidungen blockieren. Unsere Erfahrung ist es jedoch, dass Menschen die Verantwortung, die ihnen mit dem schwerwiegenden Einwand gegeben wird, auch übernehmen. Ein damit verbundenes Problem darf allerdings nicht übersehen werden. Die meisten Mitarbeiterinnen müssen erst lernen, überhaupt ihre Bedenken zu äußern. Die Intelligenz der Gruppe wird sich erst entfalten, wenn im Laufe der SKM-Schulung nach und nach jedes einzelne Kreismitglied erkennt, dass es wirklich gefragt ist, verantwortlich seine Einwände vorzutragen. Alle Einwände sind essenziell wichtig, um das Ergebnis zu verbessern!

Ein schwerwiegender Einwand ist klärend

Die Mitwirkenden einer ökosozialen Wohn- und Arbeitsgemeinschaft hatten das Beispiel eines besonders schwerwiegenden Einwands erlebt. Die Gründer des Projektes hatten vor zwei Jahren ein Gut für 2,5 Millionen Euro erstanden. Auf dem 18 Hektar großen Land mit einem alten Kloster sollten verschiedene soziale Angebote für die Region bereitgestellt werden: vom Waldkindergarten über eine Freie Schule, einer Tagesstätte für Ältere mit Beschäftigung im Garten, bis zu einem Seminarbetrieb und einer Solidarischen Landwirtschaft. Alle Mitarbeitenden sollten möglichst vor Ort wohnen, sodass eine naturnahe, ökologisch ausgerichtete Lebens- und Arbeitsgemeinschaft entstehen könne.

Die Neuaufnahme von Mitbewohnern, die auch Mitarbeiter sein sollten, war gar nicht einfach, denn die Anforderungen an die Kompetenz der Menschen waren hoch. Jede Person musste eine sechsmonatige Probezeit absolvieren, bevor der Leitungskreis entschied, ob sie in die Arbeits- und Wohngemeinschaft aufgenommen werden würde und einziehen könne.

Eine Familie hatte bereits ein halbes Jahr probeweise mitgearbeitet, als Gerald, ein Mitglied des Leitungskreises, einen schwerwiegenden Einwand bei der Entscheidung über die Aufnahme vorbrachte. Außer ihm konnte das niemand nachvollziehen. Beide Elternteile der neuen Familie waren sehr beliebt und brachten auch wichtige Kompetenzen in verschiedenen Feldern mit. Darüber hinaus musste eine leerstehende Wohnung dringend wiedervermietet werden. Es herrschte großes Unverständnis. Seinen Einwand begründete Gerald damit, dass er ein ungutes Bauchgefühl habe. Immer wieder habe er bemerkt, wie leicht sich beide Eltern darin taten, Hilfegesuche anderer Mitglieder abzulehnen. Ist nicht mehr Anpack-Bereitschaft gewünscht? Der Einwandgeber sah das Ziel des Projektes gefährdet, wenn Menschen einziehen, die wenig Bereitschaft zeigen, ihre Komfortzone zu verlassen.

Gerald war es nicht leichtgefallen, den schweren Einwand vorzubringen. Ihm war die finanzielle Situation aufgrund der nicht-vermieteten Wohnung bewusst. Und auch er mochte die Familie sehr gern. Standhaft blieb er jedoch bei seinem Einwand.

Wie sollte mit diesem Einwand umgegangen werden? Der Lösungsvorschlag von Gerald, die Familie zwar einziehen zu lassen, aber die Probezeit um weitere sechs Monate zu verlängern, erschreckte ebenfalls alle, denn niemand konnte sich vorstellen, dass man die Familie nach einem halben Jahr wieder wegschicken könne. Man entschied sich im Leitungskreis, die Aufnahme um eine Woche zu vertagen. Bis dahin sollten viele Gespräche geführt werden.

In dieser Woche sorgte der schwerwiegende Einwand von Gerald für große Spannungen. Viele Freunde des Projektes wurden zurate gezogen. Dabei wurde deutlich, dass das Wirtschaften *und* Leben in einer Gemeinschaft eines sehr achtsamen Aufnahmeprozesses bedarf, und zwar eines aufmerksameren als bei Cohousing-Projekten, bei denen man sich ja „nur“ in seiner Freizeit sieht.

Die Auseinandersetzungen mit dem Thema hatten im Leitungskreis einen neuen Vorschlag hervorgebracht: Es sollten nun alle, auch die bereits eingezogenen Personen, eine Probezeit von einem Jahr absolvieren müssen. Erst danach würde man sich für den endgültigen Verbleib eines Mitglieds, oder aber für seine Entlassung aus dem Projekt entscheiden. Dieser Vorschlag wurde nun von allen konsentiert.

In der *Soziokratischen KreisorganisationsMethode SKM* wird jeder Einwand ernstgenommen – egal, ob er „einfach“ oder „schwerwiegend“ ist. Dem Einwandgeber wird dabei zugestanden, dass er sich am gemeinsamen Ziel orientiert, auch wenn er jetzt (noch) nicht seine Argumente formulieren kann.

Wenn eine Person ihren Konsent nicht gibt, dann gibt es zum jetzigen Zeitpunkt keine Entscheidung.

Das also bedeutet Mitsteuern, Mitverantwortung! Ein Kreismitglied wird in der SKM nicht aus der Verantwortung entlassen, auch dann nicht, wenn sein Einwand anderen Kreismitgliedern „unlogisch“ oder „vom Ego gesteuert“ erscheinen sollte.

„In einem soziokratischen System, in dem Einverständnis erreicht werden muss, aktiviert dies eine gemeinsame Suche, die die ganze Gruppe näher zueinander bringt.“

Kees Boeke[11]

[11] Kees Boeke in *We The People* von John Buck (2007), S. 37.

Vor dem ersten Schritt – bevor ein schwerwiegender Einwand existiert

Im Tao Te King gibt es diesen Weisheitsspruch: „Bring things in order before they exist." Mit dem Konsentprinzip können wir diesem Anspruch leichter gerecht werden, weil wir einen Raum schaffen, in dem die Dinge angesprochen und in Ordnung gebracht werden können, bevor sie existieren. Man könnte das auch „Konfliktprävention" nennen.

Ein schwerwiegender Einwand kommt viel seltener vor, als man am Anfang vielleicht denken würde. Das liegt daran, dass es bereits während der Meinungsbildung reichlich Gelegenheit dazu gibt, seine Einwände zu äußern (→ 3.1 *Das Konsentprinzip*). Nur wenn sich aus den neuerlichen Meinungsrunden keine tragbare Lösung für alle ergibt, bleibt am Ende ein schwerwiegender Einwand gegen einen Vorschlag bestehen.

Darum kommen schwerwiegende Einwände in soziokratischen Organisationen selten vor:

- Entscheidungen werden gut vorbereitet.
- Alle Kreismitglieder sind daran interessiert, eine Lösung zu finden, mit der das Ziel erreicht werden kann.
- Es gibt eine wohlwollende Kommunikation und Offenheit für andere Meinungen.
- Es wurde gelernt, kleine Schritte zu gehen und keine perfekten Lösungen anzustreben.
- Soziokratische Gesprächsleiterinnen sind schon in den Meinungsrunden an Bedenken interessiert und nutzen diese für die Verbesserung des Lösungsvorschlags.
- Viele Einwände lassen sich in Messkriterien verwandeln, die uns helfen, das Ergebnis noch weiter zu verbessern.

Wir nutzen häufig eine dritte Meinungsrunde, zu der wir mit den Worten einladen: „Hat jemand einen Vorschlag, wie man mit der Unterschiedlichkeit umgehen kann? Es sieht im Moment so aus, als finden wir heute keine Lösung." Andere Kolleginnen mögen es hingegen, versuchsweise sofort nach der Präsentation eines Vorschlags den Konsent abzufragen. John Buck hat in den USA, nach dem Motto: „Keep It Short and Simple – KISS", eingeführt, nach der Informationsrunde nur eine „quick reaction round" zuzulassen, um dann sofort nach dem Konsent zu fragen. Er versucht den Prozess abzukürzen, indem er möglichst viele schwerwiegende Einwände abholt. Damit könne er besser abschätzen, wie viel Zeit die Diskussion nun brauchen könnte, meint John Buck. Unsere Erfahrung ist es jedoch, dass ein Kreis während zwei Meinungsrunden meistens eine passende Lösung findet, und bei der anschließenden Konsentrunde sich schwerwiegende Einwände sehr in Grenzen halten.

Zu Beginn der Implementierung der SKM empfehlen wir, die in Kapitel 3.1 *Das Konsentprinzip* vorgeschlagenen vier Rederunden durchzuführen. Damit wird, wenn es noch wenig Vertrauen innerhalb des Kreises gibt, ein angstfreier Raum geschaffen, in dem alle genügend Zeit zum Nachdenken, zur Bildung ihrer Meinung und zum Aussprechen ihrer Bedenken und Einwände haben.

Erster Schritt: ein schwerwiegender Einwand liegt vor

Wenn nach der Meinungsbildung bei der Konsentabfrage ein schwerwiegender Einwand formuliert wird, dann ist das zunächst einmal ein Glück. Denn zum Glück kommt die Sache jetzt schon auf den Tisch! Wie schlimm wäre es dagegen, wenn eine vorgeschlagene Entscheidung umgesetzt wird, ohne diesen schwerwiegenden Einwand rechtzeitig gehört zu haben. In diesem Sinne ist es schlüssig, jeden Einwand willkommen zu heißen. Hinter jedem Einwand versteckt sich ein wertvoller Hinweis auf eine mögliche Gefahr, das Ziel zu verfehlen.

Wie weiter vorn bereits erwähnt, wird die Person, die einen schwerwiegenden Einwand formulierte, vom Moderator nun nach Argumenten gefragt, warum sie glaubt, dass mit dem vorliegenden Vorschlag das Ziel nicht zu erreichen wäre. Die Einwandgeberin hat nun die Gelegenheit, ihre Gründe vorzubringen. Daraufhin regt der Moderator ein oder zwei weitere Rederunden an, um Lösungen für den vorgebrachten Einwand zu erarbeiten.

Zweiter Schritt: die Lösungsfindung wird vertagt

Aber was wird getan, wenn der schwerwiegende Einwand trotz weiterer Meinungsrunden und weiterer Verbesserungen der Lösung immer noch bestehen bleibt? Nun, dann gibt es keine Entscheidung zum jetzigen Zeitpunkt.

Die erste Frage, die sich der Kreis nun stellen sollte, lautet: „Benötigen wir überhaupt eine Entscheidung?“ Wird diese Frage mit Ja beantwortet, dann versuchen Sie der Sache noch etwas Zeit zu geben. Schlafen Sie darüber. Fast jeder Mensch kennt die Frische und Kreativität, die sich am Morgen nach einer schwierigen Besprechung einstellen kann. Also treffen sich alle bei der nächsten Gelegenheit wieder im Kreis und bewegen das Thema nun zu einer besseren Lösung hin.

Immer wieder kommt es vor, dass die Sache längere Zeit liegenbleibt. In diesem Fall war sie noch gar nicht so wichtig oder nicht reif genug für die Umsetzung. Oft können Entscheidungen nicht getroffen werden, weil sie einfach „noch nicht dran“ sind. Dann sollte man sie ruhen lassen.

Dritter Schritt: Entscheidung an den nächsthöheren Kreis delegieren

Was geschieht, wenn der Kreis keine Lösung findet und gleichzeitig ohne diese Entscheidung nicht vorankommen kann? Dann wird die Entscheidung an den nächsthöheren Kreis delegiert. Durch die Hierarchie der Kreise existiert gewöhnlich ein höherer Kreis, der einen besseren Überblick hat, eine übergeordnete Verantwortlichkeit einnimmt und Mitglieder aus anderen Bereichen des Unternehmens umfasst, die durch ihre erweiterte Sicht die Sache zu einer Lösung führen können. Indem die Leitung und der Delegierte aus dem nächstunteren Kreis (der das Problem nicht lösen konnte) im nächsthöheren Kreis dabei sind, wird auch hier sichergestellt, dass die Interessen des eigenen Kreises bei der Lösung berücksichtigt werden. Die Entscheidung des nächsthöheren Kreises ist vom unteren Kreis anzuerkennen. Kommt man allerdings dort durch neuerliche Diskussionen zur Einsicht, dass die vom höheren Kreis beschlossene Lösung trotzdem nicht umsetzbar ist, dann folgt der vierte Schritt.

„Die Brüder aus der Nachbarschaft“

Hier zeigt sich die Sozio-Kratie – die Gemeinschaft entscheidet! Wenn in einem Kreis über längere Zeit ein schwerwiegender Einwand den Fortschritt behindert, werden „die Brüder aus der Nachbarschaft“ (Problembehandlungsstrategie in Märchen) zusammengerufen, um über die Sache zu beraten. Eventuell hat jemand im Kreis Sorgen, die bei Betrachtung auf einer übergeordneten Perspektive ausgeräumt werden können? Zusätzlich spornt die Regel, die Entscheidung an den nächsthöheren Kreis zu delegieren, die Zusammengehörigkeit und Kreativität des Kreises an, denn man will vermeiden, von weiter oben Anweisungen zu bekommen. Im Notfall ist diese Möglichkeit aber auch ein Segen für den Kreis. Viele Organisationen atmen auf, wenn sie endlich einen Topkreis installiert haben, an den sie gegebenenfalls heikle Entscheidungen delegieren können.

Vierter Schritt: eine zweite Feedbackschleife zwischen den Ebenen

Wir bewegen uns nun schon auf sehr dünnem Eis. Die hier beschriebene Variante kennen wir als Soziokratie-Expertinnen vor allem aus der Diskussion mit ängstlichen Soziokratie-Neulingen, die sich an Streitszenarien aus der Welt der Mehrheitsentscheidungen erinnern. In soziokratischen Organisationen haben ich den folgenden Vorgang dagegen erst einmal erlebt, denn die an den höheren Kreis delegierten Entscheidungen werden in den meisten Fällen vom unteren Kreis akzeptiert. Diese Akzeptanz stellt sich deshalb meistens ein, weil das Scheitern im eigenen Kreis förmlich nach einer Lösung ruft, über die dann gewöhnlich alle sehr froh sind.

Was geschieht aber in dem Fall, wenn ein Kreismitglied die Entscheidung des nächsthöheren Kreises nicht akzeptieren kann und das Thema noch einmal auf die Agenda setzt?

Da es nun einen gültigen Beschluss aus dem nächsthöheren Kreis gibt, braucht das Thema für die erneute Bearbeitung einen Konsent von allen Kreismitgliedern im unteren Kreis, um wieder in den nächsthöheren Kreis getragen werden zu können. Da jedoch sowohl der Leiter als auch der vom Kreis gewählte Delegierte bei der Beschlussfassung im nächsthöheren Kreis ihren Konsent gegeben hatten, wird es wirklich guter Argumente bedürfen, diese nun wieder vom Gegenteil zu überzeugen. Sind die Argumente gut, werden sich die beiden überzeugen lassen. Wenn nicht, dann bleibt es bei der vom oberen Kreis getroffenen Entscheidung.

Durch diese Regelung wird verhindert, dass einzelne Menschen aufgrund ihrer anhaltenden Unzufriedenheit permanent die anderen mit ihren persönlichen Wünschen „auf Trab halten“ können. Die Kreisversammlung ist das „Nadelöhr“. Wer für seine Anliegen in der eigenen Kreisversammlung keinen Konsent bekommt, kann nicht die höheren oder benachbarten Kreise damit beschäftigen. Das heißt, es muss der eigene Kreis von der Argumentation in Bezug auf die Zielerreichung überzeugt worden sein, damit Leiter und Delegierter die Sache in den nächsthöheren Kreis tragen.

Wenn schwerwiegende Einwände von derselben Person wiederholt gegeben werden, sollte man auch aufmerksam darauf schauen, ob man noch ein gemeinsames Ziel hat. Man kann nicht erfolgreich zusammenarbeiten, wenn sich aufgrund gehäufter schwerwiegender Einwände herausstellt, dass unterschiedliche Ziele bestehen (→ 4.1 *Eine gemeinsame Ausrichtung*).

Den einmal gegebenen Konsent wieder entziehen

Von 2014 bis 2017 war ich Mitglied im Global General Circle (GGC) von *The Socicracy Group – TSG* , deren Ziel es ist, die Entwicklung lokaler Soziokratie Zentren zu unterstützen. Ich vertrat dort als Delegierte die Interessen des Kreises der Division A (Nord- und Mitteleuropa). Im Juni 2016 ging es im GGC darum, ein neues Logo zu beschließen, wozu ich meinen Konsent gab. Dafür wurde ich aber von meinen Kollegen im Soziokratie Zentrum Österreich (als Mitglied der Division A) gerügt. Durch das Feedback im eigenen Kreis wurde ich gewahr, dass der ganze Logo-Prozess aus der Perspektive unseres Zentrums viel zu schnell abgeschlossen worden war. Nach einer vertieften Auseinandersetzung mit den Kollegen in der Division A und im eigenen Soziokratie Zentrum zog ich meinen Konsent mit einer entsprechenden Argumentation zurück.

Für mich war es das erste Mal, dass ich meinen eigenen Konsent zurückgenommen hatte. Es war ziemlich aufregend, denn ich wusste ja, dass ich damit die Anderen auf ihrem Weg bremsen würde. Aber ich musste auch die legitimen Interessen meiner Division und der darin zusammenwirkenden Soziokratie-Zentren vertreten. Denn es gilt folgende Regel:

Sie können Ihren Konsent zurückziehen, wenn Sie entdecken, dass das gemeinsame Ziel durch diese Entscheidung gefährdet ist.

Diese Regel hilft Ihnen, eigene Fehlentscheidungen zu revidieren.

4.6 Domäne – Entscheidungsbereich

Das Wort „Domain" ist uns sehr geläufig, wenn es um Webseiten geht. Die Domain beschreibt den Bereich, der auf der Webseite ausschließlich vom „Domain-Besitzer" bestimmt werden darf. Es ist eine sehr treffende Beschreibung für die Domäne eines Kreises oder die Domäne eines Kreismitglieds. Die Domäne ist der Bereich, innerhalb dessen die beteiligten Personen eigenständig agieren dürfen. Sie nennen wir darum auch Entscheidungsbereich.

Die Domäne beschreibt den autonomen Bereich des Kreises und dessen Grenzen.

In soziokratischen Organisationen gibt es drei Werkzeuge, welche die Domäne abbilden können, das gemeinsame Ziel, das Logbuch und der Zielverwirklichungsprozess.

1. **Das gemeinsame Ziel**
   Ist weniger Detailliertheit erforderlich, genügt zur Beschreibung der Domäne eines Kreises das gemeinsame Ziel. Vor allem kleinere Teams, Hilfskreise oder zeitlich begrenzte Projekte haben weniger Anspruch auf Perfektion bei ihrer Aufgabenbeschreibung. Das gemeinsame Ziel ist immer der Ausgangspunkt einer Domäne.

2. **Das Logbuch**
   Will man Grundlagen eines bleibenden Kreises beschreiben, ist das Logbuch das geeignete Werkzeug dafür. Dort können die Aufgaben des Kreises gut aufgelistet sein, wobei auch der autonome Bereich jeder Aufgabe und dessen Grenze beschrieben sein sollte. Das betrifft die Frage: „Für welche Aufgaben sind wir ganz allein zuständig und welche Bereiche brauchen ein Okay vom nächsthöheren Kreis?"

Die Beteiligung der Schülerinnen in den Entscheidungsstrukturen der KreaMont-Schule startete Anfang 2020. Alle Schüler waren schon früher in sechs sogenannte „Stammgruppen" eingeteilt, die aus jeweils 12 bis 14 Kindern bestehen. Nun sollten alle Stammgruppen im sogenannten „Schüler*innen-Ministeriums-Kreis – SMK" (Stammgruppen-Kreis bzw. Allgemeiner Kreis der Schüler) verbunden werden. Das gemeinsame Ziel für den Stammgruppen-Kreis wurde mit den Schülerinnen im Implementierungskreis entworfen:

„Wir Schüler*innen bearbeiten unsere Anliegen und Bedürfnisse selbst, finden Lösungen für unsere Probleme und bringen Ideen und Verbesserungsvorschläge, für deren Umsetzung wir uns bei Bedarf Unterstützung organisieren, auf die Agenda im SMK oder eines anderen zuständigen Kreises. Dadurch sind wir Mitgestalter*innen unserer Schule und übernehmen Mitverantwortung für die Rahmenbedingungen unsere Schulbildung.“ (→ 4.1 *Eine gemeinsame Ausrichtung*)

Beschreibung der Domäne des „Schüler*innen-Ministeriums-Kreis – SMK“ im Logbuch:

- Anliegen, Bedürfnisse & Probleme aus der Schüler*innenschaft, die nicht in den Stammgruppen gelöst werden können, aufgreifen und einer Lösung zuführen. Ideen & Verbesserungsvorschläge erarbeiten und mit den zuständigen Kreisen daran arbeiten.
- Der SMK organisiert bei Bedarf anlassbezogene Lösungskreise – Themen dafür kommen:
  - aus Stammgruppen via Delegierte, die Stammgruppen selbst nicht lösen können,
  - aus „Briefkasten“, wo Schüler*innen Verschwiegenheitsthemen platzieren können,
  - von Pinwand, wo Themen öffentlich einsehbar platziert werden können.
- Der SMK sortiert die eingebrachten Themen aus dem Briefkasten bzw. der Pinwand und überlegt, in welchen Kreis/wo diese gelöst werden können.
- Mitglieder des SMK dürfen sich in jeden anderen Kreis der bestehenden Kreisstruktur themenbezogen hineinsetzen bzw. als Gast hinzukommen.

3. **Der Zielverwirklichungsprozess**
   Will eine Organisation mehr Detailliertheit im Bereich der Zuständigkeiten und Schnittstellen darstellen, eignet sich dafür der Zielverwirklichungsprozess (ZVP) besser. Der ZVP ist ein Planungswerkzeug mit besonderem Augenmerk auf den Tauschprozess mit dem Tauschpartner (Kunde oder Bereiche der eigenen Organisation).

4.7 Prozessmanagement und Transparenz

„Gott hat nicht einem alles gegeben, sondern jedem etwas. Damit wir einander bedürfen.“

Albert Einstein

Die Gestaltung des Prozessmanagements zur Zielverwirklichung ist bei großen Unternehmen obligat. Ohne Prozessmanagement würden sie nur schwer bestehen können. Die Hauptprozesse sind definiert, die dazugehörigen Abläufe beschrieben. Meistens gibt es sogar eine Softwareapplikation, die für die reibungslosen Abläufe sorgen soll. Ist so ein Unternehmen soziokratisch strukturiert, dann wird entlang dieser Prozessbeschreibungen in den Kreisversammlungen gemeinsam evaluiert und verbessert. Dort entsteht die dynamische Steuerung im Unternehmen.

Soziokratisches Prozessmanagement – der Zielverwirklichungsprozess

Wie wird ein Prozessmanagement nun „soziokratisch“? Was muss in einem Ablaufprozess beschrieben sein, damit er einen soziokratischen Kreisprozess definiert, welcher die Grundlage der soziokratische Selbstorganisation und Selbstführung ist?

Gerard Endenburg sieht in seiner Vision eine vernetzte Welt, in welcher alle Teile gleichwertig und gleichberechtigt miteinander existieren. Auf Kreise von Organisationen bezogen bedeutet das auch die Gleichwertigkeit von Anbieter und Auftraggeber/Kunde. Zwischen diesen beiden muss ein Aushandlungsprozess stattfinden, der sowohl bei der Vereinbarung des Auftrags als auch bei der Übergabe des Bestellten eines Konsents bedarf.

Auf dem Weg zur Selbstorganisation von Unternehmensbereichen und Teams müssen wir, wie Frederic Laloux in seinem Buch *Reinventing Organizations visuell* zusammengefasst hat, neben einer gemeinsamen Vision und dem Wunsch nach Ganzheit, auch die Selbstführung stärken.

Der Zielverwirklichungsprozess des Kreises bildet den Tauschprozess zwischen dem Kreis und seiner Umgebung ab.

Aus der Biologie wissen wir, dass in einem Organismus jedes Organ eine Aufgabe für das größere Ganze zu erfüllen hat. Das Organ weiß, für wen es tätig ist und mit wem es sich abstimmen muss, um seinen Beitrag leisten zu können.

Wenn Unternehmen diesen Wandel hin zu selbstorganisierten Teams durchführen, dann muss jede eigenständige Zelle einen unternehmerischen Gesamtprozess enthalten, den wir ihren Zielverwirklichungsprozess ZVP nennen. Der ZVP in der Form des sogenannten 9-Schritte-Plans befähigt jede Einheit, jeden Kreis und jedes Kreismitglied, neben der Beschreibung des Hauptprozesses (Produktion) auch den Tauschprozess mit dem Kunden in die Planung einzubeziehen. Der Zielverwirklichungsprozess nimmt die Kunden als gleichwertige Tauschpartner wahr und verbindet den eigenen Kreis an den Schnittstellen gleichwertig innerhalb einer Ganzheit.

Der ZVP in der SKM beschreibt neben den Produktionsprozessen des Kreises also auch die Abstimmung des Tausches mit dem Kunden oder Auftraggeber und definiert damit die Schnittstellen mit Konsent aller Beteiligten. Das Sichtbarmachen und Klären dieser Schnittstellen fördert das Bewusstsein der Kreismitglieder, sowohl ein selbstorganisierter als auch ein gut verbundener Teil des Ganzen zu sein. Durch die Überschneidung mit den Tauschpartnern – das Geben und Nehmen von Produkten, Dienstleitungen, Informationen, Zeit oder anderen Ressourcen – entsteht der Beitrag und damit der Mehrwert für den Kreis und seine Mitglieder, für die Gesamtorganisation und für die Gesellschaft.

Gerard Endenburg verwendet in seiner Praxis einen erweiterten Kundenbegriff, der alle Tauschpartner des Kreises inkludiert, egal ob sie sich außerhalb oder innerhalb der Organisation befinden. Für eine Rechtsabteilung kann der Tauschpartner beispielsweise der Gesetzgeber sein. Der Zielverwirklichungsprozess dieser Rechtabteilung muss daher mit den gesetzlichen Vorgaben abgestimmt sein. Zu den Aktivitäten des Kreises gehört darum das Wissen um die relevanten gesetzlichen Vorschriften und die Wege zu deren Einhaltung.

Zu den internen „Kunden" dieser Rechtsabteilung können die Personen oder Kreise gehören, die von Änderungen gesetzlicher Vorschriften informiert werden müssen.

Jede Einheit, jede Abteilung oder jeder Kreis in einer Organisation muss selbst für die Abstimmung mit der eigenen Umgebung, den Tauschpartnern bzw. Kunden sorgen. Dieses unternehmerische Denken muss sich beim Implementierungsprozess der SKM in jede Zelle der Organisation ausdehnen, damit in den handelnden Personen ein Bewusstsein für die Tauschprozesse innerhalb und außerhalb der Organisation entstehen kann. Selbstorganisierte Teams werden zu kleinen Unternehmen, die sich selbst führen, selbst ihre Abstimmung mit der Umgebung gestalten und für ihren Rückfluss sorgen, der sie nährt, ihnen neue Impulse gibt und bestenfalls bestätigt, auf dem richtigen Weg zu sein.

Der Zielverwirklichungsprozess unterteilt sich in drei Hauptprozesse:

1. (Input) Auftrag bekommen
2. (Transformation) Auftrag umsetzen
3. (Output) Ergebnis wird angenommen

Die Teile 1 („Einen Auftrag bekommen“) und 3 („Das Ergebnis wird angenommen“) betreffen die Schnittstelle zum Auftraggeber, der unser Tauschpartner ist.

Wir teilen nun jeden der drei Schritte noch einmal nach demselben Schema:

1. Input: Vorbereitung „Wie bekommen wir einen Auftrag?“	1) Input	Das Angebot bekannt machen
	2) Transformation	Abstimmen von Angebot und Nachfrage
	3) Output	Einen Auftrag bekommen/ Vereinbarung treffen
2. Transformation: Umsetzung „Wie führen wir den Auftrag aus?“	1) Input	Die Umsetzung des Auftrags vorbereiten
	2) Transformation	Den Auftrag ausführen/ produzieren
	3) Output	Interne Messung
3. Output: Nachbereitung „Wie wird das Resultat übergeben und angenommen?“	1) Input	Übergabe vorbereiten
	2) Transformation	Das Ergebnis übergeben
	3) Output	Das Ergebnis wird angenommen/ externe Messung

In jeden der neun Schritte werden im Planungsprozess des Kreises nun die jeweiligen Aktivitäten eingetragen. Wie ausführlich und detailliert der Zielverwirklichungsprozess beschrieben wird, hängt ganz von den Anforderungen des Unternehmens ab.

Mithilfe des ZVP von Gerard Endenburg entstehen Transparenz und Klarheit in jeder Zelle des Unternehmens. Er kann ein Diagnoseinstrument dafür sein, ob ein Kreis erfolgreich sein wird oder nicht. Wenn einer der Schritte vernachlässigt wird, kann es zu Problemen kommen. Verlässt man sich auf mündliche Absprachen und verzichtet auf schriftliche Vereinbarungen (Schritt 3) sind Missverständnisse vorprogrammiert.

Der Zielverwirklichungsprozess des Kreises ist die Grundlage für die Grundsatzentscheidungen und die Aufgabenverteilung.

Neben unternehmerischem Denken sowie Transparenz und Klarheit bei den Abläufen bildet der von Gerard Endenburg entwickelte 9-Schritte-Plan auch die Grundlage für die nötigen Grundsatzentscheidungen. Im ZVP zeigt sich, was gemeinsam im Kreis beschlossen werden muss und was der Kreis an seine Mitglieder delegieren will. Grundsätze beschreiben Handlungsanweisungen zur Verteilung von Aufgaben. Ist die jeweilige Aufgabe klar, kann der Kreis mit offener Wahl diese zur Ausführung an ein Mitglied delegieren. So entsteht im Kreis ein Netzwerk von Aufgaben und Funktionen.

Der Zielverwirklichungsprozess am Beispiel eines Cohousing-Projektes

Das Cohousing-Projekt (→ *Glossar*) „Gemeinsam Leben am Waldrand" hat sich von Beginn an die Unterstützung einer zertifizierten Soziokratie-Expertin geholt. Um ein Höchstmaß an Selbstorganisation zu erreichen, hat man sich für den Entwurf der Projektarchitektur an das regionale Soziokratie-Zentrum gewendet. Im ersten Schritt wurde darum im Plenum eine relevante Gruppe von Mitgliedern als „Implementierungskreis" gewählt, die den Prozess der SKM-Implementierung vorbereiten sollte (→ 4.10 *Implementierungsprozess*).

Sie planten die Visionsfindung mithilfe eines *Dragon-Dreaming-Prozesses*. Im *Traumkreis* (→ *Glossar*) wurden die Ziele der Teilnehmerinnen klar und die Kreisstruktur konnte entworfen werden.

Noch während des Dragon-Dreaming-Prozesses wurden die Arbeitskreise „Platz & Haus", „Finanzen & Recht", sowie „Öffentlichkeitsarbeit & Neue Mitglieder" eingerichtet und ihre Ziele als Angebote an die Gesamtgruppe formuliert. Leitung und Delegierte aus jedem dieser Arbeitskreis (AK) bildeten den ersten „Leitungskreis".

Beim ersten Treffen des Leitungskreises wurde für jeden Kreis das gemeinsame Ziel präzisiert und als Auftrag an die jeweilige Kreisleitung übergeben.

Das gemeinsame Ziel des Arbeitskreises „Platz & Haus" lautete: „Der AK-Platz&Haus gestaltet die Grundstückssuche, die Kaufabwicklung und den Bauprozess für die Gemeinschaft." Da dieser Auftrag aufgrund seiner Wichtigkeit vom Implementierungskreis zum „Pilotkreis" (→ 4.10 *Implementierungsprozess, Glossar*) erklärt wurde, unterstütze die Soziokratie-Expertin die Mitglieder bei ihren ersten sechs Kreisversammlungen.

In der ersten Sitzung wurde der vom Leitungskreis vorgegebene Auftrag von den Mitgliedern wie folgt konkretisiert: „Gekauft werden soll noch in diesem Jahr ein 2 bis 2,5 ha großes Grundstück im Umkreis von maximal 50 Kilometern zur Landeshauptstadt (Universität, Kultur) mit mindestens 8000 m^2 erschlossenem Bauland, gelegen am Ortsrand einer Siedlung mit folgender Infrastruktur:

- Wald in zehn Gehminuten Entfernung,
- Kindergarten mit Fahrrad erreichbar,
- 9-stufige Schule vor Ort, die mit dem Fahrrad erreichbar ist,
- Bahnstation in maximal 25 Gehminuten Entfernung,
- mindestens fünf Kilometer bis zur Autobahn (wegen Lärmbelästigung),
- Fußball- und Tennisplatz mit dem Fahrrad in zehn Minuten erreichbar,
- eine Gaststätte und ein Kaffeehaus in zehn Gehminuten Entfernung,
- Oberstufen-Gymnasium mit öffentlichen Verkehrsmitteln in max. 45 min erreichbar,
- Freibad in zehn Autominuten erreichbar,
- Musikschule in 15 Autominuten erreichbar."

Diese Ziel-Kriterien wurden von allen Kreismitgliedern im Konsent beschlossen und zugleich priorisiert. Das Angebot des Arbeitskreises für die Gemeinschaft war, so ein Grundstück zu finden und zu erwerben.

Allen Mitgliedern war klar, dass ein derartiges Grundstück teuer sein würde. Aus dem Preis ergab sich auch die Anzahl der Haushalte. Es musste erschwinglich bleiben für

Familien mit Kindern und ältere Menschen. Wollte man auch die Finanzziele erreichen, dann müssten auf diesem Grundstück 28 Haushalte Platz finden.

Nachdem diese Ziele auch vom Leitungskreis mit kleinen Änderungen bestätigt worden waren, wurde bei der nächsten Kreisversammlung gleich mit dem „Zielverwirklichungsprozess" gestartet. Erst durch den Entwurf dieses Prozesses werden die vielen kleinen Aktivitäten sichtbar, die zur Verwirklichung des gemeinsamen Zieles getan werden müssen.

Der üblichen drei Schritte des Zielverwirklichungsprozesses sind:

1) Vorbereitung (Input) – einen Auftrag bekommen
2) Umsetzung (Transformation) – den Auftrag ausführen
3) Nachbereitung (Output) – das Ergebnis übergeben

Der Zielverwirklichungsprozess (9-Schritte-Plan) entsteht

Zuerst mussten die Voraussetzungen für den ZVP von den Mitgliedern des AK Platz & Haus festgelegt werden:

- Eigentümer des Prozesses: Arbeitskreis Platz & Haus
- Ziel/Angebot: Ein passendes Grundstück finden und kaufen
- Auftraggeber (Kunde): Alle Mitglieder des Projektes vertreten durch den Allgemeinen Kreis

Die Soziokratie-Expertin hatte eine Tabelle auf einem Flipchart vorbereitet.

1. Vorbereitung (Input)		
2. Umsetzung (Transformation)		
3. Nachbereitung (Output)		

Im Falle des Grundstückskaufes wurden diese drei Schritte übersetzt in:

Vorbereitung (Input) → Die Vorbereitung zum Kauf

Umsetzung (Transformation) → Der Kauf

Nachbereitung (Output) → Nach dem Kauf

Diese drei groben Schritte trug die Soziokratie-Expertin in den vorbereiteten Plan ein.

Unter ihrer Anleitung überlegten nun alle Mitglieder des Arbeitskreises gemeinsam, welche Schritte zur Vorbereitung, während des Kaufes und danach getan werden müssten. Jeder der drei Schritte wurde dabei in dieselben drei Kategorien eingeteilt. Nun konnten Aktivitäten in alle Zeilen der rechten Spalte eingetragen werden. Die Reihenfolge war dabei nicht wichtig. So entstanden die 9 Schritte zur Zielverwirklichung.

1. Vorbereitung (Input) **Vorbereitung zum Kauf**	1) Vorbereitung (Input)	Verein gründen
	2) Umsetzung (Transformation)	Grundstücke finden
	3) Nachbereitung (Output)	Baureife überprüfen, entscheiden
2. Umsetzung (Transformation) **Der Kauf**	4) Vorbereitung (Input)	Vertrag errichten
	5) Umsetzung (Transformation)	Kaufoption vertraglich sichern
	6) Nachbereitung (Output)	Feiern
3. Nachbereitung (Output) **Nach dem Kauf**	7) Vorbereitung (Input)	Gruppe vergrößern
	8) Umsetzung (Transformation)	Kaufoption einlösen
	9) Nachbereitung (Output)	Grundstückspreis bezahlen

Es gab einige Diskussionen darüber, ob die unterschriebene Kaufoption bereits als Umsetzung des Kaufes gelte oder doch erst die Bezahlung. Man einigte sich darauf, dass die „Transformation“ in diesem Fall das vertraglich gesicherte Grundstück sei und die „Kaufoption einlösen“ sowie „Grundstückspreis bezahlen“ zu den Aktivitäten „nach dem Kauf“ gehörten.

Input und Output bezeichnen nach Gerard Endenburg den *Tauschprozess* mit dem Auftraggeber (Empfänger der Leistung). Beim *Input* wird der Auftrag entgegengenommen. Bei der *Transformation* wird das Angebot *produziert*, sodass es vom Leistungsempfänger, in diesem Fall waren das alle Mitglieder des Cohousing-Projektes, angenommen werden kann (*Output*). Das Angebot des Kreises hilft, die derzeitige in die gewünschte Gesellschaft zu transformieren. In unserem Fall ist „die gewünschte Gesellschaft“ ein Cohousing-Projekt. Der Kauf eines entsprechenden Grundstückes ermöglicht als umgesetztes Angebot des Kreises die gewünschte gesellschaftliche Transformation für die ganze Gruppe.

Der Tausch verbindet alle Prozesse mit anderen und damit ist kein Prozess isoliert. Unser Leben ist eine Anordnung dynamischer Prozesse, die miteinander verbunden sind.

Wie komplex doch ein Grundstückskauf sein kann! Da alle Kreismitglieder zum ersten Mal ein Cohousing-Projekt planten, waren sie froh über den Überblick, der mithilfe der 9 Schritte entstanden war. Der Zielverwirklichungsprozess war mit diesem 9-Schritte-Plan sichtbar geworden.

Bei der nächsten Kreisversammlung sollte der Prozess weiterentwickelt werden. Die Soziokratie-Expertin erklärte den Kreismitgliedern im Rahmen der Soziokratie-Schulung noch einen weiteren Sinn des 9-Schritte-Planes: „Man kann damit nicht nur alle Aktivitäten zur Zielverwirklichung im Detail planen, sondern sobald alle Aktivitäten bekannt sind, weiß man auch, wofür man im Kreis Grundsatzentscheidungen braucht. Alles Grundsätzliche kann dann zum richtigen Zeitpunkt in der Kreisversammlung auf die Agenda gesetzt und entschieden werden.“

Inzwischen war der 9-Schritte-Plan auf sechs Spalten angewachsen. Neben den ursprünglichen 9 Schritten gab es nun auch eine Spalte für „Aktivitäten“, „Grundsätze“ sowie für „Wer tut?“ und „Wer entscheidet?“.

Phase	Schritt	Aktivitäten	Wer tut?	Grundsätze	Wer entscheidet?
Input Die Vorbereitung zum Kauf	1) Verein gründen	Statuten entwerfen		Beschluss Statuten	
		Generalversammlung org.		Vorstand wählen	
		Bei Behörde einreichen		–	
	2) Grundstücke finden	Grundst.-Makler finden		Vertrag mit Makler	
		Grundstücke besichtigen		–	
		Informationen aufbereiten		Auswahl treffen	
	3) Baureife überprüfen, entscheiden	Projektsteuerer finden		Entscheidung für Angebot	
		Gemeinde kontaktieren		–	
		Informationen prüfen		Entscheidung für Grundstück	
Transformation Der Kauf	4) Vertrag errichten	Rechtsanwalt (RA) suchen		Rechtsanwalt beauftragen	
		Vertrag verhandeln		–	
		Vertrag entwerfen		Vertragstext beschließen	
	5) Kaufoption vertraglich sichern	Notar festlegen		–	
		Termin und Ort vereinbaren		–	
		Vertrag unterschreiben		–	
	6) Feiern	Fest vorbereiten		Ort und Gäste festlegen	
		Fest durchführen		Budget für Fest festlegen	
		Aufräumen		–	
Output Nach dem Kauf	7) Gruppe vergrößern	Aufnahmeprozess entwerfen		Aufnahmeprozess beschließen	
		Marketingstrategie entwick.		Strategie festlegen	
		Neue Mitgl. kennenlernen		Neue Mitglieder aufnehmen	
	8) Kaufoption einlösen	Architektenwettbewerb org.		Architekt beauftragen	
		Planungsprozess entwerfen		Planungsprozess festlegen	
		Wohnungsvergabe-Meeting		Wohnungsvergabe	
	9) Grundstückspreis bezahlen	Anteilige Kosten einheben		–	
		Grundstückspreis anweisen		–	
		Eintragung ins Grundbuch			

In der Spalte „Aktivitäten“ wird festgehalten, was es hier zu tun gibt. Einträge in der Spalte „Grundsätze“ machen deutlich, was bei diesem Thema so wichtig ist, dass es alle gemeinsam entscheiden müssen (→ 4.3 *Die Struktur der soziokratischen Kreisver-*

sammlung). Nach einem kreativen Brainstorming und zwei Meinungsrunden wurde für den gesamten 9-Schritte-Plan mit allen „Aktivitäten" und „Grundsätzen" ein Konsent gefunden.

Die Diskussionen über die Spalten „Wer tut?" und „Wer entscheidet?" wurden auf das nächste Meeting verschoben. Beim nächsten Treffen ging es darum, die Arbeit aufzuteilen und festzulegen, welcher Kreis welche Entscheidungen treffen soll.

Die folgende Tabelle zeigt den gesamten Prozess im Überblick. Der Kreis hatte zu Beginn nur die Aktivitäten für die Schritte 1 bis 3 vergeben. Weiter vorauszuschauen war noch nicht nötig. Es wurden zu jeder Aktivität Arbeitspakete geschnürt und diese dann mithilfe der Offenen Wahl an Kreismitglieder vergeben. Parallel dazu hatte man auch Vorschläge entwickelt, welcher Kreis die jeweils notwendigen Grundsatzbeschlüsse zu treffen hätte. Im weiteren Prozess brachte der Leiter des Arbeitskreises „Platz & Haus" die Vorschläge „Wer entscheidet den jeweiligen Grundsatz?" immer wieder in den Leitungskreis. Denn nur dort gab es genügend Überblick, um entscheiden zu können, welche Grundsätze im Plenum, welche im Leitungskreis und welche in den Arbeitskreisen beschlossen werden sollten. Die Buchstaben in der Spalte „Wer tut" stehen in unserem Beispiel als Synonyme für die jeweils zuständigen Mitglieder des AK Platz & Haus, die in offener Wahl für diese Aufgaben gewählt werden sollten.

Phase	Schritt	Aktivitäten	Wer tut?	Grundsätze	Wer entscheidet?
Input Die Vorbereitung zum Kauf	1) Verein gründen	Statuten entwerfen	A+B+C	Beschluss Statuten	Plenum
		Generalversammlung org.	D+E	Vorstand wählen	Plenum
		Bei Behörde einreichen	B	–	
	2) Grundstücke finden	Grundst.-Makler finden	C+E	Vertrag mit Makler	Ak-Platz&Haus
		Grundstücke besichtigen	Alle Mitglieder	–	
		Informationen aufbereiten	A+E	Auswahl treffen	Ak-Platz&Haus
	3) Baureife überprüfen, entscheiden	Projektsteuerer finden	B+D	Entscheidung für Angebot	Ak-Platz&Haus
		Gemeinde kontaktieren	Projektsteuerer	–	
		Informationen prüfen	Projektsteuerer	Entscheidung für Grundstück	Ak-Platz&Haus
Transformation Der Kauf	4) Vertrag errichten	Rechtsanwalt (RA) suchen	C+D	Rechtsanwalt beauftragen	Ak-Platz&Haus
		Vertrag verhandeln	C+D+RA	–	
		Vertrag entwerfen	C+D+RA	Vertragstext beschließen	Leitungskreis
	5) Kaufoption vertraglich sichern	Notar festlegen	C+D	–	
		Termin und Ort vereinbaren	A	–	
		Vertrag unterschreiben	Vorstand	–	
	6) Feiern	Fest vorbereiten	AK-ÖA	Ort und Gäste festlegen	AK-ÖA
		Fest durchführen	AK-ÖA	Budget für Fest festlegen	AK-Finanzen
		Aufräumen	Alle Mitglieder	–	

Phase	Schritt	Aktivitäten	Wer tut?	Grundsätze	Wer entscheidet?
Output Nach dem Kauf	7) Gruppe vergrößern	Aufnahmeprozess entwerfen	AK-ÖA	Aufnahmeprozess beschließen	Leitungskreis
		Marketingstrategie entwick.	AK-ÖA	Strategie festlegen	AK-ÖA
		Neue Mitgl. kennenlernen	AK-ÖA	Neue Mitglieder aufnehmen	Plenum
	8) Kaufoption einlösen	Architektenwettbewerb org.	C+E	Architekt beauftragen	Ak-Platz&Haus
		Planungsprozess entwerfen	C+E	Planungsprozess festlegen	Ak-Platz&Haus
		Wohnungsvergabe-Meeting	A+C	Wohnungsvergabe	Plenum
	9) Grundstückspreis bezahlen	Anteilige Kosten einheben	AK-Finanzen	–	
		Grundstückspreis anweisen	AK-Finanzen	–	
		Eintragung ins Grundbuch	C+E	–	

Im Arbeitskreis „Platz & Haus“ ging dann alles „Schlag auf Schlag“. Die Aufgaben wurden an die jeweils kompetentesten Mitglieder vergeben. Es gab genügend talentierte Moderatorinnen im Kreis sowie einen verlässlichen Logbuchführer (Sekretär oder Kreis-Administrator), sodass sich der Kreisleiter auf den Überblick über die inhaltlichen Angelegenheiten konzentrieren konnte. Regelmäßig bezog man auch Fach-Experten ein. Bald war das gewünschte Grundstück gefunden. Vier Jahre nach dem Projektstart zogen 28 Haushalte in das Haus ein.

Zielverwirklichungsprozess zur Herstellung von klaren Prozessen

Alexandros Kostis, Mitgründer des ElKeSo – Elleniko Kentro Soziokratias (Griechisches Zentrum für Soziokratie), hat den Zielverwirklichungsprozess (ZVP) in der Kooperative, die er begleitet hat, intensiv genutzt, um Klarheit für alle Prozesse herzustellen. Es ist unter Griechen kaum üblich, sich klar festzulegen. Es erzeugt mehr Frieden, wenn man vieles offen lässt – das ist eine Erfahrung, die viele Menschen dieses Kulturkreises machen. Darum war es von Anfang an schwer, die Konsent-Moderation wirklich zur Herstellung von Klarheit zu nutzen. Auch wenn Entscheidungen im Allgemeinen Kreis mithilfe der soziokratischen Methode zustande gekommen sind, waren sie selten exakt genug, um die Ausführung anzuleiten. Darum hat Alexandros damit begonnen, wichtige Entscheidungen des Allgemeinen Kreises mit den neun Schritten des ZVP zu spezifizieren, beispielsweise auch die Grundsätze zur Mitbestimmung beim eigenen Lohn. Da es sich doch um „ein heißes Eisen“ handelte, war der Entscheidungsvorschlag entsprechend schwammig formuliert. Der ZVP half hier zu klären, was das Ziel des Mitbestimmungsprozesses ist, wer für den Prozess der Mitbestimmung verantwortlich ist, wer der Auftraggeber des Prozesses ist und mit welchen Schritten die Mitbestimmung bei der Festsetzung des eigenen Lohnes zu erfolgen hat.

Transparenz im Unternehmen

Große Unternehmen, welche die *Soziokratische KreisorganisationsMethode* einführen wollen, haben häufig im Bereich Transparenz einen Nachholbedarf. Zumindest was den Informationsfluss zwischen den Hierarchie-Ebenen betrifft. Soziokratische Organisationen leben davon, dass Informationen verfügbar sind und nichts hinter verschlossenen Türen passiert. Für Vereine oder NGOs ist das meist selbstverständlich; Unternehmen können von ihnen lernen.

Das Mitbestimmen funktioniert nur, wenn man gut informiert ist.

Dazu die Geschichte einer Volkbefragung in Österreich im Jahr 2013, bei der danach gefragt wurde, welche Art Bundesheer das Land haben wolle. Zur Wahl standen ein Heer aus Berufssoldaten und ein Heer aus jungen 18-jährigen Rekruten. Dazu war die Befragung verknüpft mit der Entscheidung für „die Einführung eines bezahlten freiwilligen Sozialjahres" versus die „Beibehaltung des Zivildienstes". Einer der beiden Vorschläge sei wohl „besser", während der andere „schlechter" wäre, konnte man aufgrund der Plakatwerbung feststellen. Gründe für diese Aussagen standen nicht auf den Plakaten, nur Slogans.

Mir, als selbst Österreicherin, wurde bei dieser Volksbefragung klar, dass ich nicht im Geringsten wusste, welche Entscheidung ich treffen sollte. Woher sollte ich denn wissen, was besser oder was schlechter wäre? Niemand hatte mir Einblick in die Problemlage gegeben, und niemand ließ mich teilhaben an Lösungsprozessen. Ich verfügte einfach über zu wenige Informationen, um eine Entscheidung treffen zu können. So blieb ich schließlich der Volksabstimmung fern und dachte mir: „Warum haben denn die Regierenden nicht selbst mithilfe ihres Wissens eine gemeinsame Lösung gefunden?" Mich, als unbeteiligte Bürgerin zu fragen, war keine gute Idee. Da ich mir nicht vorstellen konnte, dass die Mehrheit der Wahlberechtigten besser informiert gewesen wäre als ich selbst, vertraute ich hinterher auch nicht dem Wahlergebnis[12].

Simon Sinek meint in seinem Buch „Gute Chefs essen zuletzt" (S. 215), es sei wichtig, die Autorität an jene abzugeben, die über die Information verfügen. Den zahlreichen Volksentscheiden, über die Schweizer Bürgerinnen jährlich abstimmen, gehen daher intensive Auseinandersetzungen mit der jeweiligen Thematik voraus. So erklärt sich unter Umständen auch, dass nur etwa die Hälfte der Wahlberechtigten an den Abstimmungen teilnehmen.

In seiner Grafik lässt Simon Sinek die „Autorität" von „oben", wo sie in einem hierarchischen System gewöhnlich angesiedelt ist, in die Gruppe jener Personen hinabsinken, die über die Information verfügen. Weiter oben muss nur die Vision gehütet werden, also die generelle Ausrichtung und der Überblick über das Ganze. In der SKM hütet der Topkreis die Vision. Entscheidungen sollten immer dort getroffen werden, wo auch genug Wissen vorhanden ist, um sich eine adäquate Meinung bilden zu können.

Mitentscheiden kann nur, wer alle für die Entscheidung relevanten Informationen hat.

Oftmals sind das nicht die Führungskräfte, hat Simon Sinek in dieser Geschichte herausgearbeitet.

---

[12] Volksbefragung Österreich 2013 mit 52,4% Wahlbeteiligung:
Lösungsvorschlag a) Sind Sie für die Einführung eines Berufsheeres und eines bezahlten freiwilligen Sozialjahres? 40,3 % Ja-Stimmen.
Lösungsvorschlag b) Sind Sie für die Beibehaltung der allgemeinen Wehrpflicht und des Zivildienstes? 59,5 % Ja-Stimmen.

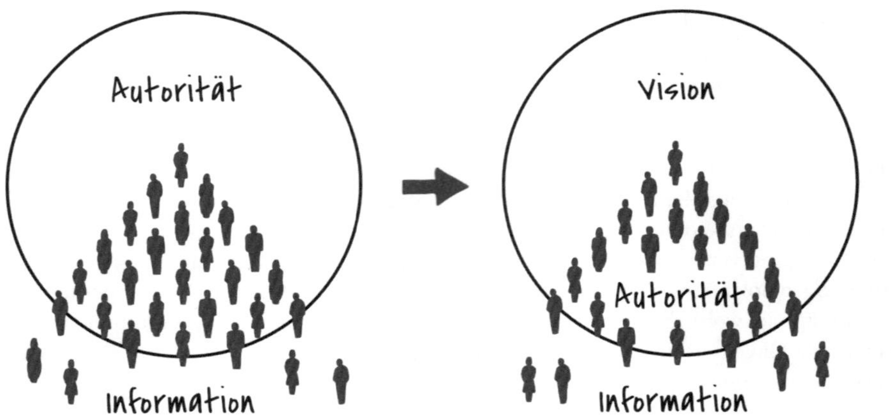

Abb. 9 Die Autorität an jene abgeben, die über die Information verfügen (Sinek, 2020, S. 215).

Um allen bei Entscheidungen mitwirkenden Personen die Informationen zur Verfügung zu stellen, wird in der Soziokratie viel Wert auf die Vorbereitung von Grundsatzentscheidungen gelegt. Die Themen müssen „reif" für eine Entscheidung sein. Der Zugang zu relevanten Informationen muss gewährleistet sein für alle, die in der Kreisversammlung mitentscheiden. Ein „Ort" im Unternehmen muss diese Transparenz erschaffen. Meistens ist es ein gemeinsamer Server, auf dem wichtige Informationen geordnet abrufbar sind. Dazu muss auch die Zuständigkeit für die Bereitstellung der Informationen geregelt sein. Als Kreismitglied darf ich keine Hürden überwinden müssen, um zu erfahren, was ich für die Entscheidung wissen muss. Der Kreis-Administrator (Sekretär) des Kreises hat die Verantwortung, einen leichten Zugang zu allen, für den Kreis relevanten Informationen sicherzustellen. Er bespricht sich dazu bei der Erstellung der Agenda mit der Leiterin oder der Person, die den Punkt einbringt, welche Informationen für diese Entscheidung nötig sind. Bei der Beschlussfassung haben dann alle Kreismitglieder noch die Möglichkeit, weitere Informationen abzufragen und all jene Antworten zu bekommen, die für die Meinungsbildung relevant sind. Gibt es zu wenig Informationen, kann die Entscheidung derzeit nicht getroffen werden.

Jede getroffene Grundsatzentscheidung wird vom Kreis-Administrator (Sekretär) ins Logbuch eingetragen, sodass auch Mitarbeiterinnen anderer Kreise nachlesen können, woran der benachbarte Kreis zurzeit arbeitet.

Das Logbuch

Gerard Endenburg hat den Begriff der Schifffahrt entlehnt, wo Logbücher seit Jahrhunderten verwendet werden. Inzwischen gibt es Logbücher auch in Flugzeugen und LKWs. Man nennt sie auch „Fahrtenschreiber".

Logbücher dienen dazu, alle Entscheidungen festzuhalten, die im Kreis getroffen werden.

Wenn Störungen auftreten, kann man anhand der Logbücher nachvollziehen, wann welche Entscheidung getroffen wurde und die daraus entstandenen Folgen zuordnen.

Im Logbuch einer soziokratischen Organisation werden die Domänen aller Kreise und deren Grundsatzentscheidungen festgehalten. Das Logbuch enthält auch die gemeinsame Ausrichtung, und die spezifischen Ziele und Angebote der Kreise. Dazu genügt schon eine einfache Excel-Datei, in der jeder Kreis (im selben Layout) „sein" Blatt hat. Es geht darum, nur die wichtigsten Informationen verfügbar zu halten. Seitenlange Protokolle von Sitzungen können zu ewigem Suchen führen und erfüllen daher nicht das Kriterium „verfügbare Informationen". Im Logbuch des Kreises gibt es darum nur einen Link zur Protokollsammlung. Die folgende Abbildung zeigt ein Beispiel für eine Logbuchseite (im Format Excel). Für Logbuchsysteme gibt es zahlreiche Anbieter. Zum Beispiel Circle Weaver, von John Buck inspirierter „Collaborative Workspaces", oder seit kurzem auf dem Markt: logbuch.org, ein Tool für soziokratisch organisierte Organisationen jeglicher Größe, entwickelt von der IT-Abteilung eines soziokratischen Industriebetriebes. Empfehlenswert ist auch die Plattform airtable.com zum Erstellen von „Bases" und „Interfaces".

Je nach Kultur des Unternehmens wird ein entsprechendes System ausgewählt.

Logbuch für .... (Kreisname)			erstellt am:	Ablaufdatum
		Vision und Mission		
1	Vision: Unser Bild von der Welt, in der wir leben wollen.			
2	Mission: Unser Beitrag als Gesamtorganisation			
3				
		Gemeinsames Ziel des Kreises		
1	Unser Beitrag als Kreis zur Vision/Mission der Gesamtorganisation.			
2				
3				
4				
		Konkrete Angebote des Kreises (Funktionen und Aufgaben)		
	Link zum Zielverwirklichungsprozess (ZVP):			
	Thema	*Was wir im Detail anbieten.*	Wer entscheidet	mit
1				
2				
3				
4				
5				
		Platz in der Organisation		
Der Kreis wird geleitet von:		(nächsthöherer Kreis):		
Der Kreis leitet:		(Unterkreise, Teams):		

Rollen/Funktionen im Kreis (Prozess-Rollen)				
Funktion:		Name, E-Mail, Tel.	ab wann	bis Datum:
Leiterin				
Moderator				
Delegierte				
Sekretär				
Weitere Kreismitglieder und deren Funktionen (Rollen)				
Funktion:	Name	E-Mail, Tel.	ab wann	bis Datum:
Aktuelle Agenda und Protokolle				
Link zur Agenda und Protokollsammlung:				
Letzte Aktualisierung				
von:		(Name):	Datum:	
Grundsatzbeschlüsse				
Thema:	Beschluss		ab Datum:	gültig bis:

Im Logbuch befinden sich alle aktuellen Daten des Kreises:

- die Vision und Mission der Gesamtorganisation,
- das gemeinsame Ziel des Kreises (sein Beitrag zur Umsetzung von Vision/Mission,
- die konkreten Angebote des Kreises (seine Ziele bzw. Ergebnisse),
- der Link zum Zielverwirklichungsprozess,
- die Rollen im Kreis (Leitung, Delegierte, Gesprächsleitung, Sekretär/Admin),
- die Kreismitglieder und ihre Rollen (feste Aufgaben),
- die Links zur Protokollsammlung und Sammlung von Agendapunkten,
- die Sammlung aller Grundsatzbeschlüsse mit Ablaufdatum.

Das Logbuch wird vom Kreis-Administrator (Sekretär) geführt und laufend aktualisiert. Die Grundsatzbeschlüsse sind nach Datum gereiht; das aktuelle Datum steht ganz oben. Sie können aber auch nach Themen gereiht werden, wenn das mehr Sinn macht. Da alle Logbücher der gesamten Organisation in dieser gemeinsamen Sammlung von Tabellenblättern verfügbar sind, kann sich jedes Kreismitglied jederzeit ein Bild der Gesamtorganisation machen. Regelmäßige Sicherungskopien und Schreibrechte senken die Fehleranfälligkeit eines für alle zugänglichen Dokumentationssystems.

Die Umsetzung des gemeinsamen Zieles wird zum „Spiel", bei dem es keine Verlierer gibt

Immer wieder berichten Menschen aus soziokratischen Organisationen, dass sie die Regeln und Werkzeuge der SKM wie ein großes Spiel wahrnehmen. Wenn sich alle an die Regeln halten, dann kann es richtig Spaß machen, mitzuspielen. Es ist kein „Versteckspiel" und auch kein „Mensch ärgere dich nicht". Es ist ein Spiel zur Verwirklichung unserer gemeinsamen Vorhaben. Seine klaren Prinzipien helfen uns, Missverständnisse und damit auch Konflikte zu vermeiden. Da wir als Menschen von Natur aus zur Kooperation neigen, macht uns diese Art des Zusammenwirkens meistens auch Spaß – wesentlich mehr Spaß jedenfalls als die bekannten Versteck- und Machtspiele.

Es wird eine große Menge Energie frei, wenn sich alle am gemeinsamen Weg freuen können. Bis zu 30 % der Arbeitszeit (es gibt noch wesentlich pessimistischere Schätzungen) wird zum Besprechen und Bewältigen von (vermeidbarer) Unzufriedenheit und Konflikten aufgewendet. Ganz zu schweigen von den Folgeschäden für die unzufriedenen Mitarbeiterinnen und die Organisation.

Bekannt ist, dass Sicherheit, Zugehörigkeit und Anerkennung Grundbedürfnisse des Menschen sind. Die SKM trägt viel dazu bei, dass diese Bedürfnisse im mitmenschlichen Alltag erfüllt werden können. Dadurch bekommt auch das Bedürfnis nach Selbstverwirklichung eine gute Chance zur Realisierung. Nur wer selbstbestimmt leben kann, kann sein Selbst verwirklichen. Selbstbestimmung innerhalb einer Gruppe von Menschen bedeutet Mitbestimmung bei allen Angelegenheiten, von denen ich betroffen bin. Das braucht transparente Kommunikation und gemeinsam vereinbarte, klare Regeln.

Auf diesem Weg entwickeln wir uns gemeinsam weiter. Mehr Verlässlichkeit bei der Zusammenarbeit stärkt die Qualität der Beziehungen. Letztlich entstehen bei der Umsetzung unserer gemeinsamen Ziele ganz von selbst auch mehr Freude und in der Folge auch mehr Gesundheit. (→ Kap. 6.2 *Messinstrument für Team-Zusammenarbeit*)

Zusammenfassung

Selbstorganisation entsteht durch unternehmerisches Denken in jeder Zelle der Organisation. Der Zielverwirklichungsprozess bietet eine Struktur, die Tauschprozesse mit der relevanten Umgebung selbst zu gestalten und Aktivitäten zur Zielverwirklichung vorauszuplanen. Das unterstützt das eigene Ressourcenmanagement und die Verteilung der Aufgaben. Es entsteht das Netzwerk von Aufgaben und Funktionen entlang des soziokratischen Kreisprozesses von leiten-tun-messen.

Klarheit bringt noch ein weiteres Werkzeug der soziokratischen Organisation, das Logbuch. Darin sind die Domänen der Kreise beschrieben und ihre aktuellen Grundsatzentscheidungen zu finden. Transparenz entsteht durch die Verfügbarkeit aller benötigten Informationen. Weil Menschen sich nur aufgrund von relevanten Informationen eine Meinung bilden können, gehört hohe Transparenz zu den Grundprinzipien der *Soziokratischen KreisorganisationsMethode*.

4.8 Das soziokratische Entwicklungsgespräch

Über Feedback wurde in den bisherigen Kapiteln schon viel gesprochen. Gerard Endenburg nennt es „Messungen", wenn wir uns zum Beispiel in der Abschlussrunde fragen, ob das Meeting erfolgreich war, oder wenn wir im Schritt 6 des Zielverwirklichungsprozesses darüber nachdenken, was wir noch kontrollieren sollten, bevor das Produkt ausgeliefert werden kann. Jeder Konsent ist eine Messung. „Ist der Vorschlag schon gut genug, um ihn auszuprobieren?"

Darum wundert es nicht, dass Endenburg auch über das Feedback an die mitwirkenden Personen nachgedacht hat. Offener Austausch über das Funktionieren von Personen in ihren Rollen gehört zur lernenden Organisation. Wir sollen uns auch als Personen mit unseren Fähigkeiten und Kompetenzen weiterentwickeln. Und nichts ist dabei so hilfreich wie ein ehrliches Feedback.

Seit den 1970er-Jahren, als Psychologie und Psychotherapie gut etablierte Begriffe geworden waren, kümmert man sich auch in Organisationen und Unternehmen vermehrt um Teamkultur und Mitarbeiterzufriedenheit. Teambildung, Teamsupervision und Mitarbeiterinnengespräche haben sich in manchen Bereichen gut etabliert. Das Bewusstsein darüber, dass ein Mensch Anerkennung und Zugehörigkeit braucht, um sich wohlfühlen zu können, führte zu unterschiedlichsten Ansätzen und Methoden, wie Personal- und Teamentwicklung, Führungskräfte-Coaching, Konfliktmanagement und Kommunikationstrainings.

Kommunikation spielt auch in der SKM eine besondere Rolle. Die Art, wie man gemeinsam Lösungen findet mithilfe der Konsentmoderation, der offenen Wahl von Personen für bestimmte Aufgaben oder der Aufteilung der Führungsverantwortung auf mehrere Rollen (Kreisleitung, Gesprächsleitung, Sekretär und Delegierte), sind strukturelle Elemente, die dem Team helfen, gut zusammenzuarbeiten. Regelmäßige Entwicklungsgespräche für alle Kreismitglieder stellen ein weiteres Element dar, das die soziokratische Teamkultur nährt. Wir können das 360-Grad-Feedbackgespräch in soziokratischen Organisationen für viele Anlässe nutzen. Zum Beispiel am Ende einer Funktionsperiode oder beim Ablaufdatum für eine Rolle, bevor neu gewählt wird. Das Entwicklungsgespräch wird auch für Abschlussgespräche bei Ausbildungen verwendet. Jedes unserer Zertifizierungsgespräche für den Abschluss der CSE-Ausbildung und jedes Gesprächsleiter-Diplom ist als soziokratisches Entwicklungsgespräch konzipiert. Jedes soziokratische Unternehmen, das Qualität in seine Mitarbeitergespräche bringen möchte, kann das 360-Grad-Entwicklungsgespräch dafür nutzen.

Mindestens einmal pro Jahr sollte jeder Mitarbeitende einer soziokratischen Organisation die Chance auf ein persönliches Feedback zu seinen Funktionen und Aufgaben erhalten.

Ich erinnere mich an mein jährliches Gespräch mit meinem Chef, der damals ein Sozialunternehmen mit 1.200 Angestellten leitete. Ich war im mittleren Management tätig und hatte einen Kurs besucht, um mit den von mir angeleiteten Mitarbeitern Feedbackgespräche zu führen. Vielleicht war es nur dem Zeitmangel geschuldet, dass sich dieses jährliche Gespräch zur Messung des Funktionierens von Rolleninhaberinnen nur zwischen der Leitung und der angeleiteten Mitarbeiterin abspielen sollte? Es wurde immer nur von oben nach unten gemessen. Wie zufrieden die Angeleiteten mit der Arbeit ihrer Führungskraft waren, wollte man damals nicht wissen. Eine klare Hierarchie, ausgehend von der Landesregierung, über den Vorstand und die Geschäftsführung, sollte sicherstellen, dass alle bezahlten Kräfte entsprechend ihres Gehalts ihre Ziele erreichten. Dass zur Zielerreichung auch die Fähigkeit zur Anleitung der eigenen Teammitglieder gehörte, wurde wenn, dann nur von oben nach unten kontrolliert, nicht von den Angeleiteten selbst. Um trotzdem eine Messung von unten nach oben zu ermöglichen, wurde von meinem Arbeitgeber in den 1990er-Jahren ein Betroffenen-Rat eingerichtet, bestehend aus gewählten Klientinnen, die von den Angestellten des Unternehmens in Wohngruppen, Beratungsstellen und Werkstätten betreut wurden. An diese konnten sich die Betreuten wenden, wenn sie mit einer Betreuungsperson nicht zufrieden waren. Am Ende des 20. Jahrhunderts war direktes Feedback an hierarchisch vorgesetzte Personen also nicht üblich.

Gerard Endenburg war um 1975 einer der ersten, der in seinem Unternehmen mithilfe der bereits gut eingespielten soziokratischen Gesprächsleitung begonnen hat, allen Personen für ihre Rollen ein 360-Grad-Feedback aus allen Ebenen ihrer sozialen Umgebung zu geben.

Heute sehen wir, dass diese Art des Feedbacks eine gute Einbettung in eine wirklich soziokratisch funktionierende Umgebung braucht. Es ist eine sensible Angelegenheit und braucht eine sichere Atmosphäre. Wer in seiner Organisation oder dem eigenen Team die soziokratische Haltung noch nicht verinnerlicht hat, sollte ein soziokratisches Entwicklungsgespräch lieber nicht einführen.

Die Teilnehmenden am soziokratischen Entwicklungsgesprächs

- Person A (siehe Abb. 10) ist der Protagonist, die Person, die Feedback bekommen soll.
- Person B ist deren Leitung, die Person, die für das Controlling, die Unterstützung und direkte Anleitung des Protagonisten zuständig ist. Person B leitet den Kreis, in dem Person A Mitglied ist.
- Person C ist eine Person auf derselben Ebene von Person A, also eine Kollegin im eigenen Kreis.
- Person D ist eine vom Protagonisten angeleitete Person, also eine Ebene weiter unten. Das kann ein Kreismitglied aus dem Kreis sein, den der Protagonist anleitet, oder ein Kunde, z. B. eine Teilnehmerin an Seminaren, die A leitet, oder ein Geschäftskunde von Person A.

Die Personen C (die Kollegin) und D (die angeleitete Person) werden im jeweiligen Kreis, wo beide, nämlich Person A und C bzw. A und D Mitglied sind, mit offener Wahl gewählt. Niemand wird „von oben“ oder gar vom Protagonisten selbst bestimmt. Der Kreis weiß besser, wer von den Kreismitgliedern ein relevantes Feedback gut geben kann. Und natürlich muss auch die Feedback erhaltende Person bei der Auswahl ihrer Feedbackgeber mitreden dürfen. Gegebenenfalls wird sie ihren Konsent zu einer vorgeschlagenen Person nicht geben, wenn sie sich mit dieser nicht ausreichend sicher fühlen würde. Nur die Person B, die Leitung, ist gesetzt. Da hat man keine Wahl, denn es gibt in der SKM nur eine Kreisleitung und nicht mehrere.

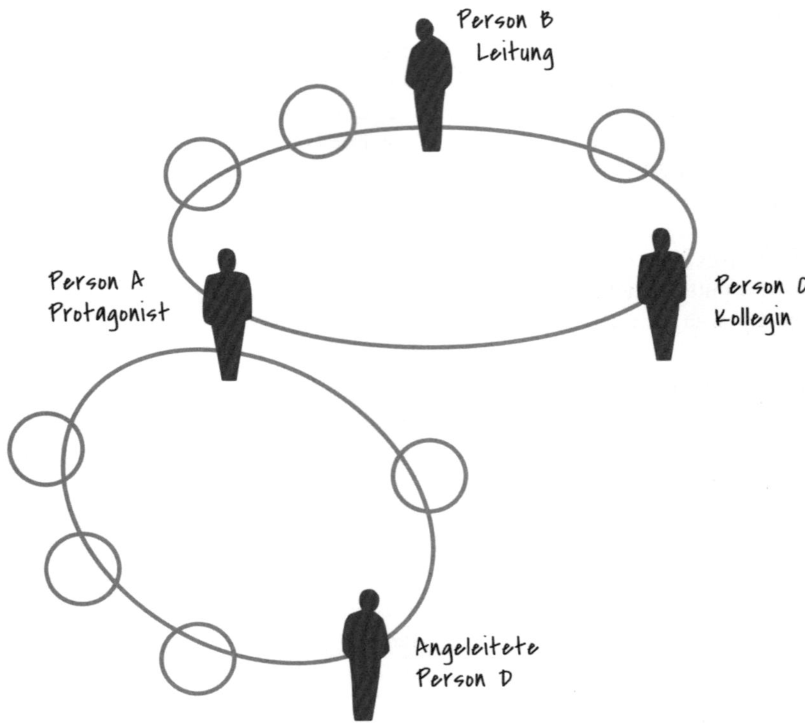

Abb. 10: Die relevante soziale Umgebung für das soziokratische Entwicklungsgespräch

Sind nun die Mitglieder des Gesprächs festgelegt, kann ein Termin vereinbart werden. Dieser sollte nicht länger als 90 Minuten dauern, braucht aber immer eine gute Vorbereitung. Wer moderiert? Es kann eine der drei Feedbackgeberinnen selbst moderieren oder eine externe Gesprächsleitung wird eingeladen. Das hängt unter anderem von den vorhandenen Ressourcen ab. Und es ist eine Frage der Übung.

Entwicklungsgespräche dienen dem optimalen Arbeiten der einzelnen Mitarbeiterinnen bzw. dem optimalen Zusammenarbeiten in der Organisation. Es geht um die Auswertung der Arbeit mit Blick auf die Zukunft. Darum muss es beim soziokratischen Entwicklungsgespräch auch klar sein, worin die Arbeit des Mitarbeiters besteht. Es braucht eine gute Beschreibung des Zieles und des Auftrags. Am besten lassen sich die konkreten Arbeitsaufträge und Verantwortlichkeiten in einem Zielverwirklichungsprozess (→ Kap. 4.7) beschreiben. Da der Mitarbeiter bei der Erstellung „seines“ ZVP mitgewirkt hat und seine Kreisleitung und der Kreis dazu Konsent gegeben haben, gibt es eine gemeinsame Basis, auf der nun die Auswertung erfolgen kann. Die Rollenbeschreibung, die Stellenbeschreibung oder der ZVP werden zusammen mit den vereinbarten Zielen aus dem letzten Entwicklungsgespräch zur Information an die Teilnehmerinnen ausgesendet.

Ablauf des Entwicklungsgesprächs

Achmed (Person A) ist Leiter von des Lagers und der Logistik in einem großen Produktionsbetrieb. Er führt 45 Mitarbeitende, die in fünf Teams zusammenarbeiten. In seinem Kreis (Lager & Logistik, L&L) sitzt er mit den fünf Teamleitern, wobei drei der Teams auch Delegierte in den Kreis L&L entsendet haben. Angeleitet wird Achmed vom Geschäftsführer der Firma, Daniel (Person B), der die Firma vor 25 Jahren gegründet hat und auch heute noch den Allgemeinen Kreis leitet. Die jährlichen Mitarbeitergespräche wurden in der Phase 4 der SKM-Implementierung vom internen SKM-Team auf soziokratische Entwicklungsgespräche umgestellt. Achmed konnte für die Moderation seines Gesprächs eine betriebsinterne Moderatorin, Kornelia, aus der HR-Abteilung gewinnen. Bei der Wahl seiner Kollegin, Regina (Person C), als Feedbackgeberin, die als Leiterin einer der großen Produktionsabteilungen neben Achmed im Allgemeinen Kreis sitzt, konnte er gut mitgehen.

Karl (Person D) wurde mit Achmeds Konsent als Feedbackgeber aus dem Kreis L&L gewählt. Die Argumente der anderen Kreismitglieder waren einerseits Karls gute Beziehung zu Achmed, aber auch seine Rolle als Delegierter eines der beiden Logistik-Teams, deren Interessen er sehr gut im Kreis L&L vertritt. Karl ist somit auch ein Sprachrohr für die ausführende Ebene.

Ankommensrunde und Organisatorisches

Kornelia, die Moderatorin, startet das Gespräch mit der Klärung der Kommunikationsregeln. Es wird nach der Ankommensrunde vier Rederunden geben, wobei bei jeder der vier Fragen jeweils der Protagonist (Achmed) als erster sprechen darf. Dann antwortet jeweils eine andere Person der restlichen Teilnehmenden, um Abwechslung ins Gespräch zu bringen. Bevor sie mit der Ankommensrunde startet, fragt Kornelia jedoch, ob alle die Stellenbeschreibung kennen, sodass man sich bei der Auswertung der Arbeit von Achmed auf diese beziehen könne. Alle bejahen diese Frage. „Nun, wie geht es euch jetzt, angesichts des für Achmed einberufenen Entwicklungsgespräches, zu dem ihr dankenswerter Weise gekommen seid?“, fragt Kornelia, um die Ankommensrunde einzuleiten, und: „Ich mag mit dir beginnen, Achmed. Wie bist du heute da?“ Achmed bedankt sich ebenfalls und drückt seine Freude aus, endlich wieder ein ausführliches Feedback zu seiner Arbeit zu bekommen, um daraus zu lernen. Auch alle anderen sagen kurze Ankommensworte.

Kornelia fragt nun, wie und wer das Protokoll schreiben wird? „Oder genügt es, wenn ich auf dem Flipchart die Ergebnisse notiere?“ Achmed wünscht sich eine Audio-Aufzeichnung, damit er später noch einmal das Feedback mit mehr Aufmerksamkeit studieren kann. Er schlägt vor, dass er das Gespräch gleich auf seinem eigenen Smartphone aufnimmt und holt schon sein Ladekabel heraus. Die anderen werden von Kornelia um ihr Einverständnis zur Aufnahme gefragt.

1. Runde: „Was gelingt dir bei deiner Arbeit gut? Wo sehen die anderen, was Achmed gut gelingt?“

Nachdem sowohl Ankommensrunde als auch Organisatorisches erledigt sind, leitet Kornelia nun den Hauptteil ein, die vier Runden des Entwicklungsgesprächs. Sie beginnt mit der ersten Frage-Runde: „Was gelingt dir gut, Achmed, was deine Arbeit betrifft? Womit bist zu zufrieden und was darf so bleiben?" Achmed hat sich vor dem Gespräch viele Gedanken gemacht und seine Notizen mitgebracht. Denn er neigt gewöhnlich dazu, seine Erfolge wenig wichtig zu nehmen. Mithilfe der soziokratischen Entwicklungsgespräche hat er aber inzwischen gelernt, auch die positiven Dinge zu sehen. „Ich denke, dass mir die gestellten Führungsaufgaben im Großen und Ganzen ganz gut gelingen. Zum Beispiel die Jahresplanung, auch was Kostenwahrheit betrifft oder der Überblick über die Kapazitäten und Ressourcen, das kriege ich gut hin, denke ich." Nachdem er noch weitere Aufgaben von seiner Liste nennt, die er als gut erledigt bewertet, bittet Kornelia nun Daniel, den Geschäftsführer, um Feedback zu Achmeds gelungenen Aktivitäten. Daniel fällt dazu sehr viel ein. Nicht nur dass er Achmed als sehr gewissenhaften Mitarbeiter schätzt, er findet auch seine Fähigkeit, die Abteilung als Gesamtorganismus zu jonglieren, beeindruckend. Zufrieden ist Daniel auch mit der effektiven Organisation, der sparsamen Ressourcenverwendung und der immerwährenden Bereitschaft, Lösungen für schwierige, unternehmensweite Problemstellungen zu finden. Als nächsten fragt Kornelia nun Karl, der als Delegierter für eines der Logistik-Teams im Kreis Lager & Logistik sitzt. Auch Karl findet gute Worte für Achim, den er besonders für sein offenes Ohr schätzt. „Zu dir kann jeder kommen, wenn es wo zwickt. Du nimmst dir immer Zeit, die Leute anzuhören, und man hat immer das Gefühl, wichtig zu sein. Das schätzen alle und darum ist die Stimmung bei uns auch so gut." Nun folgt noch Regina mit ihren Bemerkungen zu Achmeds gelingenden Aktivitäten. Als Achmed am Ende der Runde gefragt wird, ob er was dazu sagen möchte, legt er nur die Hand aufs Herz und bedankt sich für die Wertschätzung.

2. Runde: „Wo liegen deine Stärken? Welche Stärken schätzen die anderen an Achmed?"

Achmed darf nun weiter seine Stärken bekanntgeben. Er weiß über sich selbst, dass ihm Genauigkeit und Loyalität sehr wichtig sind. Darin sieht er Stärken. Auch Zuhörenkönnen, was Karl schon erwähnt hat, nennt Achmed als eine Stärke. „Und natürlich, dass ich nie krank bin! Aber das liegt am Betriebsklima und nicht an mir. Ich muss mich fast nie ärgern. Wir sind eine super Firma!" Nachdem Achmed fertig geredet hat, fragt Kornelia Karl, welche Stärken er in Achmed sieht, und danach Regina, die vor allem Achmeds väterliche Bestimmtheit schätzt, wenn es darum geht, gemeinsam mit allen auch unangenehme Themen durchzusprechen. Daniel wird in dieser zweiten Runde als Letzter gefragt, ob er noch Stärken von Achmed hervorheben möchte? „Hilfsbereitschaft und Loyalität, sehe ich als deine großen Stärken, Achmed. Du bist für mich eine Säule des Unternehmens. Ich wüsste nicht, wo wir ohne dich wären! Du schaffst es, dass deine Leute immer voll dabei sind und sich mitverantwortlich fühlen für den Erfolg des ganzen Unternehmens!" Achmed ist bewegt.

Nach diesen beiden Runden, in welchen ausschließlich auf das Gelungene geschaut wird und die Stärken angesprochen werden, ist Achmed nun bereit, sein Entwicklungspotenzial unter die Lupe zu nehmen.

3. Runde: „Wo siehst du für dich Entwicklungspotenzial? Wo sehen die anderen Entwicklungspotenzial bei Achmed?"

Wo möchte sich Achmed verbessern? Auch dafür hat er sich Notizen gemacht: „Ich möchte mehr Sicherheit bei der IT bekommen. Immer noch muss ich Tom bei jeder Kleinigkeit fragen, obwohl wir das Lager-Programm jetzt schon seit mehr als einem Jahr nutzen. Ich schätze Tom und er hilft mir immer, aber jetzt ist es mir schon peinlich, dass ich ihn immer noch fragen muss." Kornelia: „Hast du noch mehr aufgeschrieben, das du verbessern möchtest?" Achmed: „Ja, ich finde, wir sollten wieder Lehrlinge ausbilden. Ich habe zwar vor drei Jahren eine sehr schlechte Erfahrung damit gemacht und seither auch keine Lehrlinge mehr akzeptiert. Aber das finde ich nicht okay. Junge Menschen brauchen auch eine Chance. Und, ja, mein Englisch darf sich verbessern. Als vor Kurzem im Allgemeinen Kreis der neue Partner aus Dänemark dabei war, habe ich für mein Gefühl zu wenig verstanden." Kornelia fragt, ob Achmed fertig ist, und als er nickt, bittet sie als Regina um ihre Tipps zu Achmeds Entwicklungspotenzial. „Ja, ich schließe mich dem an, was du schon gesagt hast, Achmed, das sehe ich auch so. Und dann mag ich hinzufügen, dass ich mir von dir mehr Zeit wünsche. Es passiert immer wieder, dass ich mehrere Tage auf eine E-Mail-Antwort von dir warte, und wenn ich anrufe, sagt man mir, du bist in einem Meeting. Hast du zu viel Arbeit, sodass spontane Antworten auf rasche Fragen keinen Platz mehr haben? Mir ist jedenfalls aufgefallen, dass du für mich spontan kaum mehr erreichbar bist." Kornelia schaut Regina fragend an und lädt sie ein, noch etwas zu sagen. Aber Regina meint, mehr wisse sie nicht. Nun ist Daniel an der Reihe: „Ja, das habe ich auch schon bemerkt. Achmed scheint mir sehr an der Grenze seiner Belastbarkeit zu sein. Ich frage mich, ob du überhaupt Zeit hättest, wieder zwei Lehrlinge in der Logistik aufzunehmen? Da müsste sich jemand anderer um sie kümmern. Mir ist auch aufgefallen, dass in der Vereinbarung vom letzten Entwicklungsgespräch schon die Verteilung von einigen deiner Aufgaben an die Teamleiterinnen festgehalten wurde." Daniel ist mit seiner Wortmeldung fertig. Als letzter spricht nun Karl, der von Kornelia dazu aufgefordert wird. „Dazu kann ich nichts sagen, denn von der Ausführungsseite sehe ich, dass Achmed sich genug Zeit nimmt für Problemlösungen. Zum Entwicklungspotenzial kann ich wirklich nichts beisteuern. Von meiner Seite her gibt es ausschließlich Zufriedenheit."

Achmed wird nun von Kornelia gebeten, darauf zu reagieren, falls er möchte, und er nimmt sich die Zeit, über das Gehörte nachzudenken. Dann fragt Achmed, ob er denn etwas fragen dürfe? „Ja, freilich", gibt Kornelia ihm das Wort. Und so entwickelt sich ein kurzes Gespräch zwischen Achmed, Regina und Daniel, in dem Achmed noch genauere Hinweise bekommt, woran seine Kollegin und sein Chef merken, dass er möglicherweise überlastet sein könnte? Da sind sehr wertvolle Hinweise dabei, mit denen Achmed viel anfangen kann.

4. Runde: „Wo wünscht du dir Unterstützung? Wobei können die anderen für Achmed Unterstützung anbieten?"

Kornelia steht jetzt auf und stellt sich zum Flipchart. Ab jetzt wird sie mitschreiben, damit es am Ende eine Liste von Vereinbarungen gibt. Es beginnt, wie in jeder Runde, wieder Achmed: „Wahrscheinlich brauche ich mal ein Coaching, um noch mehr meiner Aufgaben an die Teamleiter abzugeben. Da habt ihr sicher recht, dass ich mir immer noch zu viel aufhalse. Helfen würde es mir auch, wenn ich mir mehr Zeit für Weiterbildung nehmen würde. Ein Englischkurs für Fortgeschrittene wäre gut. Und ich benötige Unterstützung beim neuen Lager-Programm, sodass ich endlich selbstständig damit zurechtkomme." Kornelia hat parallel alle drei Themen gut sichtbar für alle notiert.

Abb. 11: Die Moderatorin notiert die unterstützenden Maßnahmen.

Kornelia fragt nun wieder Karl als nächsten, denn die Person, die jeweils nach Achmed spricht, soll in jeder Runde eine andere sein. Karl meint, er könne nichts anbieten. Höchstens könne er mithelfen, noch mehr Anfragen, die von den Lager- und Logistikmitarbeitern direkt zu Achmed gelangen, im Vorfeld abzufangen. Denn sicher hat Achmeds ständig offenes Ohr auch etwas mit seiner Überlastung zu tun. Kornelia schreibt „Teamleiter fangen Anfragen im Vorfeld ab“ auf ihre Liste und lädt nun Daniel ein, seine Unterstützungsangebote zu machen. „Ich sehe, dass ich dir wirklich bei deiner Aufgabenbeschreibung helfen sollte. Wenn du für dich und deine größeren Aufgabenbereiche Zielverwirklichungsprozesse aufschreibst, könnte ich mit dir gemeinsam herausfinden, was du noch zusätzlich an die Teamleiter delegieren könntest. Falls diese aber auch schon ausgelastet sind, überlegen wir eventuell mit Siegfried vom SKM-Team gemeinsam, ob wir ein zusätzliches Team im Kreis Lager & Logistik starten sollen? Das kostet zwar eine weitere Funktionszulage, aber damit wäre das Ressourcenproblem eventuell zu bewältigen?“ Kornelia schreibt auf: „ZVP ausarbeiten“ und „zusätzliches Team installieren“ und unterstreicht mit dem roten Stift: „Coaching im Delegieren von Aufgaben“. Dann fragt sie Daniel, ob er noch weitere Angebote machen wolle? Daniel verneint. Karl fragt Kornelia, ob er noch etwas ergänzen könne? Kornelia nickt. „Eventuell wäre dir geholfen, wenn ich mit den anderen Delegierten ein Treffen aller 45 Mitarbeitenden einberufe und wir ihnen die Zuständigkeiten und Ansprechperson noch einmal genau erklären? Ich berufe gerne eine Info-Versammlung ein.“ Kornelia wartet einen Moment, ob Karl noch etwas hinzufügen möchte, notiert „Info-Versammlung“ auf dem Flipchart und bedankt sich dann mit einer Geste bei Karl. Nun schaut sie einladend zu Regina. Regina sagt: „Ich finde beide Vorschläge gut. Beim ZVP könnte ich dir helfen, Achmed. Ich weiß, du hast keine Freude mit dem Tool gehabt hast, als wir die SKM eingeführt haben, aber mir hat der ZVP echt viel gebracht. Ich konnte beispielsweise endlich sehen, wo überall mein Name bei „Ausführung" stand, und dann ließen sich Wege finden, viele Dinge an meine Produktionsteams abzugeben. Die haben sich sogar gefreut, dass sie so viel Autonomie bekommen. Und indem ja auch in den Teams alle Grundsatzentscheidungen mit Konsent im Team-Kreis getroffen werden, sind die Teamleiter eh nicht allein damit geblieben." Achmed hört aufmerksam zu. Kornelia schreibt auf dem Flipchart neben „ZVP ausarbeiten" „mit Regina" dazu, bedankt sich bei ihr und wendet sich wieder an Achmed mit der Frage, ob er beim Unterstützungsbedarf noch etwas ergänzen möchte. Achmed liest noch einmal alles durch, was Kornelia mitgeschrieben hat, und verneint dann die Frage.

Entwicklungsplan, neuer Termin und Abschlussrunde

Im Entwicklungsplan werden die vorgeschlagenen Unterstützungsangebote spezifiziert. Es wird zu jedem der Themen ein konkretes To-do festgelegt, dazu die Namen der handelnden Personen und bis wann sie ein Thema erledigen werden. Am Ende fragt Kornelia um Konsent aller Anwesenden zu dem Vorschlag. Alle sind einverstanden. Nun sind die Leitlinien für Achmeds Weiterentwicklung festgelegt. Man sieht es ihm an, dass er sehr froh darüber ist.

Auch wenn außer Daniel und Achmed beim nächsten Mal wahrscheinlich andere Personen zu Achmeds Entwicklungsgespräch kommen werden, bittet Kornelia beide, sich jetzt schon verbindlich den Tag im Kalender einzutragen, wann in einem Jahr das nächste Entwicklungsgespräch stattfinden wird. Sie bittet alle, die zugesagten Aktivitäten in ihre eigenen To-do-Listen einzutragen und erinnert Achmed daran, dass er die getroffenen Vereinbarungen auch auf die Agenda seiner beiden Kreisversammlungen stellen muss. Über Fortschrittsberichte sollen alle informiert werden, was Achmed sich vorgenommen hat und welche Unterstützung er dafür erhält. Nur so kann sichergestellt sein, dass auch all jene Kollegen und Mitarbeiterinnen, die jetzt nicht dabei waren, Achmed nach Kräften bei der Umsetzung seiner Ziele unterstützen werden.

In der Abschlussrunde drückt Achmed seine ehrliche Dankbarkeit aus, wie sehr ihm dieses Feedback wirklich hilft, gerade auch seine blinden Flecken anzuschauen, und dass er sehr bereichert aus dem Gespräch hinausgeht. Auch die anderen sind berührt und freuen sich auf die weitere Zusammenarbeit mit Achmed. Kornelia bedankt sich am Ende dafür, dass sie auch dabei sein durfte und wünscht allen noch einen schönen Tag.

Das soziokratische Entwicklungsgespräch

dient zur Unterstützung der Kompetenzentwicklung von Kreismitgliedern. Es kann nach erfolgter SKM-Implementierung die obligaten Mitarbeitergespräche ersetzen. Durch die 360-Grad-Perspektive, die Personen aus der gesamten sozialen Umgebung einbezieht, und durch die wertschätzende Struktur des Gesprächs wird ehrliches Feedback ermöglicht, das auch ankommt.

4.9 Der Topkreis: die Verbindung mit der relevanten Umgebung

Der Topkreis verbindet die Organisation mit ihrer relevanten Umgebung; er macht die Organisation dadurch zu einem offenen System. Hier kommen interne und externe soziale Wirklichkeiten zusammen, die sich gegenseitig beeinflussen sollen. Im besten Fall besteht ein Topkreis aus:

- dem Leiter, der Leiterin der Organisation (CEO, Geschäftsführer, Obfrau, etc.),
- externe Expertin für Finanzen/Wirtschaft,
- einem externen juristischen Experten,
- einer externen Expertin für das Organisationsziel (Wirkungsfeld),
- einem externen Experten für Soziales, der auch Soziokratie-Experte sein sollte,
- aus ein oder mehrere gewählte Delegierte aus dem Allgemeinen Kreis;

Aus der Runde der externen Experten wird der Topkreisvorsitzende gewählt.

Gerard Endenburg schreibt, dass durch interne und externe Dynamiken die Austauschprozesse einer Organisation stets beeinflusst und gestört werden. „Um Kontinuität garantieren zu können, müssen Organisation und Umgebung sich gegenseitig aufeinander beziehen, damit der Austausch stets aufs Neue gestaltet werden kann. Dafür ist es notwendig, frühzeitig Informationen über Veränderungen in der relevanten Umgebung zu erlangen. Die externen Experten im Topkreis können diese Informationen liefern."[13]

Am Beispiel des Verbands deutschsprachiger Soziokratie-Zentren (*Abb. 12*) sieht man, dass Topkreise auf allen Ebenen der Organisation mit der jeweiligen relevanten Umgebung eine Verbindung ermöglichen.

Eine Organisation kann also mehrere Topkreise einsetzen. Die Notwendigkeit entsteht beispielsweise dadurch, dass ein Unternehmen Niederlassungen in verschiedenen Ländern besitzt, in denen jeweils andere ökonomische, juristische oder soziale Bedingungen herrschen. Jede Niederlassung muss sicherstellen, dass sie mithilfe des regionalen Topkreises an die relevante Umgebung angeschlossen ist.[14]

Zielerreichung der Organisation unterstützen

„Das ist noch eine Entwicklung, die die Menschheit machen muss, um zu merken, dass der Kopf gleichwertig ist mit den Füßen. Dass jeder selbst leitet und geleitet wird."

Annewiek Reijmer

Ähnlich der zweiten Meinungsrunde, bevor man im Konsent entscheidet, oder der Doppelten Koppelung mit dem nächsthöheren Kreis, begeistert mich der Topkreis mit seiner einfachen Logik. Wir öffnen uns als Organisation und laden Menschen von außen, die wir für integer und weise halten ein, bei den Strategien zur Umsetzung unserer Vision grundsätzlich mitzuentscheiden. Jemand soll ein Auge auf uns haben und Mitverantwortung übernehmen. Man dreht sich sonst leicht im Kreis, wenn nur innerhalb des eigenen Radius reflektiert wird. Wie gut es tun kann, einmal jemand dritten zu hören!

---

13 SCN Soziokratie-Norm 500, S. 10.
14 SCN Soziokratie-Norm 1001, S. 8.

Auch wenn innerhalb der Organisation Spannungen auftreten, ändert eine Außenperspektive manchmal vieles.

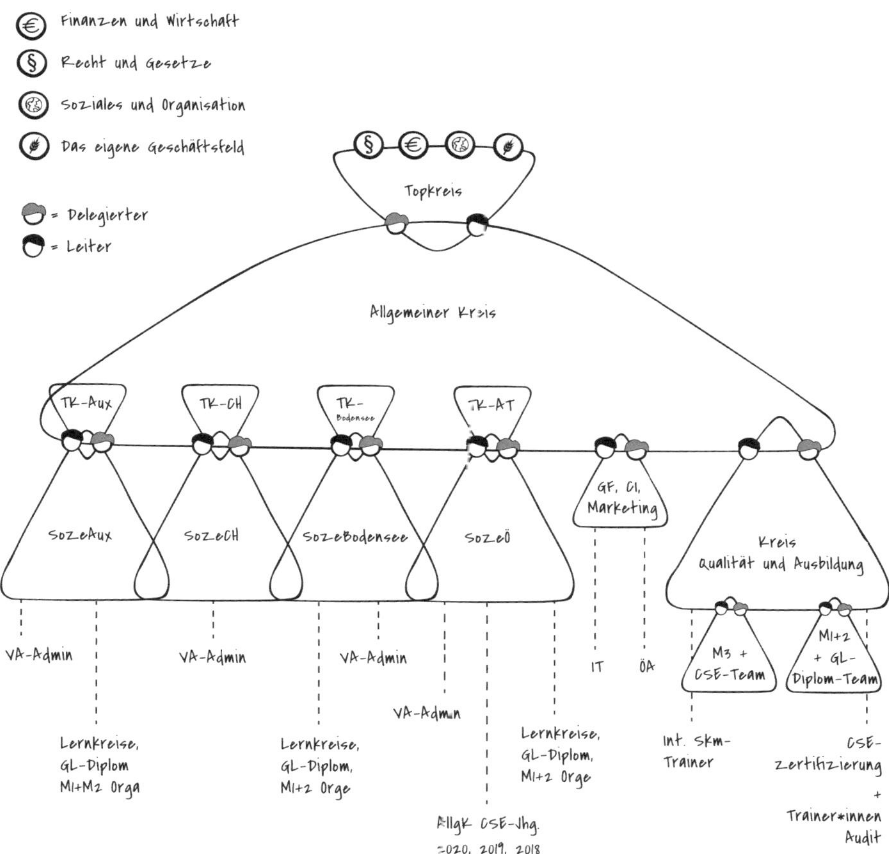

Abb. 12: Der Verband deutschsprachiger Soziokratie-Zentren.

Der Topkreis soll dem Unternehmen helfen, die Verbindung mit der umgebenden Gesellschaft, dem Rechts- und Finanzsystem oder der sozialen Community zu pflegen. Er hat eine ähnliche Rolle wie ein Aufsichtsrat, ist aber über eine Doppelte Koppelung mit dem Allgemeinen Kreis verbunden. Leitung und Delegierte vom Allgemeinen Kreis haben im Topkreis gemeinsam mit den externen Expertinnen die Letztverantwortung. Dadurch wird sichergestellt, dass unter der Beachtung der äußeren und inneren Gegebenheiten gute Entscheidungen für das Ganze getroffen werden können. Es ist eine Führungsinstanz, die nicht dominiert, sondern inspiriert.

Führen heißt helfen – Folgen heißt verstehen

Unsere Ziele zu ändern, wird nur dann möglich, wenn auch die externen Topkreismitglieder keinen schwerwiegenden Einwand dagegen haben. Nur wenn unsere Argumente alle Kreismitglieder überzeugen, also auch die externen Topkreismitglieder, kann sich das Ziel der Organisation in eine neue, passendere Richtung entwickeln. Wir begeben uns freiwillig in diese Art Abhängigkeit, denn wir schätzen den Blick außerhalb des Tellerrandes sehr. Wir sind Teil dieser Gesellschaft und benötigen laufend Informationen aus unserer relevanten Umgebung, die uns dabei helfen, dynamisch auf Veränderungen zu reagieren und entsprechend zu steuern. Es entsteht Gleichwertigkeit zwischen innen und außen, oben und unten.

Die relevante Umgebung mit beeinflussen

Soziokratische Organisationen sind auch ohne Topkreis keine völlig geschlossenen Systeme. Sie bekommen zahlreiche Vorgaben aus dem Rechtssystem und sind durch alle ihre Mitglieder vielfältig mit Neuigkeiten versorgt. Die Abhängigkeit von übergeordneten Regeln und Institutionen ist groß. Indem man aber Vertreter dieser Institutionen in den eigenen Topkreis einlädt, kann man sie auch beeinflussen. Das ist die Vision von Gerard Endenburg, eine mit Topkreisen vernetzte Gesellschaft, in der wir viele Möglichkeiten eröffnen, uns wechselseitig zu beeinflussen.

In seiner *Soziokratie-Norm* schreibt Endenburg über die Verbindung der Organisation mit der relevanten soziokratischen Umgebung:

> „Der Topkreis ist doppelt gekoppelt mit der soziokratischen Umgebung. Der Leitungsgebende der Organisation und der Delegierte nehmen teil an der Grundsatzbestimmung in den für sie relevanten Organisationen aus der Umgebung. Diese Regel gilt, wenn eine soziokratische Umgebung verfügbar ist.“[15]

Leider sind heute nur selten soziokratische Umgebungen verfügbar. Darum hat Gerard Endenburg eine andere Lösung suchen müssen.

---

15 SCN Soziokratie-Norm 1001, S. 8.

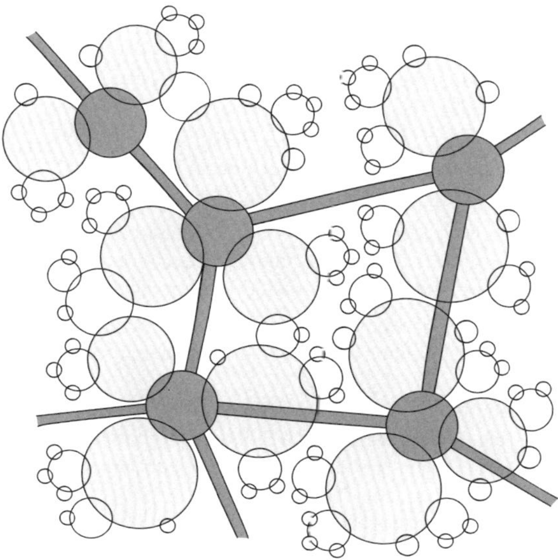

Abb. 13: Doppelt verknüpfte Topkreise in einer soziokratischen Gesellschaft.

Der Topkreis als „charakteristischer Abschluss" der Organisation

Die Verbindung des Topkreises der Organisation mit relevanten Organisationen aus der Umgebung bildet den *charakteristischen Abschluss*. Hierbei handelt es sich um eine improvisierte Verbindung zwischen einer soziokratischen Kreisorganisation und einer nicht-soziokratischen Umgebung. Dabei wird eine beidseitige Einflussnahme auf die Steuerung auf Basis von Gleichwertigkeit bei der Beschlussformung *angestrebt*, obwohl sie nicht garantiert ist.[16]

Gerard Endenburgs Vision bei der Errichtung von Topkreisen war und ist die Doppelte Koppelung mit der Umgebung. Gemeinschaft muss für ihn größer gedacht werden als nur im Sinne einzelner Organisationen. Es gibt keinen lebendigen Organismus ohne ständigen Austausch und laufenden Abgleich mit der eigenen Umgebung.

Ein Topkreis ist also ein „Charakteristischer Abschluss", solange wir in unserer relevanten Umgebung keine soziokratischen Organisationen haben. Er symbolisiert eine Systemgrenze. Sobald jedoch Personen aus unserem Unternehmen in den Topkreisen anderer Organisationen mitregieren, ist diese Grenze aufgehoben und es gibt eine gegenseitige Einflussnahme.

Je mehr Menschen aus soziokratischen Organisationen in Topkreisen benachbarter soziokratischer Organisationen mitregieren, umso mehr verweben sich die Wirkungsbereiche ineinander. So entsteht ein gesellschaftliches (Unterstützungs-) Netzwerk von verteilten Aufgaben und Funktionen, ein gemeinschaftliches Regieren aller.

[16] SCN Soziokratie-Norm 1001, S. 9.

Über den Topkreis öffnen wir uns gegenüber anderen und lassen deren Wirklichkeit in unser System eindringen mit der Zusage, uns auch ganz praktisch daran zu orientieren. Der Topkreis erschafft also eine größere Gemeinschaft, eine weitere Zugehörigkeit, ein lebendiges Beziehungsgeflecht.

Topkreis als Mittel zum Zweck einer verbundenen Gesellschaft

Soziokratie ist als evolutionärer Beziehungswunsch und als psycho-physiologische Kooperationsfähigkeit in uns angelegt. Sie verwirklicht sich auf allen Ebenen der Gesellschaft mithilfe von Vereinbarungen, wie wir miteinander Entscheidungen treffen wollen. Wir erschaffen mit den soziokratischen Werkzeugen drei wesentliche Realitäten:

1. Selbstorganisierte Kreise, die gemeinsam im Konsent entscheiden, ihre Prozesse selbst entwickeln und gemeinschaftlich ihre Rollen gestalten und vergeben, um damit das gemeinsame Ziel zu erreichen.
   → Dadurch entsteht mehr Kreativität, das Teamgefühl wächst, die Potenziale entfalten sich, mehr Sinnerfüllung und persönliche Entwicklung entstehen.
2. Mitregieren im gesamten Unternehmen mithilfe der Doppelten Koppelung als institutionalisiertem Feedback
   → Dadurch entsteht mehr Weisheit. Das Vertrauen in die Führung und das Gefühl des Eingebunden-Seins in die Organisation wachsen, Effektivität und Effizienz steigen und die persönliche Entwicklung wird gefördert.
3. In einer verbundenen Gesellschaft leben und arbeiten – und zwar durch die Anbindung der Organisation an ihre relevante Umgebung über den Topkreis.
   → Dadurch entstehen mehr Verbundenheit und Eingebundensein innerhalb der Gesellschaft, das Vertrauen ineinander wächst, eine positive gesellschaftliche Entwicklung kommt in Gang.

Vergleich mit dem Netzwerk-Konzept der Donut-Ökonomie von Kate Raworth

Aus dem Buch „Die Donut-Ökonomie“ von Kate Raworth hat mich sofort ihr Bild vom Netzwerk aus Fließgrößen[17] gefesselt. Es zeigt „eine Wirtschaft, die als ein verzweigtes Netzwerk strukturiert ist.“ Raworth meint, dieses Netzwerk kann das Einkommen und den Wohlstand, den es erzeugt, gerecht verteilen.[18]

---

17 Raworth, Kate: Die Donut-Ökonomie. Endlich ein Wirtschaftsmodell, das den Planeten nicht zerstör., München, 2018.

18 Ebd., S. 212.

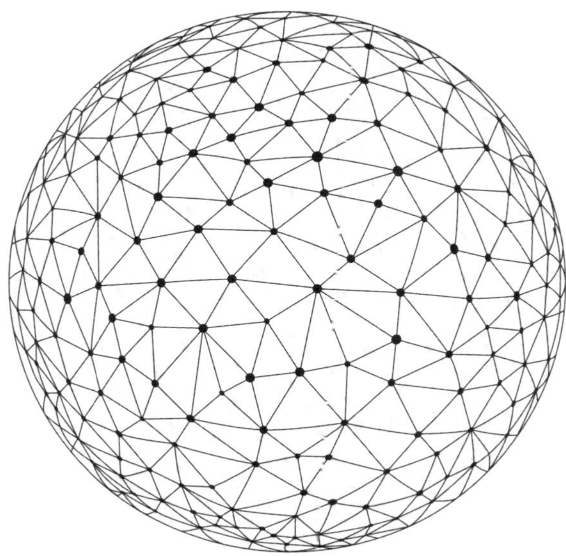

Abb. 14: Ein Netzwerk aus Fließgrößen: Eine Wirtschaft, die als ein verzweigtes Netzwerk strukturiert ist, kann das Einkommen und den Wohlstand, den sie erzeugt, gerechter verteilen.

„Eine solche Wirtschaftsordnung muss einen Beitrag dazu leisten, es allen Menschen zu ermöglichen, oberhalb des sozialen Fundaments des Donuts zu leben. Doch dazu muss sie nicht nur die Einkommensverteilung verändern, sondern auch die Verteilung des Reichtums, der Zeit und der Macht."[19]

In dem soziokratischen Netzwerk von Topkreisen verteilen wir als erstes die Macht. Das heißt, das gegenseitige Mitregieren beruht auf Durchlässigkeit und Korrigierbarkeit. Wir müssen alle in Bewegung bleiben, wenn wir verbunden bleiben wollen. Und verbunden sind wir alle auf natürliche Weise. Leugnet man diese Verbundenheit und die gegenseitige Abhängigkeit, auf der unser gesamtes Ökosystem basiert, dann steuern wir in eine Katastrophe.

Laut Raworth ist das Ändern der Einkommensverteilung sowie der Verteilung von Reichtum, Zeit und Macht zwar ein ehrgeiziges Unterfangen, „es tun sich jedoch viele Möglichkeiten auf, wenn wir mit systemischem Denken an die Aufgabe herangehen"[20]. Dieses systemische Bild muss laut Kate Raworth daher ein verzweigtes Netzwerk zeigen, dessen zahlreiche Knoten, kleinere und größere, in einem Netz von Fließgrößen verbunden sind.

Weil in soziokratischen Netzwerken niemand übergangen wird, kommt es mit der Zeit auch zu einem Verteilen des Reichtums. *Konsent* gibt es ja nur, wenn es für *alle* Beteiligten *funktioniert*. Geteilte Macht ist die einzige Garantie, dass alle berücksichtigt werden. Wenn die Stimmen aller gehört werden, beenden wir auch die gegenseitige wirtschaftliche Ausbeutung. (Mehr dazu im *Kapitel 7: Soziokratie ist Politik – direkte Demokratie mit soziokratischen Mustern*.)

---

[19] Ebd., S. 211 f.

[20] Ebd., S. 212.

Die Einführung eines Topkreises in der Organisation

Wenn eine soziokratische Organisation in ihrem Allgemeinen Kreis beschließt, einen Topkreis zu installieren, können folgende Schritte gegangen werden:

- Die Leiterin der Organisation erhält vom Allgemeinen Kreis den Auftrag, den Topkreis zu gründen. Dazu werden vom allgemeinen Kreis auch Zielkriterien formuliert. Die Leiterin leitet den Topkreis am Beginn.
- Der Allgemeine Kreis wählt mindestens eine Delegierte für den Topkreis aus seinen Mitgliedern.
- Der Allgemeine Kreis wird auch erstmals die externen Expertinnen für den Topkreis, welche die Organisation mit der relevanten Umgebung verbinden sollen, selbst wählen oder die Wahl an eine Projektgruppe delegieren. Dafür entwickelt der Allgemeine Kreis oder die Projektgruppe ein Anforderungsprofil für Topkreismitglieder, das sicherstellt, dass nur solche Personen in den Topkreis eintreten, die das Ziel der Organisation unterstützen.
- Sobald der Topkreis existiert, wählt er weitere externe Mitglieder in offener Wahl selbst, und vergibt seine Rollen und Funktionen im Konsent. Eine Funktion im Topkreis ist die Leitung des Allgemeinen Kreises, die ab nun auch im Topkreis gewählt wird. Das heißt, der Topkreis besetzt die Rolle der Geschäftsführung.
- Der Topkreis wählt eine Gesprächsleiterin aus seinem Kreis und einen Sekretär (Kreis-Administrator), der alle Grundsatzbeschlüsse im Logbuch festhält.
- Der Topkreis überwacht den Fortschritt der Organisation in Richtung Ziel und stimmt die Grundsätze der Organisation mit den relevanten Gegebenheiten der Umgebung ab.

Es hat sich in vielen soziokratischen Unternehmen gezeigt, dass die Einhaltung der soziokratischen Regeln eine Sache der Unternehmensführung sein muss. Da die Leitung eines soziokratischen Unternehmens generell zur Unterstützung der Umsetzung von Unternehmenszielen einen Topkreis hat, ist es naheliegend, auch für das Unternehmensziel „soziokratische Steuerung" ein zuständiges Topkreismitglied einzuladen. Ansprechpartner für dieses externe Topkreismitglied sollte die Geschäftsführung sein, die vom Topkreis ganz besonders bei der Einhaltung der soziokratischen Regeln unterstützt werden sollte. Die Soziokratische KreisorganisationsMethode steht mit dem soziokratischen und fällt mit dem nicht-soziokratischen Verhalten der Geschäftsführung und anderer Führungskräfte.

Das Netz ist gespannt. Man wird sehen, ob es hält. Je mehr Topkreismitglieder mit Erfahrung in der SKM verfügbar sind, desto größer ist die Chance, dass soziokratische Organisationen die Unterstützung bekommen, die sie zur Pflege der Kontinuität der SKM brauchen. Bestenfalls wird es auch bald Netzwerkkreise für externe Topkreismitglieder im deutschsprachigen Raum geben, wo sie sich zusammen mit Soziokratie-Experten über ihre Erfahrungen austauschen können. Denn auch die „Helferinnen" benötigen gegenseitige Unterstützung bei ihren Aufgaben, um ihre Rolle kontinuierlich gut ausfüllen zu können.

Mithilfe von Topkreisen entstehen Verbindungen zwischen Organisationen, die eine gegenseitige Einflussnahme ermöglichen. Da jedes Unternehmen Teil einer Gesellschaft ist, soll die umgebende Gesellschaft auch die Möglichkeit haben, sowohl bei der Zielrichtung als auch bei der Umsetzung der Unternehmensziele mitzubestimmen.

4.10 Der Implementierungsprozess der SKM in bestehenden Organisationen und Start-ups

Werden Soziokratie-Experten angefragt, die SKM in einem Unternehmen einzuführen, dann gelingt das ausschließlich über den Weg der Erforschung der Bedürfnisse dieser Organisation. Entgegen aller Vorurteile, die mancherorts gegenüber der SKM existieren, kann man Soziokratie – genau wie jedes andere Managementsystem – nur angepasst an die Gegebenheiten einer Organisation implementieren. Man muss sich fragen, „Welche Probleme bestehen innerhalb der Organisation?" Die Antwort auf diese Frage ist eminent, um die richtigen Werkzeuge zur Problemhebung anbieten zu können. Es hat keinen Sinn, etwas anzubieten, das gar nicht gebraucht wird.

Löse nichts, was kein Problem ist.

Immer geht es um die Entwicklung der Organisation oder Teilen von ihr. Darum geht dem Prozess der Implementierung die Erforschung der aktuellen Bedürfnisse und Probleme einer Organisation voraus. Und auch während des Implementierungsprozesses wird permanent geforscht.

Auf den folgenden Seiten werden drei bewährte Möglichkeiten beschrieben, die *Soziokratische KreisorganisationsMethode* vor dem Hintergrund der Bedürfnisse in Organisationen einzuführen (eine Mischung dieser drei Varianten ist häufig sinnvoll):

1. Entlang der Probleme einzelne Lösungen aus dem Werkzeugkoffer der SKM anbieten und nur diese umsetzen (siehe auch 2.4 *Erste Schritte zu einer soziokratischen Organisation*).
2. Eine Neustrukturierung der Entscheidungsstrukturen bei gleichzeitiger Einführung der SKM durchführen.
3. Die SKM der bestehenden Organisationsstruktur hinzufügen.

Eine Implementierung der SKM in bestehende Organisationen (Varianten 2 und 3) erfolgt gewöhnlich in vier Phasen, die gleich beschrieben werden.[21] Der Vier-Phasen-Umsetzungsprozess verdeutlicht den Lernprozess für alle, von der Umstellung betroffenen Mitglieder auf allen Ebenen der Organisation, und ist eine gute Basis für die weitere, selbstständige Entwicklung.

Bei der Implementierung geht es darum, die zum Teil sehr einschneidenden Veränderungsprozesse, die durch die SKM angestoßen werden, gut zu begleiten, damit sie als natürlicher Entwicklungsprozess erlebt werden, der gemeinsam gestaltet wird und dadurch sehr organisch ablaufen kann. Je nach Größe der Organisation und der vorhandenen Ressourcen kann der Prozess, begleitet von einer oder mehreren Soziokratie-Expertinnen, zwischen sechs Monaten und zwei Jahren dauern.

---

[21] Zusammen mit den Soziokratie-Experten können bei Bedarf auch andere als die vier Phasen beschlossen werden.

Einführung der SKM in der Kinder- und Jugendklinik Ravensburg mit etwa 200 Mitarbeitenden

Andreas Artlich ist seit 2002 Chefarzt der Klinik für Kinder und Jugendliche im St. Elisabethen-Klinikum in Ravensburg, das zum Klinik-Verbund der Oberschwabenklinik gehört. Er bat mich 2017 um Unterstützung bei der Implementierung der Soziokratie in seiner Klinik. Suzanne Käser, eine der ersten Soziokratie-Expertinnen in der Schweiz, begleitete dann den Einführungsprozess ab 2018.

Wir fragten Andreas Artlich zwei Jahre später, was eine Institution motivieren könnte, auf die SKM umzusteigen oder ein Pilotprojekt zu starten?

„Die hohe Spannung zwischen professionellem Idealismus und betriebswirtschaftlichen Vorgaben generiert einen enormen Leidensdruck auf die multiprofessionellen Teams. Diese Spannungen sind mit der SKM gut und gemeinsam zu bewältigen ... Langjährige Mitarbeitende sagen nach der Implementierung: 'Die SKM hat mir die Freude an der Arbeit zurückgegeben.' Insbesondere die gemeinsame Formulierung von Vision, Mission und Angebot und die Möglichkeit jedes/jeder Einzelnen, Mitverantwortung zu übernehmen, haben dazu beigetragen. Für die Führungskräfte ist mehr Gelassenheit möglich. Die Zufriedenheit der Patient*innen und ihrer Familien ist kontinuierlich hoch geblieben. Es wächst Vertrauen in die eigene Fähigkeit der Problem- und Konfliktlösung. Die Nutzung der soziokratischen Organisationsarchitektur für den internen Informationsfluss bewährt sich. Die SKM entdeckt und fördert – unter anderem über das Basisprinzip der offenen Wahl – neue Talente.“

„Durch die SKM konnten wir unsere Zusammenarbeit im komplexen System Krankenhaus substanziell verbessern. Das zuvor extrem angespannte interne Kommunikationsklima hat sich für alle Beteiligten aus allen Berufsgruppen spürbar beruhigt und versachlicht. Wir haben erreicht, dass sich Mitarbeitende wieder mit hohem professionellem Idealismus in die gemeinsame Gestaltung der Arbeitsprozesse einbringen und mit ihrem Arbeitsumfeld zufrieden sind. Viele Prozessthemen, die zuvor jahrelang ungelöst waren, konnten innerhalb eines Jahres zur Zufriedenheit aller geklärt werden. Parallel zur SKM-Implementierung ist es zu einer sehr deutlichen Fallzahlsteigerung von 17 % im Vergleich zum Vorjahr und einem Erlösanstieg gekommen. Die Fluktuation von Mitarbeitenden ist seit der 2. Phase der Implementierung, in welcher die SKM für alle Mitarbeitenden spürbar wurde, um mehr als 75 % zurückgegangen, und die Zahl der Bewerber*innen in allen Berufsgruppen stieg deutlich an ... Ohne SKM thematisiert zu haben, melden Bewerber*innen das spürbar andere, freundliche und von gutem Miteinander geprägte Kommunikationsklima in den Teams zurück. Selbst die hohen und neuen organisatorischen Herausforderungen der Corona-Krise konnten mit hoher Transparenz und Schnelligkeit und geprägt von kollegialem Verständnis der Mitarbeitenden untereinander gut bewältigt werden.“

Die vier Phasen der Implementierung

Gerard Endenburg hat in seinem Unternehmen in den ersten Jahren der Einführung und Etablierung der SKM viele Erfahrungen sammeln können, auf die alle weiteren Organisationen, die sein Modell nach ihm angewendet hatten, aufbauen konnten. Es entstand ein gemeinsamer Entwicklungsweg, der bis heute nicht endet. Endenburg hatte die Gewohnheit, alle Probleme immer in Kreisen zu lösen. Mit seinem damaligen Team im *Sociocratisch Centrum Nederland* entwickelte er die ersten beiden Phasen des Umsetzungsprozesses – Phase 1 „Kennenlernen“ und Phase 2 „Einführen“. Als nach dem Vorliegen der ersten Langzeitstudien unerwünschte Phänomene sichtbar wurden, konnte

Endenburg diese in einem „Netzwerkkreis für Topkreismitglieder“ behandeln. Es ging darum, herauszufinden, warum die SKM aus manchen Unternehmen und Organisationen nach vier bis fünf Jahren wieder verschwunden war. Der 2006 daraus entstandene Beitrag des Netzwerkkreises gab wichtige Aufschlüsse darüber, welche Sicherungsmaßnahmen helfen können, einige der Risikofaktoren zu minimieren. Diese Maßnahmen sind als Phase 3 und 4 in den Vier-Phasen-Umsetzungsprozess eingeflossen.

Eventuell ist hier ein Rückblick auf die Inhalte der SKM-Implementierung sinnvoll. Was wird denn „eingeführt“, wenn wir sagen, die SKM wird implementiert? Was davon kann man weglassen, ohne die Gleichwertigkeit zu verlassen?

Die Basis der SKM ist die Gleichwertigkeit zwischen Leitenden und Ausführenden in der Entscheidungsfindung. Weil sie gleichwertig in einer doppelt gekoppelten Kreisstruktur mit Konsent mitentscheiden können, steigt deren Motivation und Mitverantwortung. Ihre Argumente werden gehört, ihre Bedürfnisse berücksichtigt. Sie werden auch mit ihren Fähigkeiten gesehen und oft in Rollen und Funktionen gewählt, die ihnen vorher nicht zugänglich waren.

Das alles funktioniert jedoch nur mithilfe einiger struktureller Maßnahmen, wie die Aufteilung der Prozess-Verantwortung auf Kreisleitung, Delegierte, Gesprächsleitung und Sekretär – um Machtkumulation bei den Führungskräften zu verhindern. Oder die Festlegung gemeinsamer Ziele (Vision/Mission/Angebot), gemeinsam beschlossene Zielverwirklichungsprozesse, gemeinsames Logbuch, um Transparenz und Vertrauen zu stärken. Zusätzlich muss es eine Stelle in der Organisation geben, die sich permanent für die Anwendung der Elemente, welche die Gleichwertigkeit produzieren, einsetzt. Die Führungsebene muss von dort aus unterstützt werden, die Gleichwertigkeit nicht wieder zu verlassen.

Damit dieser Wandel von linearen zu zirkulären, „kreisförmigen“ Entscheidungsstrukturen in möglichst allen unterschiedlichen organisationalen Kontexten gelingt, hat das SCN (Sociocratisch Centrum Nederland) unter der Leitung von Gerard Endenburg in mehr als 30 Jahren Entwicklungszeit die vier Phasen der SKM-Implementierung entwickelt.

Warum sollte man für diesen Einführungsprozess externe Soziokratie-Expertinnen beanspruchen? Die Antwort ist ganz einfach:

Weil Soziokratie die Machtverhältnisse ändert.

Während die Unternehmensführung die Mitbestimmung ihrer Angestellten zulässt, verlässt sie den sicheren Boden ihrer früheren Macht und eine kurze Zeit fühlt sich das wie „schwimmen“ an. Auch die Personen im mittleren Management verlassen ihre Komfortzone und brauchen Sicherheit, „dass das schon gut gehen wird“. Nur eine sehr erfahrene Begleitperson kann diese Sicherheit geben. Es gibt so viele Ängste, die auftauchen, wenn nun nach und nach all jene, die gewöhnlich nur Anweisungen ausführen, ihre Meinungen, ihre Bedürfnisse und ihre Ideen einbringen können. Diese sensible Phase der Umstellung würde kein verantwortungsvoller Manager ohne externe professionelle Unterstützungsperson durchlaufen wollen, der er vertraut.

Die vier Phasen der SKM-Implementierung

Phase 1: Kennenlernen der SKM (Geschäftsleitung, Vorstand, alle Mitwirkenden), Aktionsplan mit dem Implementierungskreis entwickeln.

Phase 2: Einführung der SKM beginnend mit der Pilotphase, diese evaluieren und dann erst über die vollständige Einführung entscheiden. Schulung und Begleitung der Kreise und der Rollen im Kreis.

Phase 3: Integrieren des Gelernten durch interne Intervisionsgruppen für die Rollen im Kreis, Aufbau eines SKM-Teams sowie externes Coaching der Leitung und Begleitung des SKM-Teams.

Phase 4: Entwicklung der Organisation durch Audit, Qualitätssicherung und Entwicklungsplan, SKM in die Statuten aufnehmen.

Phase 1: Kennenlernen[22]

1.1. Vorstellung

Während einer oder mehrerer Einführungsveranstaltungen – von drei Stunden bis zu zwei Tagen – lernen die beteiligten Personen die SKM kennen und sehen, wie sie in ihrem Unternehmen angewendet werden kann. Wichtige Voraussetzung für das Umsetzen soziokratischer Entscheidungsstrukturen ist die Zustimmung der Geschäftsleitung bzw. des Vorstands oder des Plenums und ihre Bereitschaft, die SKM als Mittel zur Organisationsentwicklung zu untersuchen.

Die Umsetzung ist ein gemeinsamer Prozess, worin zertifizierte Soziokratie-Experten für die Schulung und Begleitung sorgen und die Organisation dabei unterstützen, ihre eigenen Entscheidungen zu treffen.

1.2. Aktionsplanung

Zusammen mit den Betroffenen wird die Vorgehensweise festgelegt.

Es wird eine Projektgruppe (ein Implementierungskreis) gebildet, die sich aus Delegierten aus allen Teilen und Ebenen der Organisation und (falls vorhanden) Delegierten aus dem Betriebsrat zusammensetzt. Geleitet wird die Projektgruppe vom Direktor, der Obfrau bzw. dem Geschäftsführer. Die dafür engagierte Soziokratie-Expertin übernimmt die Gesprächsleitung und bringt ihr Expertenwissen ein.

Der Implementierungskreis leitet den Einführungsprozess und berät das Management in Bezug auf:

- die Kriterien, denen das Pilotprojekt genügen muss;
- ob und wie die SKM in der Organisation umgesetzt werden kann (gewünschte Kreisorganisation);
- den Ort und den Umfang des Pilotprojektes (Schulung der ersten Kreise in der Probephase);
- die Art und Weise, in der die Arbeit des Pilotprojektes gemessen werden soll.

Die Projektgruppe beurteilt, begleitet und überwacht die Umsetzung und verbessert die Qualität im laufenden Prozess. Sie erarbeitet nur Vorschläge. Die Beschlüsse zur

[22] Die Ausführungen orientieren sich am Skript „Der Vier-Phasen-Umsetzungsprozess“ des *Sociocratisch Centrum Nederland*.

Implementierung werden letztendlich durch die *bestehenden* zuständigen Entscheidungsorgane gefasst.

Phase 2: Einführen

2.1. Schulung und Begleitung der Pilotkreise

Jeder Kreis, der Teil des Pilotprojekts ist, wird während der jeweils ersten sechs Kreisversammlungen von zertifizierten Soziokratie-Experten begleitet. Neben den eigenen Themen des Kreises werden auch Schulungsthemen wie die Soziokratische Meetingstruktur, die Rolle der Delegierten, der Unterschied zwischen Grundsatz und Ausführung, das Formulieren des gemeinsamen Zieles, das Entwerfen des Zielverwirklichungsprozesses und die Offene Wahl zur Aufgabenzuteilung behandelt.

Die Erfahrung hat dabei gezeigt, dass bei einigen Teams viel „auf den Tisch kommt", weshalb ein Extratreffen pro Kreis zum Bearbeiten aufkommender Konflikte eingeplant werden sollte.

Wir empfehlen grundsätzlich, zwischen den Kreisversammlungen keine anderen Grundsatz bestimmenden Versammlungen zu halten. Das Argument dafür ist, dass die Schulung nicht allein Schulung, sondern auch Anwendung der Methode in der eigenen Unternehmenssituation ist. Hier muss der Unterschied zwischen Grundsatzbestimmung und Ausführung erlernt und eingehalten werden. Besprechungen über auszuführende Arbeiten können wie gewohnt stattfinden.

2.2. Schulung der Rollen im Kreis

Insbesondere Menschen in Schlüsselpositionen müssen die SKM gut kennen und handhaben können, denn sie sind Vorbild! Deshalb empfehlen wir hausinterne SKM-Trainings zum „Effektiven Arbeiten im Team" (Modul 2) und zur „Effektiven Gestaltung von Meetings" (Modul 1) für Kreisleiterinnen, Delegierte und Gesprächsleiter. Solche Schulungen können auch extern bei den regionalen Soziokratie Zentren besucht werden.

2.3. Schulung der übrigen Kreise und Beauftragten

Wenn nach der Evaluation der Pilotphase eine Einführung der SKM beschlossen wird, werden alle übrigen Kreise geschult und bei ihren jeweils ersten sechs Kreisversammlungen begleitet. Je nachdem, wie weit fortgeschritten die internen Soziokratie-Trainer mit ihrer Ausbildung sind, können diese bereits die weitere Schulung der Kreise durchführen.

In allen Organisationen ist es sinnvoll, ein Team von internen SKM-Trainerinnen zu etablieren. Ein Pool von soziokratischen Gesprächsleiterinnen kann eingerichtet werden, der mithilft, dass die erlernten Werkzeuge der SKM weiterhin in guter Qualität Anwendung finden.

SKM-Implementierung in der Kreamont-Schule: Messkriterien ermöglichen die zeitnahe Evaluierung[23]

In dieser ersten Phase der SKM-Einführung lernte ein Teil der Eltern und Pädagoginnen die Arbeit mit der Soziokratie wirklich kennen. Ein Implementierungskreis wurde gegründet, in den auch Kritiker eingeladen worden waren. Auf diese Weise erlebten auch diejenigen die Effektivität der Arbeit, die davor nicht an die Wirksamkeit der Soziokratie geglaubt hatten. Sie erkannten, dass ihre Mitsprachemöglichkeiten in dieser Struktur steigen, dass sie sich einbringen konnten und doch nicht überall dabei sein mussten. Schließlich wurden die Ergebnisse des Implementierungskreises bei einem Elternabend vorgestellt. Die früheren Kritiker spielten dabei eine zentrale Rolle. Sie erklärten dem Plenum, warum sie durch die gemeinsame soziokratische Arbeit im Implementierungskreis überzeugt wurden, dass das Modell funktioniert, und die Einführung der Soziokratie wurde in einer seltenen Einstimmigkeit von den Eltern beschlossen.

Vom Implementierungskreis wurden noch zu Beginn der Arbeit Kriterien für die Zielerreichung ausgearbeitet. Sie sind im Folgenden zusammengefasst. Die Anzahl der Sterne unterstreicht die Wichtigkeit der einzelnen Kriterien:

- Klare Zuständigkeiten für Kreise ****
- Leitungsrolle im Arbeitskreis ist geklärt und gestärkt ****
- Arbeitsfelder sind sinnvoll in Arbeitskreise integriert ****
- Wissenssicherung funktioniert ***
- Entscheidungen haben eine hohe Akzeptanz ***
- Es gibt freie Ressourcen für neue Ideen **
- Verschriftlichung der Elternarbeit *
- Klarheit darüber, was Grundsatz- und was Ausführungsentscheidung ist *
- Ressourcen werden frei für inhaltliche Überlegungen zur Schule *

Ausgehend von diesen (messbaren) Zielen war die Einführung der Soziokratie höchst erfolgreich, denn bereits nach einem Jahr wurden die meisten Ziele erreicht. Dazu Pia, Mutter und Leiterin des Arbeitskreises Marketing an der KreaMont Schule:

„Ich erinnere mich an unsere ursprünglich vereinbarten Zielkriterien. In den letzten Monaten habe ich nie das Bedürfnis gehabt, sie zu messen. Es ist spürbar und offensichtlich, dass wir in einer guten Richtung unterwegs sind und viele Dinge verbessern konnten. Wir haben Zuständigkeiten, Arbeitsfelder und unterschiedliche Rollen geklärt, Transparenz in Entscheidungsprozesse gebracht, und wir merken, dass die Verantwortung auf die gesamte Gruppe verteilt wurde!“

Lassen wir an dieser Stelle den begleitenden Soziokratie-Experten Markus Spitzer zu Wort kommen: „Die entscheidende Entwicklung des letzten Schuljahres, die für die Schule enorm wichtig war, ist der Weg, wie wir jetzt zu Beschlüssen kommen. Wir haben erfahren und können sicher sein, wenn eine Gruppe von fünf bis sechs Menschen zusammensitzt, kann die Weisheit der Gruppe wirksam werden und es wird immer zu einer Entscheidung kommen, die für das „Hier und Jetzt“ passt.“

---

23 Die KreaMont-Schule ist eine von Eltern verwaltete Montessori-Schule mit etwa 80 Kindern in der Nähe von Wien www.kreamont.at.

Phase 3: Integration

3.1. Intervision der Rollen für den Kreis

Sobald nach der Pilotphase die Schulung aller Kreise begonnen hat, finden Intervisionstreffen für Leitungspersonen, Gesprächsleiterinnen, Delegierte und Sekretäre (Kreis-Administratoren) statt, anfangs noch unter Leitung einer externen Soziokratie-Expertin. Diese Begleitung der Intervisionsgruppen kann später von internen SKM-Trainern übernommen werden. Um Kenntnisse mit anderen soziokratisch arbeitenden Organisationen auszutauschen, bieten regionale Soziokratie-Zentren Lernkreise für die verschiedenen Rollen im Kreis an (→ 4.2 *Rollen im soziokratischen Kreis*). Auch bei Seminaren für fortgeschrittene Anwenderinnen findet Austausch mit anderen Leitungspersonen, Delegierten und Gesprächsleiterinnen statt.

3.2. Aufbau eines SKM-Teams

Die internen SKM-Trainerinnen werden schon ab der Phase 2.2 vom Implementierungskreis gewählt und erlernen im laufenden Prozess und bei ihrer eigenen Ausbildung für „Interne SKM-Trainerinnen" alle Werkzeuge kennen, die helfen, die SKM in der Organisation zu sichern. Sie sind Teil des Soziokratie-Kreises, der sich im Unternehmen um die weitere Organisationsentwicklung kümmert, geleitet vom Geschäftsführer. Die internen SKM-Trainerinnen kümmern sich um die Schulung weiterer Kreise, leiten die Intervisionstreffen für die Rollen und sorgen dafür, dass neue Mitarbeitende mit der Soziokratie vertraut gemacht werden. Unterstützt werden sie auch bei von ihrem externen Soziokratie-Experten, der weiterhin auch Ansprechpartner für die Führungsebene bleibt.

Phase 4: Entwickeln und sichern

4.1. Audit

Am Ende der Implementierung sorgt das SKM-Team für eine Abschlussmessung entlang der KPIs für SKM. Die Liste der „Key Performance Indicators KPIs" hat Gerard Endenburg aus seiner Norm SCN 1001-0 (→ *Glossar*) entwickelt. Das interne Audit macht die Qualität der Anwendung sichtbar. Auf Basis der Resultate bestimmen die Kreise in ihrem Entwicklungsplan die Grundsätze zur Verbesserung der Anwendung.

Gerard Endenburg's SKM zielt auf die bestmögliche Umsetzung von „Gleichwertigkeit bei der Beschlussfassung" ab, was durch viele kleine Verfahren erreicht wird. Die ursprüngliche KPI-Liste ist drei Seiten lang und enthält für die Überprüfung jedes einzelnen Musters aus der SCN-Norm 1001 eine oder mehrere Fragen.

Ausgewählte Indikatoren aus der KPI-Liste von Gerard Endenburg

	4.1.1. Konsent regiert
KPI	Wird das Prinzip „Konsent regiert“ angewandt?
KPI	Ist die Atmosphäre so, dass es ausreichende Sicherheit gibt, um seinen Konsent nicht zu geben?
	4.2.1. Kreisstruktur
KPI	Ist jeder Teilnehmende der Organisation Mitglied eines Kreises in welchem er mit Konsent an der Bestimmung der Grundsätze mitwirken kann?
	4.2.2. Doppelte Koppelung
KPI	Kann der/die Delegiert/e ohne Rücksprache im eigenen Kreis Entscheidungen treffen und auch von den Meinungen seines Kreises argumentiert abweichen?
KPI	Hat die Rolle als Delegierte/r ein Ablaufdatum, sodass das Funktionieren des/der Delegierten nach einer bestimmten Zeit überprüft (gemessen) werden kann?
	4.3.1. Verteilen von Aufgaben und Funktionen mit Hilfe der Soziokratischen Wahl
KPI	Werden Aufgaben und Funktionen mithilfe einer Soziokratischen Wahl verteilt?
KPI	Haben Aufgaben im Kreis ein Ablaufdatum, sodass sie nach einer gewissen Zeit überprüft (gemessen) werden?
	4.5.3., 4.5.4 Abgestimmte Kreisbereiche
KPI	Hat der Kreis ein vom nächsthöheren Kreis beschriebenes und beauftragtes Aufgabengebiet (Domäne)?
KPI	Ist der Zielverwirklichungsprozess des Kreises entworfen?
KPI	Sind die Überlappungen des Kreises vertikal (mit dem nächsthöheren, und den nächstniederen Kreisen) abgestimmt?
KPI	Hat der Kreis Überlappungen mit Kreisen auf derselben Ebene? Sind diese beabsichtigt?
	4.5.5. Die Kreisgrundsätze
KPI	Hat der Kreis im Rahmen seines Prozesses zur Zielverwirklichung argumentierte Grundsätze festgelegt, die zur Zielverwirklichung führen sollen?
KPI	Handeln die Kreismitglieder entsprechend dieser Grundsätze?
	4.6.1, 4.6.2 Ziel und Bereich des einzelnen Teilnehmenden
KPI	Verfügt jede/r Teilnehmende über ein Dokument welches sein individuelles Ziel oder seine individuelle Aufgabe beschreibt?
KPI	Kennt jede/r Teilnehmende den Bereich – und handelt danach – innerhalb dessen sie/er eigenständig Grundsätze bestimmen kann?

	4.7.1. Kreisversammlung
KPI	Reichen die Zeitrahmen, die Frequenz und Anwesenheit aus um das Ziel zu erreichen?
KPI	Wird über den Fortschritt der Grundsatzausführung im Kreis berichtet (finanziell, inhaltlich, Delegierte)?
KPI	Reicht die Problemlösungsfähigkeit des Kreises aus um das Ziel zu erreichen?

	4.7.3. Kreativer Prozess in der Kreisversammlung
KPI	Hat der Kreis ein Verfahren (zB. Rederunden, Bildformung, Meinungsbildung, Brainstorming, etc.) für das Generieren von Kreativität?
KPI	Sind die Verfahren im Kreis schriftlich festgelegt, sodass die Gesprächsleitung sich ermächtigt fühlt, diese anzuleiten?
KPI	Sind diese kreativen Prozesse so aufgebaut, dass jedes Kreismitglied sowohl leitende, als auch ausführende und messende Beiträge in der Kreisversammlung liefern kann?
	4.7.4. Bereich der Gesprächsleitung
KPI	Leitet die Gesprächsleitung den Beschlussfassungsprozess?
KPI	Ist die Gesprächsleitung qualifiziert für die soziokratischen Verfahren zur Herstellung von Gleichwertigkeit bei der Beschlussfassung?

4.2. Entwicklungsplan

Mit dem Ende des Implementierungsprozesses ist die Basis für eine permanente Entwicklung des Einzelnen, jedes Kreises und der Organisation gelegt. Die Leitung der Organisation hat nun, als Leitung des SKM-Teams, die Verantwortung für die Weiterführung der Soziokratie. Im SKM-Team werden die Ergebnisse der Abschlussmessung zusammengetragen und ein Entwicklungsplan erstellt. Ein externer Soziokratie-Experte sollte ein- bis zweimal jährlich zur Überprüfung der soziokratischen Praxis und deren Weiterentwicklung herangezogen werden.

4.3. Juristische Sicherung

Wenn die SKM formell in den Statuten, der Satzung bzw. im Gesellschaftsvertrag der Organisation aufgenommen wurde, ist die Anwendung der SKM auch juristisch gesichert (→ 4.11 *Soziokratie und Recht*).

Unterstützung durch Soziokratie Zentren und zertifizierte Soziokratie-Berater

Diese bieten Ihnen weitere Fachkenntnisse und Unterstützung an für:

- die Entwicklung von Vision-/Mission-Zielen der Organisation sowie das „Ziel des Kreises" (→ 4.1 *Das Gemeinsame Ziel*);
- die Erstellung von Zielverwirklichungsprozessen zur Verbesserung der Ausführung und Abstimmung mit anderen Kreisen (→ 4.6 *Prozessmanagement und Transparenz*);
- das soziokratische Logbuch zur Ermöglichung des Informationszugangs und zur Verwaltung von Grundsatzbeschlüssen (→ 4.6 *Prozessmanagement und Transparenz*);

- das soziokratische Entwicklungsgespräch (→ Kap. 4.8) für die Entwicklung der Einzelnen;
- das soziokratische Entlohnungsmodell (→ *Glossar*) zur Verstärkung der Mitverantwortung und Endverantwortung für die Organisation oder eines Teiles der Organisation;
- Schulungen, um sich selbst, Teams und Organisationen besser führen zu lernen;
- Netzwerkkreise und intervisionsgruppen für interne SKM-Trainerinnen, Führungskräfte und externe Topkreismitglieder zur Unterstützung der soziokratischen Entwicklung;
- Ausbildungen für Gesprächsleiterinnen und interne SKM-Trainer.

Die SKM nachhaltig in der Organisation etablieren

„Soziokratie ist ein Prozess, der nach der Einführung nicht zu Ende ist. Soziokratisch zu arbeiten, ist eine Kompetenz, und diese zu erlernen, braucht mehr Zeit als für eine Technik."

Annewiek Reijmer

Um die Soziokratie in unterschiedlichen Situationen passend umzusetzen, ist eine Kompetenzkombination aus Haltung, Fähigkeiten und Wissen Voraussetzung. Diese Änderung in Kultur und Verhalten lässt sich nicht einfach verwirklichen. Es wird dabei Krisen und Spannungen geben, die gut gesteuert und begleitet werden müssen. Dazu gehört insbesondere ein Kreisprozess (→ *Glossar*), der den Umgang mit Störungen nach der Implementierung regelt. Um sicherzustellen, dass die *Soziokratische KreisorganisationsMethode* nachhaltig in der Organisation verankert wird, müssen bestimmte Basisvoraussetzungen eingehalten werden. Dazu hat der Netzwerkkreis für holländische Topkreismitglieder im Jahr 2006 folgende Schritte ausgearbeitet:[24]

Inputphase: Schaffen der Basisvoraussetzungen

- Zuteilen der Verantwortung für die Umsetzung der Soziokratie in ihren Kreisen an die Leitung (Topkreismitglied für SKM, Leitung Allgemeiner Kreis; Leitung der Abteilungskreise)
- Wählen und Ausbilden von internen Soziokratie-Trainerinnen (SKM-Team);
- Beschluss zur permanenten Ausbildung von Rollenträgern (Kreisleitung, Gesprächsleitung, Delegierte, Sekretär), vorzugsweise in den Intervisionstreffen.

Transformationsphase: die Basisvoraussetzungen umsetzen

- die Leitung leitet die Umsetzung der Soziokratie in ihrem jeweiligen Kreis an;
- das interne SKM-Team schult, begleitet, überwacht und signalisiert;
- Schulungs- und Intervisionstreffen werden abgehalten.

Outputphase: das Funktionieren der Basisvoraussetzungen evaluieren

- die Evaluation nimmt der Geschäftsführer zusammen mit dem für die Soziokratie zuständigen, externen Topkreismitglied vor;
- ihre Schlussfolgerungen werden im Topkreis besprochen und Lösungen zugeführt.

Die Ausarbeitung dieser Punkte hat dazu beigetragen, die dritte und vierte Phase des weiter oben beschriebenen Implementierungsprozesses zu entwickeln.

---

[24] SCN: *Pflegen der Kontinuität der SKM in Organisationen*, S. 4f.

Die Rolle der Geschäftsführung und der Kreisleitung bei der Implementierung

Der holländische Netzwerkkreis für Topkreismitglieder hat sich auch im Besonderen mit der Rolle der Führungskräfte bei der Implementierung und nachhaltigen Etablierung der SKM im Unternehmen beschäftigt. Dabei kam man zu dem folgenden Schluss:

„Die Einführung der Soziokratie hat als Konsequenz, dass die Verantwortung für die Umsetzung der Soziokratie explizit zur Funktion- und Aufgabenbeschreibung der Leitung hinzugefügt wird. Es wird regelmäßig gemessen, wie die Leitung ihre Aufgabe erfüllt, beispielsweise in ihrem jährlichen Grundsatzplan oder in ihrem Soziokratischen Entwicklungsgespräch (→ Kap. 4.8).“[25]

Der Geschäftsführer muss sich selbst für die Einführung der Soziokratie entschieden haben. Wie jedes Organisationsmitglied muss er aber auch lernen, die Soziokratie gut umzusetzen. „Das ist ein Prozess, in dem immer tiefere Schichten seines Verhaltens geprüft werden, wobei Rückfall und Krisen zu erwarten sind. Es braucht Kompetenzen und Motivation damit umzugehen, seine Entwicklung in der Soziokratie weiterverfolgen zu können. Der Hauptweg, das zu fördern, ist die Praxis während der Kreisversammlung. Dort wird der Geschäftsführer sich üben und seine Kompetenzen entwickeln müssen. Es ist auch der Platz, die Soziokratie als Mittel für seine Geschäftsführung zu erleben und seine Motivation wachsen zu lassen.“[26]

Ein zweiter Weg, die Geschäftsführung in ihrer Letztverantwortung für die Umsetzung der SKM zu stärken, ist die Teilnahme an Intervisionstreffen für Geschäftsführer. Hierbei handelt es sich um einen Kreis des Soziokratie-Zentrums, bei dem jene, die mit der Soziokratie arbeiten, ihre Erfahrungen austauschen.

Ein dritter Weg „sind regelmäßige Arbeitsbesprechungen über die Qualität der Umsetzung mit dem externen Zuständigen für Soziokratie im Topkreis.“[27]

Wechsel der Geschäftsführung

Die bisher häufigste Ursache für das Ende der SKM in Unternehmen war der Wechsel in der Geschäftsführung. Wenn ein neuer Geschäftsführer seine Arbeit aufnimmt, ist das ein wichtiger Schritt für die Soziokratie in einer Organisation, der entsprechende Aufmerksamkeit braucht. Ist die neue Leitung bereit und fähig, einen der Soziokratie entsprechenden Führungsstil umzusetzen? Das muss ein wichtiges Thema bei der Auswahl sein. Ist die Person geeignet, eine soziokratisch organisierte Organisation zu leiten? Ist sie bereit, ihre Macht-über-Position abzugeben? Ist sie bereit, auf Basis von Gleichwertigkeit in der Beschlussfassung mit ihren Mitarbeitenden umzugehen und sich in der Ausführung den Kreisen zu unterstellen? Während des Auswahlverfahrens müssen diese Dinge gut mit den Kandidaten geklärt werden.

Wenn es gelungen ist, einen neuen Geschäftsführer zu wählen, dann benötigt er eine gründliche Ausbildung in der Soziokratie (Modul 1 bis 3). Auch das sollte Voraussetzung sein für seine Einstellung.

---

[25] SCN: *Pflegen der Kontinuität der SKM in Organisationen*, S. 5.
[26] Ebd. S. 6.
[27] Ebd. S. 6.

Implementierung während einer Krisensituation

Katharina Lechthaler kannte die SKM noch nicht, als sie sich 2010 entschied, in das Cohousing Pomali einzusteigen.

2011 kam die große Krise aufgrund bürokratischer Hürden und einer internen Veränderung der Architektur, die bei Weitem nicht den Konsens *(→ Glossar)* aller hatte. Der Baubeginn verzögerte sich dadurch um weitere eineinhalb Jahre. Die Fülle der zu treffenden Entscheidungen, verknüpft mit dem Ziel alles im Plenum zu beschließen, hat die meisten Mitglieder überfordert.

Der Bogen war überspannt, die Frustration groß und die Verbundenheit untereinander auf dem Tiefpunkt. Innerhalb von sechs Monaten schrumpfte die Gruppe von über 30 Erwachsenen und 20 Kindern auf die Hälfte. Es war eine schwere und traurige, teilweise verzweifelte Zeit, die finanzielle Belastung stieg, da manche ehemaligen Mitglieder ihren Grundkostenanteil zurückforderten.

Die Dynamik des Prozesses zeigte, dass alle mit den besten Absichten, vielen Fähigkeiten und großer Zuneigung zueinander zusammengekommen waren. Dennoch hatten sich mit der Zeit auch in dieser Gruppe destruktive Muster herausgebildet, welche die Gemeinschaftssuchenden eigentlich vermeiden wollten. Niemand kannte gut funktionierende Strukturen oder wusste, dass es sich um *strukturelle Konflikte* handelte und nicht um persönliche.

Der Ausstieg der Hälfte der zukünftigen Mieterinnen verunsicherte nun auch noch den Bauträger, der bereits ernsthaft überlegte, das Projekt fallen zu lassen. Das Cohousing-Projekt brauchte also dringend neue Mitglieder, war aber in seiner damaligen Verfassung äußerst unattraktiv für Interessierte.

> *„In dieser großen Krise und nach vielen schlaflosen Nächten entschieden wir uns, eine soziokratische Beratung in Anspruch zu nehmen. Die Soziokratie-Expertin analysierte mit uns, was geschehen war, stellte uns die Soziokratie vor – und wir entschlossen uns zur Umstrukturierung."*

Im April 2012 träumte die Gruppe in einem Dragon Dreaming Prozess (→ *Glossar*) die gemeinsame Vision, aus der die gemeinsamen Ziele und die soziokratische Arbeitsstruktur entwickelt wurden. Für die fünf neuen Arbeitskreise wurden im Plenum Leitungen gewählt. Aus den Kreisen wurden bald Delegierte in den Leitungskreis entsendet und die Domänen dort miteinander vereinbart. Ein Logbuch wurde erstellt und die Gruppe begann soziokratisch an der Umsetzung ihrer mittlerweile sehr konkreten gemeinsamen Ziele zu arbeiten.

Katharina Lechthaler, seit 2015 selbst CSE – Certified Sociocratic Expert, und heute interne SKM-Verantwortliche im Cohousing Pomali, erzählt: „Diese strukturellen Grundlagen bewirkten bereits im ersten Jahr einen enormen kulturellen Wandel. Das Projekt wurde dadurch wieder anziehend, vor allem auch für Menschen, die Klarheit, Kooperation, gute Beziehungen und ein gutes Verhältnis von Arbeitsaufwand und Ergebnissen schätzten."

Mit der SKM eine Organisation aufbauen – soziokratisches Start-up

Wenn Sie als Leserin dieses Buches daran denken, bei der eigenen Unternehmensgründung von Beginn an ein soziokratisches Organisationsmodell einzuführen, beginnen Sie am besten mit einem Beratungsgespräch, bei dem die Soziokratie-Expertin dabei unterstützt, die Vision, die Mission und das Angebot der Organisation zu klären. Erst daraus werden sich die Rechtsgestalt und die Organisationsstruktur entwickeln können. Zu einem Folgetermin lädt man am besten neben der Soziokratie-Expertin auch einen Juristen ein. Die Lösungen für alle Fragen der Organisationsstrukturierung entstehen entlang der eigenen Ziele und Bedürfnisse für das Unternehmen und können, sobald sich klare Muster abzeichnen, auch in die Satzung aufgenommen werden. Es ist durchaus sinnvoll, bereits im Gesellschaftervertrag oder der Gründungsurkunde des Unternehmens die gewünschte Beschlussfassungsmethode festzulegen, jedoch müssen alle später dazukommenden Teilhaberinnen eine gewissenhafte Einführung in die Theorie und Praxis soziokratischer Entscheidungsstrukturen erhalten.

Entsprechend der gesetzlichen Grundlagen werden die Rollen von Geschäftsführung, Aufsichtsrat und/oder Gesellschafterversammlung klar definiert. Die Art der Beschlussfassungsstruktur ist in fast allen Satzungsarten immer frei wählbar. Wenn Mehrheitsverhältnisse angegeben werden müssen, kann man „einstimmig" schreiben und dann das Konsentprinzip dazu verwenden, diese Einstimmigkeit herzustellen (→ 4.11 *Soziokratie und Recht*).

Wichtig ist eine gute Lösung für die Einbindung der Investoren, am besten im Topkreis (→ Kap. 5 *Organisationsstrukturen zur Selbstorganisation*).

Entlang des Gründungsvertrages wird dann das Unternehmen Schritt für Schritt aufgebaut. Jede zusätzliche Akteurin kann sofort ihren Platz in der Kreisstruktur einnehmen und von diesem Platz aus, ihre Kompetenzen und Erfahrungen in die weitere Entwicklung einbringen. Sobald ein Kreis aufgebaut ist und aus mehr als drei Mitgliedern besteht, können die ersten Delegierten für den Allgemeinen Kreis gewählt werden.

Wichtig bei der Umsetzung der SKM ist die permanente dynamische Steuerung. Dazu empfiehlt es sich, einen Implementierungskreis einzurichten, der die Kreisstruktur auf Basis von Messkriterien laufend überprüft und Vorschläge macht für deren Anpassung. Auch ein internes SKM-Team ist nötig, um alle hereinkommenden Mitwirkenden von Beginn an gut in die soziokratische Unternehmenskultur einzuführen.

Das sicherste Erfolgskriterium für ein soziokratisches Start-up ist eine in SKM sehr erfahrene Gründerperson. Und wenn das Ziel ist, sich rasch zu vergrößern, wird der Aufwand an Schulungen und Begleitungen von neuen Kreisen von den Gründern meistens unterschätzt. Man will „ja nur" eine soziokratische Struktur statt einer üblichen Vorstandsstruktur.

Wann immer in bestehenden Organisationen die SKM eingeführt wird, kann man sich die Zeit nehmen, die es braucht. Das kann gern zwei Jahre dauern, bis alle Mitwirkenden in Kreisen sitzen. Will man aber mit allen gleichzeitig starten, braucht man enorme Zeit-Ressourcen von externen Soziokratie-Experten oder internen SKM-Trainerinnen, die Soziokratie allen bislang Unerfahrenen rasch zu vermitteln. Für ein soziokratisches Start-up bedeutet das, die dafür notwendigen Zeit-Ressourcen im Budget zu kalkulieren.

Ich habe in meiner Rolle als Ausbildungsleitung mehrmals erlebt, dass Menschen in Start-ups damit überfordert waren, die bereits in den Statuten oder in einem Fördervertrag festgelegte soziokratische Organisationsstruktur auch wirklich umzusetzen. Oft wird dann die Methode angezweifelt, weil die Teilnehmenden sie aus anfänglicher Unwissenheit falsch interpretieren. Eine Gründerperson, die sich unwissend auf Mitbestimmung einlässt, braucht viel Begleitung, um mit der Mitbestimmung aller Neuzugänge umzugehen.

Zur Vermeidung von Schwierigkeiten plädiere ich deshalb dafür, beispielsweise mit einer gewöhnlichen Vereinsstruktur oder einer GmbH entlang der gesetzlichen Vorgaben zu starten. Wenn die Gruppe sich auf eine Vision, eine Mission und ihr Angebot geeinigt hat, kann man in diesem Gründerkreis auch schon Konsententscheidungen treffen und Aufgaben mit soziokratischer Wahl vergeben. Die Soziokratie muss nicht in den Statuten stehen, um einen Verein oder eine GmbH zu gründen. Es braucht zuerst viel Erfahrung mit einer soziokratischen Kreisstruktur, um überhaupt soziokratische Statuten zu verstehen. Wir empfehlen die Änderung der Statuten erst, nachdem es auch einen doppelt gekoppelten Topkreis gibt, also am Ende von Phase 4 einer SKM-Implementierung. Der Grund dafür ist, dass Neuzugänge sich an den soziokratischen Statuten stoßen werden, weil sie die Rolle der Doppelten Koppelung nicht verstehen (→ Kap. 4.11 *Soziokratie und Recht*).

4.11 Soziokratie und Recht

Soziokratische Satzungen und Statuten verändern die Machtverhältnisse in Organisationen, auch in Kapitalgesellschaften. Wenn sich die Inhaber einer Kapitalgesellschaft dazu entschließen, ihre bisherige Macht mit den Mitarbeitenden zu teilen, dann wollen auch sie Gleichwertigkeit zwischen Arbeit und Kapital herstellen. Eigentümerinnen, die die Soziokratie leben, haben gelernt, darauf zu vertrauen, dass durch Mitentscheiden auch Mitverantwortung bei den Angestellten entsteht, und genießen das.

Nach der Implementierung soziokratischer Entscheidungsstrukturen in Organisationen sollte das neue Organisationsmodell auch in den Statuten abgebildet werden. Damit unterstützt man seine anhaltende Wirksamkeit. Statuten bzw. Satzungen bilden die Rechtsgrundlage einer Organisation im Innen- und im Außenbereich. Mit den in der Satzung benannten Rollen und Funktionen werden rechtsgültige Verantwortlichkeiten installiert, die bei einem etwaigen Rechtsstreit auch vor Gericht Gültigkeit haben.

Neben Sinn und Zweck sowie ideellen und materiellen Mitteln, will der Gesetzgeber, dass in allen Satzungen und Gesellschaftsverträgen auch die Arten von Mitgliedschaften, sowie deren Rechte und Pflichten geregelt werden. In den jeweiligen Rechtsgrundlagen sind auch die Spielräume verankert, innerhalb derer sich die Statuten bewegen können. Alle Satzungen enthalten Regelungen, in welchem Gremium welche Entscheidungen getroffen werden, aber auch die Art der Entscheidungsfindung ist in den Statuten festgelegt.

Inwieweit eine gesetzliche Regelung in einem der Gesetze, wie Stiftungsgesetz, Vereinsgesetz, Aktiengesetz oder Genossenschaftsgesetz, interpretierbar ist, kann nur mit einer rechtskundigen Person des jeweiligen Landes herausgefunden werden. Die in diesem Kapitel genannten Erfahrungen beziehen sich hauptsächlich auf die Verhältnisse in Österreich.

Um die Gleichwertigkeit von Arbeit, Kapital und Eigentum zu legalisieren, hat der Gründer der SKM, Gerard Endenburg, neben die Rechtsform der *Endenburg Elektrotechniek BV* (niederländische Gesellschaft mit beschränkter Haftung) eine Stiftung gestellt. Eine Stiftung ist in den Niederlanden die für soziokratische Organisationen geeignetste Rechtsform, weil sie die Gleichwertigkeit bei der Beschlussfassung ermöglicht. *Enden-*

burg Elektrotechniek ist nach außen hin eine BV geblieben, wurde aber nach innen eine Stiftung mit soziokratischer Kreisstruktur.

Das soziokratische Kreis-Statut von Gerard Endenburg

Für das Funktionieren der *Soziokratischen KreisorganisationsMethode SKM* wurden, wie in jeder anderen Rechtsgrundlage auch, die die Machtverhältnisse festlegt, Regeln bestimmt und in einem Kreis-Statut[28] festgehalten. Bildet dieses Kreis-Statut die Grundlage der Organisation, dann gelten diese Regeln für die gesamte Organisation, für jeden Kreis und jedes Mitglied.

Im Folgenden gehe ich auf einige ausgewählte Artikel und Punkte ein, die im Kreis-Statut beschrieben sind.

Im ersten Artikel des Kreis-Statuts wird das Organisationsmodell der SKM mit den vier Basisprinzipien als Grundlage aller Entscheidungen beschrieben:

ORGANISATIONSMODELL

Artikel 1.

Die Organisation ist gemäß der soziokratischen Kreisorganisation ausgestattet.

Das bedeutet:

1. Die Entscheidungsfindung wird durch das Konsent-Prinzip geregelt.
2. Die Organisation besteht aus Kreisen.
3. Ein Kreis wird immer durch eine doppelte Verbindung mit dem nächsthöheren Kreis gekoppelt, zwei Menschen, der operative Leiter und mindestens ein gewählter Delegierter des Kreises gehören also auch zum nächsthöheren Kreis.
4. Die Wahl von Menschen findet nach einer offenen Diskussion und gemäß dem Konsent-Prinzip statt.

In Artikel 2 finden sich dazu folgende Definitionen:

DEFINITIONEN

Artikel 2.

1. Konsent-Prinzip

Das Konsent-Prinzip ist die Methode der Entscheidungsfindung, bei welcher die Begründung und der schwerwiegende Einwand im Zentrum stehen. Die Entscheidung ist gefällt, wenn keine der anwesenden Personen persönlich einen schwerwiegenden und begründeten Einwand gegen eine Entscheidung hat.

2. Kreis

a. Ein Kreis ist eine Gruppe von Personen, die in jeder Hinsicht ein gemeinsames Ziel oder Interesse haben. Dies sind Menschen, die funktionell zusammengehören.
b. Jeder Kreis hat sein eigenes Ziel und umfasst drei Funktionen: Ausführung, Messung und Leitung.

28 Das im *SCN – Sociocratisch Centrum Nederland* ausgearbeitete Dokument „*Sociocracy Circle Constitutionn – Articles for Inclusion in Organizational Bylaws*" kann unter Berücksichtigung der eigenen Landesgesetze in alle Arten von Statuten und Satzungen integriert werden.

c. Jeder Kreis pflegt durch eine integrierte Entwicklung seine erforderlichen Kenntnisse und Fähigkeiten.

3. Doppelte Koppelung

Doppelte Koppelung ist die administrative Verbindung eines Kreises mit seinem unmittelbar nächsten Kreis. Diese Verbindung wird durch mindestens zwei Teilnehmer, dem Leiter des Kreises und mindestens einen gewählten Delegierten des Kreises, repräsentiert. Beide gehören auch dem nächsthöheren Kreis an. Sie beteiligen sich auf der Basis von Gleichwertigkeit bei der Entscheidungsfindung.

4. Soziokratische Kreis-Satzung

Das soziokratische Kreis-Statut enthält für alle Kreise gleiche Regeln bezüglich des Ziels, der Zusammensetzung, den Platz in der Organisation und die Arbeitsweise der jeweiligen Kreise.

Es folgt eine optionale Aufzählung der möglichen Kreise je nach Organisationsstruktur des Unternehmens: Topkreis, Allgemeiner Kreis, Bereichskreise, Teamkreise und Hilfskreise. Nicht nur die Funktionen, auch die Bezeichnungen der Kreise können variieren.

Dann folgen noch einige Hinweise, die sich auf die Regeln, die sich ein Kreis selbst geben kann, beziehen. Auch ein Hinweis auf das Kreis-Logbuch als die Sammlung aller Angelegenheiten, die den Kreis betreffen, ist dabei.

Der Artikel 7 des Kreis-Statuts enthält die Grundsätze zur Beschlussfassung. Allen voran: „Der Konsent regiert“.

BESCHLUSSFASSUNG

Artikel 7.

1. Die Entscheidungsfindung in allen Kreisen ist an die Vereinbarung gebunden, dass das Prinzip des argumentierten, schwerwiegenden Einwands, 'das Konsent-Prinzip‘, die Entscheidungsfindung 'regiert‘. Das bedeutet, dass nicht jede Entscheidungsfindung Konsent erfordert, aber es besteht Konsent darüber, wie die Entscheidungsfindung geregelt ist.
2. Wenn es einen schwerwiegenden Einwand gegen einen Vorschlag gibt, werden Argumente genannt um den Einwand zu erläutern.
3. Wenn in einem Kreistreffen keine Entscheidung zu einem Thema getroffen wird, eine Entscheidungsfindung jedoch wichtig ist, dann wird mindestens 48 Stunden später ein neues Kreistreffen organisiert und das gleiche Thema diskutiert.
4. Wenn in der zweiten Kreissitzung keine Entscheidungsfindung erreicht ist, kann der Moderator des Kreises das Thema in den nächsthöheren Kreis delegieren.

Im Artikel 8 schlägt Endenburg vor, dass der jeweils höhere Kreis das soziokratische Funktionieren des unteren Kreises im Auge behalten soll. Ein jährliches Audit soll helfen, die Soziokratie in der Organisation zu sichern.

Im Artikel 9 wird die Wahl beschrieben:

WAHL

Artikel 9.

1. Personen werden gewählt nach offener Diskussion und nach dem Konsent-Prinzip.
2. Aufgaben, Kompetenzen und Verantwortlichkeiten werden in regelmäßigen Abständen (z. B. jährlich) überprüft. Die Überprüfung ist delegiert an gewählte Personen oder Kreise.
3. Der Topkreis wählt den Geschäftsführer einer Organisation.

In Artikel 9 ist auch geregelt, was geschieht, wenn die Kreismitglieder nicht mit der Politik ihres Delegierten übereinstimmen. In diesem Fall kann diesem das Mandat entzogen und ein anderer Delegierter gewählt werden. Die „Entlassung" (→ *Glossar*) von Kreismitgliedern aus dem Kreis wird ebenfalls in Artikel 9 beschrieben:

ENTLASSUNG VON KREISMITGLIEDERN

Artikel 9.

Die Verfahren zur Entlassung werden von der Kreisorganisation unter Wahrung der gesetzlichen Vorschriften bestimmt. Die Entscheidung zur Entlassung wird nur getroffen, nachdem die Person die Gelegenheit hatte, sich zu erklären. An der Entscheidungsfindung kann die betroffene Person jedoch nicht beteiligt werden.

Es folgen Regelungen zu Meetings.

MEETINGS

Artikel 10.

1. Ein Kreis trifft sich in regelmäßigen Abständen, mindestens jedoch sechs Mal pro Jahr.
2. Kreis-Meetings werden durch den Moderator (oder den Sekretär) des Kreises einschließlich der rechtzeitigen Überstellung der Tagesordnung einberufen.
3. Wenn eines der Mitglieder eines Kreises glaubt, dass eine Kreissitzung (früher) einberufen werden sollte, ist der Moderator (oder Sekretär) verpflichtet, dies zu tun.
4. Alle Informationen sollten für die Betroffenen zur Verfügung stehen, für die Erreichung der bestmöglichen Entscheidungsfindung.
5. Der Kreis wählt einen Moderator und einen Sekretär.

Das soziokratische Entlohnungsmodell – Gleichwertigkeit von Zeit und Geld

Die Soziokratie führt die Gleichwertigkeit aller Beteiligten bei der Entscheidungsfindung ein. Auch bei der Geldverteilung eines Unternehmens kann es keine Herrschaft einer Interessensgruppe über die andere geben. Gerard Endenburg egalisiert daher Arbeitszeit und Kapitalbereitstellung und lässt in seinem Unternehmen über die Verteilung der Gewinne im Topkreis – unter Mitwirkung der Delegierten aus dem Allgemeinen Kreis – entscheiden.

ENTLOHNUNG

Artikel 11.

1. Der Lohn für die Arbeits- und Kapitalbereitstellung von Individuen besteht aus einem fixen und einem variablen Teil.
2. Die feste Vergütung für Personen, die die Arbeit besorgen, ist in einem (kollektiven) Arbeitsvertrag festgelegt. Die feste Vergütung für Personen, die Kapital bereitstellen, ist bestimmt durch … (z. B. den Euribor) und einen Prozentsatz, der in der Verordnung des Topkreises festgelegt ist.
3. Die variable Vergütung für die Mitarbeiter ist in Artikel 12 Absatz 2 durch die Vorschriften des Topkreises geregelt.

In Artikel 12 zur Einkommensverteilung wird geregelt, wie der vom Topkreis als „Ergebnis" (Gewinn nach Steuern) der Organisation festgelegte Betrag aufgeteilt wird. Zuerst werden die Ziele bedient (Verlustabdeckung, Investitionen und Reserven) und im Anschluss die feste Vergütung ausgeschüttet. Was dann noch bleibt, wird nach einem bestimmten Schlüssel (entsprechend des Anteils am erwirtschafteten Umsatz) als „variable Vergütung" auf alle Teilnehmenden verteilt (das sind die Kapitaleigner und die Mitarbeiterinnen), wobei auch projektbezogene, kurzfristige Entlohnungen möglich sind.

Wenn es zu Streitigkeiten kommt

Am Ende des Kreis-Statutes geht es um die Behandlung von Meinungsverschiedenheiten zwischen den Teilnehmenden. Diese „Compliance Rules" implizieren, dass alle Streitigkeiten innerhalb einer soziokratischen Organisation mithilfe der soziokratischen Regeln gelöst werden können. Darum enthält dieser Artikel auch nur die Einsetzung einer Kommission, die überprüft, wo die soziokratischen Regeln nicht eingehalten wurden. Endenburg hat in seiner mehr als 40-jährigen Erfahrung nie einen Fall erlebt, bei dem es keine Lösung mithilfe der soziokratischen Regeln gegeben hätte.

COMPLIANCE REGELN

Artikel 13.

1. Wenn ein oder mehrere Teilnehmer glauben, dass nicht gemäß den soziokratischen Regeln dieses Statutes gehandelt wurde, können sie ein Schlichtungskomitee anrufen.
2. Das Schlichtungskomitee setzt sich folgendermaßen zusammen:
   a. ein Mitglied wird von der Person bestellt, die die Schlichtung wünscht;
   b. ein Mitglied wird vom betreffenden Teilnehmer bzw. Kreis genannt, der infrage gestellt wurde;
   c. ein Mitglied wird vom Soziokratischen Zentrum benannt oder, falls dies nicht möglich ist, durch eine ähnliche Einrichtung, die von den beiden unter a. und b. bestimmten Mitgliedern benannt wird.
3. Das Schlichtungskomitee hat die rechtliche Zuständigkeit in Bezug auf die Einhaltung der soziokratischen Regeln.
4. Das Schlichtungskomitee soll eine Konsent-Entscheidung herbeiführen.

5. Jede Streitigkeit, auch solche, die nur von einer einzelnen Partei eingebracht wird, wird vom Schlichtungskomitee berücksichtigt.

In der Schlussbestimmung des Kreis-Statutes wird der Topkreis für all jene Fälle zuständig erklärt, die durch die Statuten oder das Gesetz nicht geregelt sind.

Soziokratische Vereinsstatuten in Österreich

Bei der Gründung des *Soziokratie Zentrums Österreich* wollten wir die Behörden nicht durch ihnen unbekannte Abstimmungsmodalitäten irritieren, gleichzeitig aber auch die soziokratische Organisation, wie wir sie tatsächlich lebten, abbilden. Bei der Erstellung der ersten Statuten gab es daher ein zähes Ringen zwischen diesen beiden Kriterien. Um der Behörde einen Hinweis auf unsere soziokratische Organisationsstruktur zu geben, entschieden wir uns, unter §3 „Mittel zur Erreichung des Vereinszweckes" auch die „Soziokratische KreisorganisationsMethode SKM" als Mittel anzuführen. Wie sich später gezeigt hat, wäre das nicht nötig gewesen. Bei der ersten Statutenänderung haben wir dann auch darauf verzichtet und ganz konkret die Konsententscheidung sowie die Doppelte Koppelung einfach an den jeweiligen Stellen zu den Funktionen und Aufgaben der „Vereinsorgane" geschrieben.

Wir erwarteten die größten Schwierigkeiten dabei, die Mitgliederversammlung (MV), die nach Vereinsrecht das oberste Gremium eines Vereins ist, durch den Topkreis zu ersetzen. Der Gesetzgeber hat Vereinen aber die Möglichkeit gegeben, zwischen ordentlichen und außerordentlichen Mitgliedern zu unterscheiden (sie haben nicht dieselben Stimmrechte in der MV).

Ein Verein könnte im Österreichischen Recht auch aus nur drei Personen bestehen, die die einzigen *ordentlichen Mitglieder* sind, sodass es rechtlich auch möglich ist, eine Mitgliederversammlung mit nur drei Personen, die gleichzeitig der Vorstand sind, abzuhalten. In Deutschland sind für die Gründung zwar sieben Personen nötig, vier davon dürfen aber nach der Gründung den Verein wieder verlassen, ohne damit das Ende des Vereins herbeizuführen. Alle weiteren Mitglieder können in der Folge *außerordentliche Mitglieder* sein und wären somit nicht stimmberechtigt auf einer Mitgliederversammlung. Diese Regelungen helfen, soziokratische Vereinsstatuten einzureichen, deren einmal jährliche Mitgliederversammlung allein aus den Mitgliedern des Topkreises besteht.

SKM als permanente Mitgliederversammlung im Vereinsrecht

Die soziokratische Struktur ist eine „permanente Mitgliederversammlung".

Die Doppelte Koppelung ermöglicht permanente Mitbestimmung aller Mitglieder der Organisation zu jeder Zeit.

Das gibt ein Ausmaß an Macht in die Hände jeden Mitglieds, das in einer Mehrheitsentscheidung in der jährlichen Mitgliederversammlung nicht im Entferntesten möglich ist. Jedoch können sich die meisten Menschen, die noch keine Erfahrungen mit der funktionierenden Doppelten Koppelung gemacht haben, nur schwer vorstellen, einen Topkreis zur Mitgliederversammlung zu erklären. Darum raten wir Vereinen auch immer, bei einer SKM-Einführung zunächst die bisherigen Statuten beizubehalten, bis alle Mitwirkenden während der Soziokratie-Implementierung die Erfahrung machen konnten, wie entlastend und vertrauensbildend die Doppelte Koppelung für alle ist. Erst dann werden Menschen verstehen, warum eine MV, bestehend aus 50 oder 5000 Mitgliedern, nur einen Bruchteil der Mitsprachemöglichkeiten enthält, als sie eine doppelt gekoppelte Kreisstruktur bietet.

Da jedes Kreismitglied, unabhängig davon, auf welcher Ebene der Organisation es sich befindet, über die Delegierten ein vollständiges Mitspracherecht durch alle Ebenen hindurch hat, gibt es keine Notwendigkeit, noch einmal alle Menschen in der Organisation ganz oben in Entscheidungen miteinzubeziehen. Nur falls die Delegierten nicht geschult sind, sodass sie ihren Kreis nicht entsprechend nach oben hin vertreten, wird der Ruf nach einer Vollversammlung aufkommen. Das Vereinsrecht kann heute nicht mehr als Argument dazu dienen, die Mitgliederversammlung müsse Macht über den Vorstand haben und nur die Mitgliederversammlung dürfe die Vorstandmitglieder wählen. Die Behörden in Österreich haben inzwischen viele Vereinsstatuten bewilligt, in denen die Mitgliederversammlung nur aus den Mitgliedern des Topkreises besteht. Eine jährliche beschlussfassende Mitgliederversammlung, bestehend aus allen Mitgliedern aller Kreise, ist in einer soziokratischen Organisation aufgrund der Doppelten Koppelung und soziokratischer Delegiertenwahl nicht nötig, weil die Mitbestimmung aller Mitglieder permanent gegeben ist.

„Echte" Mitgliederversammlungen bieten aber gute Möglichkeiten zum Feiern und Begegnen. Wann immer es in unserer Praxis den Wunsch einer Organisation gab, in einer Mitgliederversammlung Entscheidungen zu treffen, haben wir sie als Chance genutzt, alle Anwesenden hautnah erleben zu lassen, wie die Delegierten im Allgemeinen Kreis zusammen mit den Kreisleitungen Lösungen finden. Gibt es trotzdem Signale, dass regelmäßige Beschlussfassungen in der Mitgliederversammlung gebraucht werden, ist es wichtig zu prüfen, welche Bedürfnisse und Informationen dahinterstecken.

Kreis-Statut für das Soziokratie Zentrum Österreich

Die Statuten im Soziokratie Zentrum Österreich sind entlang des soziokratischen Kreis-Statutes aufgebaut. Ein kleiner Auszug daraus soll Ihnen einen Eindruck davon vermitteln:

- „Vereinszweck" und „Mittel" sind gleich wie in anderen Vereinen.
- Die Soziokratie startet bei „Vereinsorgane", und zwar mit der Generalversammlung (Mitgliederversammlung), dem Topkreis, dem Leitungskreis und den Arbeitskreisen.
- „Arten der Mitgliedschaft": Es gibt Topkreismitglieder, Leitungskreismitglieder, Arbeitskreismitglieder. Jedes Mitglied ist in seinem Kreis stimmberechtigt.

Folgende Punkte wiederholen sich bei der Beschreibung der einzelnen Vereinsorgane:

- Die Leitung des Kreises wird vom nächsthöheren Kreis eingesetzt (wenn es keinen solchen gibt, wählt der Kreis selbst seine Leitung).
- Jeder Kreis wählt in Offener Wahl mindestens eine Delegierte in den nächsthöheren Kreis.
- Jeder Kreis wählt in Offener Wahl seine Mitglieder selbst und schließt auch eigene Kreismitglieder selbst aus.
- Eine Entscheidung gilt als getroffen, wenn niemand im Kreis einen schwerwiegenden Einwand gegen die Entscheidung hat.

Die einzelnen Vereinsorgane (eine Auswahl) sind:

- Die *Generalversammlung* ist die Mitgliederversammlung im Sinne des Vereinsrechts. Sie findet alle zwei Jahre statt. Zur Generalversammlung sind alle Mitglieder des Topkreises eingeladen. Mitglieder im Topkreis sind die Leitung und der Delegierte des Leitungskreises, sowie 2 – 3 externe Experten. Der Topkreis ist damit das Aufsichtsorgan des Vereins. Er trifft sich 4 mal jährlich um die Messungen aus dem Leitungskreis zu evaluieren und gegebenenfalls neue Grundsätze festzulegen. Der Topkreis wählt die Leitung des Leitungskreises (Obmann/Obfrau).

- Der *Leitungskreis* ist der Vorstand im Sinne des Vereinsrechts. Der Leitungskreis besteht aus den Leitungen und Delegierten der Arbeitskreise. Der Leitungskreis wird geleitet vom Obmann / von der Obfrau. Die vom Leitungskreis gewählte Leitung des Finanzkreises ist gleichzeitig die zeichnungsbefugte Kassierin. Der Leitungskreis wählt in Offener Wahl die Leiterinnen der Arbeistkreise.
- Die *Arbeitskreise*. Jeder Arbeitskreis hat seine, vom Leitungskreis festgelegten Ziele und Aufgaben und kann innerhalb dieser Domäne seine Grundsatzentscheidungen selbst treffen. Jeder Arbeitskreis wählt in Offener Wahl eine Delegierte für den Leitungskreis.

Bei der Neugründung von Organisationen (Unternehmen wie auch Vereinen), die von Beginn an mit der SKM arbeiten möchten, empfehlen wir, die Satzung nach der eigenen Vorstellung zu gestalten. Erst, wenn die Organisation mithilfe einer begleiteten SKM-Implementierung gelernt hat, ihre Entscheidungsprozesse mithilfe der soziokratischen Struktur zu steuern, sollen auch die Statuten entsprechend angepasst werden. Bei der Gründung von Kapitalgesellschaften und Genossenschaften würde aber eine spätere Veränderung der Satzung relativ hohe Kosten verursachen. Darum haben solche Gründungen gewöhnlich auch wesentlich längere Vorlaufzeiten als Vereine. Wenn hier von Beginn an die SKM als Organisationsmodell geplant ist, können Soziokratie-Experten eine entsprechende Beratung liefern, wie die SKM in die jeweilige Rechtsform integriert und in der Folge bei der Implementierung in der Organisation umgesetzt werden kann (→ 4.10 *Implementierungsprozess*).

Genossenschaftsrecht und Soziokratie

Genossenschaften sind im Kommen! Sie sind eine Antwort auf die Kumulation von Reichtum bei nur wenigen Prozent der Menschheit. Der Kapitalismus in seiner heutigen Form des Neoliberalismus hat die Anhäufung von Privatbesitz in Form von Geld, Immobilien und Unternehmen bei Eliten gefördert Immer mehr Menschen wollen damit aufhören, durch ihre tägliche, womöglich harte Arbeit nur das Vermögen und damit den Machtbereich einer ohnehin schon sehr reichen Privatperson zu vergrößern. Man investiert lieber in das eigene Leben.

In Österreich gibt es heute zwei bekannte Genossenschaften: die WoGen-Wohnprojektegenossenschaft für die Errichtung und den Betrieb von Wohnprojekten und die Otelo-Genossenschaft als Modell für neues Arbeiten und Wirtschaften. Die WoGen ist eine Nutzergenossenschaft und Bauträger. Sie bietet auch Beratung für Bau- und Wohngruppen an. Die Otelo eGen ist die erste Produktivgenossenschaft ihrer Art, bei der die Mitglieder die Rolle der Eigentümerinnen mit der Rolle der Dienstnehmer in sich vereinen. Sie realisieren nationale und transnationale Projekte, bieten Kreativ- und IT-Dienstleistungen sowie Beratung für die Gründung neuer Genossenschaften an. Beide Genossenschaften haben soziokratische Strukturen und empfehlen das auch anderen Genossenschaften. Für Marianne Gugler, eine der Mitgründerinnen der Otelo eGen, lässt sich die Genossenschaft durch ihre demokratischen und solidarischen Prinzipien optimal mit der soziokratischen Kreisorganisation verknüpfen. Der Schlüssel liegt ihrer Meinung nach in der Verbindung von Vorstandsfunktion und Leitung zentraler Kreise.

Die Komptabilität von Genossenschaft und Soziokratie

Um die Frage nach der Kompatibilität von Genossenschaftsrecht und SKM in Detailaspekten beantworten zu können, muss man das Genossenschaftsgesetz des jeweiligen Landes lesen. Das österreichische und deutsche Genossenschaftsgesetz sind in vielen Punkten ähnlich, aber es gibt beispielsweise bei der Nachschusspflicht, beim Aufsichtsrat oder bei den investierenden Mitgliedern auch relevante Unterschiede.

Das deutsche Genossenschaftsgesetz (GenG) hat nur 49 Seiten und beschreibt in § 1 Das Wesen der Genossenschaft:

„Gesellschaften von nicht geschlossener Mitgliederzahl, deren Zweck darauf ausgerichtet ist, den Erwerb oder die Wirtschaft ihrer Mitglieder oder deren soziale oder kulturelle Belange durch gemeinschaftlichen Geschäftsbetrieb zu fördern, erwerben die Rechte einer 'eingetragenen Genossenschaft' nach Maßgabe dieses Gesetzes." In § 8 (2) sind Mitglieder als Personen beschrieben, die für die Nutzung oder Produktion der Güter und für die Nutzung oder Erbringung der Dienste der Genossenschaft in Frage kommen. Das heißt, eine Genossenschaft ist eine Gesellschaft, die Erzeuger und Verbraucher von Produkten und Leistungen zusammenschließt (Erwerb und Wirtschaft), und sich dafür gemeinschaftlich organisiert. Genossenschaften erhalten ihre gesellschaftliche Anerkennung, indem sie dem Genossenschaftsgesetz entsprechen und vom zuständigen Gericht ins amtliche Genossenschaftsregister eingetragen werden. Der Beitritt zu einem Prüfungsverband und dessen Bescheinigung, dass die Genossenschaft fähig ist, ohne Gefährdung ihrer Mitglieder oder Gläubiger wirtschaftlich tätig sein zu können, hilft dem Gericht bei der Entscheidung für die Eintragung.

Bereits mit drei Personen darf man eine eG (eingetragene Genossenschaft) in Deutschland gründen. Das GenG schützt die Genossenschaftsmitglieder wirtschaftlich, indem zur Haftung für Verbindlichkeiten nur das Vermögen der Genossenschaft verwendet werden darf. Wobei man in der Satzung selbst bestimmt, ob sogenannte „Nachschüsse" im Falle von Insolvenzverfahren von den Genossenschaftsmitgliedern zu leisten wären.

Ebenfalls in der Satzung muss geregelt sein, in welcher Form die Generalversammlung (GV) einberufen wird, wie hoch die Geschäftsanteile und Rücklagen oder die Anzahl der nötigen bzw. zulässigen Geschäftsanteile sind. Zudem sind in der Satzung die Mehrheitsverhältnisse zu bestimmen, falls die GV über bestimmte Dinge mit mehr als einfacher Mehrheit abstimmen möchte. Daraus ergibt sich, dass soziokratische Entscheidungsprozesse in der Generalversammlung grundsätzlich möglich sind, wenn sie in der Satzung festgelegt wurden. Aus meiner Erfahrung fehlt Juristen manchmal nur der Mut, den Behörden – mit Berufung auf das Genossenschaftsrecht – auch andere als die geläufigen Muster abzuverlangen.

„Investierende Mitglieder" sind erlaubt, wenn die Satzung regelt, dass diese die aktiven, also mitwirkenden Mitglieder auf keinen Fall „überstimmen" können (§ 8 (2)). Das Genossenschaftsgesetz schützt demnach die aktiven Mitglieder vor der Machtübernahme durch Geldgeberinnen.

Im § 9 des GenG ist bestimmt, dass eine eG sowohl einen Vorstand als auch – ab 20 Mitgliedern – einen Aufsichtsrat haben muss. Da laut § 9 (2) sowohl Vorstände als auch Aufsichtsräte Mitglieder der Genossenschaft sein müssen, sind die Organe „Allgemeiner Kreis" (als Vorstand) und „Topkreis" (als Aufsichtsrat) in soziokratischen Genossenschaften möglich. Bei bis zu 20 Genossenschaftsmitgliedern fungiert die GV als Aufsichtsrat, bei mehr als 20 Mitgliedern gibt es drei Führungsorgane, und zwar den Vorstand, den Aufsichtsrat und die GV.

Alle Mitglieder des Vorstands und des Aufsichtsrates müssen Genossenschaftsmitglieder sein. Das bedeutet, die in der SKM vorgesehenen „externen Mitglieder" im Topkreis, die gewöhnlich keine wirtschaftlichen Verbindungen mit der Organisation eingehen, sind offiziell nicht stimmberechtigt. Alternativ könnten sie jedoch Genossenschaftsmitglieder werden, indem sie einen Genossenschaftsanteil erwerben.

Die Gewinne werden (nach Rücklagenbildung) gemäß den Geschäftsanteilen auf die Mitglieder verteilt. Es gibt dezidiert keine Verzinsungen für Geschäftsguthaben. Allerdings können von Mitgliedern verzinste Darlehen an die eG gegeben werden. Die Darlehensregelungen in § 21b GenG erinnern an die Vereinbarungen in einem sogenannten Vermögenspool (→ *Glossar*), der ebenfalls die gemeinschaftliche Finanzierung von Commons (→ *Glossar*) ermöglicht. Der Vermögenspool wird in Österreich häufig für die Finanzierung von Immobilien in Cohousing- und Ökodorf-Projekten eingesetzt, die als Genossenschaften organisiert sein können.

Die Anzahl der Vorstandsmitglieder kann bei weniger als 20 Mitgliedern eine Person sein. Die Generalversammlung wählt den Vorstand (§ 25 (2)), kann jedoch in der Satzung auch eine andere Art der Bestellung und Abberufung bestimmen. Die Vorstandsfunktion kann bezahlt oder unbezahlt sein. Gibt es (vorrübergehend) keinen Vorstand, hat der Aufsichtsrat dessen Agenden zu erledigen. Die Leitungsverantwortung (der Verantwortungsbereich) des Vorstands kann in der Satzung festgelegt sein, muss aber nicht. Wenn nichts anderes festgelegt ist, leitet der Vorstand als Geschäftsführung unter eigener Verantwortung die Genossenschaft und muss sich nur mit einem Jahresabschluss und Lagebericht vor dem Aufsichtsrat und der GV verantworten. Die Satzung kann bei weniger als 20 Mitgliedern auch vorsehen, dass der Vorstand an Weisungen der GV gebunden ist (§ 27 (1)).

Es herrscht also eine gewisse Freiheit bei der Organisation des Geschäftes. Der Gesetzgeber erwartet von den Genossenschaften, dass sie ihre Strukturen in der Satzung selbst festlegen. Die Variationen von Genossenschaften sind vielfältig, darum sind nur die Mindestanforderungen im Gesetz beschrieben. Gerichte werden sich bei Streitigkeiten an den Satzungen orientieren, die ja bereits bei der Eintragung der Genossenschaft auf Gesetzeskonformität überprüft werden.

Wenn sich eine Genossenschaft soziokratisch organisieren möchte, wird sie einen Allgemeinen Kreis installieren, in dem die mit offener Wahl gewählten Vorstände als Geschäftsführerinnen die wichtigsten Stabstellen oder Geschäftsbereiche leiten (siehe Abb. 15).

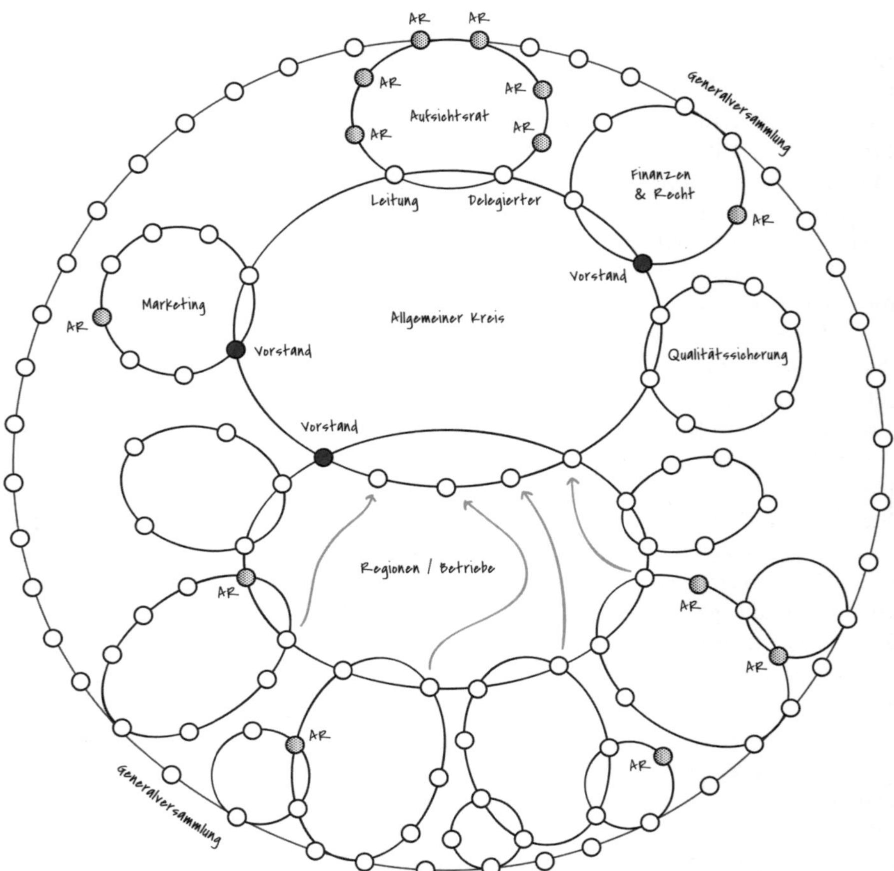

Abb. 15: Beispiel einer Kreisstruktur für eine soziokratische Genossenschaft.

Die Rolle des Aufsichtsrates

Der Aufsichtsrat muss laut § 36 GenG aus mindestens drei von der GV gewählten Mitgliedern bestehen. Die GV kann mit einer Drei-Viertel-Mehrheit die Bestellung eines Aufsichtsratsmitglieds widerrufen. Die Satzung kann auch bestimmten Mitgliedergruppen das Recht einräumen, eigene Aufsichtsratsmitglieder zu entsenden. In § 38 heißt es: „Der Aufsichtsrat hat den Vorstand bei dessen Geschäftsführung zu überwachen.“ Er kann jederzeit Einsicht in die Geschäftsbücher verlangen, muss aber mindestens einmal jährlich seine Kontrolle durch Überprüfung des Jahresabschlusses und des Lageberichts durchführen. Der Aufsichtsrat vertritt die Interessen der Mitglieder bis zur nächsten GV und kann Vorstandsmitglieder vorläufig ihres Amtes entheben. Aufsichtsräte dürfen nicht gleichzeitig Vorstände sein (§ 37).

Die Aufgaben des Aufsichtsrates entsprechen weitgehend den Aufgaben eines soziokratischen Topkreises. Leider ist es laut § 37 GenG nicht möglich, dass Vorstandsmitglieder auch Aufsichtsratsmitglieder sind. Für die Doppelte Koppelung zwischen Allgemeinem Kreis und Aufsichtsrat müssen daher andere Personen gewählt werden, die weder Vorstandmitglieder, noch Handlungsbevollmächtigte, Prokuristen oder Vertreter von Vorständen sein dürfen. Das heißt, Leitung und Delegierte des Allgemeinen Kreises sind keine offiziell zeichnungsberechtigten Vorstände, können aber nichtsdestotrotz ihre Rollen im Allgemeinen Kreis und auch im Topkreis (Aufsichtsrat), wie in der SKM vorgesehen, ausüben.

Hier ist es wichtig, darauf hinzuweisen, dass in einer soziokratischen Organisation jedes Kreismitglied an die gemeinsam getroffenen Grundsatzentscheidungen gebunden ist. Kein Vorstandsmitglied darf also eigenmächtig Entscheidungen treffen, beispielsweise Verträge unterzeichnen, die nicht im Allgemeinen Kreis beschlossen wurden. In soziokratischen Genossenschaften (wie auch in soziokratischen Vereinen) können alle Mitglieder des Allgemeinen Kreises zu offiziellen „Vorstandsmitgliedern" gewählt werden (§ 24 (2) GenG).

Die Rolle der Generalversammlung

Bei den Stimmberechtigungen in der GV wird im GenG darauf geachtet, dass Menschen zählen und nicht Anteile, selbst wenn die Ausübung von bis zu drei „Stimmrechten" pro Person grundsätzlich ermöglicht ist. Wenn hauptsächlich „Unternehmer" die Genossenschaft bilden, kann eine Person bis zu 10 % aller Stimmrechte ausüben. Nur bei Genossenschafts-Verbänden darf auch anhand des Anteils an den Werten das Ausmaß der Stimmrechte vergeben werden.

Satzungsänderungen dürfen nur von der GV vorgenommen werden (§ 16). Die Satzung regelt sowohl die Geld- als auch die Machtverteilung. Mindestens einmal jährlich stellt die GV den Jahresabschluss fest und entlastet Vorstand und Aufsichtsrat. Sie beschließt über die Verwendung der Jahresüberschüsse oder die Deckung eines Fehlbetrags sowie über Beschränkungen bei Gewährung von Krediten.

Nur mit einer Drei-Viertel-Mehrheit kann die Satzung von der Generalversammlung geändert werden (§ 16). In der Satzung sind alle Angelegenheiten, mit welchen Mitgliederrechte eingeschränkt oder erleichtert werden, festgelegt. Bei diesen Entscheidungen geht es also um die Geld- und die Machtverteilung. Will man die Mitglieder zur Inanspruchnahme weiterer Leistungen der eG gewinnen, braucht es dazu sogar eine Neun-Zehntel-Mehrheit in der GV. Sofern im Gesetz oder in der Satzung keine größeren Mehrheiten oder andere Erfordernisse festgelegt sind, gilt die einfache Mehrheit. Für Wahlen kann die GV in der Satzung auch andere Regelungen treffen (§ 43 (2)); elektronische Beschlüsse sind zulässig, wenn das in der Satzung festgelegt ist (§ 43 (7)).

Wir sehen, dass es dem Gesetzgeber wichtig ist, dass die Macht über die finanziellen Grundlagen bei den Mitgliedern liegt. Grundsatzbeschlüsse zu Geld und Machtverteilung sollen von großen Mehrheiten getragen werden. Man spürt, dass es beim Genossenschaftsrecht um Gemeinschaft geht. Bei Neun-Zehntel-Mehrheiten nähern wir uns schon dem Konsent! Keine Beschränkungen gibt es bei der Art, *wie* Beschlüsse oder Wahlen organisiert sind. Die offene soziokratische Wahl kann also in der Satzung verankert werden. Für Beschlüsse von mehreren hundert oder gar tausend Personen sind geeignete Entscheidungsmethoden erforderlich. So bietet sich beispielsweise das Systemische Konsensieren (→ *Glossar*) an, das auch eine elektronische Meinungsbildung ermöglicht[29]. Das Systemische Konsensieren misst die Höhe der Gruppen-Akzeptanz in Prozent, kann also, um dem Gesetz Genüge zu tun, auch angeben, mit wie vielen „Gegenstimmen" ein Vorschlag angenommen bzw. abgelehnt wurde.

Für die Generalversammlung und die Vertreterversammlung (ab 1.500 Genossenschaftsmitgliedern) sind soziokratische Konsent-Entscheidungen aufgrund ihrer Größe nicht das geeignete Entscheidungsverfahren. Auch dass Vertreter in die Vertreterversammlung mit geheimer Wahl gewählt werden müssen, ist nicht kompatibel mit der SKM. Hier müssen Soziokratie-Berater kreativ sein! Wenn wir uns jedoch den Entscheidungsbereich (die Domäne) der GV ansehen, dann ist es durchaus legitim, alle Genossenschaftsmitglieder in diese Entscheidungen mit einzubeziehen. Dadurch steigt die Transparenz, und Mitbestimmung wird ernster genommen.

Auch wenn die Angelegenheiten der GV laut GenG nicht an andere Gremien delegiert werden dürfen, kann eine soziokratische Genossenschaft für Entscheidungen, die von der GV getroffen werden müssen, soziokratische Lösungen finden.

In Abbildung 15 sehen wir, dass in einer soziokratischen Organisation über die Doppelte Koppelung alle Kreismitglieder an jedem Ende der Organisationsstruktur die Möglichkeit haben, Themen auf die Agenda des nächsthöheren Kreises zu setzen. Ich nenne eine solche Kreisstruktur darum auch gern eine „permanente Generalversammlung".

Das Thema muss zuvor im eigenen Kreis, und zwar unabhängig, ob dieser nun zuständig ist oder nicht, bearbeitet werden. Kommt es zu einem Beschluss, weil die Sache wichtig für die Zielerreichung ist, eine Gefahr abzuwenden hilft oder eine Innovation enthält, wird das Thema von der Leitung und dem Delegierten nach oben transportiert. Wenn die Sache auch im nächsthöheren Kreis mithilfe der offenen Gesprächskultur Anklang findet, wird sie zur weiteren Bearbeitung an den zuständigen Kreis delegiert. Aber auch wenn ein Kreis mit den Grundsätzen anderer Kreise nicht einverstanden ist, kann er das Thema für die neuerliche Behandlung auf die Agenda setzen. Soziokratische Strukturen erlauben einen permanenten Innovationsprozess.

Das Genossenschaftsgesetz wird auch dann eingehalten, wenn von Kreisen angeregte Satzungsänderungen in der SKM zuerst den Weg durch die Kreisstruktur gehen. Vorschläge werden auf Grundlage aller verfügbaren Informationen vielseitig diskutiert, bevor der zuständige Kreis beauftragt wird, eine Vorlage für die Satzungsänderung auszuarbeiten. In der Abbildung 15 ist der Kreis „Finanzen und Recht" für die Ausarbeitung zuständig. Dieser Kreis wird vom Allgemeinen Kreis beauftragt, die Sache zu prüfen, alle Informationen zu sammeln und einen Entwurf auszuarbeiten. Auch der Aufsichtsrat sollte über Satzungsänderungen beraten, bevor ein Satzungsänderungsverfahren eingeleitet wird. Das Verfahren zur Abstimmung mit allen Genossenschaftsmitgliedern wird von der Verantwortlichen für Organisationsentwicklung in einem Hilfskreis entworfen und mit Konsent vom Allgemeinen Kreis zur Umsetzung beauftragt. Nun startet ein Informationsprozess an alle Mitglieder. Diese sollen in ihren Kreisen die Sache noch einmal diskutieren und sich eine fundierte Meinung auf Grundlage aller verfügbarer Informationen bilden. Alle, die sich diese Mühe gemacht haben, werden dann gern mit-

---

29 https://www.acceptify.at/

bestimmen. Man muss damit übrigens nicht bis zur nächsten GV warten. Das deutsche Genossenschaftsgesetz sieht auch Online-Abstimmungen zwischendurch vor.

Gerard Endenburg hat dem Gesetzgeber, vertreten durch einen Rechtsexperten im Topkreis, Sitz und Stimme an oberster Stelle der Organisation zugestanden. Als SKM-Expertinnen müssen wir mit den Gesetzen umgehen wie mit dem Wetter. „Es gibt kein schlechtes Wetter, sondern nur unpassende Kleidung". Darum seien alle SKM-Zuständigen in Organisationen ermutigt, gemeinsam und im Konsent kreative Lösungen für den Umgang mit gesetzlichen Vorgaben betreffend die Organisationsstruktur zu finden.

Was ist „Recht" in der Soziokratie?

Gewöhnlich gestalten wir in unseren Mehrheitsdemokratien das Recht so, wie die Mehrheit der Wählerinnen sich das aufgrund ihrer mehr oder weniger direkten Wahlmöglichkeiten – über den Umweg eines Persönlichkeits- oder Parteien-Wahlrechtes – wünscht. Schon Kees Boeke hat 1926 die Nachteile einer solchen Gesellschaftsordnung aufgezeigt. Aus den Erfahrungen mit soziokratisch organisierten Gemeinschaften (Unternehmen, Vereinen, Nachbarschaften, Gemeinden usw.) wissen wir heute, worauf wir verzichten, wenn wir pauschal die Macht an ein paar Wenige delegieren und unsere Stimme „abgeben" statt sie zu erheben.

Das Recht in der Soziokratie wird durch allgemein gültige Regeln produziert, die die aufmerksame Leserin dieses Buch bereits kennt:

1. Mit dem Konsentprinzip sind alle Kreismitglieder gleichwertig in der Beschlussfassung im Sinne des gemeinsamen Zieles.
2. Mit dem Kreisprinzip gestalten Kreise ihre Arbeit selbstorganisiert als verbundene Zellen eines gemeinsamen Organismus.
3. Mit der Doppelten Koppelung sind alle Mitglieder in den Kreisen eines Systems vertikal (und optional auch horizontal) durch 2 Personen verbunden, sodass immer alle, die von den Auswirkungen der Entscheidung betroffen sind, über ihre Delegierten mitsteuern können.
4. Mit der Offenen Wahl werden nach offener Diskussion Rollen nur mit Konsent aller Beteiligten vergeben.

Das ist also „Recht" in der SKM. Die Gemeinschaft „regiert", wie das Wort „Soziokratie" impliziert. Jedes einzelne Mitglied der Gemeinschaft kann von seinem Platz aus überall mitregieren.

Was tun, wenn „das Kapital" regiert?

Wie verträgt sich nun die Soziokratie mit den üblichen Intentionen in marktwirtschaftlich gewinnorientierten („kapitalistisch orientierten") Organisationen? In Rechtsformen, in welchen „das Kapital regiert", und jedes Ding, jedes Grundstück, jede Sache, jede Firma das Eigentum einer Person oder einer Personengruppe ist, gibt es vorerst nur wenige Möglichkeiten für alle von der Entscheidung Betroffenen, mitzuregieren.

Was in einer Kapitalgesellschaft „Recht" ist, ist in den entsprechenden gesetzlichen Grundlagen nachzulesen. In der Regel gehört neben dem eingebrachten Kapital auch die ganze Firma den Kapitaleignern. Gewöhnlich verfügen „Eigentümer" über ihr „Eigentum". Sie können nur durch ein übergeordnetes Recht eingeschränkt werden. Wenn ich etwas eigne, also besitze, dann bestimme ich auch darüber. Die Eigentümerschaft gibt mir Macht über „die Sache". Es ist wirklich möglich, eine Firma zu besitzen, mit allen Sachgütern, Immobilien und den Arbeitsplätzen. Die Eigner verfügen über alle Ressourcen und können Standorte, Zulieferbetriebe und Arbeitsplätze wechseln, aufstocken oder entfernen.

Gerard Endenburg sagte damals, als er seinem Vater als Eigentümer von *Endenburg Elektrotechniek* folgte: „Als Direktor und Eigentümer des Unternehmens kann ich das Geschäft verkaufen und damit auch die Menschen. Das ist Sklaverei."

Dem Kapitalismus den Faktor „Mitbestimmung" hinzufügen

Die Soziokratie ergänzt die kapitalistischen Grundprinzipien um den Faktor „Mitbestimmung". Allein durch das Recht, direkt bei Grundsatzentscheidungen mittels Delegierten auf allen Ebenen mitzuregieren, entstehen andere Entscheidungen.

Das kapitalistische System lebt davon, dass die Eigentümer ganz allein und im Sinne ihrer eigenen Interessen Grundsätzliches entscheiden dürfen. Die Soziokratie fügt diesem System die Entscheidungsmacht der von den Auswirkungen Betroffenen hinzu. Niemand wird dabei „überstimmt"! Auch nicht die Eigentümerinnen! Die soziokratischen Prinzipien zwingen die beiden Interessensgruppen lediglich, gemeinsam Lösungen zu finden, die für alle passen! Das ist das Revolutionäre an der Soziokratie.

Wie gestaltet die Soziokratie die Einbindung der Eigentümer?

Wo platziert man in der soziokratischen Kreisstruktur die Aktionärsversammlung, wo die Gesellschafterversammlung oder die Eigentümervertreter? Gemäß heutigem Recht stehen sie an der Spitze der Steuerung und sollen über den Verkauf und die Kapitalverwendung entscheiden können. Sie tragen aber auch das Risiko, wenn die Firma in Konkurs geht.

Wenn sich die Eigentümer einer Organisation entschieden haben, eine soziokratische Organisationsstruktur einzuführen, dann haben sie sich auch entschieden, ihre Macht im Topkreis, dem höchsten Organ einer soziokratischen Organisation, zu teilen.

Die Kreise mit der Bezeichnung „Ziel" produzieren das Angebot (Ziel) des Unternehmens.

Die Eigentümer bilden einen eigenen Kreis (oder eine Kreisstruktur) als Gesellschafter-, Aktionärs- oder Genossenschafterversammlung. Die Anbindung erfolgt am besten über das externe Topkreismitglied, das für Finanzen zuständig ist. An diese Person delegieren die Eigentümer die Vertretung ihrer Interessen. Im Topkreis wird gemeinsam über die Gewinnverteilung entschieden, denn der Topkreis hat die Verantwortung für das Gelingen des Geschäftes. Die Finanzexpertin im Topkreis verbindet die finanziell-ökonomische Entwicklung der Umgebung mit der finanziell-ökonomischen Entwicklung der Organisation. Sie stellt Informationen zur Verfügung, um zusammen mit den anderen Mitgliedern des Topkreises die Entwicklung der Organisation zu fördern (→ *Kap. 4.9 Der Topkreis*).

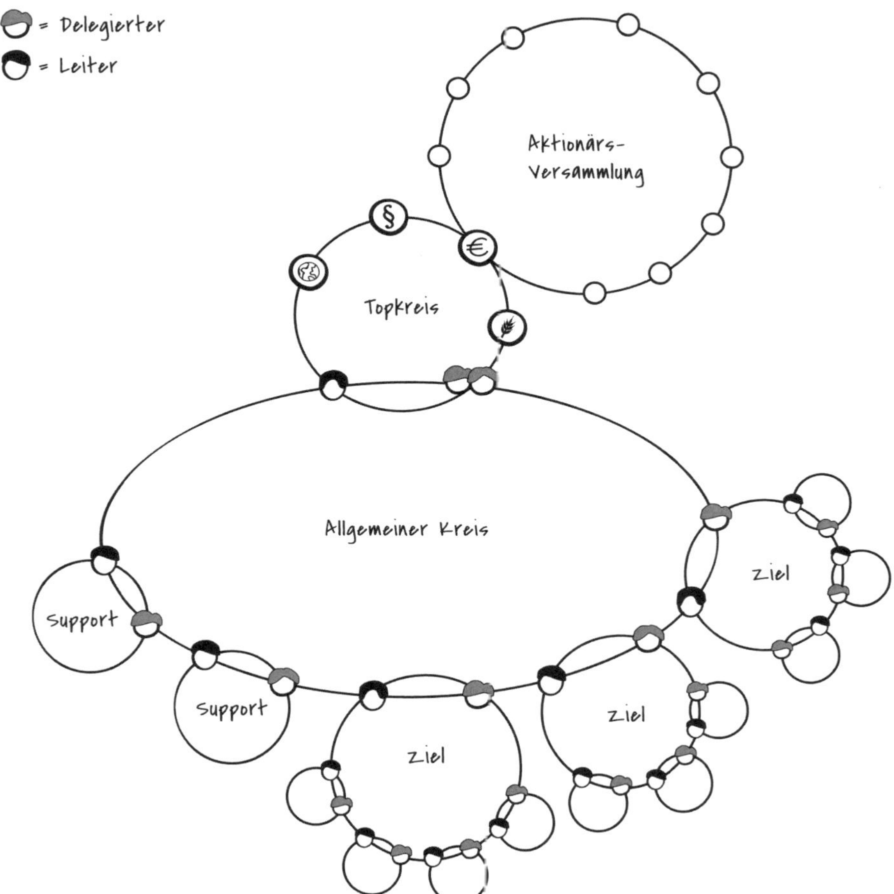

Abb. 16: Einbindung der Eigentümer in die Kreisstruktur.

In der SKM sind die Eigentümer gleichberechtigt mit den Mitarbeitern des Betriebes.

Mindestens eine Delegierte aus dem Allgemeinen Kreis, in Offener Wahl gewählt von ihren Kollegen, sitzt mit Konsentberechtigung im Topkreis. Sie ist bei allen Punkten, die im Topkreis auf die Agenda kommen, gleichwertig in der Beschlussfassung.

So auch in dem bekannten Beispiel aus den 1970er-Jahren bei *Endenburg Elektrotechniek*, als die größten Kunden ihren Einkauf nach China verlegt hatten. Damals haben auch die Delegierten aus dem Allgemeinen Kreis bei der einberufenen Krisensitzung des Topkreises eingesehen, dass man 30 % der Mitarbeiter kündigen müsse. Das war ein harter Test für die Leute bei *Endenburg*. Der Test wurde mit Erfolg bestanden. Es wurde nicht nur die Kooperationsfähigkeit der Delegierten bei wirtschaftlich notwendigen, vor allem aber schwierigen Maßnahmen getestet, sondern auch die Mitbestimmung aller Mitwirkenden aus den unteren Ebenen bei Krisen. Damals gab es nämlich aufgrund der Initiative eines Produktionsmitarbeiters innerhalb von wenigen Tagen mittels doppelter Koppelung eine radikal andere Idee auf dem Tisch des Topkreises. Ein junger Mitarbeiter hatte im Konsent durchgesetzt, dass die Kollegen noch nicht entlassen wurden, sondern versuchen sollten, nach einer kurzen Vertriebsschulung mit Anzug und Krawatte zwei Monate lang die anderen Produkte des Unternehmens zu bewerben. Das wurde tatsächlich beschlossen und auch umgesetzt. Die Produktion wurde umgestellt und fast alle behielten ihre Jobs (→ Kap. 1 *Eine kurze Geschichte der Soziokratie*).

Natürlich hätte Gerard Endenburg als Eigentümer sein Unternehmen jederzeit, auch ohne Konsent, verkaufen können. Aber das wäre für ihn ein Rückschritt gewesen und nicht die Soziokratie. Auf der Suche nach einer nachhaltigen Lösung fand er zwei Wege. Durch die Einführung des soziokratischen Entlohnungsmodells erhielten alle Mitarbeiter bei *Endenburg Elektrotechniek* die bislang (noch) kein Kapital, aber Arbeitskraft eingebracht hatten, die Möglichkeit, ihre Gewinnanteile als Aktien im Unternehmen zu belassen. Dadurch wurden sie auch zu Mitbestimmenden im Aktionärskreis. Zusätzlich gründete Gerard Endenburg eine Stiftung mit dem Zweck, seine Eigentumsanteile an die Stiftung zu verkaufen, sodass das Unternehmen der Stiftung gehört. Die Mitglieder im Topkreis des Unternehmens sind seither dieselben wie auch im Topkreis der Stiftung (Stiftungsrat).

So gehört das Unternehmen *Endenburg Elektrotechniek* auch heute noch sich selbst und hat in seinem Gesellschaftsvertrag und in der Stiftungsurkunde als Entscheidungsmethode die SKM verankert.

Gerard Endenburg hat übrigens seine damaligen, über zehn Jahre verteilten Gewinnanteile in seine *Endenburg-Foundation* einfließen lassen, die heute verschiedene Soziokratie-Projekte finanziell unterstützt.

So wie es ein Stiftungsgesetz, ein Vereinsgesetz und ein Aktiengesetz gibt, sollte es auch ein Soziokratie-Gesetz geben. Die Regeln sind bereits entwickelt. Sobald der Gesetzgeber die Argumente kennt und gut findet, können wir dieses Gesetz in Kraft treten lassen. Die „Soziokratie-Gesellschaft" wird blühen; sie gehört sich selbst, hat eine soziokratische Kreisstruktur und ist über ihren Topkreis mit der relevanten Umgebung verbunden. Alle darin mitwirkenden Personen, egal ob Kapitalgeber (geben Kapital) oder Arbeitgeber (geben ihre Arbeitskraft), teilen das gemeinsame Ziel, sind gleichwertig in der Beschlussfassung und damit auch mitverantwortlich für die Zielerreichung.

Rechtsstreitigkeiten würden mithilfe der soziokratischen Regeln beigelegt werden können. So könnte die Soziokratie ihren Beitrag zu einer zunehmend kooperierenden Gesellschaft leisten, in der niemand übergangen wird und dadurch die Potenziale aller Teilnehmenden zusammenwirken können.

Zusammenfassung

Gerard Endenburg hat die soziokratischen Prinzipien auch in rechtsverbindliche Statuten gegossen. Viele Vereine und Genossenschaften haben sich schon soziokratische Statuten gegeben, die mit den jeweiligen Gesetzen kompatibel sind. Auch Kapitalgesellschaften können soziokratische Entscheidungsstrukturen einführen. Solange die Eigentümer die SKM wollen, kann sie umgesetzt werden. Wie die Firma auch vor einem Verkauf bewahrt werden kann, hat Endenburg in seinem eigenen Unternehmen gezeigt, das sich seit vielen Jahren selbst gehört.

Kapitel 5

Organisations-strukturen zur Selbstorganisation

Kapitelübersicht

„Selbstorganisation" ist das Geheimnis der Herausbildung aller lebenden Systeme, egal ob es sich dabei um einzelne Zellen, einen vielzelligen Organismus, einen einzelnen Menschen oder eine menschliche Gemeinschaft handelt.

Gerhard Hüther, Kommunale Intelligenz, S. 121.

5.1 Organisationen als lebende Organismen

Von Gerald Hüther habe ich gelernt, dass eine Organisation dann als lebendig bezeichnet werden kann, wenn sie nicht nur die Selbstorganisation ihrer Teile zulässt, sondern als Ganzes selbstorganisiert funktioniert. Das bedeutet, dass ihre Teile sich selbst organisieren (geschlossen), während sie gleichzeitig ihren Beitrag zum Ganzen geben (offen). Aus dem Ganzen beziehen sie auch alle dafür notwendigen Ressourcen. Wenn sie völlig isoliert wären, würden sie absterben. Organisationen mit und für Menschen werden durch sich selbst organisierende Teile, die miteinander für ein gemeinsames Ziel verbunden sind, zu lebenden Organismen.

Organisationsstrukturen zur Selbstorganisation sind lebendige Organismen.

Sinn und Ziel als Voraussetzung von Selbstorganisation

„Sich selbst" zu organisieren in einer Gruppe von Individuen hat eine grundlegende Voraussetzung: Die Gruppe muss sich als „Selbst" wahrnehmen. Ein Selbst ist ein integrales System, bestehend aus Teilen, die zusammengehören und sich auch so verhalten. Jeder Teil hilft dem anderen bei der Zielerreichung.

Dazu muss jeder Teil auch seinen eigenen Sinn kennen und sein Ziel als Beitrag zum Sinn eines größeren Ganzen verstehen. Will man in einem Organismus mitwirken, muss der eigene Beitrag die anderen unterstützen. Wenn ein Teilnehmer sich innerhalb einer Organisation befindet und nicht die Absicht hat, den Gesamtorganismus zu unterstützen, dann muss er permanent Energie dafür aufwenden, sich selbst zu verleugnen. Seine bewussten und auch seine unbewussten Anteile innerhalb seines eigenen Systems werden ihm täglich signalisieren, dass er hier nicht richtig platziert ist. Er kann nicht Teilnehmer eines lebenden Organismus werden, wenn er sich nicht selbst bzw. *als* Selbst hinzufügen kann.

In der SKM ist diese menschliche Komponente ein Schlüssel für das Gelingen. Wie in Kapitel 4.1 *Eine gemeinsame Ausrichtung* schon beschrieben, sind alle Individuen eingeladen, sich am gemeinsamen Ziel zu beteiligen. Dazu gehört auch der innere Konsent.

Das Grundmuster funktionierender Organisationen

Auf der Suche nach praktikablen Kreisstrukturen in Organisationen, entdeckte Endenburg ein Grundmuster von zusammenhängenden Kreisprozessen (Systemen), das für jede Zelle im Organismus nötig ist, um innerhalb eines größeren Ganzen zu funktionieren. Dieses Grundmuster besteht aus einem Cluster von vier Kategorien von Aktivitäten, die durch ihr Zusammenwirken das Leben des Organismus ermöglichen:

1) Die Aktivitäten zur unmittelbaren Zielverwirklichung. Das ist die *Produktion des Angebotes* oder das *Hauptgeschäft* um das Ziel der Organisation zu erreichen (*Kreis-Typ 1)*
2) Die *unterstützenden Aktivitäten* einschließlich des Gedächtnissystems, der Support und alle internen Dienstleistungen die das Funktionieren ermöglichen (*Kreis-Typ 2)*
3) Die *Integration* dieser zwei Arten von Aktivitäten (*Kreis-Typ 1 und Kreis-Typ 2)*, um sie zu koordinieren und aneinander auszurichtet (*Kreis-Typ 3)*.
4) Die *Verbindung* des Organismus *mit seinem Umfeld*, zur Kommunikation zwischen benachbarten Organismen auf Ebene ihrer Ziele (*Kreis-Typ 4)*.

Damit ergibt sich das folgende Grundmuster (siehe Abb. 17) einer Organisation als „Organismus mit einem bestimmten Ziel“.

Diese vier Kategorien, verbunden durch regen Austausch von Messungen, sorgen für die dynamische Steuerbarkeit eines Organismus im Zusammenwirken mit seiner Umgebung, von der er ein Teil ist.

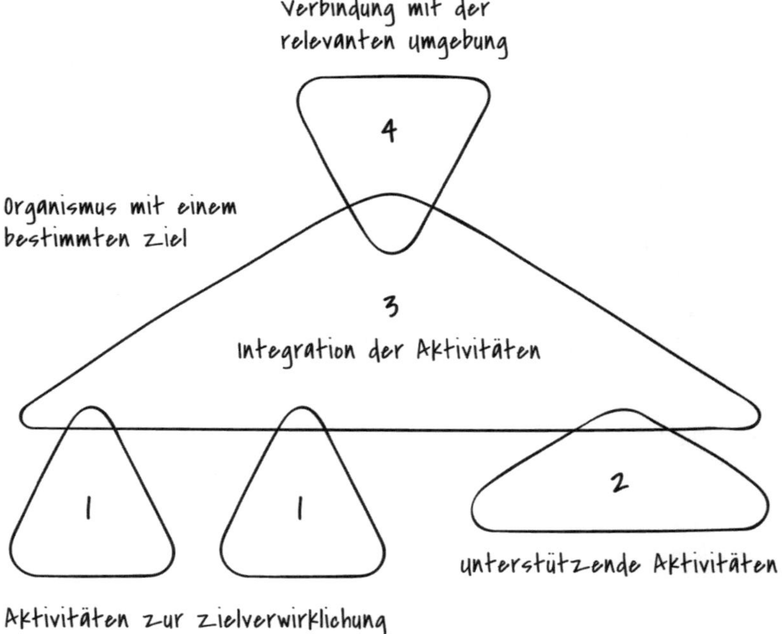

Abb. 17: Das Grundmuster einer Organisation als „Organismus mit einem bestimmten Ziel“.

Darstellungsformen von Kreisstrukturen

Immer wieder kritisieren Teilnehmer in unseren Seminaren die Darstellung der soziokratischen Organisationsstruktur in Dreiecken. Warum zeichnet man Dreiecke, die man dann „Kreise“ nennt? Dreiecke zeigen die Hierarchie der Kreis-Ebenen und drücken damit den notwendigen Überblick und die gegenseitige Abhängigkeit aus, ohne die es keine Gleichwertigkeit in größeren Zusammenhängen geben kann. Das Dreieck symbolisiert auch klar den Kreisprozess von leiten-tun-messen als die drei Funktionen der Steuerung.

Unterschiedliche Darstellungsformen werden gebraucht, um die häufig sehr individuellen selbstorganisierten Verbindungen darzustellen, die innerhalb und zwischen Organisationen möglich sind. Dabei ist es wichtig zu verstehen, dass wir mit soziokratischen Kreisstrukturen rechtlich verbindliche Entscheidungsstrukturen etablieren und keine „losen Netzwerke“ zum unverbindlichen Meinungsaustausch!

Im Folgenden werden einige Darstellungsformen soziokratischer Kreisstrukturen vorgestellt und deren Vor- und Nachteile beleuchtet.

Darstellung mit vertikalen Dreiecken

Die Darstellung in Dreiecken ist geeignet für alle Arten von Organisationen, die bisher über eine lineare (einfach verknüpfte) Organisationsstruktur verfügten. Diese Darstellung ermöglicht es, die Anbindung an die Umgebung über den Topkreis (→ 4.9 *Topkreis – Verbindung mit der relevanten Umgebung*) gut sichtbar zu machen. In Abbildung 18 weisen die vier Symbole auf die externen Funktionen im Topkreis hin: Das sind die Expertinnen für Recht, für Finanzen, für Soziales/SKM und für das eigene Geschäftsfeld.

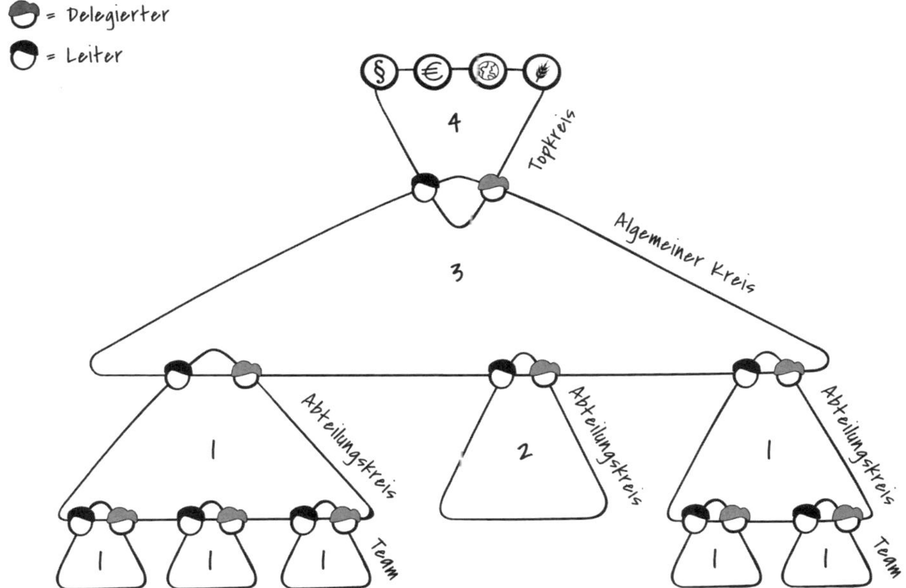

Abb. 18: Soziokratische Kreisstruktur, vertikal mit Dreiecken dargestellt.

Der Vorteil der Darstellung durch Dreiecke liegt darin, dass die Hierarchie der Kreisebenen im Fokus steht, eine Hierarchie von Zielen. Die unteren Ziele sind das Mittel, um ein größeres, höheres Ziel zu verwirklichen. Nach oben werden die Ziele immer abstrakter, nach unten immer konkreter.

Der Kreisprozess und seine Funktionen von Leiten-Ausführen-Messen ist implizit im Dreieck als „Regelkreis" erkennbar, auch in Verbindung zu den Rollen von Leitung und Delegierten. Die Ausführenden, die im Kreisprozess gleichwertig in der Beschlussfassung sind, bilden die Basis des gleichschenkeligen Dreiecks. Wie bereits erwähnt, tun sich viele Menschen mit der Darstellung von Dreiecken, die als Kreise bezeichnet werden, schwer.

Darstellung in Kegeln

Diese Darstellung entspricht der von Dreiecken und hat auch die gleichen Vorteile. Zusätzlich zeigt sie aber auch die Kreise der Menschen, die in Runden beisammensitzen; sie vereint also sehr gut die Vorteile der Zeichnung von Dreiecken mit denen von Kreisen. Das gleichschenkelige Dreieck bildet hier die Verbindungslinie zum nächsthöheren Kreis und zurück.

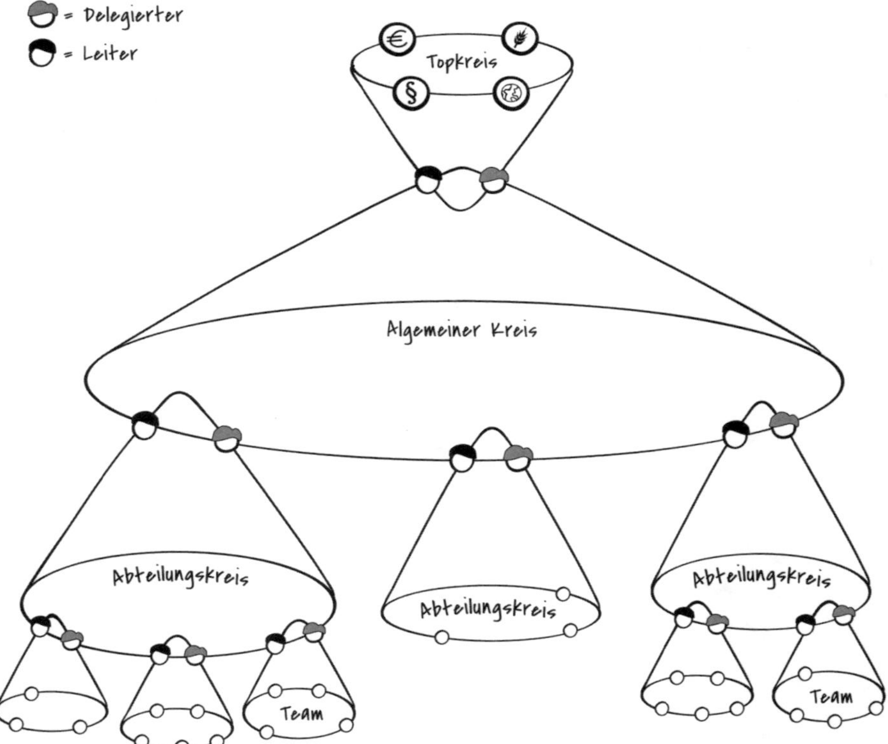

Abb. 19: Soziokratische Kreisstruktur mit dreidimensionalen Kegeln.

Darstellung mit horizontalen Kreisen

Insbesondere bottum-up entstandene Organisationen verwenden gerne eine Darstellung in Kreisen (siehe Abb. 20). Hier gibt es ein Innen und ein Außen, kein Oben und Unten. Die Doppelte Koppelung wird in den Schnittpunkten von jeweils zwei Kreisen sichtbar; zwei Personen gehören jeweils zu beiden Kreisen. Allerdings scheint die Hierarchie der Kreise in übergeordnete und untergeordnete Ebenen aufgelöst und ist darum nur schwer zu vermitteln. Der Topkreis als die Anbindung an die relevante Umgebung, ist nicht leicht als höchstes Gremium wahrzunehmen.

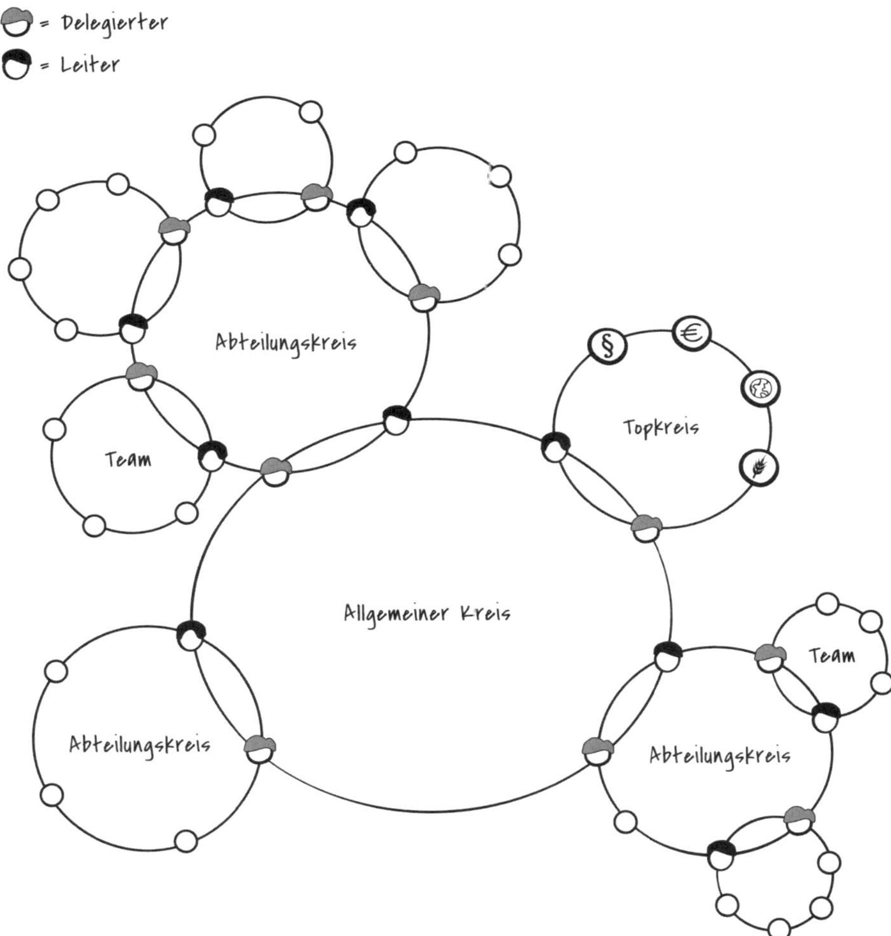

Abb. 20: Soziokratische Kreisstruktur mit horizontalen Kreisen.

Darstellung in Kreisform mit Innenkreisen

Diese Nestform ist ebenfalls beliebt bei bottum-up entstandenen Organisationen. Die Bereichskreise erscheinen „eingenistet", was das Gefühl von Beheimatung erhöhen kann. Die Doppelte Koppelung wird entlang der Außenlinie dargestellt. Hier können auch Innenkreise verbunden dargestellt werden, wenn dieselben Personen zur Vernetzung in mehreren Kreisen sitzen. Die Darstellung erscheint wie ein lebender Organismus mit Organen darin und Zellen mit unterschiedlichen Funktionen. Die Verknüpfung erinnert an eine durchlässige Membran und wirkt „natürlich" im Sinne von „der Natur ähnlich". Der Topkreis ist nach außen gerichtet und kann daher gut an die Umgebung andocken. Allerdings besteht die Gefahr, dass Klarheit verloren geht, denn die Hierarchie der Ebenen innerhalb der Organisation ist schwerer nachvollziehbar.

Die soziokratische Kreisstruktur mit Innenkreisen lässt Spielraum für diverse Interpretationen und zeigt, wie komplexe Organisationsgebilde nebeneinander existieren und doch miteinander kooperieren können (siehe Abb. 21).

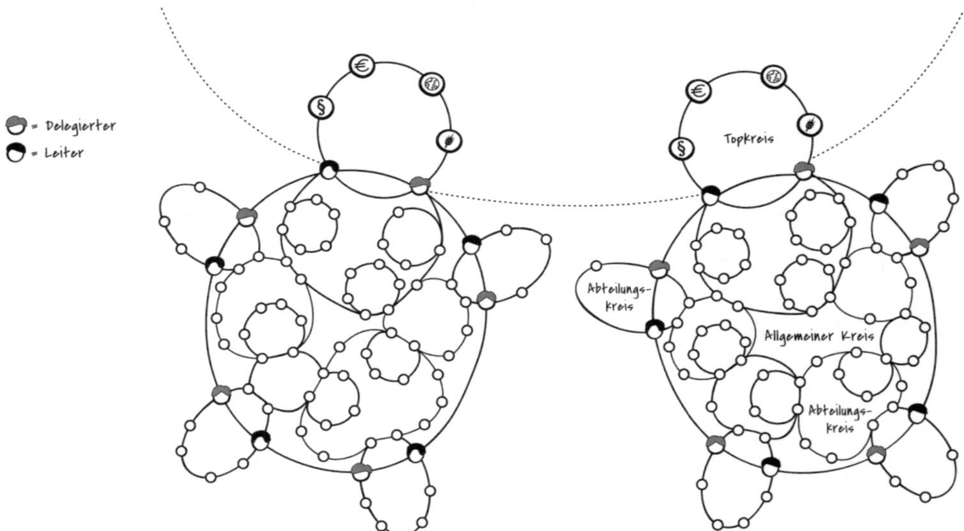

Abb. 21: Darstellung verbundener Kreisstrukturen mit Innenkreisen.

Darstellung als Netzwerk mit einer fraktalen Struktur

Über den Topkreis und seine externen Mitglieder kann jede große Organisation auf jeder ihrer Hierarchieebenen mit ihren jeweiligen Umgebungsfeldern verbunden werden. Solche Netzwerke kann man auch „integral" oder holistisch" nennen. Die soziokratische Kreisorganisation wird ab einer bestimmten Größe fast automatisch zu einer fraktalen Struktur.

Die Abbildung 22 zeigt ein solches Netzwerk. Hier sind die Allgemeinen Kreise regionaler Körperschaften (hellgrau) über einen gemeinsamen Topkreis (der auch ein gemeinsamer Allgemeiner Kreis sein könnte) miteinander verknüpft (dunkelgrau). Die Topkreise (dunkelgrau) sind auf der nächsthöheren Ebene zusätzlich mit anderen Topkreisen verbunden. In der Abbildung 22 kann man sich vorstellen, als Beobachter auf der Erde zu liegen und nach oben in ein Blätterdach zu schauen. Dann ist unsere ursprüngliche Organisations-Pyramide auf den Kopf gestellt und die Verbindung der Topkreise findet in der Erde statt.

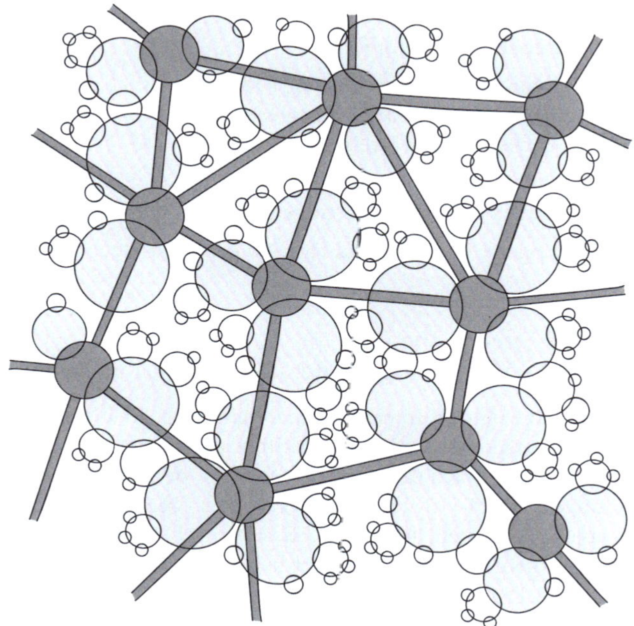

Abb. 22: Darstellung einer Netzwerkstruktur.

Die fraktale Organisationsform findet sich auch in einem Baum. Alle Teile dieses Organismus laufen im Stamm zusammen und erhalten von dort die Nahrung (Ressourcen), die Informationen, die Vernetzung und den Halt, den sie brauchen, um die verzweigten Außenstellen zu entwickeln, die dann die Früchte hervorbringen. Hier werden Topkreis-Verbindungen zu einer Art „Myzel", das über die Wurzeln und das Erdreich alle umgebenden Organismen miteinander vernetzt.

Abb. 23: Natürliche Netzwerkstruktur – der Wald.

Aufgaben und Zuständigkeiten der verschiedenen Kreise

Es ist wichtig zu erkennen, dass es die Kreisstruktur zwar permanent gibt, dass sie aber nicht immer aktiv ist. Nur wenn *Grundsatzentscheidungen* getroffen werden, kommt die soziokratische Kreisstruktur zum Einsatz.

Jedes Mitglied ist in einem oder in mehreren Kreisen beteiligt. Jeder Kreis ist relativ autonom, d. h. er bestimmt im Konsent seine eigenen Grundsätze innerhalb der Grenzen der Grundsätze des nächsthöheren Kreises.

Die Doppelte Koppelung sichert die Verbindung zwischen den Kreisen, sodass ein Kreis effektiv auf interne und externe Veränderungen reagieren kann.

Jeder Kreis hat eine eigene Domäne und legt seine Grundsätze fest, um das Ziel des Kreises zu realisieren.

Der Topkreis (Kreis-Typ 4, siehe Abb. 18) (→ 4.9 Der Topkreis – Verbindung mit der relevanten Umgebung)

Im Topkreis sitzen externe und interne Teilnehmerinnen. Er bietet eine Verbindung zur relevanten Umgebung und damit eine Abstimmungsmöglichkeit von drinnen nach draußen und von draußen nach drinnen. Er bestimmt den Zweck des Unternehmens und die Grundsätze zur Verwirklichung des Zweckes. Dazu erstellt der Topkreis die Organisationssatzung (Statuten) und die Kreissatzung (Geschäftsordnung) für diese Organisation. Die Organisationssatzung legt beispielsweise fest, wie das notwendige Kapital beschafft und Ergebnisse auf die Anteilseigner und Organisationsmitglieder verteilt werden.

Innerhalb der Rahmenbedingungen der Umgebung (Gesetze, Kultur etc.) bestimmt der Topkreis die Regeln für den Kreisprozess für sich selbst, und zwar gemäß der allgemein gültigen Kreissatzung (→ 4.11 *Soziokratie und Recht*). Er delegiert Teile seiner Zuständigkeit für die Grundsatzbestimmung und Kontrolle an den Allgemeinen Kreis, zum Beispiel die Führung der Geschäfte oder die Erstellung des Jahresberichtes. Ebenso delegiert er die Zuständigkeit für die Ausführung der Grundsätze an seine Mitglieder. Auch wenn der Topkreis Teile seines Aufgabenbereiches delegiert, behält er doch die Verantwortung für diese Aufgaben.

Der Allgemeine Kreis (Koordinationskreis, Kreis-Typ 3, siehe Abb. 18)

Der Allgemeine Kreis bestimmt die Grundsätze für die Verwirklichung des Unternehmenszieles innerhalb der Rahmenbedingungen, die durch den Topkreis vorgegeben sind. Er legt anhand der allgemein gültigen Kreissatzung die Regeln für den eigenen Kreisprozess fest und delegiert Teile seiner Zuständigkeit für die Grundsatzbestimmung und Kontrolle an die Abteilungskreise. Ebenso delegiert er die Zuständigkeit für die Ausführung der Grundsätze an seine Mitglieder. Auch wenn der Allgemeine Kreis Teile seines Aufgabenbereiches an die unteren Kreise delegiert, behält er doch die Verantwortung für diese Aufgaben.

Der Abteilungskreis (Bereichskreis, Kreis-Typ 1 und 2, siehe Abb. 18)

Der Abteilungskreis bestimmt die Grundsätze zur Verwirklichung des eigenen Zieles innerhalb der Rahmenbedingungen des Allgemeinen Kreises. Der Kreis legt anhand der allgemein gültigen Kreissatzung die Regeln für den eigenen Kreisprozess fest. Er delegiert einen Teil seiner Zuständigkeit für die Grundsatzbestimmung und Kontrolle an die Teamkreise. Ebenso delegiert er die Zuständigkeit für die Ausführung der Grundsätze an seine Mitglieder. Auch wenn ein Abteilungskreis Teile seines Aufgabenbereiches an Teamkreise oder an einzelne Mitglieder delegiert, behält er doch die Verantwortung für diese Aufgaben.

Der Teamkreis (Kreis-Typ 1 und 2, in der nächstniederen Ebene)

Der Teamkreis bestimmt die Grundsätze zur Verwirklichung des eigenen Zieles innerhalb der Rahmenbedingungen des Abteilungskreises. Ansonsten gilt hier das Gleiche wie für den Abteilungskreis.

Der Hilfskreis

Das Ziel eines Hilfskreises ist die Vorbereitung von Grundsatzentscheidungen. Seine Existenz ist zeitlich begrenzt. Er kann je nach Bedarf (Probleme bei den Grundsätzen, Ausführungsprobleme, für Marketingaufgaben, für Forschungsaufgaben etc.) gebildet werden. Meist setzt er sich aus Mitgliedern bestehender Kreise zusammen. Es können aber auch Experten von außerhalb der Organisation hinzugezogen werden. Es ist auch denkbar, dass aus einem Hilfskreis ein zusätzlicher Abteilungskreis gebildet wird.

Ein Hilfskreis bestimmt keine Grundsätze. Das ist ausschließlich dem Kreis vorbehalten, der den Hilfskreis beauftragt hat.

Vom linearen Unternehmen zum sich selbst organisierenden Organismus

Schauen wir uns nun an, wie eine Organisationsstruktur gewöhnlich abgebildet wird. Wir sehen fast immer eine lineare, hierarchische Struktur. Eine solche Organisation bezeichnet man üblicherweise als Pyramide.

Der Vorteil einer solchen linearen Struktur ist, dass zunächst sehr deutlich wird, wer leitet und wer ausführt. Die soziokratische Methode nutzt diesen Vorteil ausschließlich für die *Ausführung*. Zum Bestimmen von Grundsätzen führt die Soziokratie eine separate Struktur ein, die den Kreisprozessen innerhalb der Organisation gerecht wird. Das ist neu für Organisationen, die es gewöhnt sind, auch ihre Grundsätze in einer linearen, hierarchischen Struktur zu bestimmen – meistens an der Spitze der Pyramide. Im soziokratischen Modell nehmen dagegen alle Beteiligten gleichwertig an der Grundsatzbestimmung teil. Dazu werden Kreisversammlungen abgehalten. Entscheidungen werden auf Ebene der Arbeitsbereiche getroffen, dort also, wo die Entscheidungen auch umgesetzt werden müssen. An den Kreisversammlungen nehmen daher alle Personen teil, die von den Entscheidungen betroffen sind.

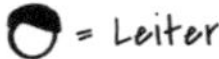

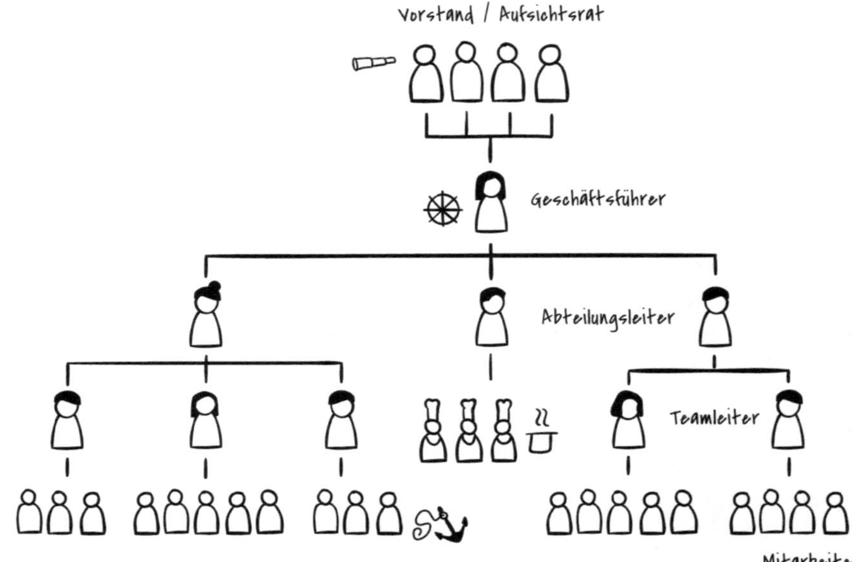

Abb. 24: Die Pyramide als Bild für eine lineare, hierarchische Organisation.

Wir sehen, dass eine soziokratische Organisation für die *Ausführung* eine lineare Struktur verwendet. Kann daraus abgeleitet werden, dass auch jede (lineare) Organisation geeignet ist, das soziokratische Modell zur Beschlussfassung zu verwenden? Die Antwort lautet ja. Die alte Struktur wird in diesem Fall aufrechterhalten, denn für die sichere *Ausführung* der Grundsätze ist die Hierarchie weiterhin unentbehrlich. Für die Grundsatzbestimmung (Beschlussfassung über die Grundsätze) wird jedoch die Kreisstruktur, das sind die Kreisversammlungen auf jeder Ebene der Organisation, hinzugefügt. Die Dreiecke in der folgenden Abbildung enthalten jene Personen, die an der Kreisversammlung teilnehmen.

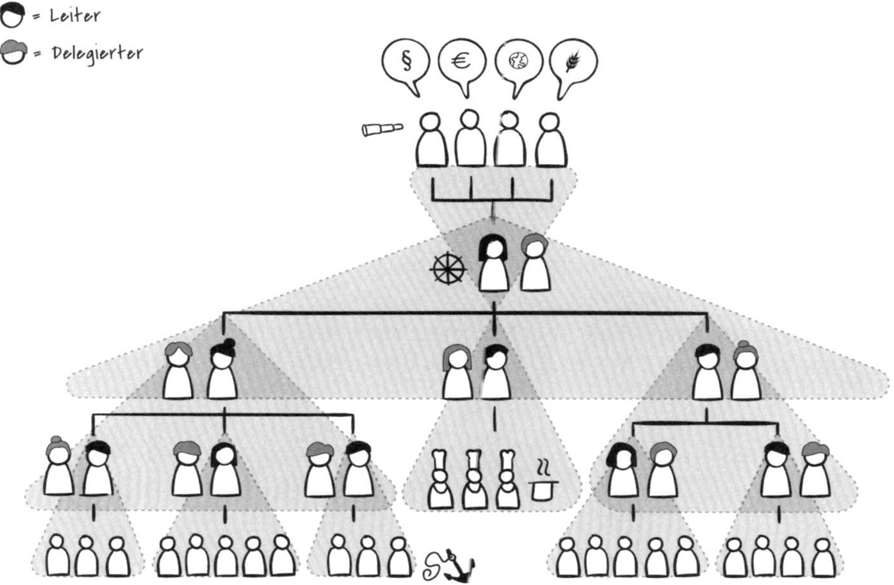

Abb. 25: Linienstruktur mit hinzugefügter Kreisstruktur.

5.2 Kreisstrukturen in der Praxis

Die KreatMont-Schule

Wir stehen mit der Anwendung der *Soziokratischen KreisorganisationsMethode* in Schulen im deutschsprachigen Raum zwar noch am Beginn, in den Niederlanden ist die Soziokratie an Schulen aber schon häufiger zu finden. Einen schönen Einblick bietet dazu der Dokumentarfilm „Schools Circles – Every Voice Matters“. Außerhalb der Niederlande sind mir bislang nur fünf Schulen bekannt, die die SKM vollständig praktizieren. Vier davon sind selbstverwaltete Montessori-Schulen mit 25 bis 80 Schülerinnen und vier bis zwölf Pädagoginnen. Eine öffentliche Schule in der Schweiz, mit etwa 900 Schülern und 90 Lehrkräften, hat in den Jahren 2020 und 2021 die SKM komplett eingeführt.

Wie ein Experiment an einer Handelsakademie in Wien gezeigt hat, steht und fällt die Umsetzung soziokratischer Organisationsstrukturen mit dem Willen der Schulleitung, sowohl Zeit als auch Geld zu investieren. Sehr einschränkend können auch die Rahmenbedingungen des jeweiligen öffentlichen Schulwesens wirken. Da ist Kreativität gefragt. Die Schulleitung in der gerade erwähnten öffentlichen Schule in der Schweiz hatte beispielsweise das Weiterbildungsbudget von drei Jahren in die Begleitung zur Einführung der SKM investiert. Der Zeitaufwand, der für die Kreisversammlungen anfällt, aber auch die daraus folgenden gemeinsam kreierten Projekte können ein gewöhnliches Schulsystem leicht überfordern. Man muss auch den Schulalltag anders organisieren und insgesamt mehr Freiheit ermöglichen, wenn man agile Methoden in öffentlichen

Schulen einführen will. Die Umstellung auf soziokratische Mitbestimmung fällt freien Schulen, aufgrund ihrer Autonomie und Selbstverwaltung, wesentlich leichter.

Die KreaMont-Schule im österreichischen St. Andrä-Wördern ist mit etwa 80 Kindern aus 55 Familien und 14 Mitarbeitenden, davon 12 Pädagoginnen, eine der erfahrensten soziokratischen Schuleinrichtungen Österreichs. Hier begann bereits Ende 2014 ein SKM-Implementierungsprozess, um die Elternarbeit zu verbessern. 2017 hat sich dann auch das Lehrerteam entschlossen, soziokratisch zusammenzuarbeiten. Das war die Voraussetzung, um auch die Schülerinnen ab 2020 in die soziokratische Kreisstruktur zu integrieren. Im Jahr 2018 wurde der Topkreis gegründet und 2020 wurde die SKM in den Statuten verankert.

Das Organigramm der Schule ist in Bewegung und entwickelt sich mit dem jeweiligen Implementierungsschritt weiter. Aktuell sieht die Kreisstruktur so aus (siehe Abb. 26).

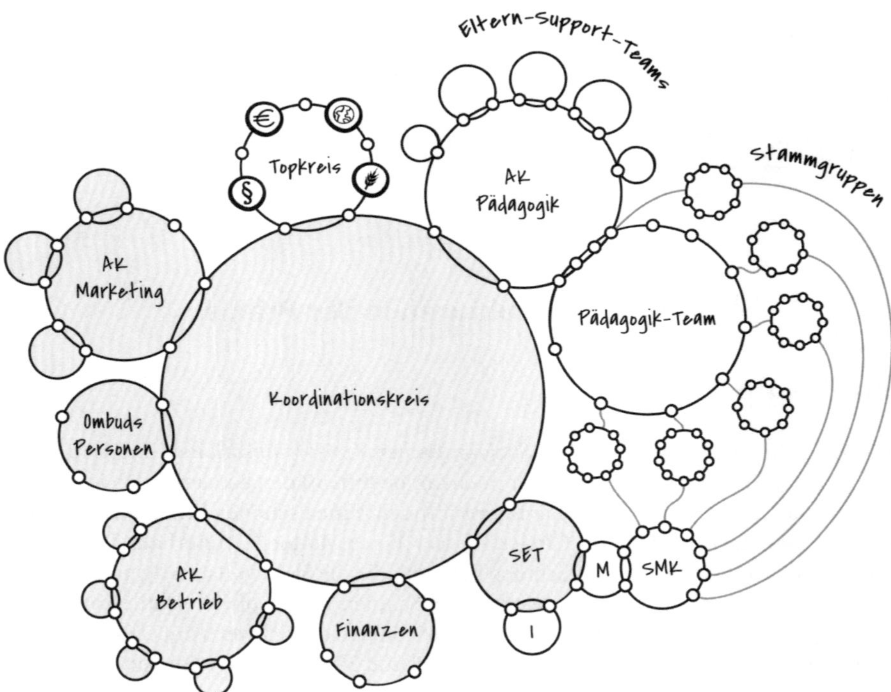

Abb. 26: Organigramm der KreaMont-Schule 2021.

Die folgende Beschreibung enthält einige Details zu den Domänen (→ Kap. 4.6) der Kreise der KreaMont-Schule. Die Aufteilung der Entscheidungsbereiche ist sehr individuell und kann in jeder Schule – entlang der eigenen Kultur und der eigenen Bedürfnisse – anders aussehen.

Die Kreisstruktur im Organigramm der KreaMont-Schule

- **Topkreis**
  Interne Mitglieder: Vereins-Obfrau (Gründerin, Verbindung zur Gemeinde), KK-Leitung, Delegierte aus dem KK, Schulleitung, Leitung Finanzteam (Vereins-Kassier)
  Externe Mitglieder: Rechtsexpertin (ehemalige Mutter), Finanzexpertin (ehemalige Büroleiterin), Soziokratie-Expertin, Pädagogik-Expertin.
  Domäne (Anbindung an die relevante Umgebung, Kreis-Typ 4): Hüter der Vision und des pädagogischen Konzeptes, Verbindung zu gesellschaftlichen Entwicklungen, Finanzkontrolle, Ansehen der Schule, Hilfestellung beim Funktionieren der Soziokratie.
  Platz in der Organisation: Leitet den Koordinationskreis

- **Koordinationskreis**
  Mitglieder: Kreisleitung (Vereinsvorsitzende), Kreisleitungen und Delegierte aus den Arbeitskreisen, sowie Teamleitungen der direkt an den KK angebunden Teams.
  Domäne (Allgemeiner Kreis, Kreis-Typ 3): Grundsatzentscheidungen für Aufgaben der Arbeitskreise und Teams, sowie deren Koordination.
  Platz in der Organisation: Wird geleitet vom Topkreis.
  Leitet folgende Kreise und Teams:
  - AK Pädagogik (Kreis-Typ 1 – Kerngeschäft)
  - AK Betrieb (Kreis-Typ 2 – Support)
  - AK Marketing (Kreis-Typ 2 – Support)
  - SET – Soziokratie Entwicklungsteam (Kreis-Typ 2 – Support)
  - Finanz-Team
  - Ombuspersonen

- **AK (Arbeitskreis) Pädagogik**
  Mitglieder: Pädagogische Gesamtleitung, Pädagoginnen – auch als pädagogische Leiterinnen der Stammgruppen, Eltern-Support für Pädagogik
  Domäne (Kerngeschäft, Kreis-Typ 1): Pädagogische Begleitung bei der Entwicklung der Schülerinnen in der Primaria (Unterstufe), Vorsekundaria (Mittelstufe) und Sekundaria (Oberstufe), mit klasseninternen Domänen;
  Platz in der Organisation: Wird geleitet vom Koordinationskreis. Leitung des AK Pädagogik ist die Schulleitung.
  Leitet folgende Teams:
  - Pädagogikteam
    Domäne: Unterstützung der Entwicklung der Schülerinnen durch: Begleitungskonzept entwickeln und ausführen, Begleitung der Stammgruppen (12–14 Schülerinnen, altersgemischt), Entwicklung der Pädagogen und regelmäßiger Austausch, Elterngespräche, Anleitung der Praktikantinnen, und vieles mehr.
  - Eltern-Support-Teams für Material-Herstellung, Küche, Freies Spiel, schulische Tagesbetreuung, Lesen, Montessori-Ausbildung, EU-Freiwillige, Verwaltung der Praktikumsstellen, schulinterne Veranstaltungen.

- **AK Betrieb**
  Mitglieder: Eltern als Teamleitungen und eine hauptamtliche Angestellte im Sekretariat
  Domäne (Kreis-Typ 2, Support): Sorgt für Gebäudemanagement (Reparaturen, Garten), Reinigung, Sekretariat, IT, Organisation der Elternarbeit, Dienstgeber für Personal (Pädagoginnen, Sekretariat und Reinigungskräfte).
  Platz in der Organisation: Wird geleitet vom Koordinationskreis.
  Leitet folgende Teams:
  - Team Elternjobs
  - Team Hausmeister
  - Team Infrastruktur + IT
  - Team Reinigung
  - Team Sekretariat
- **AK Marketing**
  Mitglieder: Eltern
  Domäne (Kreis-Typ 2, Support): Werbung für neue Schüler; Veranstaltungen zum Bekanntmachen des Angebots der Schul, für Gemeinschaftsbildung und finanzielle Einnahmen; Öffentlichkeitsarbeit für Sponsoring, Spenden, Förderungen sowie Netzwerkarbeit.
  Platz in der Organisation: Wird geleitet vom Koordinationskreis.
  Leitet folgende Teams:
  - Team Werbung
  - Team Veranstaltungen
  - Team Öffentlichkeitsarbeit
- **Finanz-Team**
  Mitglieder: Eltern, Vereins-Kassier
  Domäne (Kreis-Typ 2, Support): Budget-Planung und Controlling, Buchhaltung, Schulgelder, Förderungen, Personal und Recht.
  Platz in der Organisation: Wird geleitet vom Koordinationskreis. Kassier ist Mitglied im Topkreis.
- **Ombudspersonen**
  Mitglieder: Eltern
  Domäne (Kreis-Typ 2, Support): Ansprechpersonen für alle Anliegen von Eltern, die nicht in der Kreisstruktur platziert werden können, Mediation, Problembehebung, gegebenenfalls platzieren von Themen aus der Elternschaft im KK.
  Platz in der Organisation: Wird geleitet vom Koordinationskreis.
- **Soziokratie Entwicklungs-Team (SET)**
  Mitglieder: Eltern, ausgebildet als interne SKM-Trainerinnen
  Domäne (Kreis-Typ 2, Support): Aufrechterhaltung der soziokratischen Arbeitsweise in der KreaMont-Schule; verantwortlich für die Organisationsentwicklung; Einschulung neuer Eltern in die Kreisstruktur.
  Platz in der Organisation: Wird geleitet vom Koordinationskreis. Die Leitung des KK leitet auch das SET.

Es gab lange Zeit keine Lösung für den Ort, an dem Leitung und Delegierte des Schüler*innen-Ministeriums-Kreises angebunden sein sollten. Jede Stammgruppe hat bereits durch die jeweils zuständige Lehrkraft eine Verbindung zum Lehrer*innen-Team. Zusätzlich begleitet eine erwachsene Person aus dem Soziokratie-Entwicklungs-Team den Stammgruppenkreis. Im Koordinationskreis wird vor allem der „Support" für den Betrieb der Schule organisiert. Da könnten Schüler*innen leicht überfordert sein. Bleibt also nur der Topkreis als der Platz in der Organisation, an dem die Schüler*innen mit ihren Anliegen „an höchster Stelle" gehört werden? Die KreaMont-Schule startete Ende 2021 einen Zwischenschritt mit der Einführung eines Monitoring-Kreises für den Schüler*innen-Ministeriums-Kreis. Dort reflektieren und begleiten jeweils zwei in offener Wahl gewählte Mitglieder aus dem SET (Soziokratie-Entwicklungs-Team), zwei gewählte Personen aus der Elternschaft und zwei gewählte Pädagoginnen mit Leitung und Delegierten aus dem Schüler*innen-Ministeriums-Kreis die Möglichkeiten der Schülermitbestimmung. Die Schülerinnen können hier in einem geschützten Rahmen das Zusammenwirken mit den Erwachsenen erleben und üben, wie sie ihre Rolle als Mitverantwortliche für ihre Ausbildung bestmöglich nutzen können

Noch während dieses Probebetriebs entstand der Wunsch, dass auch die Eltern in ihrer Elternrolle (nicht nur als Schulerhalter) einen Platz in der Kreisstruktur haben sollten. Das wurde auch durch den Film „School Circles. Every Voice Matters" angeregt. 2021 hat deshalb in der KreaMont-Schule ein neuerlicher Umstrukturierungsprozess begonnen. Auch diese Veränderung wird mithilfe eines Implementierungskreises vorbereitet.

Das SET leitet heute folgende Kreise – im Auftrag des KK:

- SMK – Schüler*innen-Ministeriums-Kreis (Stammgruppenkreis):
  Mitglieder: Schüler als gewählte Delegierte aus den sechs Stammgruppen
  Domäne (Kreis-Typ 1, Schülerinnen als Empfänger des Kerngeschäftes): Das Zusammenleben der Schüler im Schulalltag organisieren, inklusive Problembehebung; Anliegen an das Pädagogik-Team sammeln, bearbeiten und einbringen; Unterstützungsbedarf durch andere Kreise definieren und anfragen (Eltern, Verwaltung);
- M – Monitoring-Kreis für den Schüler*innen-Ministeriums-Kreis SMK (Kreis-Typ 2): Zusammen mit zwei Elternteilen und zwei Pädagoginnen reflektieren zwei Schüler in den Rollen „Leitung" und „Delegierte" aus dem SMK das Funktionieren des SMK innerhalb der KreaMont-Organisation.
- I – Implementierungskreis für die Eltern als Kunden der Schule (Kreis-Typ 2, Hilfskreis): Hier arbeitet eine Projektgruppe unter Leitung des SET (beauftragt vom KK) an Ideen und einer möglichen Domäne für die Gründung eines „Eltern-Kreises". Die Eltern, die sonst vor allem in der Rolle des Schulerhalters und als Support für den Schulalltag tätig sind, prüfen in dieser Projektgruppe, ob sie auch in ihrer Rolle als Eltern der Schülerinnen Themen besprechen wollen und dafür in der Kreisstruktur einen Platz haben sollten.

An diesem Beispiel kann man sehr gut beobachten, wie sich ein soziokratisches System permanent und selbstständig weiterentwickelt. Hat eine Organisation die SKM als „ihr" Betriebssystem installiert, kommen alle Veränderungsimpulse direkt aus der Organisation selbst. Wurde ein internes SKM-Team ausgebildet, dann kennt man auch die Prozessschritte, die zum Gelingen einer strukturellen Veränderung beitragen.

Es wurde vom SET (Soziokratie-Entwicklungs-Team) auch für den Umstrukturierungsprozess zur Einbindung der Elternschaft in ihrer Rolle als Eltern der Schülerinnen, eine externe Soziokratie-Beraterin engagiert. Als Expertin im Topkreis der KreaMont-Schule wurde ich kontaktiert, um gemeinsam mit der externen Soziokratie-Expertin die Herausforderungen der neuerlichen Umstrukturierung zu besprechen.

Das Ziel des aktuellen Prozesses ist noch offen. Einige Eltern haben den Wunsch, die Kreisstruktur, wie sie im Film „School Circles. Every Voice Matters“ zu sehen ist, umzusetzen. Es zeichnet sich ab, dass ein adäquater Platz für den Kreis der Schülerinnen gefunden werden muss, während gleichzeitig auch den Eltern in ihrer Elternrolle die Möglichkeit der Mitbestimmung, gleichwertig neben dem Support, den Pädagoginnen und den Schülern, eingeräumt werden sollte. Da die Eltern die Schule selbst verwalten, hatte die SKM 2015 zuerst in der Schulverwaltung begonnen. Die Lehrer waren die nächsten. Sie starteten zwei Jahre später damit, sich soziokratisch zu organisieren. 2020 kamen dann die Schülerinnen dazu. Das erzeugte eine Dynamik, sodass nun auch untersucht wird, ob die Eltern in ihrer Elternrolle einen Platz in der Kreisstruktur einnehmen sollen.

Eine nächste Kreisstruktur könnte so aussehen:

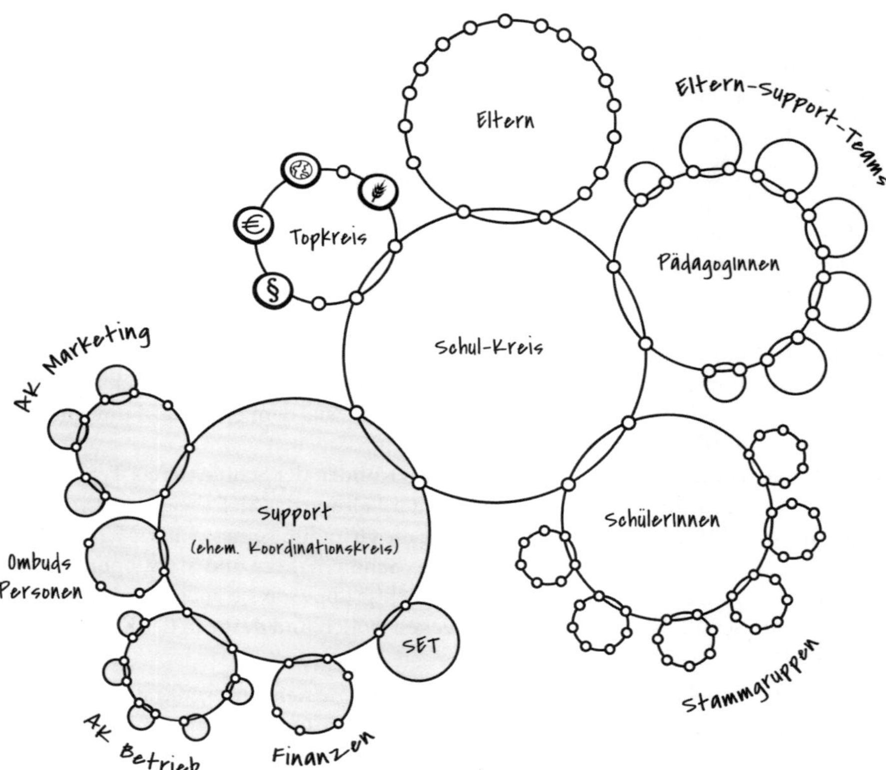

Abb. 27: Die durch die Aufnahme der Eltern weiterentwickelte Kreisstruktur der KreaMont-Schule.

Der SCHULKREIS wird der neue Allgemeine Kreis (Kreis-Typ 3). Dort soll dann die Koordination für das Ziel der Schule stattfinden – die Entwicklung der Kinder. Die Schüler werden mit ihrem Schüler*innen-Ministeriums-Kreis angebunden sein, und zwar als Kreis-Typ 1, denn ihre Entwicklung ist das „Hauptgeschäft". Begleitet wird die Entwicklung der Kinder durch die Pädagoginnen, die in der neuen Struktur zum Kreis-Typ 2 werden – Unterstützung für das Ziel „Entwicklung der Kinder". Auch der neue Kreis der Eltern unterstützt das Ziel, „die Entwicklung der Kinder", als Kreis-Typ 2. Alle drei Kreise – Schüler, Pädagoginnen und Eltern – werden unterstützt vom Support-Kreis (jetzt noch „Koordinationskreis). Auch dieser Kreis mit seinen nachgeordneten Kreisen AK Betrieb, AK Marketing, Finanzteam, Ombudspersonen und Soziokratie-Entwicklungsteam (SET) wird dann zum Kreis-Typ 2.

Ob die Pädagoginnen auch weiterhin im Kreis SUPPORT mitwirken sollen, muss noch erforscht werden. Jedenfalls sollten sie auch im Soziokratie-Entwicklungs-Team mitarbeiten, um ihre SKM-Expertise weiterzuentwickeln. Die Bereiche „Schule-Betrieb", „Finanzen" und „Marketing" können weiterhin gut von Eltern in ihrer Rolle als Schul-Erhalter organisiert werden.

Die neue Herausforderung für die Eltern wird sein, sich in ihrer Rolle als Eltern ihrer Kinder neben den Pädagoginnen zu positionieren. Es ist zu erwarten, dass im neu entstehenden SCHULKREIS (Allgemeiner Kreis) nun hauptsächlich die Bedürfnisse der Schüler thematisiert werden. Es wird darum gehen, wie Pädagoginnen und Eltern gemeinsam die Entwicklung der Kinder am besten unterstützen können. Die Ressourcen des Kreis SUPPORT werden dabei ebenfalls eine wichtige Rolle spielen.

Offen ist, was die neue Rolle des Topkreises sein kann. Wenn ich auf die seit 2015 währende dynamische Organisationsentwicklung an der KreaMont-Schule zurückblicke, dann braucht man sich bezüglich der veränderten Rolle des Topkreises keine Sorgen zu machen. „Das weiß der Kreis", ist die Antwort auf alle Problemstellungen in soziokratischen Organisationen. Sind „die kreativen Kräfte der Selbstorganisation", wie Gerard Endenburg und John Buck ihre erste gemeinsame Broschüre genannt haben, in der DNA einer Organisation einmal entwickelt, dann kann Fortschritt nicht mehr aufgehalten werden.

Implementierung und Auswirkungen der SKM-Anwendung bei der S.I.E SOLUTIONS[30]

S.I.E SOLUTIONS – System Industrie Electronic GmbH, ist Entwicklungs- und Fertigungsdienstleister für Embedded-Computing-Lösungen in den Branchen Medical, Security und Telematic Infrastructure. Das Unternehmen ist Teil der FT AG Unternehmensgruppe und beschäftigt 130 Mitarbeitende an drei Standorten in Österreich und Deutschland. Es erwirtschaftete 2019 einen Umsatz von 46,4 Mio. Euro. Gegründet wurde S.I.E SOLUTIONS als Familienbetrieb von Udo Filzmaier vor etwa 25 Jahren.

Siegfried Vogel kannte das Unternehmen durch seine langjährige Mitarbeit in verschiedenen Bereichen und Rollen bereits sehr gut: „Die Geschäftsleitung holte mich 2015

30 Seit etwa zehn Jahren wird die Soziokratie in Österreich praktiziert. Dieser Anlass hat uns vom Soziokratie Zentrum Österreich bewogen, jene Menschen, die mit der SKM Pioniere waren, um Beiträge im Sinne von Fallstudien zu bitten. Diese Pioniere blicken auf eine mehrjährige Erfahrung zurück und unterstützen aktiv die Verbreitung des Wissens, wie Soziokratie in Organisationen wirkt. Fünf Pionier:innen wurden am 4. September 2021 beim Praxistag „10 Jahre Soziokratie in Österreich" mit dem Titel „Soziokratie-Botschafter*innen" ausgezeichnet. Die S.I.E Solutions aus Lustenau, Vorarlberg, ist eine der Pionierorganisationen.

zurück, weil organisationale Probleme aufgetaucht waren, deren Bewältigung man sich von mir erhoffte."

Ausgangslage

Das Unternehmen kämpfte schon vor 2015 mit Überlastung der Entscheider – es gab zu lange Reaktionszeiten und Entscheidungswege. Die Mitarbeitenden wurden vom Tagesgeschäft komplett beansprucht, es gab für alles zu wenig Zeit. Reibungsverluste und zunehmend Qualitätsprobleme entstanden. Diese Dauerbelastung führte zu vielen Ad-hoc-Aktionen, Schuldzuweisungen waren weitverbreitet. Auf der einen Seite hatte das Unternehmen viele brachliegende Potenziale, was auf der anderen Seite schmerzvolle Abgänge Mitarbeitender provozierte.

Siegfried Vogel war im November 2015 von der Geschäftsführung des Unternehmens dezidiert als Organisationsentwickler und Change Manager mit dem Mandat engagiert worden, die Situation grundlegend zu verbessern. Er berichtet: „Ich habe mit der damals noch vierköpfigen Geschäftsleitung mehrere Workshops durchgeführt und die unterschiedlichen Sichten gemeinsam konsolidiert und formuliert. Danach hat die Geschäftsleitung das Ergebnis dem Eigentümer präsentiert. Somit hatte ich das Commitment aller Entscheider zu einem grundlegenden Wandel."

Ziele des Wandelprozesses

Anfang 2016 startete der Wandelprozess. Die Ziele lauteten:

- Sicherstellung des nachhaltigen Unternehmenserfolgs
- Aktivierung des vorhandenen Potenzials
- Zusammenhalt und Nachhaltigkeit
  - steigende Komplexität bewältigen
  - Wir-Kultur des Miteinanders
  - Produkte und Services ausbauen und verbessern
- Skalierbarkeit des Geschäftsmodells
- Identität und Selbstverständnis
  - Sicherheit, Vertrauen, Klarheit, Transparenz, Verantwortlichkeiten
  - Verbindlichkeit und Stabilität
  - Schlagkraft und Effektivität steigern
  - Spaß am gemeinsamen Erfolg
- Geplante Outcomes:
  - Aufbruchsstimmung und Besserung
  - Hohe Identifikation der Mitarbeiter mit dem Unternehmen und dessen Zielen
  - Attraktiver Arbeitgeber und Partner
  - Wir entwickeln uns weiter
  - Hohe Skalierbarkeit
  - Kollegialität in der Führungsmannschaft
  - Effizienz- und Produktivitätssteigerung
  - Ausbau der Marktstellung, nachhaltiger Wertaufbau
  - Höchste Kundenzufriedenheit in unseren Marktsegmenten
  - Deutlich verbesserte Entscheidungsfähigkeit, -geschwindigkeit und -qualität

„Unser erstes Etappenziel war es, über Hierarchieebenen und Abteilungsgrenzen hinweg wieder gesprächsfähig zu werden. Um das zu erreichen, hatte ich mich auf die Suche nach Werkzeugen gemacht und neben Holacracy das in Österreich bereits bekannte Soziokratie Zentrum gefunden. Für uns schien die SKM das passende System zu sein. Es versprach gemeinsame Entscheidungsfähigkeit und zusätzlich Gleichwertigkeit und Unabhängigkeit von Meinungen. Es war wichtig, in Gesprächen die Komplexität ohne Autoritätsprinzip nach dem Motto, 'die Geschäftsleitung hat immer recht', behandeln zu können. Wir mussten wegkommen vom bequemen Delegieren aller Entscheidungen nach oben und mehr Verantwortlichkeiten an der Basis installieren. Die Soziokratie versprach uns auch die Stärkung wichtiger Werte, wie gegenseitiges Vertrauen, Transparenz, Kommunikation über Grenzen hinweg.", so Siegfried Vogel zu Beginn.

Der Wandelprozess in der S.I.E SOLUTIONS hatte noch einige andere theoretische Väter als Impulsgeber. Die Wichtigsten waren

- Stafford Beer mit seinem „Viable System Model" (Management Kybernetik, System Thinking),
- Niels Pfläging mit seiner „Organisation für Komplexität" und dem Beyond-Budgeting-Ansatz sowie
- Toke Paludan Moeller und "Art of Hosting".

Siegfried Vogel beschreibt die Herausforderungen im Wandelprozess wie folgt: „Wir mussten neue Strukturen schaffen und dazu alle von Beginn an mit ins Boot nehmen. Die Dringlichkeit musste in Führungskreisen bewusst gemacht werden. Es war wichtig, eine wirkmächtige 'Koalition des Wandels' zu formieren und eine starke Vision zu schaffen. Die Vision sollte immer wieder kommuniziert und alle befähigt werden, an der Vision mitzuarbeiten. Dadurch konnten wir Zwischenerfolge generieren. Anfang 2016 haben wir mehrere Teams gegründet. Die sogenannte 'Wandelprozesssteuerung', so wurden die Agenten des Wandels bezeichnet, umfasste ein Drittel aller Mitarbeitenden. Sie sollten für ein hohes Maß an Transparenz und Beteiligung sorgen. Das sogenannte Wandelforum wurde gegründet, um die Veränderungen gemeinsam zu entwickeln." Das Wandelforum wurde bereits in einer Offenen Wahl von den Wandelagenten gewählt – ein erster Beteiligungsprozess der Mitarbeiter am Wandel. Alle Bereiche sollten hier vertreten sein, bestehend aus den Menschen, denen am meisten vertraut wurde. Gleichzeitig konnte Siegfried Vogel dadurch die Soziokratie spürbar machen."

Die Einführung der Soziokratie

Die Entscheidung zur SKM-Einführung fiel Mitte 2016 im Managementkreis. Als Expertin des Soziokratie Zentrums Österreich wurde ich eingeladen, die Möglichkeiten der Nutzung von SKM mit dem geschäftsführenden Kreis zu erörtern. Da ich selbst zu diesem Zeitpunkt noch keine Erfahrung mit SKM in Unternehmen hatte, habe ich im November 2016 Pieter van der Meché vom SCN (Sociocratisch Centrum Nederland) dazugeholt. Mit dem gemeinsam ausgearbeiteten Umsetzungsplan wurde im März 2017 gestartet. In der Phase 1 („Kennenlernen") hat Pieter van der Meché mit den 40 Wandelagenten die SKM-Implementierung vorbereitet. Erste Entscheidungen im Konsent und erste Offene Wahlen für ein Team stellen einen eleganten Beginn dar. Der Managementkreis entschied, dass alle Bereiche gleichzeitig mit der SKM vertraut gemacht werden sollten.

Im Sommer 2016 starteten sechs Bereiche, die teilweise vorher neu gegründet worden waren, gleichzeitig mit der SKM-Schulung: Topkreis, Allgemeiner Kreis, 3 Business Units, Zentrale Dienste. Die Leitungen dieser Kreise waren von der Geschäftsleitung gewählt worden. Schon nach drei Sitzungen hatten alle sechs Bereichskreise ihre Delegierten gewählt, sodass der Allgemeine Kreis nun mit 12 Mitgliedern voll besetzt war. In den nächsten eineinhalb Jahren erlernten etwa 40 Mitwirkende der mittleren und oberen Führungsebene das soziokratische Kommunikationsmodell und das Arbeiten im Kreis.

Inzwischen wurden fünf Mitarbeitende zu internen SKM-Trainern ausgebildet. Sie nehmen an den jährlichen Intervisionstreffen von internen SKM-Trainerinnen teil.

Sukzessive fand eine „verträgliche“ Ausbreitung der soziokratischen Organisationskultur in allen Bereichen und Unterkreisen des Unternehmens statt. Ich übernahm die Projektleitung von Pieter van der Meché im Sommer 2017 und involvierte zur Umsetzung eine Kollegin, Suzanne Käser, die gerade rechtzeitig ihre Ausbildung zur Soziokratie-Expertin abgeschlossen hatte.

Herausforderungen im Wandelprozess

Nie läuft alles glatt. Immer wieder stößt man mit Veränderungen an Grenzen. Im Wandelprozess der S.I.E mussten die folgenden Herausforderungen bewältigt werden:

- **Einbindung aller Führungskräfte und aller Mitarbeiter:innen**
  Siegfried Vogel: „Alle sollten zu Beteiligten werden, auch wenn nicht sofort alle in Kreisversammlungen mitreden konnten. Dafür haben wir eine Informationsstruktur mit 'Wandelagenten' aufgebaut und das Vertretungsmandat der Delegierten auf die mittleren Ebene ausgeweitet.”

- **Tabu-Themen werden bearbeitet**
  „Sobald alle in den Rederunden um ihre Meinung gefragt werden, kommen die Sachen auf den Tisch und werden nicht mehr bei Klatsch und Tratsch an der Kaffeemaschine abgeladen. Das braucht zwar am Anfang viel Zeit in den Kreisversammlungen, um alles offen zu klären, dafür läuft es danach ohne große Reibungsverluste.”

- **Führungskräfte und Mitarbeitende passen nicht zur neuen Kultur**
  „Einige wenige Führungskräfte und Mitarbeitende haben sich während des Wandelprozesses verabschiedet bzw. mussten gekündigt werden. Die allermeisten haben sich mit den neuen Werten und der offenen Kultur auf Augenhöhe identifiziert, aber eben nicht alle.“

- **Gehälter der Führungskräfte**
  „Unser Gehaltsschema, das die Gehälter bei der Einstellung festlegt, konnten wir trotz veränderter Leitungsstruktur noch nicht anpassen. Wir haben zwar mal an eine Funktionszulage gedacht, die man als Kreisleitung und Delegierte bekommen soll, aber umgesetzt haben wir das noch nicht.“

- **Anbindung der Support Units (Stabstellen wie HR, Finance, IT) an den Allgemeinen Kreis**
  „Damit hatten wir unterschiedliche Erfahrungen gemacht. Alle Support Units in einen Support-Kreis zusammenzufassen, hat sich nicht bewährt, weil Kreisleitung und Delegierte nicht in allen Feldern Spezialisten sind und nicht alle unterschied-

lichen Bedürfnisse im Allgemeinen Kreis vertreten können. Also sitzen jetzt alle Teamleitungen im Allgemeinen Kreis und bestimmen dort mit."

- **Das Zurückfließen des Wassers ins alte Flussbett verhindern**
  „Wir haben die Erfahrung gemacht, dass die Rollen im Kreis wirklich gut gepflegt werden müssen. Sonst moderiert doch bald wieder der Chef. Oder, wenn es keinen Kreis-Assistent (so nennen wir den Sekretär) gibt, erstellt der Kreisleiter die Agenda doch wieder ganz allein. Und nichts ist mühsamer als schlecht vorbereitete Entscheidungen. Wir alle wissen heute, wie viel Zeit man spart, wenn man die gelernten Tools auch anwendet. Und wie viel Zeitverlust es produziert, wenn man wieder alles schleifen lässt. Der Erfolg der Soziokratie hat also auch einiges mit Disziplin zu tun."

Siegfried Vogels Rat an ähnliche Organisationen, die daran denken, die SKM einzuführen, lautet deshalb: „Bitte nicht unterschätzen: Die SKM-Einführung ist ein grundlegender Wandel! Sie braucht das Commitment des Managements, denn: Die Macht kann nur von jenen geteilt werden, die sie haben. Wichtig sind Disziplin, Geduld, Hartnäckigkeit, aber auch Leadership wird benötigt! Eine SKM-erfahrene externe Begleitung ist unabdingbar."

Resultate des Wandelprozesses

Die gewünschte Veränderung ist heute vollständig umgesetzt. Nicht nur die Umsätze des Unternehmens, sondern auch der Verkaufswert konnte gesteigert werden. Hier einige Ergebnisse des Wandelprozesses:

- Steigerung der Umsätze und des Unternehmenswertes
- Meetings funktionieren inhaltlich und zwischenmenschlich gut; hohe Effizienz und Wohlfühleffekt der Teilnehmenden durch gute Vorbereitung und Moderation
- Konsent-Entscheidungen werden gemeinsam gefällt, von der Breite getragen und umgesetzt
- Culture Change: Wertschätzung, Transparenz, Klarheit, Offenheit, Respekt, Zuverlässigkeit, Vertrauen sind im gesamten Unternehmen gestiegen
- Teilung der Verantwortung, mehr Selbstorganisation und mehr Mut, Neues auszuprobieren
- Hohe Mitarbeiterzufriedenheit (lt. Umfrage) und eine geringere Mitarbeiterfluktuation
- Fähigkeit zur Veränderung durch eine bessere Anpassungsfähigkeit und gestiegener Zusammenhalt. Organisationsanpassungen geschehen miteinander
- Von vielen Mitarbeitenden gehört: SKM hat uns durch die Coronakrise getragen
- Positives Feedback von Kunden: Professionalität, Kommunikation und Qualitätssteigerung der S.I.E wurden in Kundenbefragungen hervorgehoben

S.I.E SOLUTIONS ist heute als fortschrittliches, innovatives Unternehmen am Markt bekannt – in der Region, bei Kunden und potenziellen Mitarbeitenden. Man bewirbt sich heute bei S.I.E, weil man die Kultur des Miteinanders schätzt. Die Steigerung des Umsatzes war ab 2018 spürbar und wurde 2019 sehr deutlich mit einer Verdopplung gegenüber dem Umsatz des Jahres 2015 (bei gleichbleibender Mitarbeiterzahl). Danach ein nur moderater Rückgang im ersten Corona-Jahr 2020:

- 2015: 23.133.670
- 2016: 20.772.073 – Beginn Wandelprozess
- 2017: 20.881.840 – SKM Implementierung
- 2018: 27.566.248
- 2019: 46.478.374
- 2020: 38.001.603 – erstes Corona-Jahr

Prozess-Schritte im Überblick

Siegfried Vogel: „Mit diesem Tröpfchenmodell des Wandels in größeren Organisationen wurde allen verdeutlicht, dass der Wandel nicht überall gleichzeitig passiert. Vielmehr ist es so, dass der Wandel im innersten Kreis beginnt, sich wellenförmig auszubreiten. Es dauert, bis der Wandel auch am Rand angekommen ist – und sich dann von dort zurückspiegelt. In dieser Zeit sind im Wandelzentrum bereits die nächsten Tropfen gefallen …"

Abb. 28: Ausbreitung des Wandels bei der S.I.E.

Mit diesem und anderen Bildern und Informationen wurden an alle Mitarbeitende transparent und nachvollziehbar laufend die Prozessschritte kommuniziert. Die „7 Stufen des Wandelprozesses" wurden von Siegfried Vogel zusammen mit der Geschäftsleitung der S.I.E schon 2016 entwickelt:

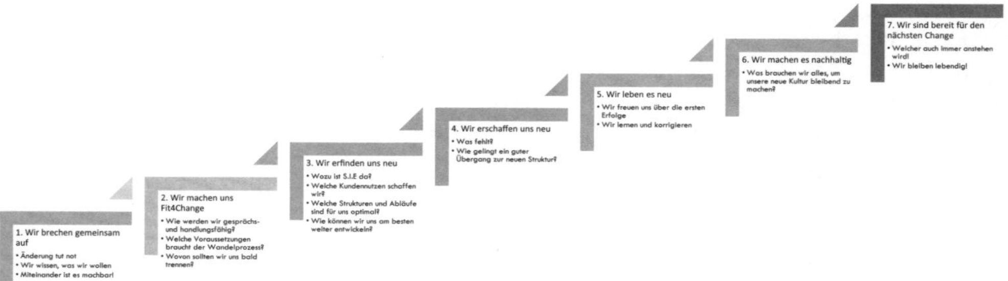

Abb. 29: Die 7 Stufen des Wandelprozesses (Quelle: Siegfried Vogel, S.I.E SOLUTIONS).

Die SKM war das Werkzeug, um den Schritt 2 (Wir machen uns Fit4Change) zu bewältigen.

- Damit wurde die S.I.E zuerst gesprächs- und handlungsfähig, wodurch klar wurde, was man wollte und wovon man sich trennen musste.
- Dadurch konnten die Voraussetzungen geschaffen werden für den Wandelprozess.

Die weiteren Schritte waren dann verhältnismäßig leicht zu gestalten. Vom Managementkreis war im ersten Schritt (Wir brechen auf) noch eine neue Bereichsstruktur gestartet worden. Doch sobald alle Mitarbeitenden gemeinsam die grundlegenden Entscheidungen zu treffen begonnen hatten (Schritt 2), wurden die nachfolgenden Schritte 3 (Wir erfinden uns neu) und 4 (Wir erschaffen uns neu) in einem co-creativen Prozess von allen gemeinsam kreiert und getragen. Der Schritt 5 (Wir leben es neu) war dann ab 2019 spürbar, als immer mehr mit Offener Wahl gewählte Mitarbeitende in Kreis- und Führungspositionen gelangten. Das waren genau diejenigen, die von der Belegschaft als sehr kollaborative Menschen wahrgenommen wurden. Für sie war es ein Leichtes, den partizipativen Führungsstil der SKM anzuwenden – und so konnten sie mit gutem Beispiel vorangehen. Die beiden Geschäftsleiter, die heute wie damals das Unternehmen leiten, fühlen sich bestens unterstützt von der mittleren Führungsebene, die wiederum das volle Vertrauen der von ihnen angeleiteten Mitarbeitenden genießt. Das sind die Resultate der Offenen Wahl, der Konsent-Entscheidungen, der klaren Domänen, geklärten Schnittstellen und auch der doppelten Koppelung.

Obwohl im Allgemeinen Kreis heute 18 Personen mitentscheiden (was sehr viel ist für Konsent-Entscheidungen), klappt es gut. Das Unternehmen ist inzwischen sehr erfahren im Vorbereiten von Entscheidungen mit entsprechend zusammengesetzten Hilfskreisen und hat außergewöhnlich talentierte Gesprächsleiter:innen für den Allgemeinen Kreis ausgebildet, sodass die monatlichen Kreisversammlungen des Allgemeinen Kreises sehr effizient ablaufen. Der Schritt 6 (Wir machen es nachhaltig) wird u. a. dadurch gesichert, indem das Thema "Culture Compliance" (Kultur-Einhaltung) direkt im Verantwortungsbereich der Geschäftsleitung angesiedelt wurde. Die Nachhaltigkeit der SKM wird außerdem weiterhin unterstützt von der Soziokratie-Expertin Suzanne Käser, die regelmäßig um Unterstützung gebeten wird.

Durch den Wandelprozess hat die S.I.E Solutions eine Erneuerung zum Guten erfahren. Sie ist durch die Werte und Methoden der SKM bereit für den nächsten Change (Schritt 7, Co-Creation mit Partnern und Netzwerk-Organisation).

Siegfried Vogel: „Die Organisation ist ein lebendiges Gebilde in einer dynamischen Welt. Man ist nie 'fertig'".

Im Sommer 2021 erzählte Siegfried Vogel von einer neuerlichen strukturellen Veränderung des Unternehmens: „Um mit unseren Dienstleistungen näher beim Kunden sein zu können und gleichzeitig die Selbstorganisation der Bereiche zu stärken, war eine Struktur-Änderung notwendig. Diese hat das Unternehmen ganz allein vorgenommen. Die Organisation erfindet sich jetzt laufend selbst neu. Dafür braucht es mich als Organisationsentwickler fast nicht mehr: Diese Agilität ist jetzt in die DNA des Unternehmens eingebaut."

Zusammenfassung

Damit Organisationsstrukturen lebendige, selbstorganisierte Organismen bilden können, folgen sie sowohl in der Natur als auch in unseren Organisationen gewissen Mustern. Diese Muster sind fraktal, das heißt, auf jeder Ebene der Organisation finden ähnliche Prozesse statt. Das sind die Aktivitäten zur Zielverwirklichung *(Kreis-Typ 1)*, zur Unterstützung der Zielverwirklichung *(Kreis-Typ 2)*, zur Integration der beiden ersten *(Kreis-Typ 3)* und zur Verbindung mit der relevanten Umgebung *(Kreis-Typ 4)*. Vom Individuum bis zur

Gesellschaft wirken Organisationen auf Basis dieses Grundmusters zusammen, ähnlich effektiv wie in der Natur. Sehr organisch führt die professionelle soziokratische Organisationsentwicklung Unternehmen in die effektive Selbstorganisation. Das haben wir unter anderem auch anhand zweier Beispiele in diesem Kapitel dargestellt.

Kapitel 6: Soziokratieforschung – empirische Ergebnisse der Wirksamkeit der Soziokratie

Kapitelübersicht

Soziokratie ist eine Wissenschaft, so beschrieb es Gerard Endenburg im Vorwort zur ersten Ausgabe dieses Buches. Er hatte mit seinem Team schon 40 Jahre lang die Auswirkungen und Grenzen seiner Methode erforscht, bevor wir im deutschsprachigen Raum davon erfahren haben. Endenburg hat seine Erkenntnisse in den Bereichen Kybernetik, Organisationsentwicklung und Systemtheorie auch an der Universität Maastricht weitergegeben. Gestützt durch viele Forschungsergebnisse konnte er mit seinem Team schon damals die Soziokratische KreisorganisationsMethode SKM und deren Implementierungsprozess laufend verbessern und weiterentwickeln.

Besonders relevant war bereits bei den frühesten Experimenten die Anpassungsfähigkeit der soziokratischen Werkzeuge an die Gegebenheiten einer Organisation. Wenn man die SKM mit allen ihren Wirkungen nutzen möchte, sind bei der Einführung Anpassungen nötig. Je nach Größe, Alter und Struktur der Organisation gestaltet sich dieser Prozess unterschiedlich. Auch die Lernfähigkeit des Systems und der Mitwirkenden, die bereits vorhandene partizipative Kultur, verwendete Werkzeuge für Transparenz, Projektmanagement, Qualitätssicherung und Kommunikation beeinflussen das Tempo der Implementierung sowie die Auswahl der entsprechenden Werkzeuge.

Inzwischen gibt es zahlreiche wissenschaftliche Arbeiten, die sich mit den Auswirkungen der Soziokratie und anderer Methoden der Selbstorganisation beschäftigen. Drei Forschungsarbeiten stechen dabei besonders heraus.

- Florentine Maier, Hanna Schneider und Michael Meyer von der Wirtschaftsuniversität Wien verfassten die Studie: „Designing circular organizational structures: An Ostromian perspective" („Gestaltung kreisförmiger Organisationsstrukturen: Eine Ostrom'sche Perspektive"). In ihrer Einleitung schreiben sie:
  „Kreisförmige Organisationsmodelle wie Holacracy und Soziokratie haben in der Beratung an Popularität gewonnen und sich sowohl im Nonprofit- als auch im Business-Sektor ausgebreitet. Solche Modelle versprechen nicht weniger als eine bessere Welt des Organisierens: Hierarchische Starrheit überwinden, Einzelne besser integrieren, Engagement, Kreativität und Innovationsfähigkeit steigern und die Organisation flexibler und agiler machen."
  Da es bislang kaum empirische Beweise für das Funktionieren zirkulärer Organisationen gab, untersuchte die Gruppe, wie 19 Organisationen aus verschiedenen Branchen diese Strukturen und Prozesse umgesetzt haben. Und insbesondere auch, welche Faktoren die Nachhaltigkeit des zirkulären Organisierens untermauern.
  Dabei wurden auch Elinor Ostroms acht Gestaltungsprinzipien zur Vermeidung der „Tragödie der Gemeingüter" berücksichtigt. Denn diese scheinen auch zirkulären Organisationen zum Gedeihen zu verhelfen.
  Die Studie diente mir als Autorin dieses Buches auch als Grundlage, um zu vergleichen, inwiefern die Muster der SKM mit dem Ostrom'schen Modell übereinstimmen.
- Alfons Bauernfeind und das von ihm mitgegründete Institut für partizipative Sozialforschung (IPS) ist 2019 auf das Soziokratie Zentrum Österreich zugegangen mit dem Angebot, mithilfe von Mitteln der Österreichischen Forschungsförderungsgesellschaft FFG ein Messinstrument zu entwickeln, das die Zusammenarbeit in Teams misst. Damit sollte ein Vorher-nachher-Vergleich bei SKM-Implementierungen mög-

lich sein, aber auch eine Grundlage für die Weiterentwicklung von Teams in Richtung mehr Selbstorganisation und Partizipation gelegt werden können.
Bis September 2021 lagen die Ergebnisse von über 598 Befragungen vor.

- Ursula Meyerhofer hatte die Gelegenheit, in Zusammenarbeit mit der Universität Bern den Prozess des Stellenabbaus in einem großen Dienstleistungsunternehmen wissenschaftlich zu untersuchen, der mithilfe soziokratischer Werkzeuge umgesetzt worden war.
Die Studie zeigt, dass auch so schwierige Themen wie Stellenabbau und die Gefährdung des eigenen Arbeitsplatzes mit den Betroffenen gemeinsam in einem soziokratischen Lösungsfindungsprozess zu einem verhältnismäßig guten Ergebnis geführt werden können.
- Kurz vor Redaktionschluss zu diesem Buch übermittelte mir Florentine Maier den Kontakt zu einer Sekundäranalyse, die als Masterarbeit[31] von Florian Gerlach an der Wirtschaftsuniversität Wien verfasst wurde. Florian Gerlach untersuchte unter dem Titel „Konfliktkompetenz in kreisförmigen Organisationen“, sowohl die organisationale als auch die individuelle Konfliktlösungskompetenz in den 19 ausgewählten Organisationen der oben genannten Studie „Gestaltung zirkulärer Organisationsstrukturen: Eine Ostrom'sche Perspektive“. Er kam zum Schluss, dass die kreisförmige Organisation ein Konzept ist, das hilft „kompetenter zu streiten“. Konflikte werden eher sichtbar und es ist vermehrt möglich, die Konflikte gemeinsam selbstorganisiert zu lösen. „Konfliktkompetenz ist integraler organisationaler Bestandteil von kreisförmigen Organisationen“, belegt Florian Gerlach in seiner Masterarbeit.

6.1 Gestaltung kreisförmiger Organisationsstrukturen – „An Ostromian perspective“

Für die Studie „Designing circular organizational structures: An Ostromian perspective“ von Michael Meyer, Florentine Maier und Hanna Schneider (→ *Literaturverzeichnis*) wurde aus 100 identifizierten „kreisförmigen“ Organisationen ein repräsentativer Querschnitt von 19 Organisationen ausgewählt und analysiert. Als Auswahlkriterien dienten den Autorinnen der Studie:

- gleichberechtigtes Entscheiden in Kreisen durch Konsens, Konsent oder demokratische Abstimmung,
- weitgehende Autonomie dieser Kreise,
- Einsatz von formalen Regeln für das Entscheiden in den Kreisen,
- formal verankerte Bottom-up-Beteiligung.

Untersucht wurden die Organisationen in Bezug auf das „Modell kollektiven Handelns“ in Anlehnung an Elinor Ostrom (1998) und den daraus resultierenden „Prinzipien und Funktionen der Governance von Allmendegütern“ (in Anlehnung an Dietz et al. 2003).

„Die Analogie zwischen zirkulären Organisationen und Commons (Allmendegüter) mag auf den ersten Blick weit hergeholt erscheinen“, schreiben Meyer/Maier/Schneider, „doch die Parallelen sind frappierend.“ Zirkuläre Organisationen wenden Prinzipien des Selbstmanagements und der verteilten Führung an, wie Elinor Ostrom (Trägerin des

[31] https://epub.wu.ac.at/8534/

Alfred-Nobel-Gedächtnispreises) sie bei der Organisation funktionierender Allmendegüter gefunden hat. Meyer, Maier und Schneider beziehen sich in ihrer Studie u.a. auch auf den US-amerikanischen Biologen Garrett Hardin der sich mit der „Tragödie der Allmende" beschäftigt hat. Seine eher pessimistische Haltung resultiert aus der Beobachtung, dass gemeinsame Güter durch Privatinteressen ausgebeutet werden. Nur „durch staatlichen Zwang oder durch Privatisierung mit völliger Internalisierung externer Effekte" könne diese Tragödie verhindert werden.

Auch Kate Raworth hat in ihrem Buch „Die Donut-Ökonomie" Garrett Hardin zitiert, und genau wie Meyer/Maier/Schneider auch Elinor Ostrom erwähnt, die im Gegensatz zu Hardin die Allmende wesentlich optimistischer sieht. Ostrom wird von Raworth zitiert: „Zu diesen erfolgreichen Allmenden gab es keineswegs einen freien Zugang, sondern sie wurden von klar definierten Gemeinschaften mit gemeinsam festgelegten Regeln und Strafsanktionen für jene verwaltet, die gegen diese Regeln verstießen."[32]

Wenn Unternehmen und Organisationen heute auf Soziokratie setzen, dann wünschen sie sich von allen Mitwirkenden dieselbe Mitverantwortung, die man auch einem Gemeingut entgegenbringen würde. Jeder solle sich selbst als „Unternehmer" fühlen, ist die Hoffnung. Schließlich wird durch die gemeinsame Arbeit der Lebensunterhalt jedes Mitglieds erwirtschaftet, so das Argument.

Die verteilte Verantwortung muss gut organisiert werden. Die acht Prinzipien und Funktionen der Governance von Allmendegütern nach Elinor Ostrom fasst die folgende Abbildung zusammen.

Abb. 30: Prinzipien und Funktionen der Governance von Allmendegütern (Quelle: Meyer/Maier/Schneider, zfo 03/2021, S. 143)

[32] Kate Raworth: Die Donut-Ökonomie – Endlich ein Wirtschaftsmodell, dass den Planeten nicht zerstört, Hanser 2018, S. 104.

Erkenntnisse aus der Studie von Meyer/Maier/Schneider

Die Studie von Meyer/Maier/Schneider zeigt auf, dass diese acht Gestaltungsprinzipien in Abbildung 30 die Anforderungen abdecken, die zur Nachhaltigkeit zirkulärer Organisationen beitragen.

Folgende Erkenntnisse[33] wurden gewonnen:

- Vier Gestaltungsprinzipien sind für das Funktionieren einer zirkulären Organisation entscheidend: Kongruenz (2)[34], Monitoring (4), abgestufte Sanktionen (5) und Konfliktlösungsmechanismen (6). In gut funktionierenden Organisationen führt die Anwendung dieser Prinzipien zu einem positiven Kreislauf der Selbstkorrektur und kontinuierlichen Verbesserung. Wird eines dieser Prinzipien missachtet, führt dies zu einem Teufelskreis und es entstehen ernsthafte Bedrohungen für die Existenz der Organisation, zumindest in ihrer zirkulären Form.
- Wenn Unternehmen zu einer zirkulären Form übergehen, ist es eine große Herausforderung, geeignete Wege zur Umsetzung der drei, ebenfalls sehr wichtigen Grundsätze zu finden: kollektive Entscheidungsfindung in Kreisen (3), klar definierte Kreise (1) und Verbindungen zwischen Kreisen (8). Obwohl die Regeln zu diesen Grundsätzen relativ klar sind, ist ihre Umsetzung nicht immer einfach. Gelingt dies den Organisationen nicht, scheitern Versuche des zirkulären Organisierens, bevor sie wirklich beginnen.
- Im Allgemeinen halten wir es für möglich, die zirkuläre Organisation auf Teile oder bestimmte Themen zu beschränken (7), solange die Grenze (1) für alle klar ist und die Gründe für diese Grenzziehung weithin akzeptiert werden. Innerhalb eines zirkulären Teils sollte die kollektive Entscheidungsfindung jedoch bis zu den betroffenen Menschen gehen: andernfalls kommt die zirkuläre Organisation nicht in Schwung. Wenn Kreisgrenzen nicht gewahrt werden, verkommt das sorgfältig kalibrierte Regelsystem für Sitzungen und Entscheidungen durch das Eingreifen mächtiger Akteure zur Farce – oder es wird undurchführbar, weil zu viele Leute in Meetings anwesend sind, aber zu wenig beitragen. In jedem Fall werden viele Mitglieder demotiviert.
- Es wurden mehrere Fälle gefunden, in denen Organisationen das Gestaltungsprinzip „an Entscheidungen mitwirken, von denen man betroffen ist" (3) nicht vollständig umgesetzt haben, z. B. indem sie Arbeiter nicht in die kollektive Entscheidungsfindung einbeziehen. In den Fällen, in denen Arbeiterinnen innerhalb der Organisation oder Abteilung ausgeschlossen wurden, verlief die Umsetzung der zirkulären Organisierung schleppend, fand nie wirklich statt oder wurde aufgegeben.
- Für zirkuläre Organisationen, die selbst Meta-Organisationen sind, ist es eine Herausforderung, die Schnittstelle zu ihren nicht zirkulären Mitgliedsorganisationen zu handhaben. Die Menschen, die als Bindeglieder dienen, tragen die Last, mit diesen Spannungen umzugehen.

Alle diese Erkenntnisse finden sich bestätigt in der täglichen Praxis soziokratischer Organisationen.

---

[33] Diese fünf Aufzählungspunkte wurden der Studie von Meyer/Maier/Schneider entnommen und von der Autorin dieses Buches übersetzt.

[34] Die Zahlen in den Klammern beziehen sich auf die entsprechenden Felder in Abbildung 30.

Vergleich der Ostrom'schen Parameter mit den Grundlagen der Soziokratie

Die acht Grundprinzipen aus der Abbildung 30 (S. 181) beschreiben die Logik der Selbstorganisation, wie sie auch in der SKM angewendet wird. Im Folgenden vergleiche ich diese Parameter mit den Prozessen in der Soziokratischen KreisorganisationsMethode SKM.

1. **Klar definierte Grenzen: der Ressource selbst und der Nutzungsberechtigten**
   In der SKM verwenden wir für die Klärung der Grenzen den Begriff „Domäne" (→ Kap. 4.6). Damit ist sowohl der Bereich der zu verwaltenden Ressourcen, als auch der autonome Bereich der Entscheidungsbefugnis gemeint. Durch die Hierarchie der Kreise und die gemeinsame Abstimmung der Grenzen im jeweils nächsthöheren Kreis bis zum Topkreis (Abstimmung mit der relevanten Umgebung, → Kap. 4.9), werden die Grenzen dauerhaft wahrgenommen, reflektiert und gegebenenfalls mit Konsent aller Beteiligten angepasst. Selbstorganisierte Kreise verfügen über ihr eigenes Budget, steuern selbst ihre Personalressourcen und ihre Zielverwirklichungsprozesse.

2. **Kongruenz: mit den Regeln des Feldes zwischen Anreizen und Beiträgen**
   In der SKM wird Kongruenz durch das Konsentprinzip erzeugt, und zwar durch die stete Ausrichtung auf ein gemeinsames Ziel Auch Mitarbeiterzufriedenheit ist ein Ziel. *Anreize und Beiträge* werden in den permanent stattfindenden Tauschprozessen mit Konsent der Tauschpartner ausgehandelt. Endenburg sieht den *Tauschprozess auf Augenhöhe* als Grundlage allen Wirtschaftens auf allen Ebenen von Organisationen, vom Individuum bis zur Welt. Geben und nehmen müssen ausgeglichen sein. Der Konsent kann nur auf Grundlage von Kongruenz funktionieren. Konsent unterstützt die Teilnehmenden dabei, Lösungen zu finden, mit denen sich alle wohlfühlen. Ein Kreismitglied lernt gegebenenfalls nicht zuzustimmen, wenn der zu erwartende Rückfluss die gestellte Anforderung nicht ausgleicht. Themen kommen auf den Tisch. Auch finanzieller Ausgleich und Gerechtigkeit sind Themen, die nach ein bis zwei Jahren Erfahrung mit der Soziokratie auch auf die Agenda gesetzt werden. Das Konsentprinzip fördert den Prozess, die eigene Wahrheit zu spüren, und nicht zuzustimmen, solange man „kein gutes Gefühl" hat. Die Übereinstimmung entsteht im gemeinsamen Suchprozess.

3. **Regeln für gemeinschaftliche Entscheidungen: unter Beteiligung der Regelunterworfenen**
   Gemeinsame Lösungsfindung mithilfe des Prozesses *Bildformung – Meinungsbildung – Konsent* ist das Kernstück der SKM. Die Regelunterworfenen in der SKM können nur mit einer gemeinschaftlichen Entscheidung die Regeln für gemeinschaftliche Entscheidungen ändern. Das Mehrheitsprinzip sehen wir hier nicht als „gemeinschaftliche Entscheidung" an. Mit 50 oder 75 % Mehrheit, die über eine Minderheit siegt, kann das Vertrauen nicht hergestellt werden. Nur wenn niemand übergangen wird, entsteht das Vertrauen, das man für eine gute Beziehungsbasis in kreisförmigen Organisationen braucht.

4. **Monitoring: der Mitglieder und der Ressourcen durch die Mitglieder selbst oder verantwortlichen Organe**
Der Kreisprozess von *Leiten – Tun – Messen* ist eines der Kernstücke der SKM und praktisch in allen Werkzeugen integriert. Alle Tun-Aktivitäten unterliegen dadurch einer Messung. Auch werden Zielkriterien für den Kreis beschlossen und jährlich gemessen. Messungen finden in jeder Abschlussrunde statt, beim Konsent zur Agenda, im Entwicklungsgespräch, in den Schritten 3, 6 und 9 des ZVP (→ Kap. 4.7), bei den vier Rollen im Kreis oder im Ablaufdatum für alle Entscheidungen. Grundsätzlich bezieht der Kreisprozess die Messungen aus der Ausführung in jedem Meeting mit ein, und zwar bei den Fortschrittsberichten und bei jeder Grundsatzentscheidung. Kreisleitung und nächsthöherer Kreis kontrollieren obligatorisch die Zielerreichung. Monitoring befindet sich in all den zahlreichen Feedbackschleifen, die überhaupt Zirkularität ausmachen.

5. **Abgestufte Sanktionen: Bestrafung von Regelverletzungen zuerst auf niedrigem Niveau, sukzessive Verschärfung**
Durch Mitbestimmung entsteht Mitverantwortung. In der SKM werden alle Regeln im Sinne der gemeinsamen Ausrichtung gemeinsam festgelegt. Das erhöht das allgemeine Commitment der Mitglieder. Die von Elinor Ostrom untersuchten Allmenden waren jedoch eher einer Gemeinde als einer soziokratischen Organisation vergleichbar. Doch gibt es auch das Modell einer soziokratischen Gemeindestruktur (→ Kap. 7.2 *Das Gesellschaftsmodell von Gerard Endenburg*). Man stelle sich eine Gemeinde vor, in welcher alle Bürgerinnen und Bürger in soziokratischen Nachbarschaftskreisen zusammenkommen. Aus den Erfahrungen des Initiators dieser Bewegung in Indien, Edwin Maria John[35], reduziert man damit die kriminellen Aktivitäten in den Promille-Bereich (→ Kap. 7.4 *Nachbarschaftsparlamente in Indien*). Alle Mitglieder einer soziokratischen Organisation sind Teil eines Kreises und somit mitverantwortlich für die Zielverwirklichung. Von diesem Platz aus bestimmen sie gemeinsam selbst über alle Grundsätze, von deren Auswirkungen sie betroffen sind. Darum sind Sanktionen in der SKM generell weniger erforderlich. Jeder Kreis hat die Möglichkeit, auf seiner Ebene eigene Sanktionen bei Regelverstößen festzulegen. Mehr genutzt werden allerdings Hilfestellungen, wenn ein Mitglied Regeln nicht einhält. Die letzte Konsequenz, welcher jedoch immer ein längerer Prozess vorausgeht, ist die Entlassung eines Mitglieds aus dem Kreis (→ *Glossar*).

6. **Konfliktlösungsmechanismen: schnell, zu niedrigen Kosten, von den Mitgliedern als fair akzeptiert**
Das gesamte Management-Modell der SKM ist ein großer Konfliktlösungsmechanismus. Darum schreibt Endenburg in seinem soziokratischen Kreisstatut (→ Kap. 4.11: Wenn es zu Streitigkeiten kommt): „Das Schlichtungskomitee hat die rechtliche Zuständigkeit in Bezug auf die Einhaltung der soziokratischen Regeln." Gibt es Unklarheiten darüber, ob entlang der soziokratischen Methode vorgegangen wurde, wird ein Komitee eingesetzt, das im Streitfall untersucht, wo die soziokratische Methode verlassen wurde.

---

[35] John, Edwin Maria: *Hello, Neighborocracy! Governance where everyone has a say.* Eigenverlag, 2021, https://leanpub.com/helloneighbourocracy

Die Autorin hat mit der Konfliktlösungsfähigkeit der SKM unzählige Erfahrungen machen können. Eine betraf einen persönlichen Konflikt mit einer sehr wichtigen Kollegin in einem der verbundenen Soziokratie-Zentren (es gibt vier im Verband deutschsprachiger Soziokratie-Zentren). Dabei konnten wir alle erleben, dass sich die zeitweilige Sprachlosigkeit nicht negativ auf die Zusammenarbeit in den Kreisversammlungen ausgewirkt hat. Wir haben einfach konsequent an unserem gemeinsamen Ziel weitergearbeitet. Bei den Kreisversammlungen haben die Rollen weiterhin gut funktioniert und beide Konfliktparteien sind zu Wort gekommen und wurden gehört. In dieser „Konfliktzeit" haben wir den Verband gegründet und die neuen Statuten konsentiert.

Ein anderer, von mir soziokratisch begleiteter Konflikt, der sich zwischen zwei verbundenen zivilgesellschaftlichen Initiativen abspielte, konnte allein durch eine umfassende Bildformungsphase bereinigt werden. Alle Beteiligten wurden mehrmals zu den Vorfällen und Ereignissen befragt, die ich in einer sieben Seiten langen „Historie des Konfliktes" zusammenfasste. Alle Beteiligten hatten nur die Aufgabe, die Richtigkeit der Bilder zu bestätigen bzw. Korrekturen im Vorfeld schriftlich an mich zu kommunizieren. Bei der eigentlichen Besprechung, für die sich die Personen nur zwei Stunden Zeit nehmen konnten, war es dann für alle Parteien einfach, dieses gemeinsame Bild anzuerkennen. Damit war der Konflikt bereinigt und drei Viertel der Besprechungszeit konnten wir auf die Vereinbarungen zur weiteren Zusammenarbeit verwenden.

7. **Anerkennung der Autonomie: der Organisation durch die relevanten externen Steakholder**
   „Externe Steakholder" in soziokratischen Organisationen sind vor allem die Eigentümer. Auch aus unserer Erfahrung können wir bestätigen, dass deren wohlwollende Anerkennung der Autonomie eine Voraussetzung für Selbstorganisation ist. Die Rahmenbedingungen der meisten Gesetze geben die Verantwortung für das Organisieren des Geschäftes in die Organisation. Eigentümer, die nicht selbst Geschäftsführer sind, mischen sich darum selten ein, wenn es um die Organisationsmethodik geht. Sie beobachten Soziokratie-Implementierungen zwar aufmerksam, stellen aber relativ rasch deren Verbesserungspotenziale fest und unterstützen dann den Prozess, auch weil ihre Gewinne steigen.
   Als relevante externe Steakholder kann man auch gesetzliche Vorgaben ansehen. Sie sind bei genauer Betrachtung keine Störfaktoren für Kreisorganisationen. Mithilfe der soziokratischen Werkzeuge behandeln wir gesetzliche Vorschriften wie jedes Problem: Wir finden dafür gemeinsam eine passende Lösung – ähnlich den Herausforderungen, in die uns das Wetter bringen kann. Wir können ihm nicht Einhalt gebieten. Dafür haben wir gemeinschaftlich schon viele verschiedene Lösungen entwickelt, zum Beispiel ein Dach oder einen Regenschirm.

8. **Eingebettete Institution: polyzentrische Governance, mehrere Ebenen und klare Zuständigkeiten**
   Auch die Studie von Meyer/Maier/Schneider zeigt, dass *polyzentrische Governance* innerhalb der Kreisorganisation durch die Kreisstruktur erreicht wird. Eine typische Einbettung in eine gesamtgesellschaftliche Governance erreichen wir in der SKM durch den Topkreis. So würden wir beispielsweise auch Vertreterinnen des Revisionsverbands in den Topkreis einer soziokratischen Genossenschaft einladen. Der Revisor ist dann gleichwertig in der Beschlussfassung im Topkreis und kann dort ganz offiziell auch mitsteuern. Das Genossenschaftsrecht sieht diese Machtposition

insofern vor, als zur Ausübung des Geschäftes die erfolgreiche Prüfung durch den Revisionsverband nötig ist. Ein Hindernis für die Mitwirkung eines Revisors in einem Kreis der zu prüfenden Organisation könnte es sein, dass seine Unbefangenheit infrage gestellt wird. Das ist auch der Grund, weshalb Aufsichtsratsmitglieder in sehr großen Organisationen aufgrund gesetzlicher Bestimmungen nicht Mitglieder der Organisation sein dürfen. Das verhindert die legale doppelte Koppelung zwischen dem Allgemeinen Kreis und dem Topkreis. Wäre eine Gesellschaft jedoch allgemein soziokratisch organisiert, würden durch die intensive, gegenseitige Mitbestimmung alle Prozesse ganz anderen Dynamiken unterliegen und die Gefahr der „Vetternwirtschaft“ würde sich möglicherweise zu einer Netzwerkgesellschaft mit *permanenten Hilfeleistungen aller für alle* verändern.

Der Verband deutschsprachiger Soziokratie-Zentren hat sich ebenfalls zu einer polyzentrischen Organisation weiterentwickelt. Vier Zentren kooperieren auf verschiedenen Ebenen miteinander, haben sich auf eine gemeinsame Qualitätssicherung geeinigt und bieten als Zentren in mehreren Regionen semi-autonom das gemeinsame Kernangebot an. Jedes Zentrum sorgt selbstständig für die Präsenz des Angebotes in der Region, entwickelt darüber hinaus eigene Formate für Interessentinnen und sorgt für die Vernetzung zwischen den soziokratischen Organisationen der Region.

Die fünf Essenzen als Mitte der acht Prinzipien (siehe Abbildung 30 auf Seite 181) für das Gelingen agiler Kreisorganisationen wirken ebenfalls in der SKM, nämlich:

- Bereitstellung von Informationen
- Lösung von Konflikten
- Akzeptanz der Regeln
- Bereitstellung der technischen und institutionellen Infrastruktur
- Förderung von Anpassung und Veränderung

Wie in diesem Buch beschrieben wird, kann die „gemeinschaftlich organisierte Verwaltung von Gemeingütern“ im Ostrom'schen Sinne mithilfe der SKM gut gelingen. Die Methode basiert auf steter Anpassung und Veränderung, während sie gleichzeitig Sicherheit und Stabilität für die Mitglieder bietet. Beides, sowohl Anpassung und Veränderung als auch Sicherheit und Stabilität werden mithilfe der durchgängigen Mitbestimmung des Einzelnen erreicht. In der SKM steuert das Individuum permanent selbst, sodass die Person jederzeit sowohl Anpassung und Veränderung initiieren und argumentativ durchsetzen kann, als auch gegen Veränderungswünsche anderer Kreismitglieder argumentieren und gegebenenfalls nein sagen kann, wenn Schutz und Sicherheit gefragt sind.

Gerard Endenburg beschreibt das Zusammenwirken dieser beiden Pole in der SCN-Norm 500, 2.6, in seiner Argumentation für den Begriff „Kreis“:

> Der Kreis ermöglicht die Verbindung zwischen Ich-Identität und Gruppen-Identität.
>
> Die Belange des Einzelnen und die der Gruppe werden wechselseitig aufeinander bezogen.

6.2 Messinstrument für Team-Zusammenarbeit – Institut für partizipative Sozialforschung

Alfons Bauernfeind ist Mitbegründer und Vorstand des Instituts für partizipative Sozialforschung IPS[36] und Gesellschafter der measury Sozialforschung OG in Wien. Seine Arbeitsschwerpunkte sind die soziale Wirkungsmessung und partizipative Begleitforschung von sozial-innovativen Unternehmungen.

Alfons Bauernfeind hat 2019 mithilfe von Forschungsförderungsmitteln der Österreichischen Forschungsförderungsgesellschaft (FFG) für das Soziokratie Zentrum Österreich ein Messinstrument entwickelt, um die effektive Zusammenarbeit von Teams zu messen. Etwa 600 Fragebögen wurden bis Ende 2021 ausgewertet. Die Ergebnisse waren so erstaunlich, dass Alfons Bauernfeind sich erst nach Erhöhung der Fallzahlen getraute, sie zu veröffentlichen. Speziell das Ergebnis beim Faktor „Effizienz" ist bemerkenswert. Es zeigt, dass Teams in der durchschnittlichen österreichischen Erwerbsbevölkerung einen um 22 von 100 Punkten geringeren Wert zeigen, als jene Teams, die eine vollständige professionelle SKM-Implementierung durchlaufen haben.

Auszüge aus dem Bericht von Alfons Bauernfeind

Der Test

Bis zum 3.9.2021 haben 598 Personen an der Befragung teilgenommen. Die befragten Personen setzen sich aus zwei Gruppen zusammen.

- Repräsentatives Vergleichssample der österreichischen Erwerbsbevölkerung (N= 250).
- Eigene Erhebungen aus dem Umfeld des Soziokratie Zentrums, Verbreitung über Newsletter und Social Media und gezielte Erhebungen von Teams (N= 348).

356 Personen des Gesamtsamples beantworteten den Fragebogen in Bezug auf ein Team, in dem Soziokratie nicht zum Einsatz kommt. Diese werden in der Folge mit folgenden Gruppen verglichen: 116 Personen wenden in ihren Teams einzelne Soziokratie-Elemente an, 81 Personen sind in Teams, die weitgehend soziokratisch organisiert sind, und 55 Personen haben in ihren Teams die Soziokratische KreisorganisationsMethode SKM dauerhaft implementiert.

Die Ergebnisse

Die Qualität der Teamarbeit nimmt mit dem Implementierungsgrad der Soziokratie stetig zu (siehe Abb. 31 auf der nächsten Seite). Statistisch signifikant sind diese Unterschiede in den Bereichen Effizienz, naturgemäß dem Partizipationsgrad, dem Vertrauen, der Potenzialentfaltung und dem Zusammenspiel von Team und Gesamtorganisation.

Vergleicht man die Personen in Teams ohne Soziokratiebezug mit der Gruppe der Personen, die SKM in ihren Teams vollständig implementiert haben, so ist der Indexwert für Effizienz bei soziokratisch geführten Teams um 35 % höher, das Zusammenspiel zwischen Team und Gesamtorganisation um 22 % besser, der Indexwert für Vertrauen und Fairness um 18 % und der Wert für Potenzialentfaltung um 16 % höher. Soziokratisch geführte Teams sind offenbar nicht nur effizienter, ihre Mitglieder erleben ein besseres Miteinander und können ihre individuellen Potenziale in den Teams besser entfalten. Das hilft nicht nur den einzelnen Mitgliedern und ihren Teams, sondern auch der Gesamtorganisation.

[36] https://www.partizipative-sozialforschung.at

Gesamterhebung

	ohne Soziokratie (Panel+eigene Erhebung)	mit einzelnen Elementen der Soziokratie	weitgehend soziokratisch	Soziokratie implementiert	Steigerungsgrad von ohne Soziokratie zu vollständig implementierter Soziokratie
Gesamtmittelwert	74	77	79	87	+17%
Zielorientierung	76	71	76	85	+12%
Partizipationsgrad	73	81	86	94	**+30%**
Effektive Umsetzung	76	77	80	88	**+16%**
Selbstorganisationsgrad	77	81	82	84	+9%
Qualität der Selbstorganisation	76	73	79	84	+11%
Lernende Organisation	70	72	76	77	+11%
Potenzialentfaltung	77	82	84	90	**+16%**
Vertrauen, Fairness	76	82	83	90	**+18%**
Effizienz	63	72	76	85	**+36%**
Zusammenspiel von Team und Gesamtorganisation	66	70	69	81	**+22%**
Anzahl der Befragten	**346**	**116**	**81**	**55**	

Fett gedruckte Differenzwerte sind signifikant, keine Überschneidung der Konfidenzintervalle. N = 598.

Abb. 31: Gesamterhebung aus Messinstrument Team-Zusammenarbeit (Quelle: Alfons Bauernfeind)

Der Ausblick

Die erhobenen Daten zeigen, welchen Beitrag die Soziokratische KreisorganisationsMethode SKM zu einer besseren Qualität der Teamarbeit leisten kann. Das Erhebungstool ermöglicht Individuen und Teams, die Qualität ihrer Teamarbeit zu messen und zu vergleichen. All das hilft dabei, um den Erfolg der soziokratischen Methode wissenschaftlich bestätigen zu können. Das entwickelte Tool war hierfür ein erforderlicher erster Schritt. Mehr Vergleichsdaten, höhere Fallzahlen und longitudinale Messungen erhöhen die wissenschaftliche Belastbarkeit der Messungen.

Bevor im Jahr 2018 in einem Industriebetrieb mit etwa 100 Mitarbeitenden die SKM eingeführt wurde, gab es eine hohe Unzufriedenheit vieler Angestellter über die zahlreichen Unklarheiten bei den Zuständigkeiten. Man bekam teilweise von den drei Geschäftsführern drei unterschiedliche Antworten auf dieselbe Frage. Teilweise wurde Mikromanagement betrieben, und es gab unzählige Jour fixe mit wenig Ergebnis. Ich hatte damals eine kleine Gruppe von Mitarbeitenden persönlich gefragt, wie viel Zeit sie im Durchschnitt für die Herstellung von Klarheit bei ihrer Arbeit brauchen würden, einschließlich der Zeit, die man gewöhnlich bei der Kaffeemaschine zum Abladen der Frustrationen benötigt. Meine Schätzung belief sich auf etwa 30 % der Gesamtarbeitszeit. Die drei Mitarbeitenden schüttelten dazu alle den Kopf: "Nein, bei uns ist das sicherlich 50 % der Zeit, die damit verlorengeht.“

Aktuell werden die folgenden soziokratischen Elemente in dieser Organisation gelebt. All diese Elemente haben Auswirkungen auf die Effizienz des Unternehmens:

- Domänen (Zuständigkeiten) von Abteilungen und Personen sind geklärt.
- Schnittstellen sind beschrieben und werden laufend versorgt.
- Alle Mitarbeitenden sind mitverantwortlich für die Grundsatzbeschlüsse ihrer Kreise – sie haben Klarheit in der Ausführung.
- Gut moderierte Meetings. Diese generieren positive Energie und Freude an der Zusammenarbeit (gemessen in den jeweiligen Abschlussrunden).

- Die Unterscheidung zwischen Grundsatz und Ausführung im Sinne des Subsidiaritätsprinzips gelingt und sorgt für Zeiteinsparungen – hohe Autonomie des Einzelnen.
- Ein selbstentwickeltes Logbuchsystem führt zu transparenter Information und besserer Nachvollziehbarkeit von Beschlüssen.
- Aufgaben innerhalb von Teams werden mit offener Wahl verteilt – gemeinsam beauftragte Rollen und Funktionen erzeugen Wertschätzung, Vertrauen und Sicherheit.
- Delegierte sorgen für ein Vier-Augen-Prinzip auf der nächsthöheren Entscheidungsebene – gestärktes Vertrauen aller Beteiligten in die weiter oben getroffenen Entscheidungen.
- Die Rolle Sekretär/Logbuchführer sorgt für eine vorbereitete Agenda, für klar formulierte Grundsatzentscheidungen und für Messung der abgelaufenen Beschlüsse.
- Für größere Entscheidungen werden Hilfskreise zur Vorbereitung eingesetzt – die relevanten Personen generieren gemeinsam die nötigen Informationen und den Lösungsvorschlag.
- Der Allgemeine Kreis mit 16 Mitgliedern arbeitet sehr effektiv. Das gelingt durch gute Moderation und hohe Disziplin aller Beteiligten.
- Soziokratische Entwicklungsgespräche stärken die Einzelnen und helfen, Potenziale zu entfalten.
- Laufende Weiterbildung einzelner Mitarbeitender als interne SKM-Trainerinnen sowie Monitoring der SKM durch das SKM-Team erlauben, rechtzeitig Veränderungsbedarf zu erkennen und entsprechende Maßnahmen zu entwickeln.

6.3 Personalabbau im Konsent?

Die Studie von Dr. Ursula Meyerhofer Fahlbusch (meyerhofer@menschundzukunft.com), Prof. Dr. Adrian Ritz und Dr. Kristina S. Weissmüller von der Universität Bern wird hier von Dr. Ursula Meyerhofer zusammengefasst. Die Untersuchung begann Ende 2020 und wurde im Frühjahr 2021 abgeschlossen. Sie wurde gefördert von der Stiftung 3FO.

Vor dem Pandemieausbruch im Frühjahr 2020 hatte man sich in einem mittelgroßen Dienstleistungsunternehmen im Tourismussektor für Soziokratie als die Richtungsgeberin für eine Veränderung entschieden. Externe Beratung war dabei hinzugezogen worden. Der Tourismusbereich war Mitte 2020 praktisch zum Erliegen gekommen. Einzig die Geschäftsleitung selbst hatte sich zu diesem Zeitpunkt schon eingehender mit der Soziokratie befasst. Der Einführungsprozess war zum Zeitpunkt der Studie (Ende 2020) noch nicht abgeschlossen. Das Wissen um die Soziokratie-Prinzipien reichte aber aus, um Lösungen für Problemstellungen zu finden, die wegen der Corona-Pandemie notwendig geworden waren.

Die neue Methode durfte sich nun bewähren. Mit Konsent in der Geschäftsführung war beschlossen worden, ein Nominationsverfahren durchzuführen, mit dessen Hilfe die Teams selbst entscheiden konnten, wie sie mit dem krisenbedingten Personalabbau umgehen wollten. Nominiert sollten jene Personen werden, die darum warben, im Unternehmen verbleiben zu können.

Das Nominationsverfahren und der damit verbundene Wahlprozess waren von der Geschäftsleitung beschlossen worden, bei sich selbst angewandt und schließlich der Belegschaft präsentiert worden. Durchgeführt wurden die Wahl- und Nominationssitzungen von einem Ausschuss der Geschäftsleitung, angeführt vom Geschäftsleiter selbst. Dieser moderierte in jedem Team den Prozess und hatte auch vorher mit den Teamleitungen gesprochen, war also über Vorbedingungen im Team informiert.

Die Vorgehensweise war dem Druck geschuldet, für das Folgejahr den projektierten Mindererträgen zu begegnen. Die Teams sollten dabei auch selbst nach alternativen Lösungen für Kündigungen suchen und schließlich die notwendige Stellenreduktion mittels Nominations- und Wahlverfahren durchführen. Dabei entschieden in den moderierten Sitzungen das Selbstcommitment, die vorher von den Teamleitungen angefertigten Stellenbeschreibungen, erfasste Stimmungsbilder und schließlich die Wahl selbst über einen Verbleib.

Einschränkend ist zu bemerken, dass die Regeln besagten, dass die Teamleitungen Personen für Stellen selbst bestimmen durften und diese dadurch dem Wahl- und Nominationsverfahren entzogen waren. In wenigen Fällen kam ferner ein konsultativer Einzelentscheid zur Anwendung der als Instrument ebenfalls vorgesehen war.

Die Befragung erfolgte nach Abschluss aller Wahlprozesse zwischen Dezember 2020 und Januar 2021 und umfasste eine Online-Befragung von über 200 Mitarbeitenden und 16 vertiefte Einzelinterviews über alle Organisationsebenen und Abteilungen hinweg.

Die Fragen bezogen sich auf verschiedene Fragebereiche:

- Erleben des Prozesses, Beurteilung und Verbesserungen,
- persönliche Belastung durch den Prozess und erlebte Kompetenzanforderungen,
- Auswirkungen des Prozesses auf die Arbeitgeberloyalität und Motivation,
- Erfassen der Effekte des Prozesses im Hinblick auf weniger Freistellungen zugunsten anderer Lösungen,
- Herausarbeiten von Verbesserungsoptionen.

Die Studie zeigt die Erfolge und die Herausforderungen dieses Prozesses. Effekte des Nominationsprozesses als Alternative zu herkömmlicher Top-down-Kündigung waren:

- Es mussten weniger Kündigungen, als ursprünglich kalkuliert, ausgesprochen werden, da andere Varianten gefunden wurden wie freiwilliger Stellenverzicht, unbezahlter Urlaub, mehr Teilzeitanstellungen, intern verrechnete Dienstleistungen, veränderte Rahmenbedingungen wie geringere Mietkosten. Geplant war ein Personalabbau von rund einem Viertel der Belegschaft. Vorsichtig formuliert – angesichts Teilzeitanstellungen – kann festgestellt werden, dass von den erforderlichen Kündigungen zwei Drittel über freiwillige Rücktritte erfolgten und ein Drittel über Abwahlen. In Pro-Kopf-Anstellungen kann ausgesagt werden, dass mit dem Verfahren 16 Vollzeitstellen erhalten werden konnten.

Auch wenn die Werte der Befragung in mancherlei Hinsicht interpretiert werden können, so lassen sich Schlüsse hinsichtlich künftig zu beachtender Vorgehensweisen in der Selbstorganisation und der Soziokratie festhalten:

- Eine konsequente, transparent kommunizierte und praktizierte Vorgangsweise über Aufgaben und Schritten im Verfahren ist wichtig. Dies betrifft gerade auch die eigenen, selbst gesetzten Spielregeln im Verfahren.
- Effekte auf persönlicher Ebene konnten wie folgt festgestellt werden:
  - Es erfolgte in einer Mehrzahl der Fälle eine gründliche Laufbahnreflexion, die als wertvoll erlebt wurde, trotz einer als stark erlebten Belastung durch den Prozess.

- Auch stillere Mitarbeitende wurden in dem Verfahren gehört und Entscheidungen beschleunigt, die implizit ohnehin bevorstanden. Dies wurde als Vorteil gesehen.
- Teameigenverantwortung wurde als gestärkt erlebt und Blickwinkel zugunsten anderer entdeckt, aber als Belastung wurde erlebt, über andere entscheiden zu müssen.
- Teamstärkende Effekte und mehr Effizienz wurden von den Führungskräften rückgemeldet.
- Das Vorgehen der Moderation, mit klärenden Fragen zu arbeiten, wurde geschätzt, obwohl selbst von der Geschäftsleitung konzediert wurde, dass eine Geschäftsleitung idealerweise nicht selbst die Moderation übernehmen sollte.

Für Mitarbeitende und Führungskräfte sind aus der Erhebung Kompetenzanforderungen ableitbar. Diese sind:

- Selbstbewusstsein seitens der Mitarbeitenden ist erforderlich;
- Persönliche Stabilität und die Fähigkeit, mit Druck und Unsicherheit umgehen zu können;
- Bereitschaft, sich mit sich selbst auseinandersetzen zu können und zu wollen;
- den Wunsch nach Mitgestaltung zu haben und die Fähigkeit, Konsequenzen daraus mitzutragen;
- Ehrlichkeit und der Wille, sich zu hinterfragen;
- Die Bereitschaft, bei Unklarheiten nachzufragen;
- Begeisterungs- und Ausdrucksfähigkeit.

Für die Führungskräfte lassen sich Kompetenzanforderungen ableiten, wie die Fähigkeit, Angst und Energie steuern zu können, hohe Kommunikationsbereitschaft, Offenheit für neue Lösungen, die Bereitschaft, Zeit aufzuwenden für Lösungsfindungen und Gespräche, sowie der Mut, die eigene Rolle aktiv wahrzunehmen.

Die Studie zeigt, dass auch so schwierige Themen wie Stellenabbau und die Gefährdung des eigenen Arbeitsplatzes mit den Betroffenen gemeinsam in einem soziokratischen Lösungsfindungsprozess zu einem verhältnismäßig guten Ergebnis geführt werden können.

Zusammenfassung

Die drei hier betrachteten wissenschaftlichen Untersuchungen zeigen, unter welchen Bedingungen Selbstorganisation gelingen kann. In der ersten Studie wurde anhand des Modells von Elinor Ostrom aufgezeigt, dass Gemeingüter zu ihrer gemeinschaftlichen Verwaltung Grundsätze brauchen, die von allen akzeptiert werden. Die Prinzipien von Ostrom sind auch in der Soziokratie umgesetzt. Das Wirkungsmessinstrument der zweiten Studie belegt die Wirkung der SKM bei der Teamarbeit. Von Zielorientierung über Partizipationsgrad und Potenzialentfaltung bis zu Qualität der Selbstorganisation und Effizienz zeigen die Vergleiche eine stete Verbesserung durch die Verwendung soziokratischer Werkzeuge. Die letzte Studie untersuchte die Auswirkungen der soziokratischen Entscheidungsfindung bei einem so heiklen Thema wie dem Personalabbau. Auch hier hat die Praxis gezeigt, dass eine Gruppe zu überraschenden Lösungen kommen kann, wenn alle Betroffenen gleichwertig in die Entscheidungsfindung einbezogen sind.

Kapitel 7:

Soziokratie ist Politik – direkte Demokratie mit soziokratischen Mustern

Kapitelübersicht

Schon als 35-jährige Frau, verheiratet und mit drei Kindern, war ich zu dem Schluss gekommen, dass mit Politik nur auf zwei Arten umzugehen wäre. Entweder als aktives Mitglied in einer Partei oder als unbeeinflussbares Phänomen wie das Wetter. Alle vier oder fünf Jahre zu einer Wahl zu gehen, schien mir als Einflussmöglichkeit aber so marginal, sodass ich für einige Jahre aufgehört hatte, an Wahlen teilzunehmen. Ich arbeitete damals als Sozialarbeiterin und hatte eine Plattform mit 60 Organisationen für „Mütter ohne Netz“ gegründet. Nur der sehr persönliche Kontakt zu einem Mitglied der Landesregierung erlaubte mir damals, soziale Probleme bei den Entscheidungsträgern bekanntzumachen. Der einzelne Mensch, so meine damalige Erfahrung, hat keinerlei Einfluss auf politische Entscheidungen, wenn er nicht selbst Parteipolitiker wird, oder sich mit anderen zusammenschließt, um intensive Lobby-Arbeit zu leisten. Beides war mir als gewöhnliche Bürgerin langfristig zu anstrengend. Also wurde ich „politikverdrossen“ und reduzierte meine Kräfte auf mein unmittelbares Umfeld im Beruf und im Privatleben. Die Politik musste ich dann allerdings wie das Wetter betrachten, das ich eben auch nicht beeinflussen kann.

Als ich 2009, inzwischen 53-jährig, erstmals mit Soziokratie in Berührung kam, erwachte meine Hoffnung, es könne mithilfe dieser Methode doch eines Tages möglich sein, als einzelner Mensch Einfluss auf Entscheidungen zu nehmen, von deren Auswirkungen man betroffen ist. Und doch hat es weitere zehn Jahre gedauert, bis ich, zusammen mit Kolleginnen aus dem Feld der Soziokratie, aktiv auf das Thema Soziokratie und Politik zugegangen bin; im November 2019 veranstalteten wir in Salzburg einen Kongress mit dem Titel: Soziokratie & Politik.[37]

Für dieses Thema haben sich die Expertinnen für Soziokratie aktiv mit den Experten für Systemisches Konsensieren zusammengetan. Das Systemische Konsensieren (→ *Glossar:* SK-Prinzip) ist als Entscheidungsmethode für Wahlen wesentlich besser geeignet als das einfache Mehrheitsprinzip, bei dem 51 % der Wahlberechtigen über 49 % „siegen“ können. Mit dem SK-Prinzip misst man den Widerstand gegen einen Vorschlag und errechnet dadurch den Grad der Gruppenakzeptanz. Da auch die SKM mit der Integration von Einwänden zu besseren Lösungen gelangt, konnten wir als gemeinsamen Nenner für unsere Zusammenarbeit den Respekt vor dem Nein eines Menschen ausmachen. Nach dem Kongress haben wir uns gemeinsam auf den Weg gemacht, ein Angebot für Gemeinden zu kreieren, mit dem Ziel, die Möglichkeiten der politischen Teilhabe der Bürgerinnen an den kommunalen Entscheidungen zu erhöhen.[38]

Aus unserer damaligen Politikerbefragung stammt das Zitat eines Bürgermeisters:

> „Junge Menschen sind nicht politikverdrossen, sondern Parteipolitik-verdrossen“.

Die meisten Menschen wollen gefragt werden, wenn gesetzliche Regelungen sie persönlich betreffen. „Aber würden sie dann auch die Interessen anderer mitberücksichtigen?“, ist das gängige Argument, warum man Menschen von Entscheidungen ausschließt. Die Erfahrung mit Soziokratie in Schulen hat uns gezeigt, dass mithilfe guter Kommunikationskultur, wie die SKM sie bietet, Kinder sehr „vernünftige“ Entscheidungen treffen,

---

[37] soziokratie-politik-kongress.at/

[38] gemeinsam-entscheiden.at/

die sowohl das Gemeinwohl als auch die Eigeninteressen berücksichtigen. Stellt man dagegen Menschen ganz ohne Austausch mit anderen die Frage nach ihrer Meinung, werden vermehrt die Eigeninteressen ins Feld geworfen.

Andere bei Entscheidungen zu berücksichtigen, setzt also die Gelegenheit voraus, die Meinung anderer in einem persönlichen Dialog, der auf Gleichwertigkeit beruht, zu hören. Wenn ihr Nein ernstgenommen wird, neigen Menschen dazu, verantwortlich für andere mitzudenken. Nur wer bei Entscheidungen übergangen wird, entledigt sich jeglicher Verantwortung. Wer mitentscheiden kann, wird sich dadurch auch der Verantwortung bewusst.

Es entstehen viele Fragen zu Soziokratie und Politik:

- Gibt es einen direkteren Weg, Bürgerinnen in Entscheidungsprozesse zu involvieren, als über die repräsentative Demokratie?
  - Brauchen wir dazu ein anderes Menschenbild?
- Benötigen wir für eine partizipative Demokratie ein anderes politisches System?
  - Lässt sich das Verhältniswahlrecht so gestalten, dass die Widerstände gemessen werden und nicht die Zustimmung zu einer Partei oder einem Kandidaten?
  - Schließen sich Personenwahlrecht und Parteien-System gegenseitig aus?
  - Ist Politik ohne Berufspolitikerinnen denkbar?
  - Wie beteiligen wir die Bürgerinnen bereits bei der Entstehung von Problemen?
  - Wie ist eine permanente Beteiligung der Bürger auf Grundlage von kleinen sozialen Communities möglich?
- Wie gestalten wir den Übergang von der derzeitigen Mehrheits-Demokratie mit einem Parteien-System hin zu einer partizipativen Demokratie?
  - Was sind gute Pilotprojekte? Was lernen wir zum Beispiel aus den Erfahrungen mit Personenwahlrecht in kleinen Gemeinden?
  - Wie organisieren wir die direkte Beteiligung von Bürgerinnen auf unterschiedlichen Ebenen?
  - Wie gestalten wir die Vertrauensbildung für jene Personen, die in überregionale Gremien entsendet werden, um dort Lösungen auszuarbeiten?
  - Wie kann eine themenbezogene Information der Bürgerinnen ohne Populismus und Parteienkampf organisiert werden?
  - Wie können aus dem herrschenden Paradigma des Individualismus neue soziale Gemeinschaften entstehen, die wieder gemeinsam Verantwortung übernehmen?

Ist es überraschend, dass es bereits Antworten, Anregungen und gute Beispiele auf diese Fragen gibt? Darum soll es in diesem Kapitel gehen.

- **7.1: Soziokratie – Demokratie wie sie sein könnte (Kees Boeke)**
  Cornelius (Kees) Boeke, 1884 – 1966, und Beatrice (Betty) Cadbury-Boeke, 1884 – 1976, waren zu Beginn des 20. Jahrhunderts international bekannte Friedensaktivisten. Betty hatte ihr Erbe als Tochter der englischen Cadbury-Schokoladen-Dynastie den Fabrikarbeitern vermacht, weil sie Privilegien ablehnte. 1911 heiratete sie Kees Boeke und ging mit ihm zuerst in den Libanon und später zurück nach Holland. Einige Jahre ihres gemeinsamen Lebens verbrachten die Boekes ohne Geld und mit allen dazugehörenden Schwierigkeiten. (→ *Literaturverzeichnis:* Joseph, Fiona: *BEATRICE. The Cadbury Heiress Who Gave Away Her Fortune).* Die ersten drei ihrer acht Kinder wurden in einer der ersten Montessori-Schulen unterrichtet, bis auch dort

der Staat Beiträge verlangte. Da sie damit nicht einverstanden waren, gründeten die Boekes 1926 ihre eigene Schule, die "Werkplaats Kindergemeenshap" in Bilthoven. Von 1939 – 1945 war Gerard Endenburg (→ Kapitel 1) dort Schüler. Während des Zweiten Weltkriegs lebten die Schüler und Schülerinnen zu ihrer Sicherheit im Internat. Neben den Lernzeiten halfen sie dort bei allen anfallenden Aufgaben mit, übernahmen auch Mitverantwortung für gesamte Bereiche. Gerard Endenburg erinnert sich beispielsweise an seine Fahrten mit dem Fahrrad, um Schreibpapier aus verschiedenen Läden in Bilthoven und Umgebung aufzutreiben. Beatrice (Betty) Cadbury war bis zu ihrem Tod (1976) eine wichtige Beraterin für Gerard Endenburg und hat in ihren späten Jahren auch Gerards Experimente bei Endenburg Elektrotechniek mit ihm reflektiert und über entsprechende gesellschaftspolitische Modelle nachgedacht. Der Artikel von Kees Boeke, "Soziokratie – Demokratie wie sie sein könnte", ist in Kapitel 7.1 abgedruckt.

- **7.2: Das Gesellschaftsmodell von Gerald Endenburg**
  Gerard Endenburg war nicht nur Techniker und sozialer Unternehmer, er war auch Visionär und Philosoph. Nachdem er sein Modell der Soziokratischen KreisorganisationsMethode (SKM) entwickelt hatte, ging seine Auseinandersetzung mit der gesellschaftlichen Entwicklung intensiv weiter. Er entwickelte aus seinem Grundmodell soziokratischer Organisation (→ Kapitel 5) ein ganzheitliches Gesellschaftsmodell.
- **7.3: Soziokratie ist Politik – „Partizipative Demokratie" (Peter Frenzel)**
  Peter Frenzel, Wirtschaftspsychologe, Psychotherapeut, Universitätslektor und Unternehmensberater, gründete gemeinsam mit anderen vor 30 Jahren die österreichische Berater:innen-Gruppe TAO – Team für Arbeits- und Organisationspsychologie (www.tao.co.at).
  Ich hatte 2018 die Möglichkeit, auf Einladung von Peter Frenzel und vier weiteren TAO-Beratern eine Gruppe von Führungskräften zwei Jahre lang bei einem Experiment zum Thema Selbstorganisation zu begleiten. Wir hatten die SKM als Betriebssystem eingeführt, um mit den 19 Teilnehmenden selbstorganisiert ein Curriculum zu erarbeiten, bei welchem die Methoden der Agilität und Selbstorganisation kennengelernt und erprobt werden konnten. Dabei hatte Peter Frenzel die SKM aus der Perspektive des Anwenders erlebt. In dem Prozess wurden neben dem Kennenlernen konkreter Werkzeuge und Beispiele auch die ethischen und psychologischen Aspekte von Selbstorganisation vor dem Hintergrund eines humanistischen Weltbildes diskutiert.
- **7.4: Nachbarschaftsparlamente in Indien – „Politics from below" (Edwin M. John)**
  Bereits 1997 machte in Indien Edwin Maria John, ein katholischer Pater, erste Erfahrungen mit Nachbarschaftskreisen zur Eindämmung von zunehmender Gewalt in tamilischen Gemeinden. Das Konzept der christlichen Nachbarschaftskreise stammt aus Südamerika. Da Edwin M. John bereits nach den ersten drei Jahren in der tamilischen Gemeinde, in der er als Priester tätig war, die Gewalt auf fast null reduzieren konnte, weckte sein Modell auch bald die Aufmerksamkeit von Politikern. Im indischen Staat Kerala wurde gegen Ende des 20. Jahrhunderts ein staatliches Programm gegen Frauenarmut, das sich am Konzept der Nachbarschaftskreise orientierte, mit großem Erfolg umgesetzt. Heute gibt es in Indien vor allem in den

südlichen Staaten Tamil Nadu und Kerala etwa 400.000 Nachbarschaftsparlamente, die auch überregional zusammenarbeiten.
Da von Beginn an auch Kinder und Jugendliche in den Nachbarschaftsparlamenten als eigene Parlamente, horizontal verbunden mit den Erwachsenen-Kreisen, eingeführt wurden, entstand die Bewegung der Children's Parliaments. Joseph Rathinam, Koordinator und Mastertrainer für Children's Parliaments, leitet seit 1998 an der Seite von Edwin M. John die Verbreitung des Konzeptes in Indien,und seit 2010 auch die weltweite Bewegung Neighborhood Community Network[39]. 2009 hörten die beiden Gründer von der Soziokratie, und statteten, angeregt von John Bucks Buch „We the People" (→ *Literaturverzeichnis*), die Nachbarschaftsparlamente mit Konsententscheidung und Offenen Wahlen aus. Seither ist es vor allem in den geschätzten 90.000 aktiven Kinderparlamenten gelungen, von den bisherigen Mehrheitsentscheidungen auf soziokratische Konsententscheidungen und Offene Wahl umzustellen. 2017 wurden die sehr berührenden Aktivitäten der indischen Kinderparlamente in einem Film von Anna Kersting verarbeitet. Protagonistinnen in Kerstings Film sind die Kinder, darunter auch zwei mit soziokratischen Wahlen gewählte „Ministerpräsidenten" für ganz Indien, Gnana Sekar Dhanapal und Swarnalakshmi Ravi.

- **7.5: Utrechtse-Heuvelrug – „Wie kreiert man 89 % Wahlbeteiligung?" (Frits Naafs)**
  Von Frits Naafs lernte ich, dass ein Bürgermeister in den Niederlanden nicht von einer Partei nominiert wird, um dann von der Bevölkerung im Mehrheitswahlrecht gewählt zu werden, sondern vom Gemeinderat nach einer offenen Bewerbungsfrist aus mehreren Kandidatinnen ausgewählt wird. Der Bürgermeister ist angestellt, hat die Aufgabe, das Stadtparlament zu leiten, und kann auch die Art und Weise wählen, wie er das tut. Darum war es möglich, soziokratische Elemente, wie die Frage nach schwerwiegenden Einwänden, einzuführen. Aber auch die Bürgerbeteiligung in Utrechtse-Heuvelrug profitierte sehr von soziokratischen Elementen. So wurde eine intensive Bildungsformungsphase eingeführt. Dabei werden sämtliche politischen Themen an zwei Abenden pro Woche mit allen Stadträten und allen Bürgerinnen diskutiert, bevor sie im Stadtrat behandelt werden.

7.1 Soziokratie: Demokratie wie sie sein könnte (Kees Boeke)

Als Kees Boeke während des Zweiten Weltkriegs wegen der Beherbergung von Juden verhaftet wurde, hatte er einen frühen Entwurf eines Artikels mit dem Titel „Keine Diktatur" in seiner Tasche. Es hätte ihn sein Leben kosten können. Der Artikel beschrieb einen Plan für eine wahrhaft demokratische Gesellschaft und wurde erstmals im Mai 1945 als „Soziokratie: Demokratie wie sie sein könnte" veröffentlicht.

Gerard Endenburg hat seine Soziokratische KreisorganisationsMethode auf den Gedanken von Kees Boeke und Betty Cadbury aufgebaut. Kees Boeke kannte noch keine doppelte Koppelung, aber er wusste, was ein Konsent ist und dass delegierte Personen nur dann das Vertrauen aller genießen, wenn sie im Einvernehmen aller gewählt werden.

[39] https://ncnworld.org/

Im Folgenden möchte ich den Leserinnen den Artikel „Soziokratie: Demokratie wie sie sein könnte“[40] von Kees Boeke wiedergeben. Dieser Artikel wurde mit freundlicher Genehmigung von Candia Boeke, der Tochter von Kees Boeke, auf sociocracy.info veröffentlicht. Ich habe die dort verfügbare englische Version mit Genehmigung von sociocracy.info ins Deutsche übersetzt.[41]

Soziokratie – Demokratie wie sie sein könnte (von Kees Boeke)

Wir sind an die Mehrheitsherrschaft als notwendiges Element der Demokratie so gewöhnt, dass es kaum vorstellbar ist, dass ein demokratisches System ohne sie funktioniert. Zwar ist es besser, Köpfe zu zählen, als sie zu zerschlagen, und die Demokratie, wie sie heute ist, kann man im Vergleich zu früheren Praktiken empfehlen. Aber das Parteiensystem ist weit davon entfernt, die ideale Demokratie zu bieten, von der Menschen träumen. Ihre Schwächen sind deutlich genug geworden: endlose Debatten im Parlament, Massenversammlungen, in denen die primitivsten Leidenschaften geweckt werden, die Überstimmung aller unabhängigen Ansichten durch die Mehrheit, launische und unzuverlässige Wahlergebnisse, das Handeln der Regierung, das durch die beharrliche Opposition der Minderheit ineffizient wird. Es schleichen sich auch seltsame Missbräuche ein. Eine Partei kann nicht nur mit beklagenswert hinterhältigen Methoden Stimmen erlangen, sondern bekanntlich kann ein Diktator durch Einschüchterung eine Wahl mit einer „erstaunlichen“ Mehrheit gewinnen.

Tatsache ist, dass wir das gegenwärtige System so lange als selbstverständlich angesehen haben, dass viele Menschen nicht erkennen, dass das Parteiensystem und die Mehrheitsherrschaft kein wesentlicher Bestandteil der Demokratie sind. Wenn wir wirklich die ganze Bevölkerung vereint sehen wollen, wie eine große Familie, in der sich die Mitglieder ebenso um das Wohl des anderen kümmern wie um ihr eigenes, müssen wir das quantitative Prinzip des Rechts der größten Zahl beiseitelegen und einen anderen Weg finden uns selbst zu organisieren. Diese Lösung muss wirklich demokratisch in dem Sinne sein, dass sie es jedem von uns ermöglichen muss, sich an der Organisation der Gemeinschaft zu beteiligen. Aber diese Art von Demokratie wird nicht von Macht abhängen, nicht einmal von der Macht der Mehrheit. Es muss eine echte Gemeinschaftsdemokratie sein, eine Organisation der Gemeinschaft durch die Gemeinschaft selbst.

Für dieses Konzept verwende ich das Wort „Soziokratie“. Ein solches Konzept wäre von geringem Wert, wenn es nie in der Praxis erprobt worden wäre. Aber seine Gültigkeit wurde im Laufe der Jahre erfolgreich bewiesen. Jeder, der England oder Amerika kennt, kennt die Quäker, die Gesellschaft der Freunde. Sie haben in diesen Ländern großen Einfluss gehabt und sind bekannt für ihre praktische Sozialarbeit. Seit mehr als dreihundert Jahren wenden die Quäker eine Methode der Selbstverwaltung an, die Mehrheitsentscheidungen ablehnt, wobei Gruppenaktionen nur möglich sind, wenn Einstimmigkeit erreicht wurde.

Auch ich habe beim Ausprobieren dieser Methode in meiner Schule festgestellt, dass sie wirklich funktioniert, vorausgesetzt, dass die Interessen anderer genauso real und wichtig sind wie die eigenen. Wenn wir von diesem Grundgedanken ausgehen, entsteht ein Geist des guten Willens, der Menschen aus allen Gesellschaftsschichten und mit den unterschiedlichsten Sichtweisen verbinden kann. Das hat meine Schule mit ihren drei- bis vierhundert Mitgliedern deutlich gezeigt.

[40] Link zur englischen Originalfassung: https://www.sociocracy.info/sociocracy-democracy-kees-boeke/

[41] Leider war es in diesem Fall nicht möglich, den Inhaber des Urheberrechts zu ermitteln. Wir bitten deshalb gegebenenfalls um Mitteilung. Der Verlag ist bereit, berechtigte Ansprüche abzugelten.

Aufgrund dieser beiden Erfahrungen bin ich zu der Überzeugung gelangt, dass es für die Menschen eines Tages möglich sein sollte, sich auf einem viel größeren Gebiet auf diese Weise selbst zu regieren. Viele werden dieser Möglichkeit sehr skeptisch gegenüberstehen. Sie sind so sehr an eine Gesellschaftsordnung gewöhnt, in der Entscheidungen von der Mehrheit oder von einer einzelnen Person getroffen werden. Sie erkennen nicht, dass, wenn eine Gruppe ihre eigene Führung übernimmt und jeder weiß, dass nur im Einvernehmen gehandelt werden kann, dass dann eine ganz andere Atmosphäre als die der Mehrheitsherrschaft entsteht. Dies sind zwei Beispiele für Soziokratie in der Praxis; hoffen wir, dass seine Prinzipien auf nationaler und schließlich internationaler Ebene angewendet werden können.

Bevor wir beschreiben, wie das System zum Laufen gebracht werden könnte, müssen wir zuerst sehen, was das Problem wirklich ist. Wir möchten, dass eine Gruppe von Personen eine gemeinsame Regelung ihrer Angelegenheiten trifft, die alle respektieren und befolgen. Es wird kein von der Mehrheit gewähltes Exekutivkomitee geben, das die Macht hat, dem Einzelnen zu befehlen. Die Gruppe selbst muss einen Beschluss fassen und eine Vereinbarung treffen unter der Voraussetzung, dass jeder Einzelne in der Gruppe nach dieser Entscheidung handelt und diese Vereinbarung einhält. Ich habe dies die Selbstdisziplin der Gruppe genannt. Es kann mit der Selbstdisziplin des Individuums verglichen werden, das gelernt hat, bestimmte Anforderungen an sich selbst zu stellen, denen es gehorcht.

Drei Grundregeln

Dem System liegen drei Grundregeln zugrunde. Die erste ist, dass die Interessen aller Mitglieder berücksichtigt werden müssen, der Einzelne sich den Interessen des Ganzen beugen muss. Zweitens müssen Lösungen gesucht werden, die jeder akzeptieren kann: sonst kann nicht gehandelt werden. Drittens müssen alle Mitglieder bereit sein, nach diesen einstimmig gefassten Beschlüssen zu handeln.

Der Geist, der der ersten Regel zugrunde liegt, ist eigentlich nichts anderes als die Sorge um den Nächsten, und wo dieser vorhanden ist, wo Sympathie für die Interessen anderer Menschen besteht, wo Liebe ist, wird es einen Geist geben, in dem echte Harmonie möglich ist.

Der zweite Punkt muss genauer betrachtet werden. Wenn eine Gruppe in einem bestimmten Fall nicht in der Lage ist, einen für alle Mitglieder akzeptablen Aktionsplan zu beschließen, wird sie zur Untätigkeit verurteilt; sie kann nichts tun. Dies kann auch heute noch passieren, wo die Mehrheit so klein ist, dass ein effizientes Handeln nicht möglich ist. Aber im Fall der Soziokratie gibt es einen Ausweg, da eine solche Situation ihre Mitglieder dazu anregt, nach einer Lösung zu suchen, die jeder akzeptieren kann, die vielleicht in einem neuen Vorschlag endet, auf den zuvor noch niemand gekommen war.

Während im Parteiensystem Meinungsverschiedenheiten die Differenzen akzentuieren und die Spaltung schärfer denn je wird, aktiviert es im soziokratischen System, wo eine Einigung erzielt werden muss, eine gemeinsame Suche, die die ganze Gruppe näher zusammenbringt. Hier muss etwas hinzugefügt werden. Wenn keine Einigung möglich ist, bedeutet dies in der Regel, dass die derzeitige Situation vorerst fortbestehen muss. Es könnte den Anschein haben, als ob auf diese Weise Konservatismus und Reaktionismus herrschen würden und kein Fortschritt möglich wäre. Aber die Erfahrung hat gezeigt, dass das Gegenteil der Fall ist.

Das gegenseitige Vertrauen, das als Grundlage einer soziokratischen Gesellschaft akzeptiert wird, führt unweigerlich zum Fortschritt, und dieser ist spürbar größer, wenn alle gemeinsam vorankommen und sich alle einig sind. Auch hier ist klar, dass es Treffen auf „höherer Ebene" von ausgewählten Vertretern geben muss, und wenn eine Gruppe in einer solchen Sitzung vertreten sein soll, muss das jemand sein, dem alle vertrauen. Gelingt dies nicht, wird die Gruppe in der übergeordneten Sitzung überhaupt nicht vertreten und ihre Interessen müssen von den Vertretern anderer Gruppen wahrgenommen werden. Aber die Erfahrung hat gezeigt, dass dort, wo Vertretung keine Macht-, sondern Vertrauensfrage ist, die Wahl einer geeigneten Person relativ einfach und ohne Unannehmlichkeiten erfolgen kann.

Das dritte Prinzip besagt, dass die Entscheidung, wenn eine Einigung erzielt wird, für alle bindend ist, die sie getroffen haben. Dies gilt auch in der übergeordneten Versammlung für alle, die ihre Vertreter entsandt haben. Hier besteht die Gefahr, dass jeder Entscheidungen einhalten muss, die in einer Sitzung getroffen wurden, auf die er nur indirekt Einfluss hat. Alle solchen Entscheidungen enthalten diese Gefahr, nicht zuletzt im Parteiensystem. Weit weniger gefährlich ist es jedoch, wenn die Vertreter einvernehmlich gewählt werden und daher viel eher Vertrauen genießen.

Eine Gruppe, die auf diese Weise arbeitet, sollte eine bestimmte Größe haben. Sie muss groß genug sein, damit persönliche Angelegenheiten einer sachlichen Herangehensweise an das Diskussionsthema weichen, aber klein genug, um nicht unhandlich zu sein, damit die nötige Ruhe gewährleistet werden kann. Für Sitzungen mit allgemeinen Zielen und Methoden hat sich eine Gruppe von etwa vierzig Personen als am besten geeignet erwiesen. Wenn jedoch Detailentscheidungen zu treffen sind, wird ein kleines Gremium von etwa drei bis sechs Personen benötigt. Diese Art von Ausschuss ist nicht neu. Wenn wir uns die unzähligen bestehenden Ausschüsse ansehen könnten, würden wir wahrscheinlich feststellen, dass diejenigen, die die beste Arbeit leisten, dies tun ohne abzustimmen. Sie entscheiden im Einvernehmen. Wenn in einer so kleinen Gruppe abgestimmt würde, würde dies in der Regel bedeuten, dass die Atmosphäre nicht stimmt.

Führung – der Sekretär leitet die Versammlung

Von besonderer Bedeutung für die Ausübung einer soziokratischen Regierung ist die Führung. Ohne einen geeigneten Führer ist Einstimmigkeit nicht leicht zu erreichen. Dies betrifft eine bestimmte Technik, die erlernt werden muss. Hier ist Quäker-Erfahrung von größtem Wert. Lassen Sie mich ein Geschäftstreffen der Quäker[42] beschreiben. Die Gruppe kommt schweigend zusammen. Vorne sitzt der Sekretär, der Leiter der Versammlung. Neben ihm sitzt der stellvertretende Sekretär, der aufschreibt, was vereinbart wird. Der Sekretär liest jedes Thema der Reihe nach vor, danach können alle anwesenden Mitglieder, Männer und Frauen, alt und jung, zum Thema sprechen. Sie wenden sich an die Versammlung und nicht an einen Vorsitzenden, und jeder leistet einen Beitrag zum sich entwickelnden Gedankengang.

Es ist die Pflicht des Sekretärs, wenn er der Meinung ist, dass der richtige Moment gekommen ist, einen Protokollentwurf vorzulesen, der das Gefühl der Sitzung widerspiegelt. Es ist eine schwierige Aufgabe, und es braucht viel Erfahrung und Fingerspitzengefühl, um den Sinn des Treffens für alle akzeptabel zu formulieren. Es kommt oft vor, dass der Sekretär das Bedürfnis nach Ruhe verspürt. Dann schweigt die ganze Versammlung eine Weile, und oft kommt aus der Stille ein neuer Gedanke, eine versöhnende Lösung, die für alle akzeptabel ist.

Es mag vielen unglaublich erscheinen, dass auf diese Weise eine Versammlung von bis zu tausend Menschen abgehalten werden kann. Und doch war ich bei einem Jahrestreffen der Quäker in London anwesend, das während des Krieges (dem Ersten Weltkrieg) abgehalten wurde, bei dem das viel umstrittene Problem der Haltung der Quäker zum Krieg auf solche Weise diskutiert wurde, ohne dass Stimmen gezählt wurden. Ich glaube also, wenn wir uns einmal zur Aufgabe gemacht haben, diese Methode der Zusammenarbeit, angefangen bei ganz einfachen Dingen, zu erlernen, werden wir diese Kunst erlernen können und eine Tradition erwerben, die die Behandlung schwierigerer Fragen ermöglicht.

---

42 Geschäftsversammlungen der Quäker-Gemeinschaft in Deutschland: https://www.quaeker.org/ueber-quaeker/grundlagen/wer-sind-die-quaeker/entscheidungsfindung/

Gespräche

Dies wurde durch meine Erfahrung in Bilthoven beim Aufbau der Schule bestätigt, die ich „Kindergemeinschaftswerkstatt“ nannte. Schon sehr früh schlug ich vor, dass wir darüber sprechen sollten, wie wir unser Gemeinschaftsleben organisieren sollten. Zuerst protestierten die Kinder und sagten, sie wollten, dass ich die Entscheidungen für sie treffe. Aber ich bestand darauf, und die Idee des „Talkover“, oder wöchentlicher Treffen, wurde akzeptiert. Später schlug ich vor, eines der Kinder sollte mir bei der Leitung der Versammlung helfen; und seitdem ist es eine von den Kindern geführte Institution geworden, die wir nicht verlieren möchten.

Als ich anfing, diese Besprechungen zu halten, war mir bewusst, dass ich das Verfahren des Quäker-Geschäftstreffens anwendete, und ich sah in der Ferne sozusagen das große Problem der Regierung der Menschheit. Es war auch interessant zu erfahren, ob die Kunst des Zusammenlebens, verstanden als Befolgung der von uns allen vereinbarten Regeln, einfach genug ist, um von Kindern erlernt zu werden. Eine Erfahrung von etwa 20 Jahren hat mir gezeigt, dass dies auf jeden Fall so ist.

Für die Gesellschaft

Aber bevor diese Methode auf die Erwachsenengesellschaft angewendet werden kann, ist noch etwas mehr erforderlich. Wenn es uns nicht um eine Gruppe von ein paar Hundert Menschen geht, sondern um Tausende, ja Millionen, deren Leben wir auf diese Weise organisieren wollen, müssen wir das Prinzip einer Art von Vertretung akzeptieren. Es müssen Treffen auf höherer Ebene stattfinden, und diese müssen sich mit Angelegenheiten befassen, die einen größeren Bereich betreffen. Auf höheren Sitzungen müssen auch Vertreter in ein noch höheres Gremium entsandt werden, das für einen noch größeren Bereich zuständig sein wird, und so weiter.

Nachdem sich meine Hoffnungen auf den Erfolg der Schulversammlungen durch die Praxis bestätigt hatten, war ich sehr gespannt, ob eine Vertreterversammlung auch in der Schule funktionieren würde. Als eines Tages die Zahl der Kinder für eine Mitgliederversammlung, an der alle anwesend sein konnten, zu groß geworden war, schlug ich vor, eine Vertreterversammlung einzuberufen. Die Idee gefiel den Kindern zunächst nicht; Kinder sind konservativ. Aber wie so oft schlugen sie sechs Monate später selbst den gleichen Plan vor, und seitdem ist diese Institution ein fester Bestandteil des Schullebens geworden.

Nachbarschafts- und Gemeindeversammlungen

Natürlich werden solche Treffen, wenn sie jemals von Erwachsenen für die Organisation der Gesellschaft als Ganzes genutzt werden sollen, einen ganz anderen Charakter haben als die unserer Kindergemeinschaft. Aber wie könnten solche Methoden in der Praxis eingeführt werden? Zunächst könnte in einem bestimmten Bezirk eine Nachbarschaftsversammlung mit vielleicht vierzig Familien eingerichtet werden, die diejenigen Menschen zusammenbringt, die nahe genug beieinander wohnen, damit sie sich leicht treffen können. In einer Stadt kommt es sehr oft vor, dass die Leute ihre Nachbarn nicht einmal kennen, und es ist von Vorteil, wenn sie gezwungen sind, sich für die Nachbarn zu interessieren.

Das Nachbarschaftstreffen könnte etwa 150 Personen umfassen, darunter auch Kinder. Ungefähr 40 dieser Nachbarschaftsversammlungen könnten Vertreter zu einer Gemeindeversammlung entsenden, die für etwa 6000 Personen tätig sind. Im Allgemeinen gilt: Je größer der Bereich, den die Versammlung regelt, desto seltener muss sie sich treffen. Die Vertreter von ca. 40 Gemeindeversammlungen könnten in einer Bezirksversammlung zusammenkommen und für ca. 240.000 Personen tätig werden.

Bezirks- und Zentralversammlungen

In ungefähr 40 oder 50 Bezirkstreffen kann die gesamte Bevölkerung eines kleinen Landes abgedeckt werden. Die Vertreter würden die Interessen aller Bezirke in einer zentralen Sitzung einbringen. Voraussetzung dafür ist, dass die Vertreter das Vertrauen der gesamten Gruppe haben: Wenn sie das haben, können Geschäfte in der Regel schnell und effektiv durchgeführt werden.

Funktionsgruppen: Branchen und Berufe

Da die gesamte soziokratische Methode auf Vertrauen angewiesen ist, entsteht kein Nachteil, wenn neben der geographischen Repräsentation von Nachbarschafts-, Gemeinde-, Bezirks- und Zentralversammlungen eine zweite Gruppe von Funktionsgruppen gebildet wird. Es erscheint vernünftig, dass alle Branchen und Berufe Vertreter zu primären, sekundären und gegebenenfalls tertiären Treffen entsenden und dass die vertrauenswürdigen Vertreter der „Arbeiter" in jedem Bereich zur Verfügung stehen, um der Regierung ihren professionellen Rat zu geben.

Ich habe hier das Wort „Regierung" verwendet. Es ist nicht meine Absicht, einen Plan vorzulegen, nach dem die Regierung selbst eines Tages nach soziokratischen Gesichtspunkten gebildet werden könnte. Wir müssen von der gegenwärtigen Situation ausgehen, und die einzige Möglichkeit besteht darin, dass wir mit Zustimmung der Regierung die soziokratische Methode von unten nach oben beginnen; das heißt vorerst mit der Bildung von Nachbarschaftsgruppen. Wir, normale Leute, müssen nur lernen, über unsere gemeinsamen Interessen zu sprechen und uns nach stiller Überlegung zu verständigen, und das geht am besten an unserem Wohnort.

Erst wenn wir gesehen haben, wie schwierig das ist, und wahrscheinlich nach vielen Fehlern, wird es möglich sein, Treffen auf einer höheren Ebene einzurichten. Sollten bei den Nachbarschaftstreffen Führungspersönlichkeiten hervortreten, würden ihre Ratschläge in den bestehenden Gemeinderäten nach und nach als nützlich erachtet werden. Später würden auch die Ratschläge der Leiter der Bezirksversammlungen von zunehmendem Wert sein.

Die soziokratische Methode muss durch die Effizienz, mit der sie arbeitet, hervorstechen. Wenn die Regierungsgewalt gelernt hat, genug zu vertrauen, um die Einrichtung von Nachbarschaftstreffen zu ermöglichen, vielleicht sogar zu fördern, wird das System in der Lage sein, seine Möglichkeiten zu zeigen, und dann wird das Vertrauen in die Leitungsorgane und in die Bevölkerung im Großen und Ganzen eine Chance haben zu wachsen. Ich kann mir gut vorstellen, dass vertrauenswürdigen Leitern und Vertretern von Nachbarschaftstreffen erlaubt wird, oder sie sogar eingeladen werden, an lokalen Treffen teilzunehmen.

Diese Männer und Frauen werden natürlich nicht an der Abstimmung teilnehmen, denn die Soziokratie glaubt nicht an die Abstimmung; aber ihnen könnte ein Platz in der Mitte zwischen „links" und „rechts" zugestanden werden. Nach einiger Zeit kann es sogar wünschenswert sein, sie um Rat zu der anstehenden Angelegenheit zu bitten, da diese zuvor in ihren Nachbarschaftstreffen diskutiert und eine für alle akzeptable Lösung gesucht wurde. Es ist denkbar, dass mit wachsendem Vertrauen bestimmte Angelegenheiten mit den notwendigen Mitteln zur Durchführung an die Nachbarschaftstreffen übergeben werden. Erst wenn der Wert des neuen Systems erkannt wurde, könnte mit den Treffen auf höherer Ebene begonnen werden.

Demokratie, wie sie sein könnte

Ist eine solche Entwicklung eine Fantasie? Wenn wir den möglichen Erfolg einer Regierung nach dem soziokratischen Prinzip betrachten, ist eines sicher; es ist undenkbar, wenn es nicht von der bewussten Bildung in der soziokratischen Methode für Alt und

Jung begleitet und unterstützt wird. Die richtige Art der Bildung ist unerlässlich, und hier ist eine Revolution in unseren Schulen erforderlich. Erst in neuerer Zeit wird bei ihnen versucht, die spontane Entwicklung des Kindes zu fördern und seine Initiative zu fördern.

Teils weil es das erklärte Ziel der Schule ist, Wissen und Fähigkeiten zu vermitteln, und teils weil man Gehorsam als eine Tugend an sich betrachtet, wurden die Kinder zum Gehorsam erzogen. Wir fangen gerade erst an, die Gefahren dieser Praxis zu erkennen. Wenn Kindern nicht beigebracht wird, selbst zu urteilen, werden sie im späteren Leben zur leichten Beute des Diktators. Aber wenn wir die Jugend wirklich darauf vorbereiten wollen, selbst zu denken und zu handeln, müssen wir unsere Einstellung zur Bildung ändern.

Die Kinder sollen nicht passiv in Reihen sitzen, während ihnen der Schulmeister eine Lektion in den Kopf bohrt. Sie sollten sich in den Kindergemeinschaften frei entfalten können, geleitet und unterstützt von den Älteren, die als ihre Kameraden fungieren. Eigeninitiative sollte auf jede erdenkliche Weise gefördert werden. Sie sollten von Anfang an lernen, Dinge für sich selbst zu tun und notwendige Dinge in ihrem Schulleben selbst zu machen. Vor allem aber sollen sie lernen, ihre eigene Gemeinschaft so zu führen, wie es bereits beschrieben wurde.

Ein Welttreffen

Schließlich müssen wir auf die Frage der Repräsentation zurückkommen. Wir sind nicht weiter gegangen als die Regierung unseres eigenen Landes. Aber das große Problem der Regierung der Menschheit kann niemals auf nationaler Ebene gelöst werden. Jedes Land ist bei Rohstoffen und Produkten von anderen Ländern abhängig. Es ist daher unvermeidlich, dass das Vertretungssystem auf einen ganzen Kontinent ausgedehnt wird und Vertreter von Kontinenten zu einem Welttreffen zusammenkommen, um die ganze Welt zu regieren und zu ordnen.

Unsere technische Kompetenz in den Bereichen Transport und Organisation macht so etwas möglich. Schließlich sollte ein Welttreffen Vertreter aller Kontinente einladen, eine angemessene Verteilung aller Rohstoffe und Produkte zu organisieren und sie für die ganze Menschheit verfügbar zu machen. Solange wir von Angst und Misstrauen beherrscht werden, ist es unmöglich, die Probleme der Welt zu lösen. Je mehr das Vertrauen wächst und je mehr die Angst abnimmt, umso mehr schrumpft das Problem.

Ein neuer Geist der Versöhnung und des Vertrauens

Alles hängt davon ab, dass ein neuer Geist unter den Menschen durchbricht. Möge sich nach den vielen Jahrhunderten der Angst, des Misstrauens und des Hasses immer mehr ein Geist der Versöhnung und des gegenseitigen Vertrauens ausbreiten. Die ständige Ausübung der Kunst der Soziokratie und der dafür notwendigen Bildung scheint der beste Weg zu sein, diesen Geist zu fördern, von dem die wirkliche Lösung aller Weltprobleme abhängt.

(Untertitel und zusätzliche Absätze wurden hinzugefügt, um die Lesbarkeit zu verbessern.)

7.2 Das Gesellschaftsmodell von Gerard Endenburg

Aufbauend auf den Ideen von Kees Boeke und Beatrice Cadbury-Boeke hat Gerard Endenburg schon in den 1980er-Jahren Entscheidungsstrukturen für die Organisation der öffentlichen Verwaltung ausgearbeitet. Für ihn kann sich die Bevölkerung einer Nachbarschaft selbst organisieren, indem sie in Nachbarschaftskreisen, zu welchen jede Familie und jede Einzelperson eingeladen sind, ihre anstehenden Probleme selbst löst. Ein Nachbarschaftskreis (Kreis-Typ 1 → Kapitel 5) entscheidet im soziokratischen Konsent, hat eine Leitung, die in diesem Fall von der Nachbarschaft selbst gewählt wird, und zusätzlich einen Delegierten im Gemeindekreis. Alles was ein Nachbarschaftskreis nicht allein lösen kann, delegiert er an den Gemeindekreis, welcher der Allgemeine Kreis (Kreis-Typ 3) mehrerer Nachbarschaften ist. Zur Unterstützung der Angelegenheiten mehrerer Nachbarschaften empfiehlt Endenburg im Allgemeinen Kreis einen Unterstützungskreis (Kreis-Typ 2) mit drei obligaten Unterkreisen:

- Kultur (Bildung, Kunst, Religion, Soziale Netzwerke)
- Wirtschaft (Ökonomie, Versorgung, Finanzwesen und Gesundheitswesen)
- Recht (Ordnung, Sicherheit, Justiz, Polizei)

Ich möchte hier noch einmal auf die Grundstruktur jedes Organismus hinweisen (→ Kapitel 5): das Ziel als „Hauptgeschäft" und die das Ziel unterstützenden Aktivitäten. Das Ziel der Gemeinde-Organisation ist für Endenburg die Entwicklung aller Bürgerinnen durch den Austausch ihrer Potenziale untereinander und nach außen. Dazu organisiert die Gemeinde ihre „Aktivitäten zur Zielverwirklichung" (in diesem Fall die „Nachbarschaften" – Kreis-Typ 1) und organisiert auch die „unterstützenden Aktivitäten" wie Kultur, Wirtschaft und Recht (Kreis-Typ 2).

In der folgenden Abbildung 32 wird dargestellt, wie die Aktivitäten im Kreis-Typ 1 – das sind die Angelegenheiten der Bürgerinnen – in einer Hierarchie von Ebenen doppelt gekoppelt (mit nur einer Linie dargestellt) miteinander verbunden sind. Zuerst die Angelegenheiten der Individuen und Familien in den Nachbarschaften, und dann weiter auf Gemeinde-Ebene und im Bezirk. Genauso sind auch die unterstützenden Aktivitäten (Kreis-Typ 2) zwischen den Ebenen miteinander verbunden.

Immer braucht es auf der nächsthöheren Ebene gemeinsame Vereinbarungen, damit regionale Kreise auf ihrer jeweiligen Ebene (Gemeinde, Bezirk, Bundesland, Staat, EU) mit einer gemeinsamen „Politik", das heißt, mit gemeinsam vereinbarten Grundsätzen, rechnen können. Indem die doppelte Koppelung zwischen allen Ebenen für den Transfer von Informationen sorgt, werden auch alle regionalen Bedürfnisse auf jeder Ebene bei Grundsatzentscheidungen berücksichtigt.

Auf jeder Ebene der Gemeinschaft können nun auch Topkreise eingerichtet werden (Kreis-Typ 4, in der Abbildung 32 nicht dargestellt), die die jeweilige relevante Umgebung dieses Systems miteinbeziehen. Es entsteht ein Netzwerk von doppelt gekoppelten Kreisen, in welchen die Bevölkerung gemeinsam und dynamisch ihre Aktivitäten steuert.

Im Unterkreis „Kultur" werden Bildung, Kunst, soziale Zugehörigkeit und kulturelle Verschiedenheit organisiert. Im Bereich „Wirtschaft" findet die Versorgung aller mit Essen, Kleidung, Wohnen und Gesundheit statt. Hier sind beispielsweise die Raumplanung und das Wohnungswesen angesiedelt, das Finanzsystem, alle Wirtschaftsbetriebe, die Landwirtschaft, Krankenhäuser und Betreuungseinrichtungen. Im Unterkreis „Recht" kümmern sich Justiz und Polizei im Auftrag der Bürgerinnen um die Ausführung der Grundsätze für das Zusammenleben.

Lösungen für akute Probleme werden subsidiär immer zuerst im eigenen Kreis gesucht. Darum sind alle drei Bereiche schon in der Nachbarschaft als Kreise eingerichtet. Schule kann sowohl in der Nachbarschaft als auch in der Gemeinde organisiert werden, ja nach den Bedürfnissen der Menschen in der Region.

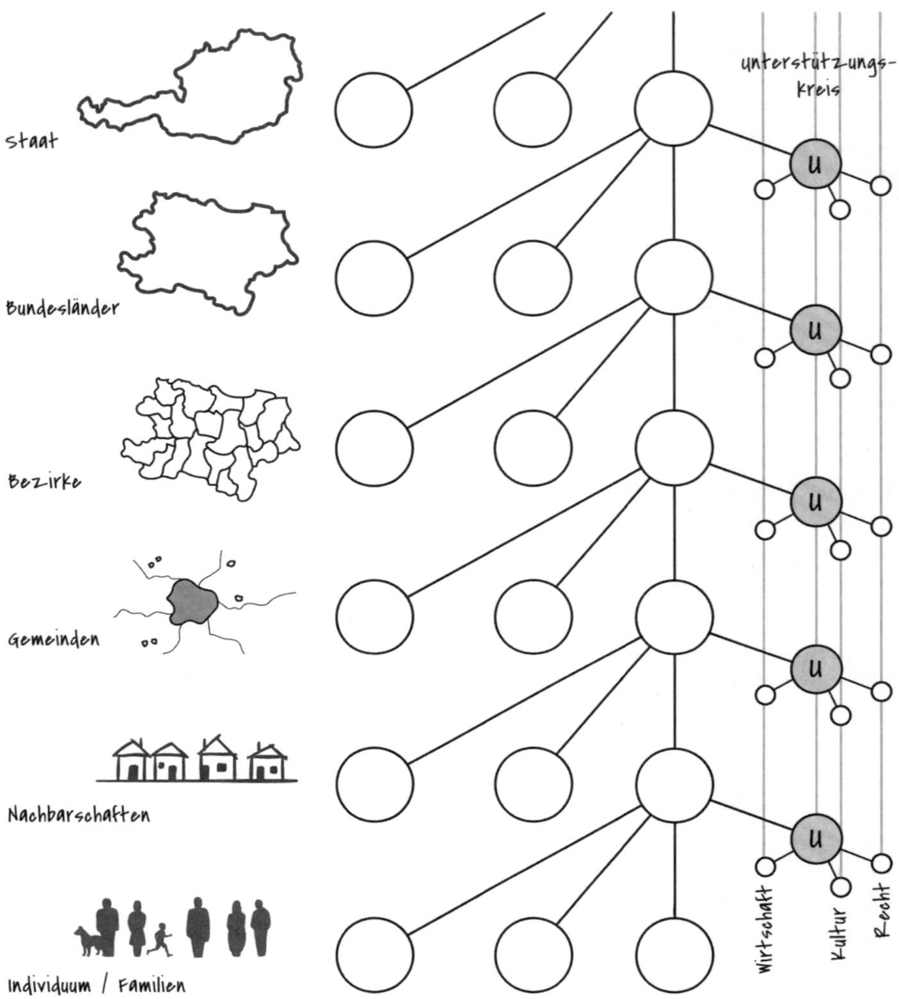

Abb. 32: Kreisstruktur für Gemeinschaften.

Die SKM folgt grundsätzlich dem Subsidiaritätsprinzip

Was an der Basis innerhalb der Grundsätze des nächsthöheren Kreises geregelt werden kann, wird auch dort erledigt. Nur was nicht dort geregelt werden kann, wird an den nächsthöheren Kreis delegiert. Das bedeutet zum Beispiel, dass sich die Eltern einer Nachbarschaft ihre eigene Kinderbetreuung organisieren. Wenn es ausreichend Kinder gibt, kann auch die Schule innerhalb der Nachbarschaft organisiert werden. Dazu benötigt die Nachbarschaft einen Unterstützungskreis „Kultur“, der auf der nächsthöheren Ebene mit dem dort angesiedelten Unterstützungs-Kreis „Kultur“ zur Abstimmung der Aktivitäten in der Gemeinde doppelt gekoppelt ist. Auch Ordnung und Sicherheit sind bereits in der Nachbarschaft ein Thema. So wird die Polizei mittels Grundsatzbeschluss beauftragt, den Straßenverkehr auf eine bestimmte Art zu regeln. Das kann für Nachbarschaften untereinander variieren. An die Polizei wird nur die Ausführung der Grundsätze delegiert. Da die Polizei als Organisation auch zwischen den Ebenen von Nachbarschaft, Gemeinde, Bezirk und Bundesland gut verbunden ist, gibt es sowohl vertikale Abstimmungen innerhalb der Hierarchie der Polizei-Organisation als auch horizontale Abstimmungen zwischen Polizei und Bürgerinnen auf jeder der jeweiligen Ebenen.

7.3 Soziokratie ist Politik – „Partizipative Demokratie" (Peter Frenzel)

Peter Frenzel, als Berater und Psychotherapeut dem personenzentrierten Ansatz von Carl Rogers verpflichtet, referierte auf dem Kongress „Soziokratie & Politik" im November 2019 in Salzburg. An dieser Stelle gebe ich die von ihm verfassten Thesen seines Vortrags „Soziokratie & Politik" wieder. Mit freundlicher Genehmigung von Peter Frenzel.

Soziokratie ist Politik – „Partizipative Demokratie" (Peter Frenzel)

Soziokratie fördert (und fordert) eine spezifische Form der Demokratie, die in unseren spätmodern-kapitalistisch verfassten Rahmenbedingungen in völlig ungenügenden Ansätzen realisiert ist. *Hintergrund dafür sind ungleichwertige Chancen der Interessendurchsetzung und daraus folgende gesamtgesellschaftliche Strukturbedingungen sowie psychische Auswirkungen systematischer Tiefenindoktrination, deren Auswirkung von der Kritischen Theorie als „wahre und falsche Bedürfnisse" gekennzeichnet wurde. Die dadurch etablierten Dynamiken führen zu einem Auseinanderklaffen von Bedarf und Bedürfnis an politischer Teilhabe in konkreten zivilgesellschaftlichen Aktionen.* Beim Versuch, soziokratische Strukturen in Organisationen einzuführen und zu leben, führen diese psychosozialen Bedingungen zu

- interpersonellen, (mikro-)politischen Konflikten,
- zu intrapersonellen Reaktanzphänomenen und
- zu systemischen Widerständen auf gesellschaftspolitischer Ebene.

Die Soziokratie (SKM) als ein in diesem Zusammenhang möglicher Lösungsansatz stellt praxiserprobte Strukturhilfen zur Realisierung einer „radikalen" (tiefreichenden) Form von Demokratie im Arbeitsalltag zur Verfügung. „Partizipatorische Demokratie" als Lebensform kann solcherart alltagspraktisch verhaltenswirksam werden.

Eine Analyse der impliziten wie expliziten Werte der Soziokratie ergibt als Befund u. a.:

- das Bemühen um größtmögliche Inklusion der Einzelnen im Rahmen von Entscheidungsprozessen – „jede/r hat einen sicheren Platz";
- das durchgängige Ansinnen, die zentralen psychologischen Grundbedürfnisse größtmöglich im Kontext alltäglicher Arbeitspraxis zu berücksichtigen (Kompetenz, Autonomie, soziale Verbundenheit);
- eine Orientierung an den Prinzipien *eines* Modells von Demokratie, nämlich der sogenannten „Partizipatorischen Demokratiekonzeption" (Demokratie als Lebensform).

Diese Strukturmodelle als Lösungsansatz können nur dann nachhaltig ihre Wirkung entfalten, wenn sie getragen sind von einer damit „kompatiblen" Gesinnung (Haltung, Einstellung) der in diesem Rahmen tätigen Akteurinnen. Die Basis dafür bietet ein bestimmtes, humanistisch orientiertes Menschenbild, weil dieses wiederum eine nicht-hintergehbare Vorbedingung für dialogische Begegnungen in Situationen nötiger „Auseinandersetzung" bei nötigen Entscheidungsfindungen darstellt.

Ein dialektisches Verständnis der „PERSON", wie es von Carl Rogers in vielfältiger Weise entfaltet wurde und das sowohl die enormen Autonomiepotentiale wie auch die unentrinnbare soziale Angewiesenheit des Menschen betont, kann Schwierigkeiten bei der Implementierung soziokratischer Strukturen mildern, die sich durch einseitige Schwerpunktsetzungen ergeben. Demokratisch gesinnte Personen erschaffen soziokratisch verfasste Strukturen, die spezifische Verhaltensmuster fördern, die wiederum eine demokratische Gesinnung fördern. Nur eine radikal verstandene Auffassung von Demokratie (als Lebensform) ergibt den notwendigen Rahmen zur größtmöglichen, ernsthaften Berücksichtigung fundamentaler (psychologischer) Grundbedürfnisse von möglichst allen Beteiligten. Die gesellschaftsweite Realisierung partizipatorischer Demokratie wird damit zunehmend zu einer Fortbestandsbedingung zivilisatorischer Errungenschaften, wenn nicht gar, vor dem Hintergrund der global verfassten Vielfachkrise, zu einer Überlebensfrage unserer Spezies.

Die aktuell gegebene Verfasstheit unserer politischen Verhältnisse ist dafür allerdings äußerst ungünstig (Stichworte: „Postpolitik", „simulative Demokratie", ...). Hingegen scheint gleichzeitig die zunehmend erkennbare gesamtgesellschaftliche Stimmung potenziell günstige Voraussetzungen für tiefreichende Transformationen zu bieten. Die dafür nötigen Lösungsansätze sind zahlreich formuliert und manchenorts auch schon in der Praxis erprobt und bewährt. Wir brauchen keine weiteren normativen Appelle und Reformvorschläge für eine funktionierende Demokratie und auch keine für alternative Wirtschaftsmodelle – davon gibt es reichlich. Sondern wir brauchen:

1. leistungsfähige Theoriemodelle, die uns erklären, warum die vielen Appelle, Reformvorschläge, Bekenntnisse sowie die gängigen Problemformulierungen und gesellschaftlichen Selbstbeschreibungen keine Wirksamkeit entfalten, um daraus Modelle zu entwickeln, wie der Weg hin zu überlebensnotwendigen Alternativen gelingen kann;
2. eine Sanierung der systematisch herbeigeführten Degeneration des öffentlichen Debattenraums (Stichworte: Diskurskrise und „alternative Fakten"), um den Möglichkeitsraum von Handlungs- und Denkoptionen zu weiten und den Souverän (das Kollektiv) zu ermächtigen, seine potenziell vorhandene politische Kompetenz zu realisieren;
3. die Weiterentwicklung und möglichst weitreichende Implementierung von handhabbaren, tatsächlich realisierbaren Strukturformen auf der „Meso-Ebene" (insbesondere arbeitsweltliche Organisationen), die eine radikal verstandene partizipatorische Demokratie zu realisieren versuchen.

Daraus ergibt sich als hochrelevante Frage: Wie lässt sich eine gesellschaftsweite Stimmung in einer Weise aufgreifen, die unsere zivilisatorischen Fortschritte nicht nur schützt, sondern ihre gemeinwohldienliche Weiterentwicklung fördert? Eine psychologisch orientierte Antwortrichtung wäre: Indem sie hinsichtlich ihrer Ausprägungen und ihrer Entstehungsbedingungen verstanden wird – und zwar in ihren Tiefenstrukturen. Eine organisational und gesellschaftlich orientierte Antwortrichtung wäre: Indem die größtmögliche Inklusion von Personen bzw. Gruppen gelingt.

Was vermutlich für alle Transformationsbemühungen gilt, ist auch hier von erfolgsentscheidender Bedeutung: Der mit Abstand wichtigste „Ort" bzw. das wichtigste Medium für

- gelingende Inklusion von Personen und
- gelingende Berücksichtigung psycho-sozialer Grundbedürfnisse und damit für
- gelingende „Demokratie als Lebensform"

ist die Gruppe!

Die Soziokratische Kreisorganisationsmethode verfügt mittlerweile über ein reichhaltiges Repertoire an Methoden und Instrumenten zur Realisierung partizipatorischer Demokratie auf den Ebenen der Organisation und der Gruppe (Teams, Gremien, „Kreise", ...). Was schon für die Strukturen der SKM behauptet wurde (siehe oben), gilt auch für dieses methodische Repertoire: Es wird wenig Nachhaltigkeit entwickeln, wird es nur als eine (neue) Sozialtechnologie verstanden. Ein kritischer Erfolgsfaktor für Implementierung und Weiterentwicklung soziokratischer Organisationsstrukturen ist ein dazu anschlussfähiges Menschenbild mitsamt den daraus sich eröffnenden Chancen für dialogische Begegnungen in Situationen, in denen es trotz widersprüchlicher Interessen kollektiv verbindliche Entscheidungen zu treffen gilt.

Wird der Betrieb (das Unternehmen) als „Schule der Nation“ verstanden, dann können „radikal“ verstandene, soziokratisch verfasste Strukturmodelle, flankiert von anspruchsvollen Maßnahmen bei Implementierung und zur „Pflege“ dieser arbeitsweltlichen Strukturen einen bedeutenden Beitrag – wenn nicht sogar eine unabdingbare Voraussetzung – für die Entwicklung einer lebendigen Demokratie auf staatlicher Ebene forcieren („Fundamentaldemokratisierung der Gesellschaft“). Ein derartiges, politisch nicht nur relevantes, sondern auch „brisantes“ Vorhaben, muss allerdings mit einigen Widerständen auf verschiedenen Ebenen rechnen.

Was die SKM gegenüber anderen vergleichbaren Modellen zur Organisationsgestaltung dabei auszeichnet, ist die versuchte Umsetzung partizipativer Demokratie. Andere Modelle (wie bspw. „Holacracy“) konzentrieren sich – mit analogen Effekten wie die repräsentative Demokratie im politischen Kontext – auf Fragen des Procedere.

Soziokratie auf seine Methoden zu reduzieren wäre insofern ein Missverständnis!

7.4 Nachbarschaftsparlamente in Indien – „Politics from below“ (Edwin M. John)

Edwin Maria John gilt als Gründer der indischen Nachbarschaftsparlamente-Bewegung[43] und hat 2021 endlich jene kleine Einführung in die Geschichte, Theorie und Praxis geschrieben, die sich viele Europäer sehr gewünscht haben. Im Folgenden gebe ich mit freundlicher Genehmigung von Edwin M. John einen Auszug aus der Broschüre[44] „Hello, Neighborocracy! Governance where everyone has a say“ wieder. Sie wurde aus dem Englischen übersetzt von Peter Weissengruber.

Sagen Sie „Hallo zu NACHBARSCHAFTSDEMOKRATIE!
Regieren, als ob es auf die Letzten und Geringsten ankäme.“

Würden Sie sich nicht eine glücklichere Welt wünschen? Eine gerechtere Welt? Eine friedlichere Welt? Eine Welt ohne Armut? Eine Welt der Gleichheit und Brüderlichkeit? Sicherlich würden wir das alle wollen, wenn es nur möglich wäre. Wir würden alles geben, um das zu erreichen, wenn wir nur wüssten, wie es geht. Aber wir sind ahnungslos. Wir fragen uns sogar, ob es wirklich möglich ist, eine solche Welt zu verwirklichen?

Die Menschen sehen eine korrupte Welt, eine ausbeuterische Welt, eine dominierende Welt und eine spaltende Welt. Sie haben die kolossalen Ausgaben gesehen, die für Kriege gegen Nationen getätigt werden. Sie haben eine rücksichtslose Welt gesehen, die die Umwelt ausbeutet und die Menschheit und die Erde mit dem Aussterben bedroht.

„Können wir etwas dagegen tun?“, fragen sich die Menschen.

[43] https://ncnworld.org/resources
[44] https://leanpub.com/helloneighbourocracy

Überall auf der Welt finden wir dieses Problem. Die Menschen haben verschiedene Mittel und verschiedene politische Parteien und verschiedene politische Systeme ausprobiert, um eine bessere Welt zu gestalten. Aber sie sind frustriert worden.

Dieses Büchlein kommt mit der Hoffnung gebenden Botschaft, dass eine neue Welt, in der solche Probleme angemessen und effektiv gelöst werden, sehr wohl möglich ist.

Es ist ein erstaunlich einfacher und effektiver Ansatz. Wir präsentieren hier nicht nur Visionen, Prinzipien und Argumente, sondern auch gelebte Erfahrungen und Erfolgsgeschichten.

Die Ursachen an der Wurzel packen

Wir sagen das kühn, weil dieses Konzept an den Ursachen ansetzt, die die sozialen, politischen und wirtschaftlichen Übel aufrechterhalten.

In unseren Seminaren fragen wir die Menschen, was die Blockaden sein könnten, die die Verwirklichung einer besseren Welt verhindern. Die Teilnehmer nennen eine ganze Liste von Ursachen. Sie diskutieren untereinander und kommen schließlich zu einem Konsens über die beiden Wurzeln des Problems.

Die eine Wurzel, Sie haben es richtig erraten, ist Egoismus. Darin sind sich die meisten Menschen einig.

Und was ist die zweite Wurzel? Darauf lautet ihre Antwort: Hilflosigkeit oder Ohnmacht.

Es passiert oft, dass die Selbstlosen sich zurückziehen, weil sie sich machtlos und hilflos fühlen. Und diejenigen, die Macht haben, neigen dazu, selbstsüchtig zu sein und Teil des Problems zu werden, anstatt Teil der Lösung zu sein.

Wenn nur alle Mächtigen auf der Welt selbstlos sein könnten und die Selbstlosen auch mächtig sein könnten, wären die Probleme gelöst, sagen die Teilnehmer.

Ohnmacht als Grundproblem

Hätten die Menschen, die arm sind, unterdrückt, übergangen und diskriminiert, Macht, dann könnte man sehen, dass sie ihre Probleme rasch lösen.

Sich selbst zu wehren, wenn man bedrängt wird, oder sich selbst zu helfen, wenn man in Not gerät, hängt jedoch immer davon ab, wie stark sich ein Mensch fühlt und auf welche Ressourcen er zurückgreifen kann. Es liegt jedem im Blut, die eigene Würde, das eigene Überleben und die eigene Zukunft zu sichern.

Wir müssen die Menschen nicht nur selbstlos, sondern auch mächtig machen, wenn wir eine bessere Welt wollen.

Wie machen wir Menschen mächtig?

Macht ist … Dazu müssen wir verstehen, was wir unter Macht verstehen. Menschen erklären es auf unterschiedliche Weise: Macht zu haben heißt, ein wirksames Mitspracherecht zu haben. Wenn ich etwas sage, und es ist von Bedeutung, und es wirkt, und es wird ausgeführt, dann habe ich Macht. Wenn Menschen ein Mitspracherecht haben, und es wird umgesetzt, dann haben Menschen Macht.

Was brauchen die Menschen, damit sie mitreden können? Und überhaupt, was braucht jemand, um ein Mitspracherecht zu haben? Er oder sie muss Menschen haben, die dem, was er sagt, Gehör schenken. Er oder sie muss ein Forum haben. Zumindest ein Zwei-Personen-Forum.

Haben die Menschen Foren, in denen sie effektiv über Angelegenheiten sprechen können, die sie betreffen? Foren, in denen sie ein entscheidendes Wort mitreden können?

Die Teilnehmenden in unseren Seminaren versuchen solche Foren zu identifizieren: „Was ist mit Selbsthilfegruppen oder Vereinen und Verbänden?" Andere meinen: „Diese Foren haben nur einen begrenzten Umfang und eine begrenzte Reichweite. Die Menschen können durch sie nicht die breite Palette der Themen, die sie betreffen, effektiv und entscheidend angehen."

Wieder andere Teilnehmende verweisen auf die Wahlen zur Regierung, die in einem demokratischen Land alle fünf oder vier Jahre stattfinden. Das wären die offiziellen, Foren der Macht für die Menschen.

Nun, Demokratie soll die Herrschaft des Volkes, durch das Volk und für das Volk sein. In der Demokratie sollen die Menschen also Könige und Königinnen sein und damit mächtig. Aber sind sie das wirklich?

Ein Teilnehmer erzählte zum Beispiel von einem unterernährten, ausgemergelten Bettler, der an einer Straßenecke mit einer Bettelschale stand. Jemand zeigte auf ihn und sagte zu seinem Freund: „Hier steht unser König!" und lachte. Die Ironie ist klar. Wenn die Menschen regieren, soll jeder ein Mitkönig und eine Mitkönigin sein und jeder soll mächtig sein. Aber wenn die Menschen mächtig wären, würden sie nicht betteln, sie wären nicht in Armut.

Armut und Macht

Die gleiche Botschaft wurde bei einer nationalen Konsultation in den 1990er-Jahren in Hyderabad, Indien, deutlich. Einige führende Wirtschaftsexperten des Landes waren dabei. Das Thema lautete: „Armut, der rücksichtslose Killer". Armut als Problem war damals im Lande noch akuter und breiter empfunden als heute. Wir haben den Experten eine Frage gestellt: Ist die Armut in unserem Land ausrottbar? Ihre nachdrückliche Antwort: „Ja, sehr wohl. Nicht nur das, sie hätte schon längst ausgerottet werden können!". Andere Teilnehmer waren erstaunt. „Wie kommen Sie dazu, das zu sagen?", fragten sie. „Wir hatten die Mittel", erklärten die Experten. Was war dann das Problem? „Es fehlte der politische Wille", lautete die Antwort.

Was ist dieser „politische Wille"?

Zu dieser Zeit sagte der Premierminister des Landes: „Wir werden die Armut innerhalb von 20 Jahren beseitigen". Jemand erwiderte: „Können die Armen bis dahin warten?" Angenommen, die nächste Mahlzeit des Premierministers wird zurückgehalten, was wäre dann das Problem Nummer eins, das ihn beschäftigt? Sein eigener Hunger. Aber wenn es der Hunger der Millionen ist, kann er es sich leisten sie 20 Jahre warten zu lassen!

Daher das Problem:

**Diejenigen, die Macht haben, haben keinen Hunger,
und diejenigen, die Hunger haben, haben keine Macht.**

Wenn Armut und andere Probleme wie Entbehrung, Ausbeutung, Diskriminierung, Ungerechtigkeit usw. weiterhin in einem so großen Ausmaß existieren, dann deshalb, weil die große Mehrheit der Menschen, die unter all diesen Problemen leiden, keine Macht haben. Sie haben keine Macht, trotz unserer Demokratien.

Die Demokratie versagt darin, den Menschen Macht zu geben.

Was ist wirklich schief gelaufen mit unseren Demokratien?

Die Demokratie, so wie sie jetzt praktiziert wird, sorgt nicht dafür, dass die Menschen zusammenkommen, um zu reden. Sie bietet ihnen keine brauchbaren Foren, in denen sie sich versammeln und gemeinsam beraten können. Die einzigen Foren, die die heutige Demokratie gewährleistet, sind die Wahlkreise, die territorialen Einheiten, die jeweils einen Vertreter wählen. Aber diese Wahlkreise sind zu groß, sodass die Menschen nicht zusammenkommen, miteinander reden und sich gemeinsam beraten können.

Wir haben diesbezüglich ein einfaches Prinzip:

Je größer ein Forum wird, desto mehr bleiben die kleinen Stimmen ungehört.

Demokratie neigt dazu, Korruption zu züchten

Das heißt, die kleinen Stimmen der kleinen Leute, der Armen und Benachteiligten, haben keine Reichweite. Es wird dann alles zum Spiel der größeren Stimmen. Größer vor allem in Bezug auf das Geld. Andere, die stimmlos bleiben, können leicht zur Beute verschiedener Ausbeutungen, Benachteiligungen und Diskriminierungen werden.

Wie James Keller, Autor des Buches „Auch du kannst die Welt verändern“, sagen würde, wird die Politik schmutzig wegen der guten Menschen, die sich von ihr fernhalten.

Und Politik sollte man nicht den falschen Leuten überlassen. In der Politik geht es nur um die Macht, Entscheidungen für das allgemeine Wohl des Volkes zu treffen. Und diese Macht muss in den richtigen Händen liegen. Papst Franziskus hat kürzlich die Politik als die höchste Form der Nächstenliebe bezeichnet und sie auf die Ebene einer spirituellen oder göttlichen Tätigkeit gehoben.

Die Politik muss befreit werden

Ich habe oft Mitleid mit denen, die in die Politik gehen. Sie nehmen den „schmutzigen“ Job an. Wie die meisten von uns würden sie gerne für das Gute, das sie tun, gewürdigt werden. Aber oft ist es der Makel der Korruption, den sie bekommen. Sie verfangen sich in dem System, in dem es fast unmöglich ist, eine politische Partei ohne Korruption zu führen. Wir müssen die Politiker aus diesem Netz befreien, da sie gerne Gutes tun und dafür bewundert werden.

Es nützt nichts, nur einzelne Personen zu beschuldigen, wenn das Problem im System und in der Struktur liegt. Wir müssen das System ändern. Wenn das Problem systemisch ist, dann brauchen wir eine Lösung, die systemisch ist.

Einem System begegnet man am besten mit einem Gegensystem.

Der effektivste Weg, einer Struktur zu begegnen, ist die Einführung einer alternativen Struktur.

Und das ist möglich und ziemlich einfach, wie wir hier sehen werden.

Die Lösung ist …

Zunächst einmal, wenn die Größe der Beteiligungsforen, die in den heutigen Demokratien Wahlkreise genannt werden, das Problem sind, liegt die Lösung in dem neuen Ausdruck, den wir geprägt haben, nämlich „Verkleinerung“. Das heißt, kleine Foren zu haben statt große.

Dann stellt sich die Frage: Wie klein? Unsere Antwort: Klein genug, dass alle im Kreis sitzen, keiner hinter dem anderen, und alle müssen ohne Mikrofon reden können. Und groß genug, dass sich die Gruppe selbst trägt.

Was wäre also die praktikable Größe? Wir haben festgestellt, dass ein Forum mit dreißig Familien an der Basis als Beteiligungsforum am praktischsten ist.

In einem solchen Forum hat jeder eine Stimme und wird angehört. Und anders als in Mega-Wahlkreisen wird auch jeder gesehen! Auf diese Weise hat jeder ein Gesicht. Er oder sie ist mehr als eine Nummer in einer gesichtslosen Menge. Jeder bekommt Aufmerksamkeit. Die Tränen eines jeden werden zur Kenntnis genommen und beantwortet. Jeder kann erkannt und gefeiert werden. Jeder wird ernst genommen und niemandes Problem ist zu klein, als dass das Forum darauf nicht reagieren könnte. Jeder hat ein Gefühl der Zugehörigkeit.

Wie Mahatma Mohandas Gandhi, der Vater der Indischen Nation, gesagt hat:

Man kann eine Face-to-Face-Gemeinschaft nicht lange täuschen.

Wo sollen nun diese kleinen Foren angesiedelt sein? Wenn nicht einige wenige, sondern alle eine wirksame Stimme haben und so die Macht teilen sollen, müssen diese Foren dort sein, wo alle sind. Und wo wohnt jeder? Es ist nur in einer Nachbarschaft. Jeder ist ein Nachbar für einige andere. Wenn man also alle auf der Basis der Nachbarschaft in kleinen Foren organisiert, wird sichergestellt, dass alle einbezogen werden und niemand außen vor bleibt. Wir nennen diesen Prozess Nachbarschaftsbildung.

Wir haben in Indien ab 1997 (ausgehend vom Bundesstatt Tamil Nadu) begonnen, ganze Gemeinden, und später ganze Gebiete, in Nachbarschaftsparlamenten (NP) von jeweils etwa 30 Familien zu organisieren. Diese Parlamente sind dort, wo die Menschen sind, nicht nur in den Hauptstädten der Staaten und Länder, sondern überall.

Der Ausdruck „Nachbarschaftsparlament“ schien am besten geeignet. Der ursprüngliche Wortstamm von Parlament ist das lateinische Wort, parlare. Parlare bedeutet reden. Parlamente sind nur Gesprächsforen. In der Demokratie sollen die Menschen Könige und Königinnen sein. Sie brauchen Foren zum Reden. Also brauchen sie Parlamente. Leider wurden die Parlamente in der Demokratie später nur noch auf Repräsentanten beschränkt. Die Menschen müssen ihre Parlamente wieder in die Hand bekommen, damit sie effektiv mitreden können.

Eine Lösung ist der mehrstufige Zusammenschluss dieser Nachbarschaftsparlamente. Nachbarschaftsparlamente in Indien sind teilweise bereits zu Gemeindeparlamenten, Panchayat-Parlamenten und Distrikt-Parlamenten zusammengeschlossen. Es sollten aber auch Landesparlamente, nationale Parlamente, internationale Regionalparlamente und ein Weltparlament möglich werden. Die von einer Parlamentsebene gewählten Abgeordneten bilden das Parlament auf der unmittelbar darüber liegenden Ebene.

Auf jeder Ebene des Parlaments gibt es eine Art Kabinett, eine Regierung mit erforderlichen Ministern.

Das beginnt in der Nachbarschaft mit Ministern für Belange, die die Nachbarschaft betreffen, wie ein Nachbarschaftsminister für Gesundheit, ein Nachbarschaftsminister für Sauberkeit, ein Nachbarschaftsminister für Kinderwohlfahrt, für Öffentlichkeitsarbeit, für Nachhaltigkeit, für Einkommensgenerierung, usw. In den Kinderparlamenten haben wir begonnen, 17 Nachbarschaftsminister für die 17 nachhaltigen Entwicklungsziele (SDGs – Sustainable Development Goals) der Vereinten Nationen einzuführen. Die Nachbarschaftsparlamente der Erwachsenen entscheiden jeweils selbst, für welche Anliegen sie Minister einsetzen wollen.

Fünf Prinzipien von Neighborocracy

Wir haben fünf Prinzipien entwickelt, die den oben beschriebenen globalen Prozess leiten:

- Smallnes of Size (max. 30 people) – Kleinheit (max. 30 Personen)
- Numerical Uniformity (at all levels) – numerische Einheitlichkeit (auf allen Ebenen)
- Recall Representatives (every time) – Rückrufbarkeit der Repräsentanten (jederzeit)
- Subsidiarity (action at lowest level) – Subsidiarität (handeln auf der niedrigstmöglichen Ebene)
- Convergence (bring together themes and levels) – Konvergenz (zusammenführen von Themen und Ebenen)

Das erste Prinzip ist die Kleinheit

Nicht nur an der Basis, sondern auf jeder Ebene darüber, muss das Parlament eine kleine, persönliche Gemeinschaft sein. Auf diese Weise können wir sicherstellen, dass auf jeder Ebene die letzte und kleinste Stimme zählt und kein Mensch auf irgendeiner Ebene ein „Niemand“ ist.

Das zweite Prinzip ist die numerische Einheitlichkeit

Dies folgt unweigerlich aus dem Prinzip der Kleinheit. Wenn die Parlamente auf jeder Ebene kleine face-to-face-Gemeinschaften sein müssen, können sie auf jeder Ebene nur eine begrenzte Anzahl von Köpfen enthalten.

Das dritte Prinzip ist die Rückrufbarkeit der Repräsentanten

Das ist die direkte Rückkoppelung durch die Möglichkeit der Abberufung.

Das Argument, das normalerweise gegen Abberufungen in den aktuellen Politiken angeführt wird: Wahlen sind so eine kostspielige Angelegenheit und deshalb können wir sie nicht jeden Tag haben!

Aber in unserem System der kleinen, persönlichen Parlamente auf jeder Ebene müssen Wahlen nicht unerschwinglich kostspielig sein. Jeden Tag, an dem Sie mit der Leistung eines Vertreters, den Sie von Ihrer Ebene in die unmittelbar darüber liegende Ebene gewählt haben, nicht zufrieden sind, können Sie Ihre unmittelbare Face-to-Face-Gemeinschaft anrufen und beschließen, den Vertreter zurückzurufen und stattdessen jemand anderen zu schicken.

Wenn Sie von jeder Ebene aus, jeden Tag einen gewählten Vertreter auf die unmittelbar darunter liegende Ebene zurückrufen können, liegen die Fäden der Macht letztlich in den Händen der Menschen an der Basis, und zwar Tag für Tag. Das bedeutet, dass ihre Probleme der Ungleichheit, der Armut, der Unwürdigkeit usw. adäquat angegangen werden. Es wird wirklich eine Regierung des Volkes, durch das Volk und für das Volk sein. Wir könnten dies „direkte Demokratie“ oder „tiefere Demokratie“ nennen.

Das vierte Prinzip ist Subsidiarität

Das Handeln auf der niedrigstmöglichen Ebene. Es löst ein Problem, das in mehrstufigen Strukturen auftreten kann. Das Problem der unangemessenen Zentralisierung. Das Prinzip der Subsidiarität besagt, dass keine Arbeit, die auf einer niedrigeren Ebene erledigt werden kann, auf eine darüber liegende Ebene übertragen werden soll. Die höheren Ebenen sollen sich nur mit den Angelegenheiten befassen, die keine untere Ebene erledigen kann.

Wenn Sie diesem Prinzip folgen, müssen die meisten Arbeiten auf der niedrigstmöglichen Ebene erledigt werden, also auf der Ebene der Stadtteil- oder Nachbarschaftsparlamente.

Wenn die Entscheidungen auf der Ebene der Nachbarschaftsparlamente getroffen werden sollen, können Sie das nicht tun, ohne alle ins Vertrauen zu ziehen. Da es sich um ein kleines Forum handelt, kann man keine Beschlüsse fassen, wenn man nicht die Zustimmung aller bekommt. Das bedeutet, dass die Leute häufig und laufend konsultiert werden müssen.

Und wenn die Menschen das Gefühl haben, dass sie ständig zu wichtigen Angelegenheiten konsultiert werden, haben sie das Gefühl, dass sie auch etwas wert sind. Dass auch sie wichtig sind. Dass auch sie ernst genommen werden und anerkannt werden. Und jeder will nur diese Anerkennung, und wenn diese Anerkennung gewährleistet ist, verringern sich viele psychische Spannungen, Krankheiten und Komplexe, was zu besserer Gesundheit und Glück führt.

Das fünfte Prinzip ist das Prinzip der Konvergenz

Das Prinzip der Konvergenz sorgt dafür, dass alle Dinge, von denen Nachbarn betroffen sein können, zum Thema im NP gemacht werden sollen. So gewährleistet man die nachhaltige Aufrechterhaltung der Struktur.

Es ist keine große Sache, die Nachbarschaftsparlamente zu organisieren (siehe nächste Seite „Wie lange dauert die Umsetzung?“). Was wirklich schwierig ist, ist sie aufrechtzuerhalten. Schwierig ist es, in den Menschen in Bezug auf diese Nachbarschaftsparlamente ein Gefühl der Zugehörigkeit zu schaffen, eine Art „Wir-Gefühl“, eine Art kollektives Ego.

Wie kann man das erreichen?

Der beste Weg ist, Dinge gemeinsam zu tun.

Wenn sie eine Sache gemeinsam als Nachbarschaft tun, sehen sie, wer welche Talente hat, um die Sache voranzubringen, wer Ressourcen hat, um etwas beizutragen, wie man sie einbindet, usw. Im Laufe des Prozesses, mit all diesen Interaktionen, wird die Gemeinschaft, das Nachbarschaftsparlament (NP), zusammengeschmolzen und zusammengeklebt.

Je mehr Aktivitäten, Aufgaben, Rollen und Verantwortlichkeiten sie zu erfüllen haben, desto mehr wird ihr kollektives Ego gestärkt. Je mehr das kollektive Ego einer Gemeinschaft ausreichend gestärkt ist, desto weniger werden sie zulassen, dass jemand anderes sie übergeht. „Sind wir nicht da?“, würden sie fragen. „Warum habt ihr uns nicht konsultiert?“

Wir brauchen solche durchsetzungsfähigen Foren an der Basis, damit sie die darüberliegenden Strukturen zur Rechenschaft ziehen können.

Das Prinzip der Konvergenz stellt sicher, dass alles, was durch das NP getan werden kann, auch durch das NP getan wird. [Barbara Strauch: Das wird auch durch das Subsidiaritätsprinzip unterstützt].

Wenn Sie also ein kleines Sparprojekt haben wollen, machen Sie es über das NP. Die heutigen Selbsthilfegruppen könnten innerhalb der NP als Nachbarschaftsgruppen integriert werden.

Der indische Bundesstaat Kerala hat in dieser Hinsicht ein sehr aufschlussreiches Beispiel mit seinen fast 300.000 Nachbarschaftsgruppen (Ayalkoottams) armer Frauen, die sich auf der Ebene der Bezirke und Panchayats zusammengeschlossen haben.

Die meisten indischen Nachbarschaftsparlamente haben einen Nachbarschaftsgesundheitsminister oder ein Nachbarschaftsgesundheitskomitee. Dieses erhebt die Gesundheitssituation in der Nachbarschaft, legt Prioritäten für Maßnahmen fest, beteiligt sich an präventiven, heilenden, fördernden und rehabilitierenden Maßnahmen, überwacht den Gesundheitsfortschritt, und setzt sich für Gesundheitsthemen ein, wie z. B. Unterernährung, Verhinderung von Mückenbrut usw.

In anderen Nachbarschaftsparlamenten wird die Bildung gefördert. Es gibt Nachbarschaftsminister für Bildung. NP diskutieren das Für und Wider der verschiedenen Bildungsansätze und schlagen Korrekturmaßnahmen vor.

Während wir dies in einer Nachbarschaft in den USA diskutierten, sagten Eltern, sie könnten nachbarschaftliche Hausaufgaben und Nachhilfe am Abend organisieren. Anstatt dass jede Mutter viel Zeit aufwendet, um den Kindern bei den Hausaufgaben zu helfen, könnten sie die Kinder auf Nachbarschaftsbasis zusammenbringen und die Eltern könnten sich bei der Hilfe abwechseln. Das würde den Eltern Zeit sparen und die unterschiedlichen Talente der verschiedenen Eltern könnten zum Wohle aller Kinder gebündelt werden.

Indische Nachbarschaftsparlamente haben auch nachbarschaftsbezogene Programme zur Einkommensgenerierung. Kudumbashree im indischen Bundesstaat Kerala hat in dieser Hinsicht sehr aufschlussreiche Erfolgsgeschichten[45].

Auch das Wirtschaften, Einkauf und Vermarktung können nachbarschaftsbasiert sein. [Barbara Strauch: Dafür gibt es auch das Beispiel der nachbarschaftlich organisierten Food-Coops in Europa].

In ähnlicher Weise gibt es nachbarschaftsbasierte Sauberkeitsprogramme, nachbarschaftsbasierte Sportaktivitäten, Begrünungsprogramme usw. Es gibt, organisiert von

45 www.kudumbashree.org

Nachbarschaftsparlamenten, auch nachbarschaftliches Kochen und eine Küche, wo jede Familie abwechselnd für alle kocht. [Barbara Strauch: Beispiele dafür sind auch die zahlreichen Cohousing-Projekte in Dänemark, USA und im deutschsprachigen Raum].

Möglichkeiten gibt es viele. Wichtig ist, dass man nachhaltig darauf achtet, dass fast alles Mögliche an die Nachbarschaftsparlamente herangetragen wird, damit die Menschen in den Nachbarschaftsparlamenten Gründe genug haben, immer wieder zusammenzukommen, miteinander in Beziehung zu treten, zusammenzuarbeiten und zusammenzuwachsen, mit starken kollektiven Identitäten und einem tiefen Gefühl der Zugehörigkeit und des Engagements. Auf diese Weise sichern wir ein starkes Fundament für eine Struktur des Regierens von unten.

Wie lange dauert die Umsetzung?

Wir fragen in unseren Seminaren oft, wie lange es dauern wird, bis die ganze Welt als Nachbarschaftsparlamente organisiert ist. Wir fragen nur nach der ersten Ebene, und nicht nach den anderen Ebenen der Föderationen von Nachbarschaftsparlamenten.

Die Leute geben verschiedene Antworten. Zum Beispiel hundert Jahre, fünfzig Jahre, drei Jahre, usw. Dann sagen wir: „Im Prinzip ist es nur eine Tagesarbeit." Wir betonen die Worte: „im Prinzip". Man muss nämlich nicht mit einem Bus fahren, um eine Nachbarschaft von 30 Familien zu organisieren. Manchmal muss man nur in die Hände klatschen und sie versammeln sich.

Eine andere Antwort: wenn die richtigen Leute mit dem richtigen Zugang darüber entscheiden, wird es – angesichts all der Massenmedien und sozialen Medien und dergleichen, die in der heutigen Welt zur Verfügung stehen, um der ganzen Welt etwas Wichtiges mitzuteilen – nicht mehr als einen Tag dauern, zu veranlassen, dass alle in ihrer Nachbarschaft zusammenkommen und einen Vertreter wählen sollten, weil es etwas Wichtiges für die Zukunft, für ihren Fortschritt, für das Wohlergehen und für eine bessere Gesundheit usw. zu bereden und beschließen gilt.

Ich gestehe ein, dass es vielleicht nicht möglich ist, wenn ich (Edwin M. John) eine solche Entscheidung treffe. Aber wenn jemand wie Bill Gates darüber entscheidet, ist es nicht so schwierig.

Der Traum von einer „Weltregierung von unten"

Durch all unsere Erfahrungen entstand der Traum für eine Weltregierung von unten. Nämlich der einer mehrstufigen globalen Föderation von Nachbarschaftsparlamenten mit jeweils etwa 30 Familien, die sich an den Prinzipien (1) **Kleinheit**, (2) **numerische Einheitlichkeit**, (3) **Subsidiarität**, (4) **Rückrufbarkeit** und (5) **Konvergenz** orientieren.

Ist es realistisch zu hoffen, dass dies umgesetzt wird? Ist es wirklich praktisch? Oder nur ein Gerede? Haben wir diesbezüglich schon ausreichend Erfahrungen gemacht?

Hier muss ich ein wenig von meiner eigenen Reise erzählen.

Gruppen lebendig, Welt lebendig

Als Jugendlicher in den 1960er-Jahren wurde ich durch Bücher von James Keller von der Christopher-Bewegung aus den USA herausgefordert. Titel eines solchen Buches: „Auch du kannst die Welt verändern". Es ging um die Macht des Einzelnen, etwas zu verändern, und darum, dass die Rolle jedes Einzelnen zählt. „Wenn ich es nicht tue, wer sonst wird es tun?" war das Thema einer Übung in dem Führungskurs. Ich konzentrierte mich auch auf Studien über die Psychologie, wie man Einzelne dazu bringt, sich für das Gemeinwohl zu engagieren. Später kam ich dazu, über die Wirksamkeit von Gruppen zu lesen. Das war auch die Zeit, als die Gruppendynamik als Studienzweig aufkam. Ich verstand, dass Individuen besser und nachhaltiger arbeiten würden, wenn sie in Gruppen organisiert wären.

Gruppen haben auch ihren eigenen therapeutischen Wert. Auch Psychotherapeuten empfehlen Gruppentherapie als Mittel, um eine bessere psychische Gesundheit zu gewährleisten. Es ist wie mit kleinen Steinen in Flüssen. Die unförmigen und scharfkantigen Steine, die in die Flüsse gelangen, werden formschön und poliert und glänzen, wenn sie zusammenrollen. So auch, wenn Menschen Rauheit, Grobheit und einschüchternd scharfe Winkel in ihrer Persönlichkeit haben, kann das Zusammensein in einer Gruppe und die Zusammenarbeit in einer Gruppe ihre Persönlichkeit polieren und sie zu konstruktiven Mitwirkenden machen.

Gruppen haben eine große Rolle zu spielen, wenn wir große Veränderungen in der Gesellschaft herbeiführen wollen. Dies wurde mir bewusst, als ich von 1975 bis 1977 einen Master-Kurs in Journalismus an der University of the Philippines absolvierte.

Die Experten schlagen vor, dass wir neben den Massenmedien, die unseren Botschaften eine große Reichweite verleihen, auch eine ausreichende Anzahl von Gruppen organisieren müssen, die die vorgeschlagenen Veränderungen diskutieren, beschließen, umsetzen und deren Kontinuität sicherstellen. Dies war auch der Ansatz von Führungspersönlichkeiten wie Mahatma Gandhi in Indien. Gandhi gab eine Zeitung heraus, die die indische Bewegung zur Selbstverwaltung förderte. Die Bewegung wurde durch die Gruppen aufrechterhalten, die die aufgeworfenen Fragen lasen und darauf reagierten.

Lateinamerikanische Erfahrungen

Noch bevor ich für diese Studien auf die Philippinen kam, hörte ich von einem weiteren Experiment, das noch weitere Dimensionen hinzufügte, die den gruppenorientierten Ansatz für gesellschaftliche Veränderungen stärken sollten.

Und das war das Experiment der Christlichen Basisgemeinschaften (Basic Christian Communities – BCCs) in Lateinamerika. Einige Aspekte dieser BCCs machten mich neugierig.

Die BCCs begannen eher zufällig. Es gab nicht genug Priester, um den Gottesdienst durchzuführen. Was war zu tun? Die Menschen versammelten sich in ihren Vierteln, lasen die Heilige Schrift, tauschten sich über die gelesenen Abschnitte aus, sangen und beteten, ohne dass ein Priester die Leitung übernahm. Schließlich kamen Hunderttausende solcher Einheiten zustande. Die Vertreter der BCCs trafen sich auf verschiedenen Ebenen. Sie hatten Treffen auf nationaler und kontinentaler Ebene.

Ein Faktor war ihre Nachbarschaftsbezogenheit. Nachbarschaftsbasierte Organisation bedeutete, dass die Menschen inklusiv organisiert werden konnten. Es bedeutete auch, dass die Foren zugänglich waren. Ein weiterer Faktor ist der Zusammenschluss dieser Basisgruppen, der für eine größere Reichweite und ein koordiniertes Handeln auf breiterer Ebene sorgt.

Durch die BCCs geschah etwas Interessantes.

Die Menschen, besonders die Armen und Unterdrückten, bekamen eine Stimme und leisteten ihren Beitrag.

Die Schriften, die sie verwendeten, waren hauptsächlich das Neue Testament der Bibel, das sich auf Jesus und den Ursprung des Christentums bezieht. Jesus vertrat eine religionsübergreifende Spiritualität, die sich auf die Bruder- oder Schwesternschaft aller und die Gleichheit aller konzentriert, mit einer bevorzugten Option für die Armen, die Unterdrückten und die Ausgegrenzten. Aber diese revolutionäre Bewegung wurde kompromittiert und korrumpiert und entwickelte sich im Laufe der Jahrhunderte zu einer weiteren Religion, die auf Angst basiert und intolerant gegenüber Andersdenkenden ist. Allmählich entwickelte diese Religion Tendenzen, sich mit den Mächtigen und Reichen zu verbünden. Die radikalen Forderungen nach Gleichheit und Respekt für die Letzten und Geringsten und deren Rechte wurden aufgeweicht.

Als die Menschen durch die BCCs ihre eigenen Foren hatten, kam die Auslegung wieder in die Hände der Armen. Sie reflektierten die Worte der Schrift und setzten sie in Beziehung zu ihrer Situation der Unterdrückung, Armut und Marginalisierung und brachten ihre eigenen, neuen Einsichten hervor.

Einige Theologen interessierten sich für diese Einsichten und entwickelten darauf aufbauende Bücher. Und so entstand das, was man Befreiungstheologie[46] nennt, welche die Befreiung der Armen und Unterdrückten zum Thema hat. Die Befreiungstheologie beeinflusste viele Menschen auf der ganzen Welt, die Dinge anders zu betrachten, nämlich aus der Perspektive der Armen.

Menschen, die keine Stimme hatten, konnten der sozialen, politischen und kulturellen Erzählung des Mainstreams etwas hinzufügen, einfach weil sie Foren zum Reden hatten.

So entwickelten wir 1973 in Indien einen Plan zu einer ganzen Diözese, die als Nachbarschaftsgemeinschaften organisiert war. Unser damaliger Slogan: Engagierte Charismatische Gemeinschaften.

Die Gemeinschaftsdimension

Das Wort Gemeinschaft war hier sehr bedeutsam. Eine Menschenmenge macht nicht unbedingt eine Gemeinschaft aus. Genauso wenig wie eine kleine Gruppe, was das betrifft.

Gemeinschaft beinhaltet eine Art von Engagement füreinander, gewöhnlich auf einer dauerhaften Basis. In einer Gemeinschaft sehen wir zusammen, haben gemeinsame Visionen und Ziele. Wir fühlen auch miteinander, weinen mit denen, die weinen, und lachen mit denen, die lachen, und sorgen füreinander, arbeiten zusammen und feiern zusammen. Eine ideale Gemeinschaft auf diese Weise ist eine partizipative Gemeinschaft.

Neighbourhoodization (Vernachbarschaftung) und integrale Entwicklung in Kodimunai

Im Jahr 1997 wurde ich als Priester in ein Küstendorf im südlichsten Distrikt Indiens geschickt. [Barbara Strauch: Manche Teile Indiens sind zu hundert Prozent katholisch, sodass fast alle Bewohnerinnen über die Christen-Gemeinde erreicht werden können.] Das Dorf war berüchtigt für Gewalt. Etwa 300 der über 3000 Menschen waren aufgrund von Fraktionskämpfen in verschiedene Straftatbestände verwickelt.

Wir haben dort Nachbarschaftsgemeinschaften gegründet. Nachbarschaftsgemeinschaften von etwa 30 Familien. Wir hatten 16 solcher Gemeinschaften.

Fünf Vertreter aus jeder dieser Basisgemeinschaften bildeten die allgemeine Körperschaft des Dorfes (80 Personen) und einer aus jeder dieser Basisgemeinschaften bildete das Exekutivkomitee des Dorfes (16 Personen).

In ähnlicher Weise wurde aus jeder Nachbarschaft einer zum Richter gewählt und sie bildeten zusammen das Dorfgericht, das wir „Friedenskomitee" nannten (16 Personen).

Wir hatten auch eine Art Nachbarschaftsbank, die „Economic Support Society" genannt wurde. Wir hatten auch eine Wohnungsbaugesellschaft, die ebenfalls nachbarschaftlich organisiert war.

Dann hatten wir auch eine Dorf-Bildungsgesellschaft, die die Verantwortung für die Durchführung der erforderlichen Seminare und Trainingsprogramme übernahm, die auf die Verbesserung des Dorfes abzielten. Auch diese Gesellschaft war nachbarschaftlich organisiert.

Als ich das Dorf nach fünfeinhalb Jahren verließ, waren es nur noch etwa drei Personen, die in verschiedene Fälle verwickelt waren. Das Dorf zog die Aufmerksamkeit vieler auf sich.

---

46 https://de.wikipedia.org/wiki/Befreiungstheologie

Kerala macht es vor

Die benachbarte katholische Diözese Trivandrum entschied sich, diesem Beispiel zu folgen. In sechs Monaten organisierte diese Diözese in der Hauptstadt des indischen Bundesstaates Kerala ihre gesamte katholische Bevölkerung in fast 2600 quartiersbezogenen Christlichen Basisgemeinschaften (Basic Christian Communities – BCCs) von jeweils etwa dreißig Familien. Die Diözese entwickelte außerdem eine fünfstufige partizipative Struktur, die auf diesen stadtteilbasierten BCCs mit jeweils dreißig Familien basiert und ein Kommunikationssystem von unten nach oben und von oben nach unten innerhalb der Diözese sicherstellt.

Die Bemühungen um Nachbarschaftsbildung in der Diözese Trivandrum bewegte die gesamte katholische Kirche in Indien. Heute gibt es in der katholischen Kirche fast hunderttausend solcher nachbarschaftlicher christlicher Basisgemeinschaften, die dazu beitragen, die Kirche partizipativ zu gestalten.

Der Staat Kerala wurde Zeuge einer weiteren, noch bedeutenderen Entwicklung, die durch die städtische Grundversorgung der Armen eingeleitet wurde, die gemeinsam von der Zentralregierung und UNICEF initiiert wurde

Kerala hatte seine eigenen Visionäre, die sich für Nachbarschaftsbildung und Kleinteiligkeit einsetzten und damit zu experimentieren begannen.

Allen voran Herr Pankajaksha Kurup aus Ambalappuzha, ein Gandhianer, der 1973 einen ähnlichen nachbarschaftsorientierten Ansatz initiierte. Er wollte, dass sich die Nachbarn kennenlernen, ihre Probleme und Ressourcen teilen und so in der Transparenz des Umgangs miteinander die wahre Lebensfreude finden. Er plädierte für ein dreistufiges System: Tharakkoоottams (Bodenversammlungen) von je fünf Familien; Ayalkkoоottams (Nachbarschaftsversammlungen) von je 5 Tharakkoottams; und Gramakkoottams (Dorfversammlungen) von je 5 Ayalkoottams. Die Tharakkoottams sollen sich jeden Abend treffen.

So auch Herr M P Parameswaran von der Kerala Shastra Sahitya Parishad (KSSP). Als Nuklearingenieur und Gelehrter des Marxismus hat er in Russland studiert und konnte voraussehen, dass das kommunistische Regime dort nicht lange überleben würde, da es keine adäquaten Strukturen für eine kontinuierliche Regierungsbeteiligung der Menschen hatte. Auch er plädierte für kleinteilige, quartiersbezogene Strukturen der politischen Partizipation. Die KSSP hat mit sehr kreativen quartiersbezogenen Pilotversuchen das Konzept der Bürgerbeteiligung gestärkt.

Vor diesem Hintergrund hatte die oben erwähnte UBSP-Initiative in Kerala spektakulärere Ergebnisse als anderswo. Die Urban Poverty Alleviation Cell der Regierung des Bundesstaates Kerala, unterstützt von UNICEF-Chennai, dem Loyola Extension Services der Loyola School of Social Work in Trivandrum und anderen, organisierte Nachbarschaftsgruppen (NHG) von armen Frauen. Diese NHGs wurden auf Bezirksebene als Area Development Societies (ADS) und auf lokaler Verwaltungsebene als Community Development Societies (CDS) zusammengeschlossen. Zunächst in der Gemeinde Alappuzha und dann im Distrikt Malappuram erprobt, wurde es als landesweites Programm unter dem Namen Kudumbashree[47] eingeführt.

Kudumbashree hat, Stand Februar 2020, fast 300.000 NHGs. In einem halbstündigen Dokumentarfilm von Rajya Sabha TV wurde berichtet, dass diese Nachbarschaftsgruppen von Frauen, die von Armut bedroht sind, einen größeren finanziellen Umsatz haben als alle Unternehmen im Bundesstaat.

47 www.kudumbashree.org

Diese Einführung in die partizipative Regierungsführung machte vor allem Frauen selbstbewusst und kompetent, um selbst eine Führungsrolle zu übernehmen.

Für viele Menschen scheint es eine unvorstellbare Aufgabe zu sein, auch nur ein Zehntel der Anzahl von nachbarschaftsbasierten Gruppen zu organisieren, die in Kerala organisiert sind. All diesen Menschen zeigen wir die Errungenschaften von Kerala auf und sie werden sprachlos.

Wir haben uns gefreut, später von ähnlichen Experimenten an anderen Orten zu hören, zum Beispiel von einem in Rojava, ein unabhängig verwaltetes Gebiet in Syrien.

Zum Thema „Soziokratie“

Als wir 2009 unsere Aktivitäten über das Internet verbreiteten, schrieben zwei Leute zurück und fragten: „Habt ihr schon von der Soziokratie gehört?“ Nun, davon hatten wir bis dahin noch nichts gehört. Wir machten uns auf die Suche im Internet. Wir fanden, dass es eine zusätzliche Dimension in der Entwicklung einer neuen Form der Regierungsführung war, nach der wir gesucht hatten.

Die Soziokratie schien eine Antwort auf bestimmte systemische Probleme zu geben, die wir in der heutigen Form der Demokratie finden. Ein solches Problem ist, dass die Demokratie mehrheitsbasiert ist. Daher ist sie spaltend und endet als ein Zahlenspiel. Die einen werden zu Gewinnern und die anderen zu Verlierern. Die eine Gruppe wird euphorisch und die andere nachtragend, gleichgültig und unkooperativ.

In der Mehrheits-Demokratie gibt es ein eingebautes Bedürfnis, die Minderheit oder die Opposition immer wieder in ein schlechtes Licht zu rücken, ihr Image zu trüben, ihre Leistungen herabzusetzen usw. Man muss die Opposition ständig unterdrücken, damit sie nicht erwachsen wird und einen aus der Machtposition verdrängt. All das ist ein unmenschlicher Prozess. Und dann kann es auch zur Tyrannei der Mehrheit kommen.

Könnte es einen Ausweg geben? Könnte es Wege der kollektiven Entscheidungsfindung geben, bei denen jede Stimme gehört wird, jeder ernst genommen wird und jeder glücklich ist? Und könnten Gruppen, Gemeinschaften und Volkskörperschaften mit jeder Wahl und kollektiven Entscheidungsfindung und gerade wegen solcher Wahlen und kollektiven Entscheidungsfindungen noch mehr zusammenwachsen?

Neighborocracy, die Nachbarschaftsdemokratie ist geboren

Wir integrierten soziokratische Entscheidungsfindung und soziokratische Wahlen zusammen mit unseren fünf Prinzipien.

Nun brauchten wir einen neuen Namen für unsere Nachbarschaftsbildung, um die Besonderheit der Vision zu vermitteln. Wir versuchten, einen neuen Begriff zu prägen.

Könnte es „Nachbarschaftsdemokratie“ sein? Er erschien uns zu lang.

Könnten wir es abkürzen als „Nachbarkratie“? John Buck[48], ein amerikanischer Autor, dem es zugeschrieben wird, die Soziokratie in die englischsprachige Welt gebracht zu haben und der auch eine große Rolle dabei spielte, unser Konzept „Global Governance-from-below“ in verschiedene Länder zu bringen, lehnte den Begriff ab und sagte, er klinge negativ.

Dann kam Joseph Rathinam, unser Meistertrainer, der auch das erste Buch (in Tamil) über Nachbarschaftsparlamente geschrieben hat, mit „Neighborocracy“.

Wir alle stimmten zu und **NEIGHBOROCRACY** war geboren.

---

[48] John Bucks englischsprachiges Buch „We the People“ (→ *Literaturverzeichnis*) erschien erstmals 2008. Es war der Ausgangspunkt einer intensiven Kooperation zwischen John Buck und dem Neighborhood Community Network (https://ncnworld.org/).

Neighborocracy ist eine nachbarschaftsbasierte Soziokratie, die ihrerseits ein tieferes Demokratieverständnis beinhaltet, eine Demokratie, die einheitlich, fortlaufend, inklusiv und partizipativ ist und somit mehr Ermächtigung für die Menschen an der Basis bedeutet.

Die neue Prägung „Nachbarschaftsdemokratie“ (Neighborocracy) bekam ernsthafte Akzeptanz durch Universitäten, politische Gruppen und Aktivisten in verschiedenen Ländern.

Ein von Kindern geführter Prozess für globales Denken und lokales Handeln

Einer der Wege, wie wir seit der Jahrtausendwende in Indien Menschen dazu bringen, Nachbarschaftsdemokratie aufzunehmen, zu praktizieren und zu verinnerlichen, ist durch unsere inklusiven Nachbarschafts-Kinderparlamente[49] (INCPs). [Barbara Strauch: Ab 2010 wurde begonnen, die Kinderparlamente soziokratisch zu organisieren. Heute gibt es fast 100.000 Kinderparlamente in sechs indischen Bundesstaaten, die teilweise über staatliche Programme eingeführt werden. Sie alle nutzen die soziokratische Konsententscheidung und Offene Wahl.]

INCPs sind Einheiten von jeweils etwa 30 Kindern die territorial organisiert sind, d. h. nach geographischen Gebieten, aus denen die Kinder kommen. Sie befinden sich in Wohngebieten oder in Schulen. Selbst wenn die INCPs in Schulen sind, sind die Einheiten nicht nach den Klassen, die die Kinder lernen, sondern nach den territorialen Wohngebieten, aus denen sie kommen, organisiert. Es gibt Schulen mit bis zu 35 INCP-Einheiten, die auf demselben Campus arbeiten.

Wir versuchen sicherzustellen, dass jedes Kind in jeder Einheit ein Minister ist. Zu den Portfolios gehören die 17 UN-Ziele – Sustainable Development Goals (SDGs). Auch die verschiedenen anderen Aktivitäten, die in der Schule stattfinden, könnten als Ministerien integriert werden.

Die wöchentlichen Treffen der Kinder finden abwechselnd in den Länderparlamenten und in den verschiedenen Ministerien statt. Das heißt, jede zweite Woche kommen die Gesundheitsminister aus jedem dieser Parlamente zusammen, um über Gesundheit zu diskutieren, alle Bildungsminister kommen zusammen, um über Bildung zu diskutieren, und so weiter. In diesen themenbasierten Ministersitzungen erhalten sie eine Menge Inputs und Erkenntnisse, die sie in der darauffolgenden Woche in das nachbarschaftsbasierte Treffen mitnehmen, um in jedem Nachbarschaftsgebiet Maßnahmen zu ergreifen.

Die Inklusiven Nachbarschafts-Kinderparlamente wurden auf immer höheren bzw. weiteren Ebenen zusammengeführt. So entstanden Inklusive Kinderparlamente auf den Ebenen Dorf/Gebiet, Panchayat, Local Governance, Subdistrikt, Distrikt, Bundesland usw.

Im Jahr 2009 gewann das Kinderparlament des Bundesstaates Tamilnadu-Pondicherry den weltweiten UN-Marino-Alexander-Bodoni-Preis für die beste von Kindern geführte Organisation für Kinderrechtsaktionen.

Später wurde Swarnalakshmi Ravi, ein sehbehindertes Mädchen, soziokratisch zur nationalen Kinder-Premierministerin Indiens gewählt und sprach als Kind bei vier Gelegenheiten bei den Vereinten Nationen in New York und Genf und setzte sich für Kinderrechte ein. Der Film, Power tot he Children[50], von Anna Kersting, zeigt die Arbeit der Kinderparlamente in Tamil Nadu.

Lasst uns an den Händen fassen

Es ist dringend notwendig, diesen Schritt zu tun. Wir stellen überall auf der Welt fest, dass die Menschen den Glauben an die Demokratie verlieren. Junge Leute, die es mit einer gerechten Gesellschaft ernst meinen, fragen sich, ob bewaffnete Militanz im Untergrund die

---

49 www.childrenparliament.in
50 http://www.powertothechildren-film.com/de/

einzige Option sein könnte? Die Erwachsenen sind ebenfalls frustriert von der Art des Regierens, die ins Nirgendwo führt, und scheinen dazu zu neigen, nicht-dialogische, nicht-partizipative und autoritäre Regime zu bevorzugen. Und das ist ein gefährlicher Trend.

Sie könnten stattdessen mit dem ersten einzelnen Schritt beginnen, nur eine Nachbarschaftsgemeinschaft von dreißig Familien zu organisieren. Der Rest wird sich anschließen. Ein gut geführtes Nachbarschaftsparlament vermittelt eine wirksamere Botschaft als tausend Reden. Taten sprechen lauter.

Schauen Sie einfach, wer die dreißig Familien sind, die Ihr Nachbarschaftsparlament sein könnten; treffen Sie sie, freunden Sie sich mit ihnen an, motivieren Sie sie, bringen Sie sie dazu, sich zu treffen und ein paar Minister zu wählen, und treffen Sie sich weiterhin regelmäßig: schon haben Sie ein Nachbarschaftsparlament gegründet. Nach und nach können Sie weitere Tagesordnungen einführen, die auch die globalen Ziele für nachhaltige Entwicklung der UNO beinhalten könnten.

Die Aufgabe, die vor uns liegt, ist so massiv, so universell und so umfassend, dass es die Aufgabe aller ist und sein muss. Eine Aufgabe für uns alle. Es beginnt mit denen, die sich von der Sache und der Vision überzeugen lassen. „Wenn ich es nicht tue, wer sonst wird es tun"?

Bitte schreiben Sie uns[51].

Auf eine „gute neue Welt von unten"!

Edwin M. John

Zu Beginn des Jahres 2020, drei Monate nachdem ich und viele meiner Kollegen und Kolleginnen Edwin Maria John, Joseph Rathinam, Gnanasekar Dhanapal und Anna Kersting auf dem Kongress „Soziokratie & Politik" kennenlernen konnten, initierte Sandra Herschkowitz, selbst Gründerin einer nachbarschaftsbasierten Food-Coop in Wien, die Idee einer Erasmus+ Partnerschaft. Daraufhin konnten wir mit neun Organisationen aus sieben europäischen Ländern das Projekt SONEC[52] – Sociocratic Neighborhood Circles – als Erasmus-Projekt umsetzen. In dieser Partnerschaft erforschen wir, inwieweit das Konzept der indischen Nachbarschaftsparlamente eine Rolle bei der Umsetzung der UN-Nachhaltigkeitsziele für Europa spielen kann. Es wird ein Konzept entstehen, das auf die bisherigen guten Erfahrungen von nachbarschaftsbasierten Projekten zurückgreift und Gemeinden eine erste Information über die Möglichkeiten Soziokratischer Nachbarschaftskreise zur Verfügung stellt. Bis Ende 2022 soll ein SONEC-Manual für Gemeinden in sechs Sprachen veröffentlicht werden.

7.5 Utrechtse-Heuvelrug: „Wie kreiert man 89 % Wahlbeteiligung?" (Frits Naafs)

Im Jahr 2015 begann der bisher größte, uns bekannte und gut dokumentierte soziokratische Beteiligungsprozess in der Gemeinde Utrechtse Heuvelrug in den Niederlanden. (→ *Literaturverzeichnis,* Romme: *„From Competition and Collusion to Consent-Based Collaboration: A Case Study of Local Democracy"*). In dieser Region hatten sich 2006 fünf

[51] info@ncnworld.org
[52] https://sonec.org/

kleinere Gemeinden zusammengeschlossen, und es sollte ein neues, großes Rathaus errichtet werden. Da die ursprünglich festgelegten Kosten für den Bau weit überschritten wurden, gab es Unmut aus der Bevölkerung, der sich in Protesten und einer Sammlung von 5000 Unterschriften manifestierte. Trotzdem wurde der Bau errichtet. Ein Mitglied des Stadtrates musste daraufhin zurücktreten.

Utrechtse Heuvelrug hat heute, nach der Zusammenlegung von fünf Gemeinden im Jahr 2006, etwa 50.000 Einwohner. Frits Naafs, seit 2006 Bürgermeister, war gern der Einladung zu dem Kongress „Soziokratie & Politik“ gefolgt, den wir im November 2019 in Salzburg veranstaltet haben. Wir interessierten uns für die erfolgreiche Bürgerbeteiligung in seiner Stadt, die 2014, nach einer turbulenten Zeit in der Gemeindepolitik, begonnen hat.

> Frits Naafs berichtete: „Nach den Wahlen 2006 und 2010 hatten sich zuerst die Koalitionsparteien und dann auch die Oppositionsparte en zusammengeschlossen und dadurch starke Lager gebildet. Die Folge war, dass die Gespräche im Parlament nicht immer gut verliefen.“ Dabei verloren das Stadtparlament und der Stadtrat auch zunehmend den Kontakt zur Bevölkerung. Der Bürgermeister bekam immer häufiger zu hören, dass die Einwohnerinnen sich nicht gut vertreten fühlten.

Daraufhin organisierte das Stadtparlament Anfang 2012 eine Bürgerversammlung, an dem die Bewohnerinnen sagen konnten, was sie störte und was geschehen sollte, um das zu verbessern.

Der Brückenbauer

In der Diskussion fiel besonders ein Mann auf, der Soziokratie kannte und diese in seiner Organisation eingeführt hatte. Er wurde zusammen mit einer zweiten Bürgerin eingeladen, gemeinsam mit dem Kommunikationsexperten der Gemeinde einen Prozess zu kreieren, um zukünftig die Bevölkerung stärker in Lösungsfindungen einzubeziehen. Der Gruppe gehörten letztlich sechs Personen an. Sie wurde von einer Mitarbeiterin des SCN – Sociocratic Centrum Nederland begleitet. Darum beruhte der Vorschlag auf der Methode der Soziokratie und führte das Streben nach „Konsent“ in die Diskussion ein.

Der Vorschlag, der von der Gruppe erarbeitet wurde, trug den Titel „Brücken bauen“. Die Mitglieder der Arbeitsgruppe werden seither die „Brückenbauer“ genannt. Die Gruppe konnte auch erreichen, dass die Sitzung des Stadtparlamentes, bei welcher der Vorschlag diskutiert werden würde, soziokratisch moderiert wurde.

Im April 2013 präsentierten die „Brückenbauer“ ihre Ergebnisse. Parallel zu diesem Prozess entschied sich der Stadtrat, in einem seiner „City Council Meetings“ für ein weiteres soziokratisches Experiment. Eine Mitarbeiterin des Sociocratisch Centrum Nederland – SCN war eingeladen, eine sehr schwierige Versammlung auf soziokratische Weise zu moderieren.

> Frits Naafs: „In unserer politischen Kultur führte dies zu einem entscheidend andersartigen Gespräch über heikle Themen im Stadtparlament.“ Im SCN sprach man von einer Weltpremiere: „Eine außergewöhnliche Sitzung des Stadtparlaments nach dem Prinzip der Soziokratie.“

Konsent im Stadtparlament

Das Stadtparlament beschloss, das Konsent-Prinzip zu seinem Beschlussfassungs-Portfolio über die Entwicklungen in der Gemeinde hinzuzufügen. Um daraus zu lernen, wurde 2013 ein Pilotprojekt begonnen, in dem die Gemeinde mit allen Beteiligten soziokratisch an einem gesellschaftlichen Projekt arbeiten sollte. Sie entschieden sich für die Wiederbelebung der sozialen Funktion des Nachbarschaftszentrums und Kulturzentrums „De Binder" im Dorf Leersum.

In dieser Sitzung wurden auch die Ziele zum Thema politische Partizipation und Demokratie mit Konsent verabschiedet.

Die Ziele des Stadtrates von Utrechtse-Heuvelrug 2013:

- stärkere Einbindung aller Bürger und Stakeholder in die politischen Prozesse, und zwar so früh als möglich,
- effizientere Entscheidungsfindung im Stadtrat,
- klare Rahmenbedingungen für die Mitbestimmung vom Beginn des Prozesses,
- klare Aufgabenbeschreibungen für Bürgermeister und Stadträte,
- flexibleres Verfahren, politische Themen zu behandeln,
- drei Schritte der Entscheidungsfindung für alle Grundsatzentscheidungen:
  1. Information/Konzeptualisierung/Verstehen
  2. Meinungsbildung
  3. Entscheidungsfindung

Großen Vorteil zog die Gemeinde beim Abschluss der turbulenten Phase im Jahr 2014, und zwar „... aus der Vorgehensweise und den Instrumenten, welche uns die Soziokratie dazu bietet", berichtete uns Frits Naafs auf dem Kongress.

Da die politischen Parteien überwiegend positiv auf die Arbeit der „Brückenbauer" reagiert hatten, wagten sie es, vor den Wahlen gemeinsam eine Initiative zu ergreifen. Man wollte nach den Wahlen gemeinsam mit Konsent das Programm und Budget für die nächsten vier Jahre vereinbaren. So entstand mithilfe soziokratischer Moderation ein Stadtparlaments-Programm, das als Grundlage für die Arbeit des neuen Stadtrats ausreichte. Dazu waren keine ergänzenden Vereinbarungen erforderlich. Zusätzlich entschieden alle Fraktionen im Stadtparlament mit Konsent über die Frage, welche Fraktionen im Stadtparlament einen „Beigeordneten" (ein Mitglied des Stadtrats) vorschlagen sollten.

Frits Naafs hat in der Folge die bildformende Runde, meinungsbildende Runde und die Abfrage von Einwänden in sein Moderationsportfolio aufgenommen. Bei besonders wichtigen Entscheidungen wird so lange nachgebessert, bis es für alle 29 Stadtparlamentarier passt.

Im persönlichen Gespräch verriet uns Frits Naafs, dass er gelernt habe, die Worte „Konsent" und „Soziokratie" zu vermeiden. Es gab Parteien, die wollten nicht von der gewohnten Mehrheitsdemokratie abweichen. Wenn Soziokratie zum Gegenstand der Debatte wird, verliert sie an Kraft, war seine Erfahrung. Die neue Redekultur wurde jedoch gern angenommen. Bei sehr wichtigen Entscheidungen fragt der Bürgermeister am Ende einer Meinungsrunde, ob es noch schwere Einwände gegen den Vorschlag gibt – und nennt es nicht Konsent.

Trotzdem gibt es weiterhin viele Diskussionen, und das Streben nach Konsent kann ideologische Unterschiede oder einen Interessenkonflikt nicht immer lösen. Durch das gute Verhältnis untereinander führt das aber nicht zu Problemen. Manchmal bedeutet es, dass eine Fraktion im Stadtparlament gegen einen Vorschlag stimmt, der im Stadtrat von einem Stadtratsmitglied derselben Partei vorbereitet wurde.

„In den Diskussionen im Stadtparlament sahen wir ab 2014 eine deutliche Veränderung“, berichtet der Bürgermeister. „Es wurde immer öfter noch weiter über den Inhalt eines Beschlusses gesprochen, auch wenn es eigentlich bereits eine Mehrheit für den Vorschlag gab. Was müssten wir noch an dem Vorschlag ändern, damit auch die anderen Fraktionen etwas damit anfangen könnten?“ Diese Änderung der Haltung hatte Auswirkungen auf die Beziehung zu den Bürgerinnen.

Ein neuer Weg, die Bewohnerinnen in die Entscheidungen einzubeziehen

Auf Basis der Partizipationsziele von 2013, die die „Brückenbauer“ Anfang 2013 in das Stadtparlament eingebracht haben, begann der Stadtrat im Februar 2015 ein weiteres Pilotprojekt:

- Ein bis zweimal pro Woche, Montag- und/oder Donnerstagabend, finden Treffen des Stadtrats mit interessierten Bürgern statt, auf denen jeweils mehrere, spezifische politische Thema konzeptualisiert und Meinungsbilder entwickelt werden.
- Format und Ort dieser Treffen sind offen, um maximale Flexibilität zu gewährleisten.
- Zusätzlich trifft sich der Stadtrat alle zwei Wochen, um formale Entscheidungen zu treffen.
- Wenn der Vorschlag im Vorhinein in einem oder mehreren öffentlichen Bürgerinnen-Treffen besprochen und eine Lösung gefunden wurde, gibt es keine erneute Diskussion im Stadtrat, sondern eine direkte Entscheidungsfindung mittels Konsent (kein schwerwiegender Einwand).
- Der Stadtrat kann weiterhin bei untergeordneten und eher leicht zu lösenden Themen selbst entscheiden, ohne zuvor die Bürger befragen zu müssen.

Frits Naafs: „Wir haben für die Bearbeitung von Vorschlägen im Stadtparlament drei Schritte eingebaut, eine Dreierreihe, wie sie auch in der Soziokratie bekannt ist, bestehend aus die Bildformung, die Meinungsbildung und danach erst die Beschlussfassung. In der Organisation des Stadtparlaments haben wir mehr Möglichkeiten geschaffen, mit den Fraktionen gemeinsam die Meinungen von Einwohnern und Organisationen anzuhören. Auch die Sachbearbeiter aus unserer eigenen Beamten-Organisation können an diesem Austausch teilnehmen. Ich weiß nicht, wie das bei Ihnen in der Behördenpraxis funktioniert, in den Niederlanden ist es auf alle Fälle absolut nicht üblich, dass Beamte als Sachverständige so deutlich auf dem Podium stehen. Auch Einwohner, Unternehmer und Organisationen haben wir dann gern mit am Tisch. Lieber nicht mit einer Darlegung, sondern um ein echtes Gespräch mit den anderen Beteiligten zu führen. Nach der Bildformung machen wir eine Pause von ein bis zwei Wochen. Erst danach kommen wir dann zu einer Diskussion zwischen den Fraktionen. Dadurch wissen die Fraktionen schon vorher, dass sie bei der Bildformung zuhören können, ohne dass dies durch einen bereits eingenommenen Standpunkt beeinträchtigt wird.“

Beschlüsse im Stadtparlament von Utrechtse Heuvelrug finden also erst statt, nachdem die Bevölkerung ausreichend Zeit hatte, mit den Parlamentarierinnen, aber auch mit anderen Interessensgruppen, über die jeweiligen Themen zu diskutieren.[53] An Montag- und Donnerstagabenden wird jeweils für ein bestimmtes Thema das am besten geeignete Diskussionsformat ausgewählt.

Dieser Prozess wurde entwickelt, um den Bürgerinnen eine klare Botschaft zu geben. An zwei Abenden pro Woche können sie direkt auf die wichtigsten politischen Themen Einfluss nehmen oder neue Ideen einbringen, also Agenda-Setting betreiben. Für den Stadtrat ergibt sich die Möglichkeit, die Ideen und Expertise der Bürger einzuholen und seine Rolle als Koordinator von partizipativen Prozessen und lokaler Demokratie zu stärken.

Mit einer Evaluation nach einem Jahr (2016) konnten schon sehr positive Folgen dieser Neuerungen beobachtet werden. Entscheidungen oder Themen, die noch keine Lösungen haben, wurden von den Stadträten häufiger den Bürgerinnen vorgestellt und diskutiert, anstatt in Kommissionen oder hinter verschlossenen Türen nach Lösungen zu suchen. Der zirkuläre Ansatz – Konsultation und Meinungsbildung mit Bürgerinnen, Entscheidung im Stadtrat – ist sowohl bei den Bürgern als auch bei den Politikern akzeptiert. Der Graben zwischen Politikerinnen und Bürgerinnen konnte überbrückt werden, denn in den Treffen mit den Bürgerinnen entstehen spontan gegenseitiger Respekt und ein Teamgefühl, wodurch Zusammenhalt und gegenseitige Akzeptanz gestärkt werden. Durch die Konsententscheidungen können sowohl die einzelnen Sichtweisen besser integriert, als auch Entscheidungen in hoher Qualität getroffen werden. Die politische Kultur scheint sich mit großen Schritten von einer Konkurrenzdemokratie zu einer kollaborativen Demokratie entwickelt zu haben.[54]

Wir haben Frits Naafs, dem Bürgermeister von Utrechtse-Heuvelrug, während des Kongresses „Soziokratie & Politik" auch nach den Veränderungen gefragt, die er seither in seiner 50.000 Seelen-Gemeinde feststellen konnte. Er berichtete, dass weiterhin viele NGOs und interessierte Bürgerinnen zu den Treffen an Montagen und Donnerstagen kommen. Der Kalender mit den Themen ist online verfügbar. Viele Bürgerinnen verfolgen dann mit Spannung die Video-Übertragungen der Sitzungen des Stadtrates, denn sie wollen wissen, ob die Stadträte die aus den Diskussionen gewonnen Erkenntnisse auch in Entscheidungen umsetzen. Durch dieses hohe Maß an Transparenz und den permanenten Beziehungsaufbau zu den betroffenen Bürgerinnen entsteht eine Verantwortlichkeit der Politikerinnen gegenüber „ihren" Bürgern, die ihr Entscheidungsverhalten stark beeinflusst. 2019 zeigte sich die stärkere Einbindung der Bevölkerung auch in der gestiegenen Wahlbeteiligung von 89 % aller Wahlberechtigten. Fast jeder wahlberechtigte Bürger in Utrechtse Heuvelrug geht heute zur Wahl. Die Bürger ziehen an einem Strang mit „ihren" Politikerinnen. Auf die Frage, was das gemeinsame Ziel aller Menschen in seiner Stadt sei, antwortete Frits Naafs: „Ein gutes Leben für alle."

[53] https://www.heuvelrug.nl/vergaderingen-van-de-raad

[54] Romme, L. Georges et al.: From Competition and Collusion to Consent-Based Collaboration, 2016. Übersetzung durch Markus Spitzer.

Der Bürgermeister als „Moderator“

In den Niederlanden ist das Bürgermeisteramt kein politisches Amt. Der Bürgermeister wird nicht von den Bürgerinnen gewählt, sondern vom Stadtparlament vorgeschlagen und vom König für sechs Jahre bestellt. Er ist Mitglied des Stadtrates und Vorsitzender des Stadtparlamentes. Da er selbst keiner Partei angehört, hat er eine moderierende Rolle, die mit einigen Kompetenzen ausgestattet ist. Somit steht er sowohl über als auch zwischen den Parteien. Alle vier Jahre wird ein neues Stadtparlament gewählt, das dann die sogenannten Beigeordneten (Leiterinnen der Geschäftsbereiche) bestellt, der Bürgermeister aber bleibt.

Auf die Frage, wie sich die politische Kultur verändert hat, erzählt Frits Naafs: „Wir haben begonnen, zu protokollieren, welche Ideen jeder Einzelne zu einer gelungenen Lösung beigetragen hat.“ Durch das Zusammenwirken der Kräfte hat sich in der Bevölkerung auch eine neue Art der Unterscheidung von Parteien ergeben. Parteien stehen nicht mehr für alle Angelegenheiten, sondern fokussieren sich auf bestimmte Themen. Dadurch wählen die Bürgerinnen also diejenige Partei, von der sie wissen, dass sie sich genau für dieses Thema besonders engagiert. Es gibt also nicht mehr „die Konservativen“ und die „Alternativen“, sondern „die Wirtschaftspartei“ und ‚die Umwelt-Partei“.

„Wir sind sehr froh über das, was uns das Denken nach dem Konsent-Prinzip gebracht hat. Es hat uns geholfen, miteinander zu teilen, dass wir gemeinsam die Gemeinde verwalten, und dass wir wissen, dass wir uns dazu gegenseitig brauchen. Bei unseren Bemühungen, Soziokratie und Konsent in der öffentlichen Verwaltung anzuwenden, sind wir aber auch auf starke Beschränkungen gestoßen“, meint Frits Naafs:

Politische Unterstützung: Konsent beruht auf Freiwilligkeit. Es gibt in einem politischen System, in dem Parteien gewählt werden, genug Gründe, einfach Power-Play zu machen. Wer zum Beispiel sechs Mandate hat, will auch mehr Punkte durchbringen als jemand, der nur zwei Mandate hat. Wenn die Basis gern sichtbare Politiker möchte, die für ein Ideal stehen und bei den nächsten Wahlen Ergebnisse vorzeigen können, dann sucht man lieber eine kleine Mehrheit statt Konsent.

Nicht alle wollen mitmachen: Interessenskonflikte sind nicht leicht zu lösen. Ein Grundbesitzer kann mit seinem Besitz einen eigenen Plan haben – und keinen Bedarf an Einmischung von außen. Es ist auch die Aufgabe der öffentlichen Verwaltung, Vorschriften und Anforderungen aufzustellen, die viele Menschen nicht unbedingt wollen. Wenn ein neues Bauvorhaben an einem neuen Standort entwickelt wird, will der Initiativnehmer daran gut verdienen und die Nachbarschaft keinen Ärger und bitte freie Aussicht auf die Wiesen. Wohin kommt dann das Therapiezentrum für Drogenabhängige? Wo bauen wir dann eine Wohnanlage für Senioren? Nicht immer kommen die Beteiligten an einen Tisch, um die Bedürfnisse der anderen anzuhören und gemeinsam Lösungen zu suchen. Manche Angelegenheiten werden trotzdem „über die Köpfe“ einiger Betroffener beschlossen.

Nicht alle können mitmachen: Das soziokratische Gespräch ist ein kompliziertes Gespräch. Es kostet Zeit und es verlangt von Menschen, dass sie ihren eigenen Standpunkt auf ganz offene Weise betrachten. Nicht jeder hat diese Zeit und nicht jeder verfügt über die sozialen und intellektuellen Kompetenzen, um ein Gespräch auf diese Weise zu führen. Und nicht jedes Interesse kann in einem soziokratischen

Gespräch in der Nachbarschaft vertreten werden, meint Frits Naafs: „Wenn wir über ein neues Wohngebiet sprechen: Wer vertritt dann die jungen Leute, die in fünf Jahren eine Wohnung brauchen?"

Auch 2018 haben die Fraktionen des Stadtparlaments von Utrechtse Heuvelrug wieder allesamt mit Konsent, also ohne schwerwiegenden Einwand, dem vierjährigen Stadtparlaments-Programm zugestimmt. Und auch 2018 haben Parteien gemeinsam beschlossen, welche Fraktionen einen Beigeordneten für den Stadtrat vorschlagen durften. „Soziokratie ist in unserer Stadt kein Selbstzweck", meint Frits Naafs. Man verwendet die Begriffe und Methoden, die zu den jeweiligen Bedürfnissen passen. Und zwar abhängig vom Projekt, von den Teilnehmern und den Umständen.

Frits Naafs erzählt auch, dass viele der neuen Teilnehmenden in seinem Stadtparlament offen sind für eine Politik, die weniger auf Macht und Kampf beruht. Das Stadtparlament möchte die soziokratische Methode noch besser kennenlernen und die Vorgehensweise in der Stadt weiterentwickeln.

7.6 Gesellschaftlicher Wandel: „Wie entsteht ein neues politisches System?"

Oft wird in Zusammenhang mit der Soziokratie auch die Frage nach dem gesellschaftlichen Wandel gestellt. Wie kann sich eine Gesellschaft, die weitgehend reglementiert ist, in eine selbstorganisierte Form verwandeln?

Auf dem Stand ihres aktuellen Bewusstseins organisiert sich jede Gesellschaft selbst, ist meine Ansicht. Erforschen wir den Bewusstseinsstand unserer westlichen Gesellschaft, dann sehen wir, wie das dominierende, materialistisch-kapitalistische System den Individualismus – und damit die Vereinzelung – auf die Spitze treibt. Die benötigten Antworten auf die Krisen unserer Zeit werden von parteipolitischen Repräsentanten, lobbyiert von Pharma-Konzernen und Wirtschaftsmächtigen, getroffen. Von partizipativer Demokratie sind wir noch weit entfernt.

Gleichzeitig finden wir heute auch jede Menge kleine und große Sprösslinge, die einen Wandel unserer Gesellschaft unterstützen und vorantreiben. Überall sucht man nach neuen Wegen, überall tauchen neue Erkenntnisse auf – nicht nur Probleme. Die Covid19-Krise hat uns beispielsweise die Fragilität unserer Beziehungen aufgezeigt. Die Gefahr der Spaltung verlief mitten durch alle Familien und Freundeskreise. Wir alle wurden gezwungen, Stellung zu beziehen, uns auszutauschen, politisch zu sein, uns zu äußern und die Stimme zu erheben. Es geht um unsere Demokratie, kam zutage, nicht nur um die Gesundheit. In Wien entstand beispielsweise eine neue Bewegung, autarke Gemeinschaften auf dem Land zu gründen, denn das Leben in der Stadt wurde durch die Covid-Einschränkungen für viele Menschen fast unerträglich. Wir konnten erleben, wie sehr wir von Gemeinschaft abhängig sind und wie sehr wir leiden, wenn unsere Zugehörigkeit und Mitsprache infrage gestellt werden.

Der gesellschaftliche, und damit politische Wandel betrifft einen echten Paradigmenwechsel. Wir brauchen eine neue Generation. Es geht darum, die Gesellschaft aus Kampf und Konkurrenz hin zu Gemeinschaft und Kooperation zu transformieren und damit in Richtung größerer Lebendigkeit. Um gesund zu bleiben, hat Klaus Dörner, ein führender Sozialpsychiater, gegen Ende des 20. Jahrhunderts zwei Grundbedürfnisse als Voraussetzung genannt:

Selbstbestimmung und Bedeutung für andere.

Es geht also um die Freiheit der Wahl (Selbstbestimmung) und gleichzeitig um die Verbindung mit der Gemeinschaft (Bedeutung für andere). Freiheit braucht Macht und damit die Möglichkeit der Mitbestimmung. Bedeutung für andere braucht die anderen Menschen, zu denen man in Beziehung steht, sich ihnen gegebenenfalls auch anpasst, neue Sichtweisen lernt, selbst etwas beiträgt und sich akzeptiert fühlt.

Auch wenn wir uns im Paradigma des materialistischen Kapitalismus weit von der Natur entfernt haben, will ich – gerade deshalb – ein Bild aus der Natur malen. Wir alle sind Teil der Natur und bleiben das auch, falls wir sie schlimmstenfalls ausgerottet haben. Wie vollzieht sich der Wandel der Generationen in der Natur, wo es keinen Krieg gibt und keine Übermacht, um mit Gewalt Änderungen herbeizuführen bzw. Änderungen zu verhindern?

Wenn Buchenwälder alt geworden sind,
sind sie auch sehr hoch und lassen dadurch wieder mehr Licht auf den Boden.

Nun beginnen junge Buchen zu wachsen.

Wenn diese stark genug geworden sind und eine genügend große Zahl,
ziehen sich die alten Bäume aktiv zurück.

Sie legen sich von selbst um, um Platz zu machen für die neue Generation.[55]

Dieses Beispiel aus der Natur zeigt uns, dass die alten Strukturen nur so lange dableiben, bis die neuen kräftig genug sind, um wieder einen lebensfähigen „Wald“ zu entwickeln. Niemand muss gegen frühere Strukturen ankämpfen. Sie haben ihre Arbeit getan und alles gegeben, was in ihrer Generation möglich war. Sie haben ihre Samen ausgestreut und durch die jahrzehntelange Ansammlung von Humus auch mitgewirkt, dass der Boden für die nächste Generation vorbereitet ist. Diese alten Systeme werden sich ganz von selbst zurückziehen, wenn sie sehen, dass die neuen Strukturen stark genug geworden sind.

Lassen Sie uns gemeinsam an neuen Strukturen bauen!

[55] Aus einem Gespräch mit Uta Stromberger, Teilnehmerin an einer Exkursion mit Professor Friedrich Ehrendorfer, Autor von „Strasburger – Lehrbuch der Botanik für Hochschulen“.

Kapitel 8

Soziokratie leben: Bedingungen zum Gelingen soziokratischer Organisation

Kapitelübersicht

8.1 Gründe für das Scheitern bei der Transformation zur Soziokratie

Die Umsetzung eines Vorhabens als „gescheitert" zu bewerten, steht nur demjenigen Menschen bzw. derjenigen Gruppe zu, die sich dieses Vorhaben zum Ziel gesetzt hat.

In der SKM wird laufend gemessen, ob man sich in die Richtung seines Ziels bewegt. Dazu gehört auch das Messen des Fortschritts eines Change-Prozesses in einer Organisation. Bewegen wir uns noch immer entlang der eigenen Implementierungsziele und Erfolgsfaktoren? Bereits zum Abschluss der Pilotphase eines derartigen Prozesses ist es hilfreich und sinnvoll, eine Evaluation der Ergebnisse durchzuführen, um herauszufinden, wie weit die selbstbestimmten Ziele mit der SKM-Implementierung erreicht wurden oder auch nicht.

„Löse nichts, was kein Problem ist!"

Dieser Leitspruch aus der Psychotherapie leitet uns auch bei der SKM-Implementierung. Es ist sinnvoll nur dann Elemente der SKM einzuführen, wenn damit ein Problem gelöst werden soll.

Stellen Sie sich zu Beginn die Frage, was Sie eigentlich erreichen möchten. Welche Verbesserung soll mithilfe der SKM-Implementierung herbeigeführt werden? Denn um im Nachhinein ein Scheitern erkennen zu können, muss man vorher Indikatoren für das Gelingen festgelegt haben.

Einer der wichtigsten (wenn nicht der wichtigste) Indikator für das Gelingen eines soziokratischen Entwicklungsprozesses ist, Gemeinschaft herzustellen und als Gemeinschaft zu regieren. Was sind die Erfolgsfaktoren, um das Ziel, als Gemeinschaft zu regieren, zu erreichen. Kennen Sie diese Faktoren, dann wird Ihnen auch bewusstwerden, wann Sie von einem Scheitern sprechen können.

Führungskräfte verabschieden sich nicht von der linearen Führung

Grundsätzlich werden zu Beginn der Implementierung der SKM die Erfolgsfaktoren – insbesonders auch die kritischen Erfolgsfaktoren – von der Organisation selbst festgelegt. Jedes „Bedenken" wird in ein „zu erreichendes Ziel" umformuliert. Das kann von Mitarbeiterzufriedenheit über effektivere Besprechungen bis zu Umsatzzielen alles sein, was es zu verbessern gibt.

Die Klarheit von Domänen hat positiven Einfluss auf die Geschwindigkeit von Entscheidungen

Wenn Sie sich nach dem Kennenlernen der Methode im Führungsgremium für einen professionell begleiteten Implementierungsprozess entschieden haben, wird der Soziokratie-Berater mit Ihnen am Beginn eine Gruppe zusammenstellen, in die auch Menschen mit schweren Bedenken gegen die Mitbestimmung eingeladen sind (→ Kap. 4.10 *Implementierungsprozess*). Ein Bedenken könnte lauten: „Die Geschwindigkeit, mit der unser Geschäftsführer die nötigen Entscheidungen trifft, ist essenziell für unser Unternehmen. Wenn wir hier warten, bis alle Einverstanden sind, ist der Zug abgefahren!" Diese Bedenken wird der Soziokratie-Berater in eine Messung (Zielkriterium) umwandeln, mit der Frage: „Wie kann eine Formulierung lauten, um zu messen, dass die notwendige Geschwindigkeit von Entscheidungen auch bei soziokratischen Entscheidungsstrukturen erhalten bleibt?" Alle denken nach. Jemand sagt: „Aber wir alle müssen ständig rasche Entscheidungen treffen und können nicht auf die nächste Sitzung warten!" Nun macht der Berater einen Vorschlag: „Alle für den Erfolg des Unternehmens notwendigen 'raschen' Entscheidungen werden im dafür zuständigen Kreis bzw. von den mit der Sache beauftragten Personen in der benötigten Geschwindigkeit getroffen." Man legt bei der Erstellung der Domäne auch den entsprechenden Handlungsspielraum fest, um notwendige Ad-hoc-Entscheidungen zu ermöglichen.

Es hat sich gezeigt, dass die Herstellung von Klarheit bei den Domänen einen positiven Einfluss auf die Geschwindigkeit von Entscheidungen hat. Die Autonomie von Kreisen und Personen führt zu wesentlich rascheren Reaktionen auf plötzliche Herausforderungen. Eine Gefahr besteht vielmehr darin, zu glauben, nur der Chef dürfe solche notwendigen Entscheidungen autonom, also ohne jemand zu fragen, treffen. Das ist weder mit noch ohne SKM eine gute Strategie. Entscheidungen sollen immer dort getroffen werden, wo das Problem auftritt. Tritt ein unvorhergesehenes Problem in der Chef-Etage auf, muss dort spontan entschieden werden. Tritt ein unvorhergesehenes Problem im Lager auf, muss im Lager spontan entschieden werden, was zu tun ist. Bei der nächsten Kreisversammlung wird diese Sache beim Fortschrittsbericht erörtert. Hier kann man dann gemeinsam beurteilen, ob der Alleingang in Ordnung war. Wir nennen das gerne „nachsteuern", wenn die Entscheidungen, die bei der Ausführung getroffen wurden, vom Team überprüft und gegebenenfalls verändert werden.

Ein kritischer Erfolgsfaktor, den die soziokratischen Prozessbegleiter *(CSE → Glossar)* gewöhnlich im Auge behalten, ist die Korrigierbarkeit der Führungskräfte durch den Kreis. Die Soziokratie kann nur top-down eingeführt werden, denn nur wer die Macht hat, kann sie auch mit anderen teilen. Die SKM-Einführung steht und fällt darum mit der Fähigkeit der Führungskräfte, sich von der linearen Führung zu verabschieden, um fortan

- Grundsatzentscheidungen gemeinsam im Kreis zu treffen und
- notwendige Ad-hoc-Entscheidungen an Ausführende zu delegieren, statt automatisch selbst zu entscheiden.

Das heißt auch, dass sich Führungskräfte zukünftig von allen Mitwirkenden innerhalb der eigenen Abteilung (des Kreises) leiten und korrigieren lassen. Das Führungsverständnis in der SKM ist emanzipatorisch geprägt. Teamgeist, Einfühlungsvermögen und ethisches Bewusstsein sollten daher die Auswahlkriterien für Führungskräfte sein. Manager, die immer schon Führen als Helfen verstanden haben und sich weniger als Vorgesetzte oder Weisungsbefugte fühlen, werden viel Freude mit der SKM haben.

Die Soziokratie eröffnet aber auch für jene Führungskräfte, die sich anfangs schwer mit ihr tun, die Chance, Vertrauen in die Gruppe zu entwickeln, um sich auch selbst unterstützt und angenommen zu fühlen. Für solche persönlichen Transformationsprozesse kann psychotherapeutische Begleitung sehr hilfreich sein.

Begleitung der Führungskräfte

In einer großen Netzwerk-Organisation mit mehr als 250 Mitarbeitenden wurde die SKM von einer dafür angestellten Organisationsentwicklerin eingeführt. Als Certified Sociocracy Expert wusste sie, dass die Unterstützung eines externen Soziokratie-Experten benötigt werden würde. Die rein interne Expertise steht auf sehr wackeligen Füßen, weil sie ja unter der Leitung ihres Geschäftsleiters arbeiten muss. Der externe Berater hat dagegen eine Position auf Augenhöhe und darf gegenüber dem Geschäftsleiter auch heikle Dinge ansprechen, wenn dieser zum Beispiel die soziokratischen Regeln übertritt. Die angestellte interne Expertin hat bei derartigen Themen einen wesentlich schlechteren Stand. Die externe Begleitung der obersten Führungsebene bei diesen Veränderungsprozessen ist darum so wichtig, vor allem beim Verstehen der neuen Regeln. Die Unternehmensleitung muss Verantwortung übernehmen für die Umsetzung der SKM, ohne selbst schon Erfahrung damit gemacht zu haben. Da braucht es eine vertrauensvolle Beziehung und einen sicheren Raum, in dem auch dumme Frage gestellt oder Frustrationen ausgesprochen werden können. Es ist gelegentlich doch auch sehr schwer auszuhalten, wenn plötzlich so viele Menschen mitreden.

Mitarbeitende wollen keine Mitverantwortung übernehmen

Umgekehrt müssen auch bislang Weisungsgebundene ihre Komfortzone verlassen und lernen, sich als *Mitgestalterinnen* und damit *Mitverantwortliche* ihrer eigenen Organisation zu verstehen.

Mitarbeitende in Unternehmen werden grundsätzlich nicht gezwungen, an den beschlussfassenden Kreisversammlungen teilzunehmen. Daraus entsteht gewöhnlich auch kein Problem. Die meisten wollen teilnehmen, wenn die Sitzungen effektiv sind und „echte" Themen behandelt werden.

Die wichtigste Voraussetzung, dass Mitarbeiterinnen an den Entscheidungen, von deren Auswirkungen sie betroffen sind, teilhaben möchten, ist die Beeinflussbarkeit der Entscheidung. Wurde die SKM gut eingeführt, dann sorgen alle vier Rollen im Kreis dafür, dass es eine gute Vorbereitung gibt, dass alle Kreismitglieder vor der Sitzung um Agendapunkte gefragt wurden und dass alle durch Bildformungs-, Meinungsbildungs- und Konsentrunden in das Finden der besten Lösung eingebunden wurden. Dadurch entsteht eine Atmosphäre, die es Kreismitgliedern ermöglicht, offen ihre Meinung zu äußern. Sie fühlen sich wertgeschätzt und kommen gern.

Wenn trotzdem jemand nicht kommen mag, sollte die Delegierte diese Person gelegentlich über die Beschlüsse in der Kreisversammlung informieren und bei dieser Gelegenheit nachfragen, wie es dieser Mitarbeiterin mit der jeweiligen Entscheidung geht.

Ich kenne keine SKM-Implementierung, die daran gescheitert wäre, dass die Mitglieder ihre Mitentscheidungsmacht nicht übernommen hätten. Es gab bislang immer genügend Menschen, die gern gemeinsam entscheiden wollten und bereit waren, dafür auch in die Kreisversammlungen zu kommen.

Viel häufiger, als dass Menschen der Entscheidungsfindung fernbleiben, erleben wir den Effekt, dass jene, die (noch) keinen Platz in der Entscheidungsstruktur haben, diesen für ihr Team ebenfalls einfordern. Die Beeinflussbarkeit von Entscheidungen, von denen man selbst betroffen ist, schätzen die meisten Menschen sehr.

Oft sind es die eingespielten Muster, die ein früheres Verhalten geradezu automatisch heraufbeschwören. Wenn der Chef spricht, werden die Ohren auf „Befehlsempfang" eingestellt. Wie kann man also als Kreismitglied seine Einstellungen erforschen, die einen immer noch dazu verleiten, manche Wortmeldungen wichtiger zu nehmen als andere?

Bei der Einführung der Soziokratie sollen alle Mitwirkenden lernen, dass sie einen einmal gegebenen Konsent wieder zurücknehmen können. Wenn ich mich selbst dabei ertappe, dass ich zu schnell ja gesagt habe zu einem Vorschlag, darf ich dasselbe Thema bei der nächsten Sitzung wieder auf die Agenda stellen. Es hilft, sich dazu mit dem Delegierten oder Sekretär/Logbuchführer abzusprechen.

Die SKM ist dann weit genug in eine Organisation eingedrungen, wenn auch die früher „Vorgesetzten" von den Mitarbeitenden als gleichwertig in der Meinungsbildung und Beschlussfassung wahrgenommen werden.

Mitentscheiden, ohne mitzuarbeiten

Gerade bei ehrenamtlichen Organisationen ist immer wieder festzustellen, dass Mitglieder trotz ihrer Beteiligung an der Beschlussfassung selten bereit sind, Aufgaben zu übernehmen. In diesen Fällen wurde die Hoffnung enttäuscht, die SKM könnte Menschen stärker motivieren, sich einzubringen. Wurde die SKM ggf. als Gemeinschaftsbildungsmaßnahme verstanden statt als Organisationsstruktur zur Verteilung von Arbeit? Man muss die Sache genauer betrachten, um herausfinden zu können, was die Ursachen sind. In Wohnprojekten und in von Eltern verwalteten Schulen könnte es daran liegen, dass die Teilnahme an Kreisversammlungen eine verbindliche Regel ist, um sicherzustellen, dass wirklich alle ihren Beitrag leisten. Also sollte man von Zeit zu Zeit auch messen, ob der Zweck dieser Regel auch erfüllt wird. Um Menschen zur Mitarbeit zu bewegen, sollte man auch deren Potenziale erforschen und sie dann für Rollen vorschlagen, die ihren Fähigkeiten entsprechen.

Ich kenne einige Beispiele, wie sich Mitglieder in Freiwilligen-Organisationen gegenseitig unterstützen können, der Gruppe gegenüber verbindlich zu bleiben. Beispielsweise über ein Buddy-System, um jeweils eine „Leitung" für eine Aufgabe zu installieren, welche dann an die „Ausführung" zu vereinbarten Zeiten erinnert, oder eine Zeiterfassung, die die Stunden aufzeichnet und eine Person, die regelmäßig misst, wie viele Stunden geleistet wurden. Die soziokratische Rolle, die Mitglieder bei der Erfüllung ihrer Aufgaben obligatorisch unterstützt, ist die Kreisleitung. Leider schätzen gerade manche basisdemokratisch organisierten Projekte diese Rolle nicht besonders. Sie plädieren dann dafür, eine „Group of All Leaders" zu sein, was immer wieder an ganz menschliche Grenzen stößt. In diesen Fällen braucht es andere kreative Lösungen, die die Gruppe für sich selbst entwickeln sollte.

Elinor Ostrom (→ Kap. 6.1) hat als Parameter für das Gelingen von Commons auch „Abgestufte Sanktionen" genannt. Wir denken in soziokratischen Zusammenhängen weniger an „Bestrafung von Regelverletzungen", jedoch suchen wir auch hier nach Lösungen, sodass Regeln, die wir für das gute Gelingen der Zielverwirklichung aufgestellt haben, eingehalten werden.

Halbherzige Umsetzung

Wenn das Ziel eines Change-Prozesses das „gemeinsame Regieren“, also die Verteilung der Verantwortung unter allen Mitarbeitenden ist, dann kann dieses Ziel nach unserer Erfahrung nur erreicht werden, wenn alle vier Basisprinzipien der Soziokratie (→ Kap. 3 *Die vier Basisprinzipien*) umgesetzt sind und das soziokratische Arbeiten im Kreis während der vier Phasen der Implementierung erlernt wurde.

Bleibt man auf halbem Wege stehen, kommt man nicht an das gewünschte Ziel der gleichwertigen Zusammenarbeit.

Natürlich ist es auch möglich, kleinere Veränderungen in Richtung mehr Partizipation anzupeilen. Aber auch diese brauchen eine vollherzige Umsetzung, damit sie die gewünschten Effekte erzielen.

Ob Sie in Ihrer Organisation alle Basisprinzipien während der vier Phasen des Umsetzungsprozesses implementiert haben, erkennen Sie an den folgenden Strukturen:

- Es existiert eine Kreisstruktur mit doppelter Koppelung, um das Feedback (die Messung) aus den Kreisen regelmäßig in die Steuerung (die Leitung) einzubeziehen.
- Es gibt in allen Kreisen Konsent-Entscheidungen mithilfe der soziokratischen Moderation und eine soziokratische Sitzungsgestaltung.
- Das Subsidiaritätsprinzip wird umgesetzt, indem Entscheidungen so oft als möglich an die Ausführenden delegiert werden.
- Die Kreisleitung agiert innerhalb der soziokratischen Regeln und ist bereit, ständig dazuzulernen.
- Es herrscht Transparenz durch ein gemeinsames Logbuch.
- Es sind die Domänen der Kreise und damit die Schnittstellen geklärt.
- Neben der Kreisleitung gibt es eine feste Gesprächsleitung, eine Delegierte und einen Sekretär, wobei die Rollen im Konsent gewählt wurden und ein Ablaufdatum haben.
- Es gibt Zielverwirklichungsprozesse, die Verteilung der Aufgaben funktioniert.
- Mindestens einmal im Jahr finden soziokratische Entwicklungsgespräche statt.
- Es besteht ein Soziokratie-Kreis, in dem die internen SKM-Trainerinnen Mitglieder sind (SKM-Team). Diese sorgen für die dauerhafte Umsetzung der SKM. Es werden laufend Schulungen für neue Kreismitglieder organisiert und man sorgt für Intervisionstreffen der Gesprächsleiter, der Kreisleiterinnen, Delegierte und Sekretäre/Kreis-Administratorinnen. Zusätzlich werden der Soziokratie-Kreis und die Geschäftsleitung zweimal jährlich von einem externen Soziokratie-Experten besucht, um die nachhaltige Anwendung der Methode zu reflektieren.
- Das Unternehmen hat einen Topkreis, die SKM ist in der Satzung verankert und alle Führungskräfte fühlen sich für die Einhaltung der soziokratischen Spielregeln zuständig.

Je weiter sich ein Kreis oder eine Organisation in die SKM vertieft hat und je nachhaltiger für die Einhaltung der soziokratischen Regeln gesorgt wird, umso zufriedener sind gewöhnlich die Mitarbeitenden *und* die Führungskräfte mit der SKM (→ Kap. 6.2 *Messinstrument für Teamzusammenarbeit*).

Die Sicherung der SKM wird verabsäumt

Wie wir im Kapitel 4.10 *Der Implementierungsprozess* ausgeführt haben, gab es auch in den ersten soziokratischen Organisationen in den Niederlanden in den 1980er- und 1990er-Jahren nach durchschnittlich fünf Jahren „Verflüchtigungstendenzen" mit dem Ergebnis, in die früheren Verhaltensweisen zurückzufallen. Wenn es (noch) kein Soziokratie Team gibt, das verantwortlich ist für die Schulung der neuen, aber auch für die Auffrischung der bisherigen Mitwirkenden, ist es häufig vielen Mitarbeitern egal, ob eine Sitzung nun soziokratisch abläuft oder nicht. Es bleibt meistens der Kreisleitung überlassen. Wenn diese zum Beispiel wieder damit beginnt, selbst zu moderieren, nimmt die Kreisleitung für sich eine doppelte Macht in Anspruch – für die Kreismitglieder wird es umso anstrengender, sich durchzusetzen. Da es immer an der Leitung liegt, welche Kultur in einem Kreis gelebt wird, muss auch die Leitung bewusst die Verantwortung für die soziokratische Kultur übernehmen. Sind die Führungskräfte in einer Organisation darin unterschiedlicher Meinung, werden auch die Soziokratie-Befürworterinnen immer weniger motiviert sein, die soziokratische Mitbestimmung in ihrer Abteilung beizubehalten.

Um die Sicherung der SKM zu gewährleisten, sind folgende Vorkehrungen hilfreich:

- Fortlaufende Schulung neuer Mitglieder und neuer Kreise durch das SKM-Team, das Teil des Soziokratie-Kreises ist.
- Der an den Allgemeinen Kreis angebundene Soziokratie-Kreis sorgt für eine wiederkehrende Evaluation der SKM-Umsetzung.
- Die Kreisleitungen, Delegierten, Gesprächsleiterinnen und Sekretäre/Logbuchführer werden mithilfe von Intervisionsgruppen betreut.
- Die Geschäftsleitung wird durch externe Begleitung fortlaufend dabei unterstützt, allen Mitarbeitenden bzw. Stakeholdern die SKM als festen Bestandteil der Unternehmenskultur notfalls abzuverlangen.
- Die SKM ist in der Satzung der Organisation verankert.
- Es ist sinnvoll, eine externe Soziokratie-Expertin, die über Erfahrungen in der Arbeit mit Topkreisen verfügt, in den Topkreis einzuladen.

Verzicht auf die Doppelte Koppelung

Wenn ein Unternehmen zwar eine Kreisstruktur mit Abteilungskreisen und Allgemeinem Kreis aufbaut, jedoch auf die doppelte Koppelung verzichtet, kann dies ein Hindernis für die erfolgreiche Nutzung der SKM sein. Mit dem Argument „Wir sind sonst zu viele" wird auf Delegierte im Allgemeinen Kreis gelegentlich verzichtet. Dadurch besteht die Gefahr, dass das Feedback aus den Bereichskreisen nicht ausreichend im nächsthöheren Kreis ankommt. Es bleibt also im schlimmsten Fall bei der Burn-out-Gefahr für die Leitenden. Sie müssen den gewohnten Spagat vollbringen, nämlich sowohl für die Zielerreichung des Bereichskreises als auch für die Mitarbeiterinnenzufriedenheit zuständig zu sein.

Gewöhnlich tendieren Allgemeine Kreise ohne Delegierte dazu, durch die Machtkumulation wieder weniger Entscheidungen zu delegieren. Das geschieht aufgrund des strukturell bedingten Vertrauensverlustes bei linearen Führungsstrukturen. Je weniger Vertrauen man in die Schnittstelle zwischen den hierarchisch übereinanderliegenden Kreisen hat, umso weniger gern wird man Entscheidungen nach oben, aber auch genauso wenig nach unten delegieren. Dadurch wird strukturell die Qualität der

Entscheidungen verringert. Effektiv wird aber ein Unternehmen durch hohes Vertrauen in die Beschlusskraft der einzelnen Kreise. Trifft der Führungskreis durch das Fehlen einer doppelten Koppelung allein alle Grundsatzentscheidungen, wird er vorsichtiger agieren. Man kann diese Situation bildhaft, wie das Bremsen beim Autofahren erklären: „Wenn man nicht bremsen kann, wagt man es nicht, zu fahren" (Annewiek Reijmer).

Um die Doppelte Kopplung stetig zu gewährleisten, sind folgende Vorkehrungen hilfreich:

- Erheben Sie den Bedarf nach Stärkung der Kreisinteressen, beispielsweise über eine Mitarbeiterbefragung oder ein Entwicklungsgespräch mit der betreffenden Kreisleitung.
- Implementieren Sie eine Intervisionsgruppe für Kreisleiter und bieten Sie externe Soziokratie-Schulung an.
- Organisieren Sie ein Treffen aller Kreisleiterinnen mit allen Delegierten, um Erfahrungen auszutauschen.
- Treffen Sie im Allgemeinen Kreis eine Grundsatzentscheidung für die obligatorische Wahl von Delegierten. Setzen Sie diesen Grundsatz um.

Die Bremse in einem Auto reguliert die Geschwindigkeit, um eine sichere Fahrt zu ermöglichen. Die Delegierten im Unternehmen sorgen für die Sicherheit der Mitfahrenden. Wenn man von oben zu sehr oder zu wenig auf das Gaspedal tritt, braucht es das Regulativ aus der Belegschaft, wodurch unerwünschte Zwischenfälle reduziert werden können.

Die Leitung lernt nicht, sich korrigieren zu lassen

In einer Studie des *Sozialwirtschaftlichen Rates der Niederland (SER)* anlässlich des Kongresses „Erneuerung in der Partizipation/Partizipation in der Erneuerung – Mitbestimmung in sich verändernden Arbeitsverhältnissen" wurden niederländische Unternehmen in Bezug auf den Betriebsratsersatz[56] untersucht. Hier fand sich die folgende Aussage eines CEO, der die SKM eingeführt hatte: „Die Mitarbeiter fühlen sich mehr eingebunden und wollen die Vorgehensweisen innerhalb unserer Organisation beeinflussen. Die Kreisversammlungen sind gut besucht."

Ein Kriterium, welches das Gelingen der SKM aufzeigt, ist die Freude der Mitglieder an den Kreisversammlungen. Viele Organisationen stellen bei der Einführung der SKM fest, dass es allen Spaß macht, im Kreis mitzubestimmen. Alle werden gehört und können in einer angenehmen Gemeinschaft mitgestalten. Das erzeugt Lebenssinn und Zugehörigkeit und stärkt das Selbstwertgefühl jedes Einzelnen – auch der Leiterin!

Kommen die Kreismitglieder dagegen ungern zum Meeting oder verlassen gar den Kreis wegen gefühlter Spannungen, dann zeigt sich ein wichtiger Indikator für ein grundlegendes Problem. Spätestens jetzt beginnt die Auseinandersetzung mit einer der Grundvoraussetzungen in der Soziokratie: Lässt sich die Leitung des Kreises korrigieren oder beharrt sie (weiterhin) auf ihrem früheren Recht als Alleinentscheiderin? Auch hier ist es wichtig, zu erforschen, welche Informationen hinter diesem Verhalten stecken.

---

[56] In den Niederlanden gilt seit 1974 laut einer Regierungsverordnung die Verwendung der SKM im Unternehmen als Ersatz für die Betriebsratspflicht. Auf Antrag überprüft der Sociaal-Economisch Raad (SER) die tatsächliche Umsetzung der SKM und erteilt danach die Befreiung von der Betriebsratspflicht. Eingeführt wurde dieses Gesetz vom damaligen Sozialminister Wil Albeda, der Endenburgs Entwicklung der SKM mit Interesse verfolgt hatte. Albeda war bis zu seinem Tod Mitglied im Topkreis des SCN – Sociocratisch Centrum NL.

In der Liste Kritischer Prozessindikatoren (→ *Glossar*) für die SKM-Implementierung steht bei „Konsentprinzip“ als einer der Indikatoren: „Ist die Atmosphäre so, dass es ausreichend Sicherheit gibt, um seinen Konsent *nicht* zu geben?“ Aus atmosphärischen Gründen seinen Konsent zu geben, um sich nicht den Unmut der Leitung oder anderer Personen im Kreis zuzuziehen, kann zum Beispiel ein Zeichen dafür sein, dass die vereinbarten Grundsätze von der Leitung nicht eingehalten werden.

Damit die Leitung lernen kann, Entscheidungen nicht allein zu treffen, sind folgende Vorkehrungen hilfreich:

- Wenn ein Kreismitglied ein Verhalten bei der Leitung erkennt, welches es den Kreismitgliedern schwermacht, Freude bei der Arbeit zu haben, dann sollte die Delegierte (oder ein anderes Kreismitglied) den Punkt auf die Tagesordnung des Kreises bringen.
- Alle suchen gemeinsam bei der Kreisversammlung nach einer Lösung, wie man der Leitung helfen kann, ihr Verhalten zu ändern. Dabei geht es nicht darum, zu gewinnen, sondern zu lernen.
- Falls die Lösung im eigenen Kreis nicht gelingt, muss die Delegierte das Thema in den nächsthöheren Kreis bringen. Dort wird mit den Kreismitgliedern darüber beraten, wie man mit dem Verhalten der Leitung umgehen könnte.
- Wenn sich trotzdem das Verhalten nicht ändert, werden dort andere Wege gesucht, wie der untere Kreis wieder gut funktionieren kann.

Unserer Erfahrung nach wird der Leitung meistens schon im eigenen Kreis geholfen, ihr Verhalten zu verändern. Trotzdem ist die mangelnde Fähigkeit der Leitung, sich als gleichwertig mit den Mitarbeitern zu verstehen, einer der wichtigsten Gründe für das Verschwinden der bereits implementierten SKM.

Es kann jedoch auch Situationen geben, in denen eine autokratische Leitung im Konsent gewählt wird. Das kann verschiedene Gründe haben, wie zum Beispiel eine große Abhängigkeit von dieser Person, auf die man nicht verzichten möchte. Wenn der Kreis das aufzeigt und es genügend Argumente gibt, die autokratische Leitung zu befürworten, kann diese Entscheidung im Konsent getroffen werden. Die Leitungsperson leitet dann eine nicht entscheidungsbefugte Gruppe, also ein reines Ausführungsteam. Das ist Soziokratie im weiteren Sinne, nämlich nach der Grundregel: Der Konsent regiert die Entscheidungsfindung. Was dadurch jedoch im autokratisch geleiteten Team ausgelöst wird, ist wieder eine Messung wert. Gibt es dort keinen Delegierten und daher keine Möglichkeit, Feedback in den nächsthöheren Kreis zu transportieren, kann der Effekt eintreten, dass in diesem Team Unzufriedenheit und hohe Fluktuation entsteht. In einer soziokratischen Organisation sollten alle Teams die Möglichkeit haben, im Bedarfsfall einen Delegierten in den nächsthöheren Kreis zu entsenden.

Eine neue Leitung

Der wichtigste Grund, warum Organisationen die SKM trotz erfolgreicher Anwendung wieder verlassen, ist ein Leitungswechsel. Es kommt eine neue Leitung mit keiner oder wenig Erfahrung mit der Soziokratie, die die soziokratische Entscheidungsfindung stufenweise wieder abschafft.

Die partizipative Führung kann nur top-down eingeführt werden, das haben wir schon zu Beginn dieses Buches festgestellt. Es sind die Geschäftsführer und Inhaberinnen, die entscheiden, wen sie mitreden lassen und wen nicht. Deshalb kann auch ein neuer Inhaber oder ein neuer CEO die Soziokratie in „seinem" Betrieb ganz einfach wieder beenden.

Gerard Endenburg wollte für seinen eigenen Betrieb *Endenburg Elektrotechniek* eine Lösung finden, um den Verkauf des Unternehmens grundsätzlich zu verhindern. Er gründete eine Stiftung. Der Betrieb gehört nun sich selbst, und in der Satzung steht die soziokratische Organisationsstruktur festgeschrieben. Damit haben die Menschen im Stiftungsrat eine solide Grundlage für die Umsetzung der SKM (→ 4.11 *Soziokratie und Recht*).

Es zeigt sich, dass die *Soziokratische KreisorganisationsMethode SKM* nur dort lebt, wo die Leitenden sie am Leben halten. Dazu braucht es eine Kultur des Miteinander. Diese kann niemandem aufgezwungen werden.

Wie kann man also verhindern, dass eine neue Geschäftsführung die bereits erfolgreich etablierte Soziokratische KreisorganisationsMethode wieder abschafft? Hilfreich sind entsprechende Auswahlkriterien bei der Stellenausschreibung, wie zum Beispiel, „ein partizipativer Führungsstil" und „Interesse an agilen Methoden und Selbstorganisation". Auch ein Soziokratie-Experte im Topkreis kann sehr hilfreich sein, wenn es darum geht, eine neue Geschäftsführerin in das soziokratische Betriebssystem einzuführen. Da grundsätzlich alle neuen Mitarbeitenden vom SKM-Team mit der Methodik bekannt gemacht, und von ihrem Kreis beim Erlernen der Abläufe begleitet werden, müssen ebenso auch Begleitungsmaßnahmen für neue Führungskräfte existieren.

„Wenn es nicht so geht, wie es muss, dann muss es, wie es geht!" Dieses Sprichwort aus den Niederlanden drückt aus, wie sehr wir immer wieder an den von uns selbst festgelegten Rahmen und Zielen scheitern. Flexibilität und Gelassenheit im Wissen, dass wir uns alle in einem permanenten Entwicklungsprozess befinden, helfen uns, mit den Herausforderungen gut umgehen zu können.

Damit es möglichst so geht „wie es soll", braucht jeder Prozess am Beginn die gemeinsam festlegten Zielkriterien zur Orientierung. Nur wenn das Ziel der Einführung soziokratischer Verhaltensweisen gemeinsam beschlossen wurde, kann man auch messen, was „gelungen" ist und was nicht. Einzelne Menschen als Beteiligte in solchen Prozessen haben gelegentlich eigene Vorstellungen, wie es hätte gehen „müssen". Wir messen jedoch immer entlang der gemeinsam, mit Konsent beschlossenen Zielkriterien, um den Erfolg oder Misserfolg im Unternehmen zu beschreiben.

8.2 Von den Widerständen bis zum Gelingen soziokratischer Organisation

Die Einführung der SKM kann bei manchen Menschen Widerstand auslösen, weil sie beispielsweise eine Änderung gewohnter Arbeitsweisen bedeutet oder manche von schlechten Erfahrungen bei der Einführung gehört haben. Für eine nachhaltige Umsetzung der SKM ist ein guter Umgang mit Widerständen einer der Schlüssel zum Erfolg. Dazu gehört nicht nur das Ansprechen von Widerständen, sondern auch, mit ihnen so umzugehen, dass es die Betroffenen einlädt, ihre kritische Meinung als Messkriterium für den Prozess einzubringen, sodass ein Widerstand aus der eigenen Perspektive bewertet werden kann.

Bedenken umformulieren in messbare Zielkriterien

In einer Organisation mit etwa 90 Mitgliedern wurde nach der ersten Präsentation der SKM eine offene Online-Umfrage durchgeführt, um die Bereitschaft zur Umstellung abzufragen. Dabei ergab sich eine 95 %ige Zustimmung für die SKM. Die drei Personen, die keine Verbesserung durch die Änderung des bisherigen Organisationsmodelles erwarteten, wurden auf Anraten der Soziokratie-Expertin, in den gerade startenden Implementierungskreis eingeladen. Als dort im ersten Meeting die Zielkriterien für den Einführungsprozess gesammelt wurden, kamen alle Bedenken auf den Tisch. Eine Befürchtung betraf zum Beispiel die fehlende Disziplin vieler Mitglieder, einmal getroffene Entscheidungen auch konsequent umzusetzen. Deshalb wurde nach einer Formulierung gesucht, woran man messen könnte, dass nun auch die bisher Nachlässigen mehr Disziplin zeigen würden. Es entstand der Zielsatz: „Die in einem Arbeitskreis vereinbarten Aufgaben werden in der vereinbarten Zeit umgesetzt."

Bei der anschließenden Konsentabfrage für dieses Zielkriterium meldete sich eine der Teilnehmerinnen mit dem Bedenken, dass dieses Ziel als generelle Forderung bei vielen einen unerwünschten Druck auslösen könne. Auf die Frage, wie sie das in ein Ziel umformulieren könnte, meinte sie: „Es gibt eine hohe Zufriedenheit der Kreismitglieder mit der Umsetzung der eigenen Ziele". Mit diesem Zusatz wurde das Kriterium dann im Konsent aller Kreismitglieder in die Liste der Zielkriterien aufgenommen.

Die Umformulierung von Bedenken in messbare Zielkriterien ermöglicht es, der Methode eine Chance zu geben, sodass sie sich bewähren kann. Da erfahrene Soziokratie-Experten die Auswirkungen von Konsent-Entscheidungen, von offener Wahl und doppelter Koppelung gut kennen, muss sich niemand vor einem Einwand fürchten. Die einzige, uns bekannte Befürchtung, die auch wirklich eingetreten ist, war die Nicht-Korrigierbarkeit einer Führungsperson. Leider war diese Befürchtung zu Beginn im Kreis nicht thematisiert worden (obwohl es sie gab), sodass wir keine Messkriterien einbauen konnten, mit deren Hilfe wir rechtzeitig dagegen steuern hätten können. Die SKM konnte in dieser Organisation schließlich nicht umgesetzt werden.

In jedem Seminar und in jeder Implementierung tauchen ähnliche Einwände und Bedenken auf. Wir wollen an dieser Stelle einige der Befürchtungen exemplarisch beantworten.

Bedenken: Konsent lässt die Entscheidungsfindung länger dauern.

Antwort: Zu Beginn der Einführungsphase trifft das auch wirklich zu. Wir brauchen Zeit, bis alle ein Bild von der Sache haben. Dafür bekommen wir klügere Entscheidungen, weil die Kreativität von allen darin steckt, und Entscheidungen, hinter denen auch alle stehen. Außerdem sparen wir Zeit, die wir früher dafür verwendet haben, uns über die sogenannten „Fehlentscheidungen" der Führungsebene oder des Vorstands zu beschweren. Jetzt tragen alle Mitverantwortung, was auch zur Potentialentfaltung des Einzelnen beiträgt.

Es hat sich gezeigt, dass die Qualität der Zusammenarbeit durch die Konsententscheidungen wesentlich verbessert wird.

Bedenken: Im Konsent können Patt-Situationen entstehen, die eine Organisation beschlussunfähig machen.

Antwort: Damit so etwas nicht passiert, kümmern wir uns am Beginn darum, mit allen im Team ein gemeinsames Ziel festzulegen. Dieser Prozess hilft dabei, uns in dieselbe

Richtung zu bewegen. Entscheidungen werden im Sinne dieses gemeinsamen Zieles getroffen, das heißt, wir heißen alle Einwände willkommen, weil sie uns helfen, das Ziel nicht zu verfehlen.

Wenn ein Kreis trotzdem einmal eine notwendige Entscheidung nicht zeitgerecht treffen kann, gibt es in der SKM viele Wege, eine Lösung herbeizuführen. Ein Weg wäre, die Entscheidung in den nächsthöheren Kreis zu delegieren. Manchmal, bei Gefahr im Verzug, kann auch die Leitung allein entscheiden. Sie muss sich allerdings im Nachhinein im Kreis dafür verantworten.

Wichtig ist allerdings auch, die Frage zu stellen, warum der Kreis keine Lösung gefunden hat. Lag es an einem persönlichen Konflikt zwischen der Leitung und den anderen Kreismitgliedern? Verfügt der Kreis nicht über die notwendigen Ressourcen oder über zu wenig Kompetenz, um eine Entscheidung treffen zu können? Haben noch alle dasselbe Ziel? Diesen Ursachen muss nachgegangen werden, um neuerliche Patt-Situationen zu vermeiden.

Bedenken: Als Leitung kann man nicht im Konsent mitentscheiden, da man die Endverantwortung trägt.

Antwort: Die Unternehmensleitung trägt auch in der Soziokratie die volle Verantwortung für alle Grundsatzentscheidungen. Diese Verantwortung darf man nicht abgeben, nur weil die Dinge jetzt gemeinsam besprochen werden und alle mitentscheiden. Die Leitungsverantwortung wird nur geteilt, wodurch die Leitung entlastet wird. Nur wenn die Firmenleitung die Ideen der Kreismitglieder gut findet, wird sie ihnen zustimmen. Mit einem schwerwiegenden Einwand wird sie jederzeit eine Sache ablehnen, für die sie nicht die Verantwortung übernehmen möchte. Diese Möglichkeit des *verantwortungsvollen Mitsteuerns* haben jedoch auch alle anderen Kreismitglieder. Gemeinsam kommt man zu einem Konsent, hinter dem alle stehen können.

Bedenken: Der Delegierte ist überflüssig, weil die Leitung diese Aufgaben ebenso übernehmen kann.

Antwort: Die Frage, warum Delegierte neben der Kreisleitung installiert werden sollen, haben wir schon an verschiedenen Stellen in diesem Buch bearbeitet. Ein häufiges Argument gegen die Rolle der Delegierten ist die Ressourcenfrage: Das Unternehmen muss zwei Personen für ein Meeting freistellen anstatt nur eine.

Man kann dagegenhalten, dass mithilfe der doppelten Koppelung zwei Personen unmittelbar alle Informationen verfügbar haben und damit Missverständnisse vermieden werden können. Zudem wird die Interessenvertretung eines Kreises im nächsthöheren Kreis gestärkt. Darüber hinaus befreit der Delegierte die Leitung von der Last, bei allen strategischen Entscheidungen neben den Unternehmensinteressen auch die Auswirkungen auf die Mitarbeitenden allein im Auge behalten zu müssen.

Bedenken: Delegierte werden immer ein Informationsdefizit gegenüber den Teilnehmern im nächsthöheren Kreis haben.

Antwort: Diese Sorge ist zu Beginn der SKM-Implementierung wahrscheinlich gerechtfertigt. Sie betrifft aber nicht nur Delegierte, sondern alle neuen Kreismitglieder. Auch eine übergeordnete Leitung, wie eine Geschäftsführerin, verfügt nicht über so viele Informationen einer Abteilung wie der Abteilungsleiter selbst. Und trotzdem entscheidet sie mit. In der SKM wird obligatorisch in der ersten Runde einer Entscheidungsfindung nach dem Informationsbedarf gefragt, bevor in die Meinungsrunde gegangen wird.

Jedes Kreismitglied hat die Möglichkeit, Fragen zu jedem Agendapunkt zu stellen, und zwar solange, bis es ein ausreichendes Bild darüber hat, um sich eine Meinung zu bilden. Darüber hinaus werden die Agendapunkte gut vorbereitet und mit ausreichend Zeit vor der Kreisversammlung versendet. Sofern ein Punkt schlecht vorbereitet worden ist, sollte er vertagt werden.

Die Verantwortung eines Delegierten bezieht sich immer auf die Umsetzbarkeit durch den *eigenen Kreis*. Er muss nicht die Umsetzbarkeit von Entscheidungen für andere Kreise bewerten. Das ist die Aufgabe der Delegierten anderer Kreise.

Bedenken: Ein Delegierter wird sich nicht trauen, zu viel von der Meinung seiner Leiterin abzuweichen. Sie bleibt ja seine Chefin.

Antwort: Es ist wichtig, dass Delegierte lernen, authentisch ihre eigene Meinung im nächsthöheren Kreis einzubringen. Darum laden wir sie auch in die Intervisionsgruppe ein, um ihre Rolle zu reflektieren. Da wir den Delegierten mit Konsent aller wählen, hat der Delegierte auch den Konsent der Leitung. Die Chefin weiß, sie kann sich nun ganz auf die Zielerreichung fokussieren, wenn im Allgemeinen Kreis Themen aus ihrem Kreis behandelt werden. Sie verlässt sich auf „ihren" Delegierten, der hoffentlich mit seiner Wortmeldung immer darauf achten wird, dass die Entscheidungen auch zum Besten des eigenen Teams getroffen werden. Die Leitung in einem soziokratischen Kreis kann außerdem niemanden autokratisch entlassen. Es besteht also keine Gefahr, dass der Delegierte von seiner Chefin aus dem Team geworfen werden könnte. Da der Delegierte auch mitentscheidet, ob seine Chefin wiederum gewählt wird, ist sie gar nicht mehr „über ihm", sondern sie sind jetzt gleichwertig. Das ist gewöhnungsbedürftig, aber nach einiger Zeit wird es zur Selbstverständlichkeit.

Bedenken: Die Wahl für eine Aufgabe oder Rolle benötigt mehr Zeit, als wenn die Leitung die Aufgaben verteilen würde. Deshalb sollten wir auf die Aufgabenverteilung im Kreis verzichten.

Antwort: Es gibt auch in einem soziokratischen Kreis die Möglichkeit, gewisse Zuständigkeiten an bestimmte Personen zu delegieren, um Zeit zu sparen. Also kann auch die Zuständigkeit für die Verteilung von Aufgaben an eine Person delegiert werden. Wenn die Aufgaben bisher immer von der Abteilungsleiterin verteilt wurden, darf der Kreis das auch beibehalten. Wir empfehlen nur, über die Rolle zu reden. Eventuell könnte auch jemand anderer gewisse Aufgaben an die Teammitglieder verteilen. Das muss nicht immer automatisch die Leitung machen. Gelegentlich gibt es auch gute Gründe, dass alle im Team mitentscheiden, wer zum Beispiel die Leitung für ein neues Kundenprojekt übernimmt. Mit der offenen Wahl kann man unerwünschten Eifersüchteleien oder persönlicher Bevorzugung vorbeugen. Die gemeinsam getroffene Entscheidung für eine bestimmte Kollegin stärkt dieser auch den Rücken, weil sie weiß, alle stehen hinter ihr, wenn sie diese Rolle übernimmt, nicht nur die Leitung.

Bedenken: Warum wird die Leitung im nächsthöheren und nicht im eigenen Kreis gewählt?

Dazu gibt es drei sehr unterschiedliche Antworten.

1. Die Leitung eines Kreises muss das Vertrauen der Unternehmensführung haben, um die sehr verantwortungsvolle Aufgabe der Abteilungsleitung ausführen zu können. Darum erfolgt die Wahl im nächsthöheren Kreis. Diese Leitungsperson bekommt bei ihrer Wahl im Allgemeinen Kreis jedoch auch das Vertrauen des eigenen Kreises

durch den Delegierten des eigenen Kreises, der ja im Allgemeinen Kreis mitentscheidet. Über die doppelte Koppelung wählen wir die Kreisleitung im Allgemeinen Kreis immer auch mit dem Konsent des Delegierten. John Buck hat eingeführt, dass die Abteilungsleitung nach ihrer Wahl im nächsthöheren Kreis auch noch im Abteilungskreis von allen Mitgliedern einen Konsent bekommen soll. Dadurch zeigen auch diese, ob sie sich der Wahl ihrer Delegierten anschließen und der Abteilungsleitung das Vertrauen aussprechen oder nicht.

2. Es kann Situationen geben, wo die Wahl der Leitung an den Abteilungskreis delegiert wird oder der Abteilungskreis beauftragt wird, aus seinen Mitgliedern eine Person für die Leitung des Kreises in offener Wahl zu nominieren. Der nächsthöhere Kreis behandelt dann diesen Vorschlag und bestätigt ihn oder lehnt ihn ab.
3. Es ist nicht immer sinnvoll, die Leitung eines Kreises im nächsthöheren Kreis zu wählen. In manchen Nonprofit-Organisationen oder in besonders egalitären Communities bilden sich Kreise durch freiwillige Mitwirkung. Hier gibt es meistens keine formellen Führungskräfte, eine Leitung im herkömmlichen Sinne wird nicht gebraucht. Häufig besteht eine derartige Gruppe aus lauter Leitern („Group of all Leaders"), und alle sind eingeladen, selbstorganisiert Aktivitäten im Sinne des Zieles der Organisation umzusetzen – ohne viel zu fragen.
   Die Konsent-Entscheidung gehört zu den wichtigsten SKM-Werkzeugen, die diese Gruppen nutzen. Die Art und Weise, mit Rederunden zu einer Lösung zu gelangen, findet hier großen Anklang. Auch die Offene Wahl ist populär, um beispielsweise Kreissprecher zu wählen. Auf eine doppelte Koppelung wird dagegen verzichtet, weil es keine Top-down-Hierarchie gibt. Das Vertrauen zueinander ist gewöhnlich sehr groß. Darum gibt es keine Gruppenleiter, sondern nur Delegierte, die Informationen in einen inneren Kreis transportieren und mit neuen Informationen zurückkehren. Ob die Verlinkung der Ebenen mit nur einer Person ausreicht oder besser zwei Personen an beiden Kreisversammlungen teilnehmen, muss die Organisation selbst entscheiden.

Bedenken: Das Formulieren eines gemeinsamen Zieles ist Zeitverschwendung. Wir arbeiten schon lange zusammen und wissen doch, mit welchem Ziel.

Antwort: Will man gemeinsam mit Konsent aller entscheiden, wird man sich auf das vereinbarte Ziel beziehen. Wenn dieses nicht verschriftlicht ist, kann es passieren, dass man voneinander abweichende Vorstellungen von diesem Ziel hat. Wir überprüfen bei der Einführung der SKM nur diese Vorstellungen, die es in einem Team über die gemeinsame Ausrichtung gibt. Im besten Fall bestätigt sich die Zielvorstellung der Person, die ein Bedenken eingebracht hat. Wenn wir allerdings feststellen, dass jemand oder sogar mehrere eine vom vereinbarten Ziel abweichende Vorstellung haben, einigen wir uns gemeinsam für eine neue Ausrichtung, um weiter am selben Strang ziehen zu können. Bei der Ausarbeitung des gemeinsamen Zieles zeigen sich auch immer wieder die Potentiale der einzelnen Teammitglieder.

Wenn es gelingt, die persönlichen Ziele der Mitarbeiterinnen in das gemeinsame Ziel zu integrieren, kann das Räume für Kreativität und Selbstverwirklichung schaffen und es kann neben einer hohen Zufriedenheit auch eine höhere Wertschöpfung entstehen.

Bedenken: Wir arbeiten ja schon lange soziokratisch!

Es ist interessant zu erfahren, was die Person unter „soziokratisch" versteht.

Kollegiale Führung ist inzwischen weit verbreitet. Viele Führungskräfte beziehen die Mitarbeitenden in ihre Überlegungen mit ein. Schon mancher hat reihum im Team jeden Einzelnen gefragt, was er oder sie denkt. Viele Entscheidungen kommen aufgrund eines Dialogs zwischen der Führungskraft und den betroffenen Mitwirkenden zustande.

„Wir regieren als Gemeinschaft" ist allerdings nicht dasselbe wie „Ich (der Chef) gehe auf alle Bedürfnisse ein.". Wenn verstanden wird, dass „angehört werden" nicht dasselbe ist wie „mitentscheiden", kann man sehen, dass manche Abteilungleiterin, die sich als „partizipativ" bezeichnet und sehr wertschätzend mit ihrem Team zusammenarbeitet, noch keine Soziokratie im eigentlichen Sinn des Wortes umsetzt.

Man könnte hier, durch die Einführung einer Kreisversammlung für Grundsatzentscheidungen, der eigenen Vorstellung von kollegialer Führung auf Augenhöhe eher gerecht werden.

An dieser Stelle eine kleine Sammlung von Fallen, in die man tappen kann, wenn man Elemente der SKM ohne entsprechendes Wissen und entsprechende Erfahrung, einführt:

- Übergehe keine Führungskraft bei der Einführung der SKM, denn das könnte ihren Widerstand provozieren. (→ 4.10 *Implementierungsprozess*)
- Denke nicht, ein interner SKM-Experte allein könne es organisieren, die Machtverhältnisse zu verändern. Wenn das nicht der Chef persönlich ist, werden die Kolleginnen es nur schwer zulassen, dass dieser interne Soziokratie-Experte „immer recht hat". (→ 4.10 *Implementierungsprozess*)
- Vorsicht bei der offenen Wahl, ohne dass die Teilnehmenden das Konsentprinzip kennen. Viele werden sich ohnehin sehr mit ihrer Meinung zurückhalten, aber es kann sein, dass sich jemand unvorbereitet zu Äußerungen eingeladen fühlt, die er hinterher bereut. (→ 3.4 *Die Offene Wahl*)
- Denke als Führungskraft nicht, wenn alle mitentscheiden, kannst du dich zurücklehnen und die anderen entscheiden lassen. Du behältst die volle Verantwortung. Deiner Verantwortung wird aber die Verantwortung der anderen hinzugefügt. (→ 3.1 Das *Konsentprinzip*)
- Lasse Delegierte anfangs nicht ohne fachliche Begleitung in den nächsthöheren Kreisversammlungen teilnehmen. Es könnte ihnen schwerfallen, offen ihre Meinung zu sagen, wenn keine neutrale Person moderiert. (→ 3.3 *Die doppelte Koppelung*)
- Setze keine Delegierten in den nächsthöheren Kreis ohne Schulung der unteren Kreise. Sie laufen Gefahr, das Vertrauen ihrer Kolleginnen zu verlieren, solange diese nicht selbst soziokratisch geschult sind. (→ 4.10 *Implementierungsprozess*)
- Denke nicht, Lösungen, die sich in einer systemischen Aufstellungsarbeit gezeigt haben, ersetzen Konsent-Entscheidungen im für das Thema zuständigen Kreis. Jede Lösung, die mit anderen Werkzeugen gefunden wurde, muss auch innerhalb der offiziellen Entscheidungsstrukturen bestätigt werden, damit sie gilt.
- Ohne die benötigten Eigenschaften und Aufgaben einer Delegierten zu kennen, sollte man keine wählen. (→ 3.3 *Die doppelte Koppelung*)
- Bedenke, dass es einige Zeit dauern wird, bis alle Teammitglieder sich gleichwertig mit der Führungskraft fühlen werden. Es hilft, wenn sie von soziokratischen Moderatorinnen regelmäßig aufgefordert werden, ihrem Bauchgefühl zu folgen und gegebenenfalls nein zum Vorschlag ihres Chefs zu sagen, wenn sie an der Reihe sind. (→ 3.1 *Das Konsentprinzip*)
- Schließe die Führungskraft nicht bei der Wahl des Delegierten aus, denn diese Führungskraft muss ebenfalls vertrauen in ihren Delegierten haben, damit die doppelte Koppelung funktioniert. (→ 3.3 *Die doppelte Koppelung*)

- Eine Kreisstruktur ohne entsprechende Dokumentation der Domänen und Grundsatzentscheidungen in einem Logbuchsystem ist meistens vergeudete Zeit. (→ 4.6 *Domäne – Entscheidungsbereich*, 4.7. *Prozessmanagement und Transparenz*)
- Verzichte nicht darauf, die oberste Führungsebene während des Implementierungsprozesses zu coachen, denn diese Menschen müssen lernen, Schritt für Schritt ihre Macht mit allen bislang Angeleiteten zu teilen. (→ 4.10 *Implementierungsprozess*)
- Unterschätze nicht die Rolle des Sekretärs bei den Meetings. Das Versprechen der Effektivität soziokratischer Meetings ist nur einzuhalten, wenn alle vier Prozess-Rollen im Kreis gut funktionieren. → 4.2 *Rollen im soziokratischen Kreis*)
- Denke nicht: „Ich verwende schon immer die Soziokratie, denn ich frage immer alle Teammitglieder um ihr Einverständnis.“ Nur wenige sind geübt darin, dem Chef ihre Wahrheit zu sagen, solange er selbst es ist, der den Entscheidungsfindungsprozess leitet. (→ 3.1 *Das Konsentprinzip*)
- Ohne einen Kreis in der Organisation, der permanent für die Einhaltung der neuen Gesprächskultur sorgt, wird die Sache nach einigen Jahren wieder versickert sein. (→ 4.10 *Implementierungsprozess*)
- Rechne nicht damit, dass es allen Menschen möglich ist, ihr bisheriges Verhalten zu verändern, nur weil jetzt alle gemeinsam entscheiden sollen. Manche werden nicht leicht damit zurechtkommen. Vielleicht auch du nicht? (→ 4.10 *Implementierungsprozess*)

Es ist ein gemeinsamer Lernprozess, wenn man sich auf Gleichwertigkeit bei der Beschlussfassung einlässt, und es braucht dazu die entsprechenden Strukturen, Prozesse und Werkzeuge, damit es gelingt. Auch „Selbstorganisation braucht Führung“ (Boris Gloger → *Literaturverzeichnis*).

In der *Soziokratischen KreisorganisationsMethode* werden Widerstände als wertvolle Einwände betrachtet, deren Existenz anzeigt, wohin die SKM-Implementierung führen muss, um als hilfreich oder erfolgreich wahrgenommen zu werden. Von Einwänden gegen die Konsent-Entscheidung gegen die doppelte Koppelung oder die offenen Wahl sind alle Befürchtungen Messkriterien, die anzeigen, ob die gewünschten Ergebnisse mit der SKM erreicht werden konnten. Gelingt es den Soziokratie-Beratern, die kritische Person für eine Testphase zu gewinnen, sind am Ende die größten Gegner oft die stärksten Befürworter der SKM-Einführung. Man sollte allerdings nicht blauäugig an die Sache herangehen. Die Veränderung der Machtverhältnisse ist ein großer Eingriff ins System und sollte sorgfältig geplant und professionell begleitet werden.

Gelegentlich hört man, die SKM von Gerard Endenburg sei „bürokratisch“ und verlange von den Anwenderinnen „strenge Einhaltung der Regeln“. Dieser Eindruck ist einerseits richtig und andererseits falsch.

- Er ist richtig, weil man Mitverantwortung nur erreichen kann, wenn auch echte Mitbestimmung geboten wird. Und das nachhaltig strukturell unterstützt, ohne Wenn und Aber.
- Und er ist falsch, weil man bereits mit einzelnen Werkzeugen aus der SKM gewisse Effekte erzielen kann. Niemand muss alles umsetzen, erfährt dann aber auch nicht den vollen Effekt.

8.3 Persönliche Einstellungen unterstützen die gelebte Soziokratie

Lernbereitschaft ist die entscheidende Grundhaltung zum Gelingen soziokratischer Strukturen.

Im soziokratischen Setting erfährt jeder Mensch seine individuellen Herausforderungen und auch Lernmöglichkeiten. Beide Teile, Menschen in Leitungsrollen, und angeleitete Personen, müssen sich aus ihrer Komfort-Zone hinausbewegen, damit eine neue Gesprächskultur auf Augenhöhe entstehen kann.

Die Menschen in Führungsrollen haben am meisten Einfluss auf die Entscheidungskultur der Organisation. Sie sind es ja, die ihre „Macht-über"-Position beenden müssen, um zu einer „Macht-mit"-Kultur einzuladen. Wenn sie lernen, sich „vom Kreis leiten zu lassen", das heißt, aufrichtig zuzuhören, die Kreismitglieder ernst zu nehmen und die eigene Meinung gegebenenfalls zu ändern, schafft das eine sichere Atmosphäre bei den Kreisversammlungen, in welchen dann alle offen ihre Meinung sagen können.

Gleichwertigkeit bei der Beschlussfassung garantieren heißt darum für Führungskräfte,

- die Beschlüsse nach der Sitzung nicht im Alleingang wieder zu verändern,
- sich korrigieren zu lassen und Fehler (eigene und die der anderen) als Messungen und damit Chancen zu verstehen.

Damit die volle Kreativität einer Gruppe sich entfalten kann, empfehlen wir den Kreismitglieder gleichzeitig,

- das eigene Ziel als wichtigen Beitrag zum gemeinsamen Ziel zu verstehen,
- die eigene Einsicht nicht zu verschweigen, um Konflikte zu vermeiden, sondern die eigene Meinung auch bei Gegenwind im Kreis auszusprechen. Das raten wir insbesonders auch allen Delegierten im nächsthöheren Kreis.
- aufmerksam den „inneren Konsent" (→ *Glossar*) zu beobachten und gegebenenfalls als Messung auch im Nachhinein in den Kreis einzubringen.

All diese hilfreichen Verhaltensweisen sollen nicht als Regeln oder Vorgaben interpretiert werden. Gerard Endenburg meint: „Wie man kommuniziert, macht man selbst aus. Im Hafen auf den Booten schlagen die Männer einander auf die Schulter, um zu kommunizieren. Wenn es innerhalb der Toleranz ist, ist das in Ordnung. Niemand kann die Norm der Kommunikationsform bestimmen. Nur die Mitglieder in der Kreisorganisation selbst." Es ist eine gemeinsame Entwicklung und wir können nicht alle Fehler vermeiden. Die Einstellung, dass wir hier gemeinsam lernen, ermöglicht uns auch Spaß daran zu haben.

Führen heißt helfen – folgen heißt verstehen

Von Gilles Charest stammt dieser prägnante Satz, den ich von ihm im Mai 2016, anlässlich der Global Sociocracy Conference in Wien, gehört habe. Gilles Charest hatte sich seit 1989 mit Endenburgs Ideen beschäftigt und war zu dem Schluss gekommen, dass Führen auf Augenhöhe nur funktionieren kann, wenn sich das Führungsverständnis beidseitig grundlegend ändert. Führen muss immer als unterstützend erlebt werden. Und gute Argumente müssen es dem Geführten ermöglichen, zu verstehen, um folgen zu können. Wir tun das in soziokratischen Kontexten wechselseitig.

„Führungsqualitäten wohnen im Individuum, weil jede Person ein einzigartiges Wesen ist … Wir alle folgen und wir alle führen, jeder auf seine Art. Wir sind Fortsetzungen des großen Geistes und gehen mit Würde."

Ed McGaa, „Eagleman", Oglala Dakota
(in: „Der Weg des Kreises", S. 52, Manitonquat Medicine Story)

Ed McGaa schreibt, dass wir alle uns gegenseitig führen und dass wir alle uns gegenseitig folgen. In einem soziokratischen System helfen auch die Geführten den Führenden, nicht nur die Führenden den Geführten. Diese wunderbare Erfahrung mache ich bei jedem meiner Seminare, wenn die Teilnehmenden die Mitverantwortung für das Gelingen übernehmen, indem sie zum Beispiel um Konsent für das Programm gefragt werden. Alle sind aufgefordert, Störungen sofort zu melden und Spannungen bekanntzugeben.

Entwicklung zur Selbstverantwortung

Die *Soziokratische KreisorganisationsMethode SKM* erschafft einen Raum, in dem das Aussprechen von Beobachtungen und das Einbringen von Informationen leicht möglich sind. „Messungen" sind erwünscht. Hier ist das Feedback institutionalisiert. Feedback aus der Umgebung ist die Voraussetzung für die Entwicklung. Der Religionsphilosoph Martin Buber hat diesem Mechanismus sein Leben gewidmet. „Der Mensch wird am Du zum Ich"[57] ist eine seiner zentralen Aussagen. In soziokratischen Kreisversammlungen wird im besten Fall aus dem Ich und Du ein Wir, also ein Kreisprozess der Mitglieder, in dem alle einander befruchten und permanent voneinander lernen.

Der Ursprung allen Konflikts zwischen mir und meinen Mitmenschen ist, dass ich nicht sage, was ich meine, und dass ich nicht tue, was ich sage.[58]

Ich hatte die Gelegenheit, zusammen mit vor allem jungen Menschen, die gerade ihr Studium abgeschlossen hatten, einen Tag zum Thema „gemeinschaftliche Entscheidungen" zu gestalten. Es schien, als würde die Mitbestimmung bei vielen eine unerwünschte Anforderung sein, die sie nicht nur nicht gewohnt, sondern der sie auch kaum gewachsen waren. Der Umgang mit den Möglichkeiten der Mitgestaltung führte zu unterschiedlichsten Reaktionen: von „verlorener Zeit" über „mich interessiert nicht, was andere denken" bis „lass' uns abstimmen, dann sind wir schneller fertig". Lust auf Auseinandersetzung oder Neugier für menschliche Prozesse war kaum auszumachen. Sind diese jungen Menschen aus dem Bildungssystem entlassen worden mit der Einstellung: „Alles, was gelernt werden kann, ist Stoff."? Viele Menschen in Mitteleuropa scheinen nicht die Erfahrung gemacht zu haben, dass die Persönlichkeitsentwicklung in der Jugend ein selbst initiierter Prozess sein kann, den sie reflektierend mitgestalten könnten.

Ein Lernumfeld, das keine Freiräume für Selbstorganisation und Selbsterfahrung zulässt, erlaubt auch keine Erfahrung mit Selbstbestimmung. Rein fremdbestimmtes Lernen nimmt dem Menschen die Selbstverantwortung. Das Resultat kann eine auf Orientierungslosigkeit gründende Beliebigkeit sein, die sogar bei Entscheidungen anzu-

57 Martin Buber (1995), *Ich und Du*, S. 28.
58 Martin Buber (2001), *Der Weg des Menschen*, S. 38.

treffen ist, die diese jungen Menschen ganz persönlich betreffen. Sie sind unentschieden, ambivalent, sie sind unsicher und geben sich sicher. Wenn nun plötzlich Selbstbestimmung ermöglicht wird, kann das zu Verwirrung oder sogar Ablehnung führen. Sie sind überfordert. Die gewohnte Erfahrung auf ihrem bisherigen Lernweg scheint Fremdbestimmtheit zu sein. Daran haben sie sich gewöhnt.

Ganz anders geht es Schülern in Lernsettings, die auf Eigenverantwortung und Selbstbestimmung basieren, was vor allem auf die Montessori-Pädagogik zutrifft. Nach gründlicher Vorbereitung zur Integration der Schülerinnen in die soziokratische Kreisstruktur der KreaMont-Schule (Kap. 5.2) hat man dort den Effekt erlebt, dass so gut wie alle 6 bis 14-jährigen Kinder sich voll motiviert gezeigt haben, ihre Angelegenheiten gemeinsam und soziokratisch zu regeln. Schon nach nur vier begleiteten Treffen des Schülerinnenkreises wussten die Kinder, wie Moderation funktioniert und haben vorgeschlagen, dass sie es auch ohne erwachsene Begleitung schaffen werden. Die Schulleiterin hat ihnen das auch zugetraut. Selbstbestimmt und gleichzeitig gemeinsam zu entscheiden, fiel diesen Kindern sehr leicht. Die Eltern hatten es zuhause auch zu spüren bekommen. „Wir entscheiden in der Schule anderes", hörte eine Mutter ihre Tochter sagen, als es eine Diskussion in der Familie betreffend einer Freizeitveranstaltung gab.

Die SKM forciert eine Entscheidungsstruktur, in der jeder Mensch die volle Mitverantwortung für die Prozesse in „seiner" Organisation übernehmen soll. Die Erfahrung zeigt, dass nicht davon ausgegangen werden kann, dass die beteiligten Menschen sich auch von Beginn an ihrer Verantwortung bewusst sind und sich entsprechend verhalten. Eine „Group of all Leaders" kann erst entstehen, wenn jeder Einzelne auch Verantwortung für das Ganze übernehmen will. Dann wird jeder seinen eigenen Teil zum Ganzen beitragen und gleichzeitig an die anderen delegieren, auch ihre Beiträge einzubringen.

Gibt es einen Weg dorthin? Ja. Für jeden Menschen, der in der soziokratischen Struktur mitmacht und dadurch die Selbsterfahrung im Tun zulässt, eröffnet sich ein weites Feld von neuen Erfahrungen, in welchem Feedback und Reflexionsmöglichkeiten dabei unterstützen, sich weiterzuentwickeln.

Struktur kreiert Verhalten – ändert man die Struktur, ändert sich auch das Verhalten.

Sich von neuen Erfahrungen verändern lassen

Die Struktur, die Verhalten kreiert, erlaubt uns viele Selbsterkenntnisprozesse, die uns in den ersten Jahren als Mitglied in einer soziokratischen Organisation durchaus unsere eigene Unentschiedenheit vor Augen führen können. Wann sind wir je gefragt worden, was wir wirklich meinen? Auf einmal ist die eigene Meinung gefragt. Es wird zugehört, und andere orientieren sich an meinen Gedanken. Meine Bedürfnisse führen zu Änderungen des Ergebnisses. Meine Ideen werden umgesetzt.

Mit der *Soziokratischen KreisorganisationsMethode* lernt man, sich wieder selbst zu vertrauen – und gleichzeitig auch den anderen, denn sie gehen durch dieselben Prozesse wie man selbst. Wir machen Erfahrungen mit der eigenen Meinungsäußerung, wir erleben, dass wir uns irren und andere recht haben. Wir entdecken, dass die Gruppe erst durch uns zu einer wirklich guten Lösung findet, oder wir erleben wie unwichtig es ist, ob ich gerade rede oder diese Idee durch jemand anderen eingebracht wird.

Erfahrungen ermöglichen mir, mich zu verändern, zum Beispiel:

„Viele haben gute Ideen!"
„Zusammen sind wir klug!"
„Meine Meinung ist wichtig!"
„Es geht auch ohne mich!"
„Ich sage, was ich denke, ohne dafür gerügt zu werden!"
„Ich bekomme ehrliches Feedback und lerne daraus!"
„Andere helfen mir bei der Ausführung!"
„Was ich sage, nehmen alle ernst!"
„Ich vertraue auf die gemeinsame Weisheit!"
„Ich lasse mich korrigieren!"
„Ich schließe mich einer anderen Meinung an."
„Ich bekomme Wertschätzung."
„Ich bin nicht allein mit der Verantwortung."
„Auch als Leitung darf ich Fehler machen!"

So viele neue Erfahrungen! Es wird möglich, sich trotz Fehlern zu entspannen, und man beginnt zuzulassen, sich Schritt für Schritt zu ändern. Vielleicht entsteht durch die Entspannung und die Vertrautheit der Gruppe auch ein ganz neuer Freiraum?

Durch diese Freiheit kommen allerdings auch Störungen rascher auf den Tisch, als man das gewohnt ist. Wir planen daher bei Implementierungsprozessen immer einige Stunden ein, um diese Themen auch behandeln zu können. Gibt es viele „Altlasten" aus der Vergangenheit, braucht das auch Einiges an Prozesszeit, damit diese aufgelöst werden zu können. Durch die Offenheit, die stetig zunimmt, können gewöhnlich auch gute Lösungen gefunden werden. Speziell Personalentscheidungen scheinen sich durch die SKM zu beschleunigen. Wer sich dem gemeinsamen Lernprozess, den die SKM anstößt, lieber entziehen will, wird wahrscheinlich von sich aus die Organisation verlassen. Aber auch unfreiwillige Abgänge wurden durch eine SKM-Implementierung schon häufiger ausgelöst. Man nimmt einfach nicht länger kollektiv unangenehme Verhaltensweisen von Vorgesetzten oder Vorständen in Kauf Sobald einige Mitwirkende die Kraft des Kreises zu spüren beginnen, werden solche Verhaltensweisen leichter als früher auf die Agenda eines Kreises gesetzt. Im besten Fall findet man Lösungen, die es dieser Person ermöglichen, durch das Feedback die eigenen Verhaltensweisen zu ändern. Teams sind darin sehr kreativ. Die Herausforderung ist, die Spannung eine Zeit lang auszuhalten und im Dialog zu bleiben. Persönliches Coaching, systemische Aufstellungsarbeit, Kommunikationstraining, aber auch die Intervisionsgruppen der Rollen im Kreis können den Veränderungsprozess unterstützen.

Spannung muss sein. Ohne Spannung gibt es kein Licht, kein Leben.[59]

[59] Gerard Endenburg, persönliche Mitteilung.

Der innere Konsent

Der Begriff „innerer Konsent“ (→ *Glossar*) fand über Gilles Charest[60] Eingang in den soziokratischen Sprachschatz und bedeutet sinngemäß: „Meine Persönlichkeitsanteile haben einen Konsent. Sie gehen alle bei der Entscheidung mit!“

Aus der Transaktionsanalyse stammt die Idee, in unserem Seelenleben gäbe es mehrere Persönlichkeiten im Sinne von Instanzen, die durchaus unterschiedliche Interessen haben können. Jeder Mensch hat eine „innere Person“, die als freies Wesen Kreativität und Impulsivität verkörpert. Von den Eltern stammen meistens gesellschaftsbezogene Ansichten, „was man soll“ und „was sich gehört.“ Darum heißt dieser Persönlichkeitsanteil „Eltern-Ich“ oder „äußere Person“. Zwischen der „äußeren“ und der „inneren“ Person gibt es häufig Spannungen. Die „äußere Person“ ist oft dominant, und die „innere Person“ wird oft verneint. Deshalb wird eine „Leitung“, ein „Dirigent“ benötigt, wie Gilles Charest diese Person nennt. Das ist das „Erwachsenen-Ich“, das mit Vernunft und Klarheit jeweils für eine Entscheidung sorgen soll.

Wer keinen „inneren Konsent“ hat, ist noch unentschieden. Auch wenn die „Leitung“ beispielsweise schon eine Entscheidung getroffen hat, kann es sein, dass diese Entscheidung von der „inneren Person“ nicht mitgetragen wird. Da es in unserem Kulturkreis weit verbreitet ist, sich nicht um die „innere Person“ zu kümmern, kann ein von der „Leitung“ (Erwachsenen-Ich) gegebener Konsent halbherzig sein und von der „inneren Person“ boykottiert werden. Erst wenn die eigene Entscheidung allen inneren Persönlichkeitsanteilen gerecht wird, wird ein Mensch auch den Willen zur Umsetzung haben. Erst dann können alle anderen Kreismitglieder sicher sein, dass das gegebene Einverständnis auch verlässlich ist.

In jedem Moment kann die Frage nach der eigenen Meinung aufs Neue in das innere Zwiegespräch führen, in dem wir täglich hunderte Entscheidungen zu treffen haben. Wenn wir uns in den Niederungen unserer unausgegorenen inneren Prozesse wiederfinden, kann uns das die Ambivalenz vor Augen führen, in der wir selbst permanent stecken. Wenn es schwierig ist, *sich selbst zu leiten*, kann es sehr hilfreich sein, in einem Kreis von Freunden, aber genauso in einem Kreis von Kolleginnen andere Meinungen zu hören. Es kommen zu den eigenen ambivalenten Gedanken neue Aspekte dazu, sodass sich etwas bewegt und eine neue Dynamik entsteht.

> Flexibilität ist bei jeglicher Entscheidungsfindung unabdingbar. Etwas dazulernen, sich beeinflussen zu lassen, dynamisch mit dem Prozess mitgehen in dem Wissen, dass es nichts Fertiges gibt und auch in uns selbst nichts Fertiges zu finden ist. Alles bewegt sich. Stillstand gibt es nicht. Es ist wie ein Tanz unserer eigenen „inneren Person“ mit den „inneren Personen“ der anderen um uns herum. Nun sind wir offen für die Beiträge unserer Mitmenschen, die uns wiederum helfen, in Bewegung zu bleiben und dynamisch in Richtung Ziel zu gehen. Wenn wir mit unseren Persönlichkeitsanteilen gut verbunden sind, dann werden wir weiterkommen.

---

60 Gilles Charest, Kanadier, der 1989 Gerard Endenburg kennengelernt hat, ist einer der Gründer von TSG – The Sociocracy Group (2011).

Unterstützung bieten, sich selbst vertreten zu können

Wir alle kennen Menschen, die es nicht gelernt haben, ihre eigenen Interessen zu vertreten. „Empowerment" hieß eine Bewegung in der Sozial-Psychiatrie in den 1980er-Jahren, bei der es darum ging, Menschen am Rande der Gesellschaft einzuladen, sich selbst zu vertreten. Es wurden damals Interessensgemeinschaften für Patienten gegründet. Aus diesen Gemeinschaften von betreuten Menschen heraus sollten „User-Vertreter" gewählt werden, um ihnen in den Betreuungseinrichtungen eine Stimme zu geben. Selbstermächtigung braucht immer ein Gegenüber. Wer einmal seine Selbst-Macht eingebüßt hat, kann sich nur schwer aus eigener Kraft behaupten – schon gar nicht gegenüber einer staatlichen Einrichtung, von der er aufgrund seiner eigenen Hilflosigkeit Hilfe bekommt.

Ein Mensch, dem die Kraft zur Selbstbehauptung fehlt, wird immer die Unterstützung der Umgebung benötigen, dieses Defizit auszugleichen. Menschen mit weniger Kraft zur Selbstbehauptung sind immer unter uns, sie sind Mitglieder unserer Teams, sind Führungskräfte, ehrenamtliche Mitarbeiterinnen, Lehrer, Priester, Künstlerinnen, …

Die soziokratische Konsentmoderation und die Sitzungsgestaltung bieten einen sicheren Rahmen für alle Kreismitglieder, ungestört Fragen stellen und Meinungen sagen zu können. Und doch genügt das nicht immer. Die meisten Menschen genießen es, endlich zu Wort zu kommen. Das ist aber keine Garantie dafür, dass auch jeder wirklich sagt, was er denkt, oder weiß, was er wirklich sagen möchte. Die Hürden, sich selbst auszudrücken, befinden sich oft im Menschen selbst und verschwinden nicht automatisch durch eine freundliche Umwelt.

Was können wir dann tun?

Hilfestellung bei der Selbstvertretung

In einer von uns begleiteten Organisation gab es eine Kollegin, die sich schwer darin tat, ihre Vorschläge wichtig zu nehmen. Maria war immer wieder unzufrieden mit getroffenen Entscheidungen, hielt sich aber mit ihrer Meinung zurück, weil sie befürchtete, sie würde die anderen, die geschulteren, schnelleren oder gar „besseren" Kollegen mit ihren „unwichtigen" Bedürfnissen bremsen. Sie wollte nicht die Verantwortung dafür tragen, „alle zu behindern". Sie spürte, dass die Kollegen weiterkommen wollten. Manchmal war ihr der Kreis auch dankbar für das Sich-zurücknehmen. Aber nicht immer hatte Maria einen inneren Konsent, wenn sie ihre Meinung für sich behielt, und manchmal gelang es ihr nicht, eine Entscheidung aus freiem Herzen an die anderen zu delegieren.

Es gab in diesen ersten zwei Jahren der Implementierung zahlreiche Gelegenheiten, wo Marias Ideen sehr wertvoll für alle waren. Sie hatte tolle Arbeit in ihrer Abteilung geleistet, das Rechnungswesen aufgebaut, die Webseite betreut und Kundenanfragen beantwortet. Auch wurde sie immer versierter als Moderatorin und leitete einige Zeit den Bereich „interne Organisation".

Und doch hatten die Geschwindigkeit in den Kreisversammlungen und die Redegewandtheit der Kollegen dafür gesorgt, dass sie nicht gerne an den Kreisversammlungen teilnahm. Maria wurde sogar als Delegierte ihres Kreises für den Allgemeinen Kreis gewählt, legte nach einem Jahr diese Funktion aber nieder, weil sie sich der Beschlussfassungsgeschwindigkeit im Allgemeinen Kreis nicht gewachsen fühlte.

Es kann viel Unmut entstehen, wenn man sich durch die Umstände der Organisationsstruktur *genötigt* fühlt, einer Entscheidung zuzustimmen, und man diesen Unmut nicht im Kreis ansprechen kann. In diesem Fall ist ein Beziehungsangebot jenseits der Kreisversammlung sinnvoll.

Es gehört zu den gemeinsamen Aufgaben aller Kreismitglieder, Unterstützung anzubieten, wenn jemand Hilfe benötigt. In allen Teams bedarf es eines Platzes für Beziehungsräume, damit ein Mensch, der es gewohnt ist, sich zurückzuhalten, sich mitteilen kann. Die Kreisversammlungen mit ihrem Fokus auf „effektive“ Meetings und Entscheidungen können für Menschen eine Überforderung darstellen. Teamtage, Geburtstagsfeiern, Betriebsausflüge und Pausengespräche mögen deshalb ausgleichende Ergänzungen sein, um Beziehungsräume zur Integration und gegenseitigen Unterstützung zu eröffnen.

Werner hat die Rolle des Delegierten des Kreises von Maria übernommen. Er zeigte als Kollege viel Verständnis für Maria. Sie vertraute sich ihm an und fühlte sich von ihm verstanden. Werner gehörte zu jenen, die rasch reagieren und sich auch vor 30 Menschen noch gut ausdrücken können. Maria hat in Werner einen „Paten“ gefunden. Er vertritt ihre Interessen, und zwar nicht nur im nächsthöheren Kreis. Als Kollege im eigenen Kreis hilft er Maria, die Zeit und Aufmerksamkeit dafür zu erhalten, die Dinge in ihrem eigenen Tempo zu erfassen, zu durchdenken und für sich zu Entscheidungen zu kommen.

Damit eine effektive Organisation nicht zur Hürde für einige Teilnehmer wird, braucht es also von allen Beteiligten eine gewisse Integrationsfähigkeit, mitmenschliche Unterstützung, Empathiefähigkeit und eine gehörige Portion Wohlwollen gegenüber unseren menschlichen Schwächen. Nimmt man das gemeinsame Lernen als Herausforderung an, dann können auch Menschen mit schwierigeren Startbedingungen mitkommen, statt abgehängt zu werden. Sie können sich einbringen, wo es ihnen möglich ist, und sich als Mitglied des Teams wohlfühlen.

8.4 Abschluss und Traum

Kooperative Kommunikationsformen bilden Muster, die an vielen Orten der Welt gleichzeitig entstehen. In den vergangenen 20 Jahren sind diese „Methoden des Miteinander“, wie Florian Bauernfeind, Mitgründer des *Soziokratie Zentrums Österreich*, sie bezeichnet, immer konkreter und praktikabler geworden. Diese Methoden sind uns inzwischen viel vertrauter, sind gesellschaftsfähiger geworden. Unter dem Begriff „Soziale Technologien“ subsummiert, verbreiten sich diese kooperativen Muster immer stärker und helfen dabei, Vorurteile zu überwinden.

Gerard Endenburgs Beitrag dazu ist das *Ordnen der Macht*, das Aufbrechen von Übermacht und Dominanzsystemen. Respekt, Authentizität und Empathie sind eine Folge gleichwertiger Machtverhältnisse. Konflikte und Spannungen müssen dabei nicht mehr vermieden werden, sondern sind notwendig, um weiterzukommen.

Endenburgs Klarheit hat das natürliche Phänomen der Verbundenheit aller mit allen zu einem strukturierten Gewebe geformt – der Soziokratie, in der sich auch das Kommunikationsmuster lebender Organismen widerspiegelt. Jede Gemeinschaft besteht aus Individuen, die einander brauchen, um zusammenleben und etwas schaffen zu können. Alle modernen und effektiven Kooperationsmethoden berücksichtigen und fördern die Selbstbestimmung des Einzelnen, dem Kompetenz zugeschrieben und Vertrauen entgegengebracht wird. Wie diese Selbstbestimmung in gemeinsam getragene Entscheidungen münden kann, zeigt uns die *Soziokratische KreisorganisationsMethode* von Gerard Endenburg.

Sie enthält das Muster evolutionärer Organisationen, kann von jeder Organisation, gewinnorientiert oder nonprofit, implementiert werden, wenn:

- Führungskräfte ihre Über-Macht aufgeben und lebenslang lernen wollen,
- eine auf Gemeinschaft ausgerichtete Wertekultur als Nährboden für integrales Wirtschaften[61] besteht, die durch den gegenseitigen Austausch von Angeboten einen sinnvollen Beitrag für eine förderliche Weiterentwicklung von Gesellschaft und Umwelt leistet,
- ein auf die jeweilige Organisation zugeschnittener Implementierungsweg im Zusammenwirken mit relevanten Personen des Unternehmens und ausgebildeten Soziokratie-Experten geplant wird.

Die Menschheit entwickelt sich permanent weiter. Und während wir die Konkurrenz-Gesellschaft in eine Kooperations-Gesellschaft transformieren, schaffen wir eine gesunde Umgebung für die Selbstverwirklichung jedes Einzelnen. Wir beeinflussen einander – auf positive und negative Weise. Alles ist dynamisch, das Vertrauen von heute wird morgen zerstört sein und Momenten von Glück folgen solche voller Spannung. Und das ist gut! So wie Gerard Endenburg sagt: „Wir brauchen Spannung. Ohne Spannung gibt es kein Licht, kein Leben."

Wenn wir die soziokratischen Prinzipien nutzen, um unser Zusammenleben zu organisieren, erhalten wir die Möglichkeit, miteinander Lösungen ohne Kampf zu finden. Es gibt einen sicheren Platz – einen Kreis mit Konsent – für jeden. Es ist ein Platz, wo wir mit Unterschieden umgehen können und Momente des Lernens erleben, ohne zu streiten. Auf diese Weise können wir alle Probleme unserer Zeit lösen.

---

61 Annemarie Schallhart: Integrale, nachhaltigkeitsorientiere Unternehmensentwicklung, 2011.

Literaturverzeichnis

Filme und Videos

Mein wunderbarer Arbeitsplatz: https://www.youtube.com/watch?v=PcpHmzo__aQ&list=PLlQWnS27jXh_tZsp3A2BhO9Hf9ZEIuz1s
Auf Augenhöhe: http://augenhoehe-film.de/de/home/
Auf AugenhöheWege: http://augenhoehe-wege.de/
Frohes Schaffen: https://www.youtube.com/watch?v=a7Kn2ImN4oQ
Hoch10 (engl. Powers of 10): https://www.youtube.com/watch?v=SnPUx5yUkQo
Intro to Sociocracy – Valhalla Movement: https://www.youtube.com/watch?v=uHp5t-IQzy9o
Dynamic Governance, Jim Rough (Begründer von "Dynamic Facilitation") interviewt John Buck: https://www.youtube.com/watch?v=9l_8hwaGt-w
Power to the Children, Anna Kersting: www powertothechildren-film.com
Kommunale Intelligenz – Vortrag von Gerald Hüther, in Linz/Donau: https://www.youtube.com/watch?v=pBkjI5fGqWI
School Circles. Every Voice Matters, Charlie Shread, Marianne Osório, Wondering School: https://schoolcirclesfilm.com/
Sociocracy For All – SoFA Youtube-Kanal: https://www.youtube.com/c/SociocracyForAll

Bücher und Artikel

Aalders, Mar: *Tot het gaatje en dan verder (Übersetzung aus dem Niederländischen: Bis zum Äußersten gehen und dann weiter),* 2014.
Argumenten, Zeitschrift des SCNL, NIEUWSBRIEF van het Sociocratisch Centrum Nederland: http://us10.campaign-archive1.com/?u=885ce2e02a-887822866c41e1c&id=ebf4204c97&e=49d8f353f9
Bär, Martina; Krumm, Rainer; Wiehle, Hartmut: *Unternehmen verstehen, gestalten, verändern – Das Graves-Value-System in der Praxis.* Wiesbaden: Gabler Verlag/Springer Fachmedien, 2. Auflage, 2010.
Bauer, Joachim: *Prinzip Menschlichkeit. Warum wir von Natur aus kooperieren.* Hamburg. Hoffmann und Campe Verlag, 2007.
Bauer, Joachim: *Selbststeuerung. Die Wiederentdeckung des freien Willens.* München. Blessing-Verlag, 2015.
Beck, Don Edward & Cowan, Christopher C.: *Spiral Dynamics – Leadership, Werte und Wandel. Eine Landkarte für Business und Gesellschaft im 21. Jahrhundert.* Bielefeld: J. Kamphausen Verlag & Distribution GmbH, 2. Auflage, 2008.
Boeke, Kees: *Sociocracy: Democracy as It Might Be.* Herausgegeben von Beatrice C. Boeke. Online auf: http://worldteacher.faithweb.com/sociocracy.htm

Bohm, David: *Der Dialog. Das offene Gespräch am Ende der Diskussion.* Stuttgart, Klett-Cotta, 1998.

Buber, Martin: *Ich und Du.* Stuttgart, Phillip Reclam jun., 1995.

Buber, Martin: *Der Weg des Menschen – nach der chassidischen Lehre.* Gütersloher Verlagshaus, 14. Auflage, 2001.

Buck, John: *Employee Engagement in Sociocratic versus Conventional Organizations.* Master's thesis, George Washington University, 2003.

Buck, John, and Villines, Sharon: *We The People. Consent to a deeper Democracy. A Guide to Sociocratic Principles and Methods.* Sociocracy.info, Washington DC, 2007.

Capra, Fritof: *Wendezeit – Bausteine für ein neues Weltbild, Originalausgabe 1982: The Turning Point.* Bern, München, Wien: Scherz, limitierte Sonderausgabe, 1985.

Charest, Gilles: *La démocratie se meurt, vive la Sociocratie! Le mode de gouvernance qui réconcilie pouvoir & coopération*! Verlag: esserci edizioni – Ecomanagement, 2007.

Charest, Gilles: *Vivere in sociocrazia! Un modo di governare che riconcilia potere & cooperazione.* Verlag: esserci edizioni – Ecomanagement, 2009.

Charest, Gilles: *La roue des talents. Pour diriger sa vie et les organisations.* edition Publistar, 2005.

Children's Parliament, Neighbourhood Community Network, Artikel auf *https://www.soziokratie.at/wp-content/uploads/sites/5/2017/03/Newsletter-Feb.pdf* "Neighbourhood Community Network" auf *www.childrenparliament.in.*

Comte, Auguste: *Positive Philosophy.* Englische Übersetzung von „*Course de Philosophie.* Six Volumes, 1830–1842". Übersetzt und kondensiert von Harriet Martineau, 1853.

Croft, John: *Dragon Dreaming Projekt-Design:* http://www.dragondreaming.org

Endenburg, Gerard: *Sociocratie, het organiseren van de besluitvorming.* Samsom Uitgeverij, Alphen a/d Rijn, 1981. http://www.sociocratie.nl/publicaties/overzichtswerken/

Endenburg, Gerard: *Sociocracy, The Organization of Decision-Making, "no objection" as the principle of sociocracy.* Originalausgabe 1981. Delft: Eburon, 1998.

Gerlach, Florian: Konfliktkompetenz in kreisförmigen Organisationen, Masterarbeit, Wirtschaftsuniversität Wien, 2021, https://epub.wu.ac.at/8534/

Gloger, Boris, Rösner, Dieter: Selbstorganisation braucht Führung. Die einfachen Geheimnisse AGILEN MANAGEMENTS. Hanser Verlag, München 2017.

Graves, Clare W.: *The Levels of Human Existence and their Relation to Welfare Problems.* Presentation Annual Conference, Virginia State Department of Welfare and Distribution, Roanoke, Virginia, 1970, http://www.clarewgraves.com/articles_content/1970/welfare.html (Zugriff Februar 2015)

Hüther, Gerald: *Kommunale Intelligenz.* Hamburg: Edition Körber-Stiftung, 2013.

Hüther, Gerald: *Was wir sind und was wir sein könnten.* Frankfurt am Main: Fischer, 3. Auflage, 2013.

Joseph, Fiona: *BEATRICE. The Cadbury Heiress Who Gave Away Her Fortune*, Foxwell Press, Birmingham, 2012.

John, Edwin Maria: *Hello, Neighborocracy! Governance where everyone has a say.* Eigenverlag, 2021, https://leanpub.com/helloneighbourocracy

Klein, Gopal Norbert: *Der Vagus Schlüssel zur Trauma Heilung. Wie „ehrliches Mitteilen" unser Nervensytem reguliert".* Gräfe und Unzer Verlag, München 2022.

Kuhn, Thomas; Weibler, Jürgen: *Bad Leadership. Warum uns schlechte Führung oftmals gut erscheint und es guter Führung häufig schlecht ergeht.* Verlag Franz Vahlen, München 2020.

Laloux, Frederic: *Reinventing Organizations. Ein Leitfaden zur Gestaltung sinnstiftender Formen der Zusammenarbeit.* München: Verlag Franz Vahlen, 2015.

Laloux, Frederic; Appert, Etienne: *Reinventing Organizations visuell: Ein illustrierter Leitfaden sinnstiftender Formen der Zusammenarbeit.* München: Verlag Franz Vahlen, 2016.

Lambertz, Mark: *Freiheit und Verantwortung für intelligente Organisationen. Das Modell lebensfähiger Systeme nach Stafford Beer*, 2016.

Likert, Rensis: *New Patterns of Management.* NY, McGraw-Hill, 1961. Deutsch: *Neue Ansätze der Unternehmensführung*, 1993.

Likert, Rensis: *The Human Organization. Its Management and Value.* NY, McGraw-Hill, 1967. Deutsch: *Die integrierte Führungs- und Organisationsstruktur.* 1992.

Likert, Rensis; Gibson Likert, Jane: *New Way of Managing Conflict.* NY, McGraw-Hill, 1976.

Maier, Florentine; Schneider, Hanna; Meyer, Michael: *Designing circular organizational structures: An Ostromian perspective*, 37th EGOS Colloquium, 8.-10.7.2021, Amsterdam.

Manitonquat, Medicine Story: *Der Weg des Kreises.* Extertal: Biber-Verlag, 2000.

Meyer, Michael; Maier, Florentine; Schneider, Hanna: *Die agile Kreisorganisation. Idylle, Tragödie oder Drama mit Happy End?* zfo Zeitschrift Führung + Organisation, 3/2021, Stuttgart.

Peck, M. Scott: *Gemeinschaftsbildung. Der Weg zu authentischer Gemeinschaft.* Bandau: Eurotopia-Verlag, 2007.

Pfläging, Niels; Hermann, Silke: *Komplexithoden. Clevere Wege zur Wiederbelebung von Unternehmen und Arbeit in Komplexität.* Redline-Verlag, 2015.

Praeg, Lisa; *Wir wählen! Anleitung für eine soziokratische Klassensprecherwahl.* Herausgeber Hans-Joachim Gögl und Josef Kittinger, Tage der Utopie – Verein zur Förderung enkeltauglicher Zukunftsbilde, Bregenz 2019, www.tagederutopie.org

Raworth, Kate: *Die Donut-Ökonomie. Endlich ein Wirtschaftsmodell, das den Planeten nicht zerstört.*, Karl Hanser Verlag, München 2018

Romme, L. Georges (Sjoerd): *The Quest for Professionalism. The Case of Management and Entrepreneurship.* New York: Oxford-Univesity Press, 2016.

Romme, L. Georges (Sjoerd); Broekgaarden, Jan; Huijzer, Carien; Reijmer, Annewiek; Eyden, Rob A.I. van der : *From Competition and Collusion to Consent-Based Collaboration: A Case Study of Local Democracy*, International Journal of Publik Administration, Pages 1-10, published online: 27 Dezember 2016, *http://www.tandfonline.com/eprint/tPTMF2hG76KFEAjFK4CX/full.*

Rought, Jim: Dynamic Facilitation (in Rosa Zubizarreta und Matthias zur Bonsen "Dynamic Facilitaion").

Rüther, Christian: *Soziokratie, S3, Holakratie, Frederic Laloux' "Reinventing Organizations" und New Work. Ein Überblick über die gängigsten Ansätze zur Selbstorganisation und Partizipation.* Verlag Books on Demand, 2018.

Schallhart, Annemarie: *Integrale nachhaltigkeitsorientierte Unternehmensentwicklung.* Norderstedt: Grin, 2011.

Schallhart, Annemarie: *Soziokratie und der Paradigmenwechsel in der internen Kommunikation.* In: CSR und interne Kommunikation. Herausforderungen für Forschung und Praxis hrsg. von Riccardo Wagner, Nicole Susann Roschker, Alexander Moutchnik, Heidelberg: Springer-Verlag, 2016.

Scharmer, C. Otto: *Theorie U. Von der Zukunft her führen. Presencing als soziale Technik.* Heidelberg: Carl-Auer-Verlag, 2015.

SER, Sozialwirtschaftlicher Rat (SER) der Niederlande, Studie anlässlich des Kongresses: *Erneuerung in der Partizipation / Partizipation in der Erneuerung – Mitbestimmung in sich verändernden Arbeitsverhältnissen* 2013. (Der SER berät die niederländische Regierung in Bezug auf die Grundzüge der Wirtschaftspolitik. –www.ser.nl/de).

Siebert, Detlef Georg: *Holons – Menschen, andere Holons und die Liebe im Muster der Evolution.* 2004.

Sinek, Simon: Gute Chefs essen zuletzt. Warum manche Teams funktionieren und andere nicht, München: Redline Verlag, 2017.

Sociocratisch Centrum Nederland SCN: *Pflegen der Kontinuität der SKM in Organisationen.* Netzwerkkreis für Topkreismitglieder, unter Leitung von Ger van Vliet, in Zusammenarbeit mit Annewiek Reijmer, Sociocratisch Centrum Nederland, 2006.

Sociocratisch Centrum Nederland SCN: *Soziokratische Norm SCN 500 (2010–2015): Die soziokratische Methode – Begriffe und Definitionen.* (Übersetzung aus dem Englischen: Isabell Dierkes).

Sociocratisch Centrum Nederland SCN: *Soziokratische Norm SCN 1001-0 (2010–2015): Die soziokratische Methode – Muster für die Anwendung, Teil 1: Das Produzieren von Gleichwertigkeit in der Beschlussfassung.* (Übersetzung aus dem Englischen: Isabell Dierkes).

Sociocratisch Centrum Nederland SCN: *Anleitung für das Arbeiten im Kreis. Nach der Soziokratischen Kreisorganisationsmethode.* STICHTING SOCIOCRATISCH CENTRUM, Rotterdam, 2013.

Visotschnig, Erich; Schrotta, Siegfried; Paulus Georg: *Systemisches Konsensieren. Der Schlüssel zum gemeinsamen Erfolg.* Danke-Verlag, Holzkirchen, 2009.

Ward, Lester F.: *Dynamic Sociology.* Second edition. NY: Appleton, 1902.

Weil, Simon: *Zeugnis für das Gute.* Olten, 1976, S. 153.

Wilber, Ken: *Ganzheitlich Handeln – Eine integrale Vision für Wirtschaft, Politik, Wissenschaft und Spiritualität.* Freiamt: Arbor Verlag, 4. Auflage, 2010.

Wilber, Ken: *Eine kurze Geschichte des Kosmos.* Frankfurt am Main: Fischer Taschenbuch Verlag, 8. Auflage, 2007.

Wiener, Norbert: *Kybernetik. Regelung und Nachrichtenübertragung im Lebewesen und in der Maschine*" NY, 1948.

Zubizarreta, Rosa; Bonsen, Matthias zur: *Dynamic Facilitation. Die erfolgreiche Moderationsmethode für schwierige und verfahrene Situationen.* Einheim und Basel: Beltz-Verlag, 2014.

Glossar & Sachverzeichnis

Ablaufdatum des Beschlusses S. 23, S. 73, S. 103 f., S. 106, S. 128
In der *Soziokratischen KreisorganisationsMethode SKM* hat jeder Beschluss optional ein sogenanntes Ablaufdatum. Es steht im Logbuch in der Rubrik „Grundsatzbeschlüsse" bei dem jeweiligen Beschluss und zeigt an, wann diese Entscheidung ungültig wird. Beim Ablaufdatum wird der Beschluss in der Kreisversammlung entweder erneut getroffen bzw. tatsächlich ungültig. Das Ablaufdatum unterstützt die regelmäßige Evaluation von getroffenen Entscheidungen und ermöglicht, fortlaufend neue Entwicklungen in die Planung mit aufzunehmen. → Logbuch

Abteilungskreis S. 21, S. 28, S. 55, S. 66, S. 95 ff., S. 126, S. 136, S. 140, S. 158, S. 161, S. 165, S. 238, S. 245
Auch „Bereichskreis", oder „Arbeitskreis". In der Kreisstruktur ist ein Abteilungskreis das leitungsgebende Gremium für alle Mitarbeitenden dieser Abteilung, einschließlich der Abteilungsleitung. Jede Abteilung und jeder abgeschlossene Bereich einer soziokratischen Organisation hält zur Bestimmung ihrer/seiner Grundsätze Kreisversammlungen ab. Ein Team, das regelmäßige Kreisversammlungen abhält, wird dadurch von einem „Bereich" zu einem „Bereichskreis" und von einer „Abteilung" zu einem „Abteilungskreis", oder von einem Team zu einem „Teamkreis".

Allgemeiner Kreis S. 11, S. 21, S. 25, S. 54 f., S. 100, S. 109, S. 115, S. 120, S. 145 f., S. 160, S. 168, S. 172 f., S. 205, S. 238 f., S. 244 f., S. 253
Auch „Leitungskreis", „Koordinationskreis" oder, als Beispiel für eine bestimmte Organisation: „Allgemeiner KreaMont-Kreis". Alle Kreisleitenden und Delegierten der Abteilungskreise treffen sich regelmäßig mit der Geschäftsleitung zur Koordination und Abstimmung der Grundsätze für die Zielverwirklichung der Gesamtorganisation im „Allgemeinen Kreis".

Angebot des Kreises → Gemeinsames Ziel des Kreises, Zielverwirklichungsprozess, Logbuch S. 97, S. 103
Ein wichtiger Teil der gemeinsamen Ausrichtung ist das beschriebene, konkrete Angebot des Kreises. Es beschreibt die wichtigsten Aktivitäten, die als Beitrag zur Zielverwirklichung vom Kreis angeboten und geleistet werden. Im Zielverwirklichungsprozess sind die konkreten Angebote des Kreises im Schritt 5 aufgelistet. Im Logbuch stehen sie unter „Funktion- und Aufgaben des Kreises" bzw. „Konkretes Angebot des Kreises"

Arbeitskreis → Abteilungskreis

Arbeitsbesprechungen (auch „Ausführungsbesprechungen") S. 46, S. 77 f.
Vergleiche auch „Kreis" und „Kreisversammlung". Arbeitsbesprechungen sind Treffen verschiedener Kreismitglieder zum Organisieren ihrer ausführenden Tätigkeiten. Innerhalb ihres in der Kreisversammlung gemeinsam festgelegten Aufgabenbereiches (Auftrag) vereinbaren Kreismitglieder bei Bedarf die Schritte für die Ausführung in unterschiedlichen Arten von Arbeitsbesprechungen.

Ausführende Struktur S. 162
Neben der *Kreisstruktur*, als die Summe aller doppelt verknüpften Kreise, in der alle Grundsatzentscheidungen im jeweiligen Kreis gemeinsam getroffen werden, bleibt immer auch die ausführende Struktur erhalten, in der die Ausführung der Beschlüsse stattfindet und die gemeinsam vereinbarten Aktivitäten „linear", also entlang der getroffenen Vereinbarung, ausgeführt werden. Die Kreisleitung ist vom Kreis beauftragt, zwischen den Kreisversammlungen die Kreismitglieder bei der Umsetzung der gemeinsam getroffenen Vereinbarungen zu unterstützen. → Lineare Struktur

Ausführung S. 23 f., S. 35, S. 44 ff., S. 72 f., S. 77 f., S. 81 f., S. 83 ff., S. 125, S. 160 f.
Dieser Begriff steht für alle Aktivitäten die aufgrund eines Auftrages, welcher im Rahmen einer Grundsatzentscheidung in der Kreisversammlung definiert und vergeben wurde, vom beauftragten Kreismitglied bzw. Team außerhalb der Kreisversammlung durchgeführt wird. Aufträge werden „in der Ausführung" sowohl von ganzen Kreisen (beauftragt vom nächst höheren Kreis) als auch von einzelnen Kreismitgliedern (beauftragt vom eigenen Kreis) ausgeführt.

Ausführungsbeschlüsse (auch „Ausführungsentscheidung") S. 77
Alle Entscheidungen, die während der Ausführung eines Auftrages von den ausführenden Kreismitgliedern gefällt werden müssen, nennen wir Ausführungsentscheidungen. Die Effektivität und Effizienz einer Organisation kann enorm gesteigert werden, wenn es ihr gelingt, möglichst klar zu unterscheiden welche Entscheidungen als Grundsätze in der Kreisversammlung getroffen werden müssen, und welche Entscheidungen an die Ausführenden delegiert werden können. Je mehr delegiert werden kann, umso mehr Selbstorganisation ist möglich. → Grundsatzentscheidung

Basisdemokratie → Demokratie

Bereichskreis → Abteilungskreis

Beschlussfassung S. VIII, S. 8 f., S. 20, S. 36, S. 39, S. 55, S. 123, S. 129, S. 134 ff., S. 162, S. 182, S. 220, S. 224 f.
Synonym für „Entscheidung" und „Entscheidungsfindung". Eine Person oder eine Gruppe von Menschen beschließt eine Sache mit der Absicht, diesen Entschluss auch umzusetzen.

Beschlussfassungsstruktur → Kreisstruktur

Certified Sociocratic Expert (CSE) S. VIII, S. 25
Auch „Soziokratie-Experte" oder „SKM-Prozessbegleiterin". Der Verband deutschsprachiger Soziokratie Zentren bietet in vier Regionen Ausbildungen für angehende Soziokratie-Expertinnen an. Anhand eines Prozesses entscheidet ein Zertifizierungskomitteee, ob die Kandidatin reif ist, den Titel CSE Certified Sociocratic Expert zu tragen. Nach drei Jahren muss die fachspezifische Weiterentwicklung nachgewiesen werden, um den Titel behalten zu können. Während der Ausbildung zum Soziokratie-Experten lernen die Kandidatinnen, neben der Schulung von Kreisen (als SKM-Trainerin) auch, eine ganze Organisation durch alle vier Phasen der Implementierung zu begleiten. Die Soziokratie-Experten organisieren und begleiten von der Akquise, über die Auftragsklärung, Vorstellen der SKM in der Organisation, Umsetzungsplanung im Implementierungskreis, über die Schulung in der Pilotphase bis zur vollständigen Implementierung,

Integration und Entwicklung/Wartung der SKM und dem Festschreiben in der Satzung, alle Schritte für eine nachhaltige Umsetzung soziokratischer Strukturen und Haltungen im Unternehmen.

Cohousing S. 18, S. 85, S. 95 ff., S. 132
Eine aus Dänemark stammende, Generationen übergreifende Wohnform, in der alle Mitglieder als Familien, Paare oder Einzelne in eigenen Wohnungen wohnen, und zusätzlich für das soziale Miteinander auch gemeinsame Räume und Außenbereiche nutzen. Gewöhnlich gibt es eine Gemeinschaftsküche und Essbereiche zum mehrmals wöchentlichen gemeinsamen Kochen und Essen sowie Kinderspielräume, Werkstätten, Gästezimmer, je nach Bedarf der Gruppe. Die Projekte bestehen gewöhnlich aus 20 – 40 Haushalten. Bis 2010 gab es in Österreich nur ein einziges Cohousing-Projekt, den *Lebensraum Gänserndorf*. In den Jahren zwischen 2010 und 2022 wurden in Wien und Umgebung, aber auch in anderen Teilen Österreichs, etwa 50 neue Cohousing- und Ökodorf-Projekte errichtet. Fast alle der neuen Projekte organisieren sich mit der *Soziokratischen KreisorganisationsMethode SKM*.

Commons → Allmende, → Allmendegüter S. VIII, S. 143, S. 180 f.
Gemeingut oder Kollektivgut. Öffentliche Ressourcen bei denen es schwer ist, Menschen von deren Nutzung auszuschließen. Die Nutzungsregelungen sind immer ein sozialer Aushandlungsprozess. Vergleiche Allmende, als gemeinschaftlicher Besitz. Genossenschaften können als Commons bezeichnet werden.

Crowdfunding S. 68
IT-unterstützte Spendenaktion bzw. Investitionsform, um für ein bestimmtes Projekt finanzielle Mittel zu sammeln.

CSE → Certified Sociocratic Expert

Delegierte S. IX, S. 11, S. 21, S. 23, S. 49 ff., S. 72, S. 90, S. 127 ff., S. 136 f., S. 140 f., S. 167, S. 172, S. 237 ff., S. 243, S. 246
Eine Delegierte, oder ein Delegierter, engl. „Representativ", vertritt die Interessen des eigenen Kreises im nächsthöheren Kreis indem er misst, ob die Entscheidungen des nächsthöheren Kreises für den eigenen Kreis ausführbar sind. Er wird in offener Wahl von den Kreismitgliedern gewählt. Zusammen mit der Kreisleitung bildet er die Doppelte Koppelung von zwei übereinander liegenden Kreisen einer Organisation. → Doppelte Koppelung

Demokratie S. 4 f., S. 196 ff., S. 207 ff., S. 220 f., S. 223 ff., S. 228
Demokratie – „Die Macht geht vom Volke aus" – stand ursprünglich für eine Haltung, die die Einbindung aller in politische Entscheidung forderte. In einer „repräsentativen Demokratie" wählt hingegen „das Volk" alle vier bis sechs Jahre mithilfe des Mehrheitsprinzips die zur Wahl antretenden ‚politischen Parteien", die dann ihre Repräsentantinnen ins Parlament entsenden. „Basisdemokratie" bedeutet im Gegensatz dazu den direkten Zugang zur Mitentscheidung. Das hat viele Ausprägungen, zum Beispiel die in der Schweiz praktizierte „Direkte Demokratie" mit regelmäßigen Mehrheitsentscheiden durch Volksabstimmungen. Oder die in vielen egalitären Gruppen verwendete Konsens-Demokratie, in der jede Person ein Veto gegen einen Vorschlag einbringen kann. Inzwischen gibt es auch Formen wie E-Democracy, Mehrstufiger Konsens oder Liquid-Democracy.

Domäne S. 21, S. 44 f., S. 48, S. 91 f., S. 103, S. 128, S. 165 ff., S. 183, S. 233 f.
Deutsches Wort für „Domain". Eine Domäne ist der Bereich eines Kreises oder einer Person, innerhalb dessen dieser oder diese selbst entscheidungsbefugt ist. Unter „Domäne" versteht man auch die Angebote eines Kreises oder einer Person an die Umgebung. Ähnlich wie eine Webseite erkennen lässt, was das Angebot der Domain-Besitzerin ist, wer die handelnden Personen sind und an wen man sich bei Bedarf wenden kann, ist auch die Domäne eines soziokratischen Kreises im Logbuch des Kreises dargestellt.

Doppelte Koppelung S. VIII, S. 10, S. 21, S. 49 ff., S. 128, S. 136, S. 139 f., S. 145 f., S. 238, S. 245 ff.
Eine der vier Basisprinzipien der SKM. Auch „Doppelte Verknüpfung" oder „Double-link". Jeweils zwei Personen, die Kreisleitung und mindestens eine Delegierte nehmen an beiden Kreisversammlungen teil, am eigenen und am nächsthöheren Kreis. → Delegierte

Doppelte Verknüpfung → Doppelte Koppelung

Dragon Dreaming S. 95, S. 132
Ist eine Projektmanagement-Methode, die vom Australier John Croft entwickelt wurde. John Croft hat Elemente aus der Aborigines-Kultur mit aufgenommen sowie Werkzeuge von Joanna Macy einfließen lassen. Mithilfe eines *Traumkreises* entwickelt eine Gruppe das *Traummanifest*, aus dem die Prioritäten der einzelnen Teilnehmerinnen zu gemeinsamen Zielen zusammengefügt werden. So entsteht die Projektarchitektur, die durch sogenannte „Songlines" zu einer Ablauforganisation, dem sogenannten *Karabird* verbunden werden. Die Projektarchitektur ist eingebettet in vier Schritte: *träumen, planen, tun und feiern*. Alle vier Schritte werden in jedem Projektteil wiederholt und beginnen dann aufs Neue. So entsteht ein immerwährender Zyklus, wie der Drache, der sich in den eigenen Schwanz beißt. Daher stammt der Name: *Dragon Dreaming. www.dragondreaming.org*

Dynamische Steuerung S. 24, S. 35, S. 45 f., S. 92, S. 133
Englisch: „Dynamic Governance". Ein Steuerungsprozess, der aus miteinander gekoppelten ausführenden, messenden und leitungsgebenden Aktivitäten besteht. Nur durch das Einbeziehen der ausführenden und messenden Funktion in die Steuerung, kann die Umsetzung dynamisch angepasst werden. Es handelt sich bei allen Prozessen um evolutionäre Vorgänge. Aus der Systemtheorie wissen wir, wie wenig vorhersagbar Dinge sind. Darum ist es sinnvoller, heute nur den nächsten Schritt zu planen und ansonsten flexibel zu sein. Ziele sollen weit gesteckt werden, jedoch die Umsetzung darf nicht durch einmal entschiedene Grundsätze an ihrer Anpassung gehindert werden. → Kreisprozess

Einwand S. 36 ff.
Ein sogenannter „einfacher" Einwand verhindert nicht die Entscheidung während einer Konsentrunde. Trotzdem soll jeder Einwand angehört werden, denn die darin genannten Argumente und Bedenken können zur weiteren Verbesserung der gesuchten Lösung beitragen. → Schwerwiegender Einwand

EMG ExistenzMöglichkeitsGarantie → Soziokratisches Entlohnungsmodell

Entlassung aus dem Kreis S. 44, S. 65
Das Wort „Entlassung" bedeutet im österreichischen Arbeitsrecht: „Ein angestellter Mitarbeiter muss aufgrund einer Verfehlung mit sofortiger Wirkung seinen Arbeitsplatz verlassen, bei gleichzeitiger Einstellung seines Geld-Bezuges." Aus dem Holländischen wurde die Regel, dass ein Mensch (mitunter auch gegen seinen Willen) einen Kreis verlassen muss, mit „Entlassung aus dem Kreis" übersetzt. Es hat nicht die Bedeutung, dass grobe Verfehlungen vorausgegangen wären, oder jemand den Betrieb verlassen muss, sondern drückt lediglich ein Verfahren aus, in welchem alle übrigen Kreismitglieder (außer die betroffene Person selbst) im Konsent entscheiden können, eine Person aus dem Kreis auszuschließen. Gewöhnlich liegt der Grund dafür in der Wahrnehmung, dass dieses Kreismitglied nicht mehr fähig oder gewillt ist, an der Zielverwirklichung dieses Kreises konstruktiv mitzuwirken, und beim weiteren Verbleib im Kreis auch die Zielerreichung gefährdet wäre. Arbeitsrechtliche Bedingungen können eine „Kündigung" jedoch verhindern. Dieses Problem muss in der Gesamtorganisation gelöst werden, wofür gewöhnlich eine Support-Abteilung zuständig ist. Z. B. kann ein neuer Platz für die Person gefunden werden, der ihr selbst und ihren eigenen Zielen und/oder Fähigkeiten besser entspricht.

Entscheidung, Entscheidungsfindung → Beschlussfassung

Entwicklungsgespräch → Soziokratisches Entwicklungsgespräch

Evolutionäre Organisationen S. 153, S. 158
Frederic Laloux erklärt in seinem Buch *Reinventing Organizations*, warum er für die von ihm gefundenen Organisationen den Begriff „evolutionär" verwendet, wie folgt: „Menschen, die sich zur integralen Stufe entwickeln, können zum ersten Mal akzeptieren, dass es eine Evolution des Bewusstseins gibt, und dass sich diese Evolution in Richtung zunehmend komplexerer und verfeinerter Verhaltens- und Beziehungsformen in der Welt ausdrückt (daher kommt auch der Begriff „evolutionär", den ich für diese Stufe verwende)." (Laloux, 2015, S. 43.)

Fortschrittsbericht S. 78 ff.
In der Kreisversammlung werden die Grundsatzentscheidungen getroffen (leiten), an die Ausführung delegiert (tun) und das Feedback aus der Ausführung wieder in die Kreisversammlung zurück gebracht (messen). Eines der wichtigsten Instrumente, um die Messung einzubringen, sind die Fortschrittsberichte. Was und wie gemessen wird, legt der Kreis selbst fest.

Fortschrittsmessung → Fortschrittsbericht

Fraktal S. 158 f.
Fraktale sind Gebilde oder Muster, die selbstähnlich sind. Dabei werden Werte oder Zahlen und Veränderungsprozesse immer wieder mit sich selbst rückgekoppelt: das Ergebnis ist der neue Anfangswert für den nächsten – sich aus sich selbst heraus entwickelnden – Veränderungsschritt. Wir finden damit das Ganze immer wieder erneut in bestimmten Teilen. Das ist nicht nur eine mathematische Konstruktion, auch Organisationen und Prozesse des Alltags und der Natur folgen fraktalen Gesetzen. Überall finden wir Wiederholungen einer bestimmten Struktur in sich selbst (Selbstähnlichkeit),

wie die Verzweigungen unseres Blutkreislaufes, die Form einer Küstenlinie oder die fraktalen Strukturen der grünen Blumenkohlzüchtung Romanesco.

Gemeinsame Ausrichtung → Gemeinsames Ziel des Kreises → Ziel
Jede soziokratische Organisation, und darin jeder Kreis hat eine gemeinsame Ausrichtung, welche die Richtung vorgibt, in die gemeinsam gesteuert wird. Eine Richtung geben uns alle benannten Ziele, die Vision und Mission der Organisation, das „gemeinsame Ziel" jeden Kreises, sowie die beschriebenen Angebote. Eine gemeinsame Ausrichtung aller Mitwirkenden ist die Grundlage für gemeinsame Entscheidungen.

Gemeinsames Ziel des Kreises → Gemeinsame Ausrichtung → S. 16, S. 41, S. 61 ff.
Das von Gerard Endenburg so genannte, „Gemeinsame Ziel eines Kreises", ist seine Existenzgrundlage, der Grund, warum der Kreis existiert. Das „Gemeinsame Ziel" besteht aus wenigen Sätzen, die das Angebot zusammenfassen, und spezifiziert die Richtung und den Bereich der Entscheidungen. Es gibt einen Standard für die Auswertung und die Möglichkeit, Argumente zu testen, das heißt, Einwände werden im Sinne der Ziele argumentiert.

Gemeinschaftsbildung S. 166
Jede Gruppe, die sich nachhaltig zusammen wohl fühlen will, kann für die Entwicklung eines Zusammengehörigkeitsgefühls verschiedene Teambildungsformate und Methoden verwenden, wie zB. Community Building (CB) nach Scott Peck, Outdoor-Training, WorldWork & Deep Democracy nach Arnold Mindell, Art of Hosting, Original Play nach Fred Donaldson, der indianische Redekreis, Counceling, Forumtheater, und andere. Die Gemeinschaftsbildung ist auch beeinflusst von der Art, ob, und wenn ja, wie gemeinsam Entscheidungen getroffen werden. Die Gemeinschaftsbildung sollte aber nie allein durch die Entscheidungsstrukturen entstehen. Organisationen, die „Gemeinschaft" als Ziel haben, laufen Gefahr, ohne eigene gemeinschaftsbildende Maßnahmen die Soziokratie mit der Zeit abzulehnen, weil es Frustrationen erzeugt. Kreisversammlungen können nur dazu dienen, gemeinsame Team- und Gemeinschaftsbildende Aktivitäten, wie Workshops, Betriebsausflüge oder Gemeinschaftswochenenden zu organisieren, können diese Aktivitäten aber nicht ersetzen.

Gesprächsleitung S. 20, S. 23, S. 27, S. 30, S. 38 ff., S. 51, S. 58, S. 72 ff., S. 78, S. 80 f., S. 83, S. 108 f., S. 127, S. 129 f.
(auch „Soziokratische Gesprächsführung" oder „Soziokratische Moderation")
Die Rolle im soziokratischen Kreis, die während einer soziokratischen Kreisversammlung durch das Gespräch führt. Sie leitet den soziokratischen Prozess an, indem sie mithilfe der Sitzungsstruktur und der Konsentmoderation für die Gleichwertigkeit der Kreismitglieder bei der Beschlussfassung sorgt. Die Rolle der soziokratischen Gesprächsleitung wird während der Schulung des Kreises „on-the-job" erlernt. Da jeder soziokratische Kreis für seine Entscheidungsprozesse eine soziokratische Gesprächsleitung für die Sitzungsgestaltung und Beschlussfassung braucht, werden neben den Schulungen im Implementierungsprozess, von den Soziokratie Zentren auch Ausbildungen für soziokratische Gesprächsleitung angeboten.

Group of all leaders S. 236, S. 245, S. 250
Ein Hauptcharakteristikum einer Gemeinschaft ist die Dezentralisierung von Autorität. Scott Peck (→ *Literaturverzeichnis*) nennt diesen Zustand „fließende Führung". Jede/r

ist gleichermaßen in der Leitung, was bedeutet, dass der Geist der Gemeinschaft das leitende Element ist. Dazu braucht es Mut Kontrolle abzugeben und tief in uns verankerte, hierarchische Muster aufzugeben. Hat eine Gruppe diesen Zustand erreicht, wird auch die Arbeit des Facilitators mehr und mehr überflüssig. Der Geist der Gemeinschaft, einmal erfahren, kann dann immer wieder die „Group of all Leaders" initiieren. *http://www.netzwerk-communitybuilding.eu/*

Grundsatzentscheidung S. 9 f., S. 52, S. 84 f., S. 94, S. 102 f., S. 160, S. 238 f., S. 246 f.
Als Grundsatzentscheidung bezeichnet man in der SKM jene Entscheidungen, die gemeinsam in der Kreisversammlung getroffen werden. Sobald ein Kreismitglied der Meinung ist, dass die Sache mit allen Kreismitgliedern behandelt werden muss, kommt sie auf die Agenda der Kreisversammlung. Beispiele für Grundsatzentscheidungen sind: den Auftrag für eine Aufgabe formulieren; Wahl eines Kreismitglieds zur Ausführung einer Aufgabe; Verteilung des Budgets; ein neues Kreismitglied einstellen. Daneben gibt es die sogenannten *Ausführungsentscheidungen*, die innerhalb des als Grundsatz formulierten Rahmens, vom nächstniederen Kreis, bzw. von der ausführenden Person selbst entschieden werden sollen. Zur Erhöhung der Effektivität werden Entscheidungen wenn möglich mit Konsent an die Ausführung delegiert. → Ausführungsentscheidungen

Hilfskreis S. 81, S. 85, S. 91, S. 136, S. 161, S. 175, S. 189
Ein soziokratischer Kreis setzt eine temporäre Gruppe ein, um Grundsatzentscheidungen für den Kreis oder kreisübergreifend vorzubereiten. Der Hilfskreis gilt als „Kreis", weil die Mitglieder die Entscheidungen innerhalb ihres Auftrages im soziokratischen Konsent treffen.

Implementierungskreis S. 121 ff.
Der SKM-Implementierungsprozess startet mit der Gründung einer Projektgruppe als *Hilfskreis*, genannt „Implementierungskreis". Der Implementierungskreis besteht aus Menschen, die aus allen Ebenen der Organisation kommen und wird von der Geschäftsführung geleitet. Er entwirft mithilfe der Unterstützung von externen Soziokratie-Expertinnen die Zielkriterien für die Implementierung, die passende Kreisstruktur und den *Implementierungsplan* für die *Pilotphase*, auch *Umsetzungsplan* genannt. Nachdem die Geschäfstleitung, das Managementteam bzw. der Vorstand (oder gelegentlich auch das Plenum) diese Vorschläge im Konsent beschlossen hat, organisiert der Implementierungkreis die Umsetzung und Evaluation der Pilotphase, und – falls die weitere Implementierung beauftragt wird – die Schulung aller Kreise in der Organisation. Parallel werden interne SKM-Trainerinnen ausgebildet und ein internes SKM-Team aufgebaut, das für den Aufbau von Intervisionsgruppen für die Rollen im Kreis und die weiteren SKM-Schulungen sorgt. → Umsetzungsplan

Implementierungsprozess → Implementierungskreis

Innerer Konsent S. 252
Die Übereinstimmung aller Persönlichkeitsanteile einer Person in Bezug auf eine Entscheidung. Der Begriff „innerer Konsent" stammt von Gilles Charest, Leiter der Division C von *TSG The Sociocracy Group*. Charest verwendete ab 1986 die Persönlichkeitsanteile aus der Transaktionsanalyse als Mitglieder einer Kreisstruktur. Teilnehmer im inneren Team sind, das Eltern-Ich (äußere Person, Kreis-Typ 1, das Kind-Ich (innere Person, Kreis-Typ 1), das Erwachsenen-Ich (leitende Person, Integrator, Kreis-Typ 3) und das

Höheres Selbst (Verbindung zur Mission und zur Umwelt, Kreis-Typ 4). Während eines moderierten Rollenspiels, das gewöhnlich mit „Schlümpfen“ (kleine Plastikfiguren) als Stellvertreter gespielt wird, kann mithilfe der Konsentmoderation eine innere Entscheidungsfindung zustande kommen, während der alle inneren Stimmen gehört, verbunden und gesteuert werden können. Das Setting dieser Übung erlaubt einen inneren Findungsprozess ohne therapeutische Interventionen, allein durch die soziokratische Gesprächsleitung.

Integrale Schulung S. 42, S. 153, S. 158
Das Wort „integral“ wurde in den letzten Jahren vielfältig verwendet. Auch Gerard Endenburg hat es verwendet und meint mit „integrale Schulung“ den Prozess, durch den alle für das Funktionieren in einem soziokratischen Kreis nötigen Kenntnisse, Fähigkeiten und Kompetenz entwickelt werden, sodass deren Anwendung möglich ist. Damit Personen die Verantwortung bei der Beschlussfassung auch wahrnehmen können, müssen sowohl soziokratische als auch fachspezifische Aspekte permanent weiterentwickelt werden.

Konsens S. 8, S. 15 f., S. 36, S. 52, S. 132, S. 180, S. 210
Bedeutet „Übereinstimmung der Meinungen oder Standpunkte; Einigkeit; Einmütigkeit.“ (Aus: *http://www.wortbedeutung.info/ Wörterbuch*). Der klassische „Konsens“ als Entscheidungsmethode gewährt allen Beteiligten einer Gruppe ein „Veto-Recht“. Es gibt jedoch inzwischen auch mehrstufige Konsensfindungsmethoden, die allen Betroffenen prozesshaft ermöglichen, sich an der Entscheidungsfindung zu beteiligen.

Konsent S. 8 ff., S. 20, S. 36 ff.
Gerard Endenburg verwendet den Begriff für das Treffen einer Entscheidung in einem soziokratischen Kreis. Wenn kein Kreismitglied einen schwerwiegenden Einwand hat, dann gilt der Beschluss als gefasst und es gibt „Konsent“. Lateinisch: Consentio, consentire à übereinstimmen, einig sein, sich einigen. Das Wort „Consent“ ist im englischen Sprachraum bekannter und bedeutet „kein Widerstand“ oder „Zustimmung“. In der Technik wird der Begriff für das Funktionieren eines Gerätes oder einer Maschine benutzt. Wenn das Gerät „läuft“ bzw. die Maschine „funktioniert“, dann aufgrund des „Konsent“ aller ihrer Teile. Im Deutschen Duden taucht der „Konsent“ erstmals als „konsentieren“ auf, mit geringer Häufigkeit und der Bedeutung: „In seiner Auffassung mit jemand übereinstimmen; genehmigen. Synonyme: abnicken, absegnen.“ → Schwerwiegender Einwand

Konsentprinzip S. 36 ff., S. 54 f.
Eines der vier Basisprinzipien in der SKM. „Konsentprinzip“ bedeutet, der Konsent regiert die Beschlussfassung. Es kann auch mit Konsent entschieden werden, eine andere Art der Entscheidungsfindung zu verwenden, z. B. demokratisch (die Mehrheit entscheidet) oder autokratisch (eine Person entscheidet).

Kontinuierlicher Verbesserungsprozess KVP → Kreisprozess

KPI-Liste S. 127 f.
Liste Kritischer Prozess-Indikatoren. Im SCN – *Sociocratisch Centrum Nederland* wurde zur Messung der gelungenen SKM-Einführung für jedes Muster in der Soziokratie Norm ein Parameter beschrieben, an dem man erkennen kann, ob das Muster im Kreis oder in der Organisation umgesetzt ist. Diese KPI-Liste ist die Grundlage für die Eva-

luation der Soziokratie-Implementierung und gibt Aufschluss darüber, was noch fehlt oder geändert werden sollte.

Kreis S. 9 ff.
Das Wort „Kreis“ ist die Übersetzung des holländischen Wortes „Kring“, was so viel wie „Kreisversammlung“ im Sinne von „Arena“ oder „Ring“ bedeutet. Der Begriff „Kreis“ wird in der SKM als Synonym für eine Gruppe von Personen verwendet, die als „Kreismitglieder“ auch an der „Kreisversammlung“ dieses „Kreises“ teilnehmen. Zum „Kreis“ gehören die Kreismitglieder auch während sie an ihren individuellen Arbeitsplätzen mit der Ausführung beschäftigt sind. Die Besprechung aller Mitglieder eines Kreises, während der die Grundsatzbeschlüsse für den Kreis getroffenen werden, nennt man in der SKM die „Kreisversammlung“.

Kreisleitung S. 23, S. 54 f., S. 72 f., S. 78, S. 131, S. 165, S. 172, S. 236 f., S. 239
Die Rolle im soziokratischen Kreis, die vom nächsthöheren Kreis in offener Wahl gewählt wurde, um die Hauptverantwortung für die Zielverwirklichung des nächstniederen Kreises zu tragen. Führungskräfte haben in der SKM keine Macht-über-Position, sondern tragen, wie jedes Kreismitglied, ihren beauftragten Teil zum Gelingen der Zielverwirklichung bei. Führungskräfte sind als „Kreisleitung“ sowohl vom Allgemeinen Kreis als auch vom Abteilungskreis den sie leiten (über die Delegierten), mittels einer gemeinsamen Entscheidung beauftragt worden, die Kreismitglieder bei der Ausführung der gemeinsam vereinbarten Grundsätze zu unterstützen, sie zu kontrollieren und zu korrigieren, anzuleiten und bei Bedarf gegebenenfalls in der Ausführung einzuspringen.

Kreisprinzip S. 24, S. 28, S. 41 ff., S. 147
Eine der vier Basisprinzipien der SKM. Es setzt sich zusammen aus dem *Kreisprozess*, der *Kreisstruktur* und dem *Kreis*. → Kreisprozess

Kreisprozess S. 35, S. 41, S. 45 f., S. 130, S. 155 f., S. 160 f., S. 184, S. 249
In den Soziokratie-Normen, den Skripten des SCN und den Veröffentlichungen von Gerard Endenburg und John Buck finden sich sehr häufig die Bezeichnungen „Kreisprozess“ und „soziokratischer Prozess“. Diese sind Synonyme für den „Steuerungskreis“ oder „Regelkreis“ von Leiten, Tun und Messen. Dieser Kreisprozess ist das Grundprinzip der Kybernetik und findet sich in allen soziokratischen Prozessen wieder. Ankommensrunde und Organisieren (leiten) – Agenda abarbeiten (tun) – Abschlussrunde (messen) in der *Kreisversammlung*; Informationsrunde (ein-leiten) – Meinungsbildung (tun) – Konsentabfrage (messen) in der *Konsentmoderation;* Kennenlernen (leiten) – Einführen/Integrieren (tun) – Evaluieren/Sichern (messen) im *Implementierungsprozess*. Durch die permanente Verwendung von Kreisprozessen wird eine Organisation zur *Lernenden Organisation* (LO) und enthält automatisch einen *Kontinuierlichen VerbesserungsProzess* (KVP). Für Endenburg ist der Kreisprozess das Synonym für Soziokratie schlechthin, weil darin die Messung in die Steuerung miteingebunden ist. Er nennt den Kreisprozess in der *SCN – Soziktratie Norm* darum auch „soziokratisches Verfahren“. → Dynamische Steuerung

Kreisstruktur → Beschlussfassungsstruktur → Entscheidungsstruktur → Organisationsstruktur S. 19 f., S. 26 f., S. 43, S. 128, S. 133 f., S. 139, S. 144, S. 146, S. 148 ff., S. 153 ff., S. 160, S. 163 ff., S. 204 ff., S. 234 f., S. 246 f.
Als Kreisstruktur der Organisation bezeichnen wir das Zusammenwirken aller Kreise einer Organisation, die mit doppelter Koppelung in ihrem Allgemeinen Kreis, und über

den Topkreis auch mit der relevanten Umgebung, verbunden sind. Jedes Mitglied der Organisation hat seinen Platz in der Kreisstruktur. Auch „Beschlussfassungsstruktur“.

Kreisversammlung S. 22 ff., S. 36, S. 45 f., S. 50 ff., S. 72 f., S. 75 ff., S. 125, S. 129, S. 161 ff., S. 185, S. 235 f., S. 253 f.
Die regelmäßige Besprechung der Kreismitglieder eines Kreises, in der die Grundsätze für den Kreis festgelegt werden. Vergleiche dazu „Beschlussfassung“ und „Arbeitsbesprechungen“. → Kreis

Kybernetik S. 7 f., S. 10, S. 24, S. 179
Ist nach ihrem Begründer Norbert Wiener die Wissenschaft der Steuerung und Regelung von Maschinen, lebenden Organismen und sozialen Organisationen und wurde auch mit der Formel „die Kunst des Steuerns“ beschrieben. *https://de.wikipedia.org/wiki/Kybernetik*

Lineare Organisation S. 161 f.
In einer linearen Organisation sind die Entscheidungsebenen durch nur eine Person verbunden. Gewöhnlich ist diese Person von oben her weisungsgebunden. Zum Beispiel: die Leitung eines Projektes ist weisungsgebunden gegenüber ihrem Bereichsleiter, die Leitung eines Bereiches ist weisungsgebunden gegenüber der Geschäftsführung bzw. dem Vorstand, die Geschäftsführung ist weisungsgebunden gegenüber dem Aufsichtsrat. Rensis Likert hat die Leitungsrolle zum ersten Mal als Verbindungsglied zwischen den Ebenen der Organisation bezeichnet. Endenburg folgte diesem Gedanken, fand jedoch heraus, dass eine lineare Verbindung nicht alle Informationen von oben nach unten und von unten nach oben transportieren kann, also kein Regelkreis ist, und fügte daher – im Sinne der Kybernetik – eine zweite Verbindung hinzu, den Delegierten des Kreises, der die messende Funktion in die Steuerung miteinbringt. Dadurch entsteht ein Kreislauf der für beide, den Leitenden und den bislang „Untergebenen“ gleichwertig steuerbar wird. Vgl. Doppelte Koppelung.

Leadership in der SKM S. 23, S. 72, S. 131, S. 173
Das Wort „Leadership“ wird immer häufiger für die Selbststeuerung von Individuen in Gemeinschaft mit anderen verwendet. Sich selbst „regieren“ (führen, leiten) in einer Gemeinschaft funktioniert nur durch Abstimmung untereinander. Diese Abstimmung und gemeinsame Verantwortungsübernahme wird mithilfe der vier Basisprinzipien der SKM ermöglicht. Darin sind alle Mitglieder eines Kreises gleichwertig bei der Beschlussfassung und damit mitverantwortlich für die Steuerung des Kreises, und über die Delegierten auch für die Steuerung des Unternehmens. Jedes Kreismitglied ist durch seine messende Funktion auch mitverantwortlich für die Steuerung der andern Kreismitglieder und damit deren Entwicklung. So entsteht eine „kollegiale Führung“, in der Fehler zu Chancen werden, sich gemeinsam weiterzuentwickeln. → Kreisleitung

Lernende Organisation → Kreisprozess

Lineare Struktur → Ausführende Struktur

Logbuch S. 24, S. 73, S. 91, S. 102 ff.
Der Begriff ist von Gerard Endenburg aus der Schifffahrt entlehnt worden. In der SKM bezeichnet das Wort Logbuch das „Gedächtnis des Kreises“. Jeder Kreis hat einen Ort, an welchem die wichtigsten Daten für sein autonomes Handeln festgehalten sind.

Darin befinden sich neben dem gemeinsamen Ziel, den Angeboten, sowie Rollen und Funktionen, auch die Grundsatzbeschlüsse nach Datum gereiht. So entsteht für alle Mitwirkenden in der Organisation ein guter Überblick über die Aktivitäten der einzelnen Kreise und damit über die Gesamtorganisation. Der offene Zugang zu Informationen ist eine wesentliche Voraussetzung um gleichwertig entscheiden zu können. Ein Mitglied des Kreises wird in offener Wahl bestimmt, das Logbuch zu warten, indem es die Grundsatzentscheidungen ins Logbuch einträgt und diese bei ihrem *Ablaufdatum* wieder auf die Agenda bringt.

Logbuchführer → Sekretär S. 23, S. 73, S. 76, S. 78, S. 100, S. 102, S. 104, S. 137, S. 189, S. 201, S. 236 ff.
Auch „Sekretär des Kreises". Neben der Wartung des Logbuches unterstützt der Logbuchverantwortliche als „Sekretär" die Kreisleitung auch bei der Vorbereitung der Agenda, lädt die Kreismitglieder ein Agendapunkte einzubringen und sorgt auch für die Aussendung des Protokolls nach der Sitzung. Die genaue Rolle des Logbuchverantwortlichen wird als Grundsatz im Kreis bestimmt. → Sekretär

Mission → Vision, Gemeinsames Ziel, Gemeinsame Ausrichtung
Nach Gerard Endenburg bezeichnet die Mission einer Organisation oder eines Kreises, „Der Beitrag der Organisation an die relevante Umgebung, um das gewünschte Bild der Zukunft (Vision) zu erreichen."

Moderation → Gesprächsleitung

Nachbarschaftsparlamente, S. 209 ff.
Aus Indien stammt das Konzept „Neighborocracy". Als dessen Gründer gilt Edwin Maria John, ein katholischer Pater, der die Idee der „christlichen Basisgemeinden" im indischen Staat Tamil Nadu sehr erfolgreich umgesetzt hat. Daraus entstand eine ganze Bewegung mit geschätzten 400.000 Nachbarschaftsparlamenten in ganz Indien, hauptsächlich in Kerala und Tamil Nadu. Zusätzlich gibt es etwa 90.000 Kinderparlamente in sechs indischen Staaten. Die Kinderparlamente in Indien sind soziokratisch organisiert, entscheiden mit Konsent und wählen mit Offener Wahl. Mit einem Delegiertensystem sind die Kinderparlamente bis zum Welt-Kinderparlament vernetzt und finden Gehör bei den Vereinten Nationen.

Neun-Schritte-Plan → Zielverwirklichungsprozess

Offene Wahl S. 22, S. 29, S. 54 ff.
Eine der vier Basisprinzipien der SKM. Alle Aufgaben und Funktionen im soziokratischen Kreis werden mit offener Diskussion im Konsent vergeben. Dabei verteilt der Moderator Wahlzettel, auf die jedes Kreismitglied seinen eigenen Namen und den des gewählten Mitglieds schreibt. Der Moderator liest alle Wahlzettel vor und fragt nach der Begründung für die Wahl. Nach einer zweiten Meinungsrunde, während der jedes Kreismitglied seine Meinung ändern kann, stellt der Moderator aufgrund der genannten Argumente einen Vorschlag zum Konsent.

OE – Organisationsentwicklung S. 124
Organisationsentwicklung ist eine Beratungsform mit den ursprünglichen Zielen von Steigerung der Effizienz, Humanisierung der Arbeitswelt und Befähigung von Organisationen. Kerngedanken von OE sind, Veränderung angemessen – den Bedürfnissen der

Organisationsmitglieder entsprechend – zu gestalten und „Betroffene zu Beteiligten" zu machen und sie in die Gestaltung von Veränderungen und in die Gestaltung des Beratungsprozesses einzubinden. Der Wissenstransfer vom OE-Berater hin zur Organisation ist ein weiteres wichtiges Ziel, um ähnliche Herausforderungen in Zukunft selbst, mit internen Change-Agents, bewältigen zu können. Das *Travistock-Institut/GB* entwickelte einen Gruppendnamik-orientierten OE-Ansatz, das Niederländische Pädagogische Institut brachte in den 1960er-Jahren einen entwicklungsorientierten OE-Ansatz heraus, seit den 1980er-Jahren sorgten vor allem systemisch orientierte Beratungsinstitute für eine Weiterentwicklung des Beratungsansatzes. All diese Ansätze haben sich nicht mit der Machtverteilung in Unternehmen beschäftigt, sondern suchten Möglichkeiten, mit Organisationen Wege zu finden, wie alle Mitglieder der Organisation mit den herrschenden Machtverhältnissen besser umgehen können.

Organisationsstruktur → Kreisstruktur

Pilotkreis S. 27, S. 95, S. 125
Im Implementierungsprozess zur Einführung der *Soziokratischen Kreisorganisations-Methode* wird am Beginn eine Probephase vereinbart, die „Pilotphase". Für die Pilotphase werden ein oder zwei Kreise ausgewählt, die zuerst eine SKM-Schulung erhalten sollen. Die Ergebnisse aus der Schulung dieser Pilotkreise enthalten wichtige Erkenntnisse im Lernen von- und miteinander, und dienen der Organisation für die Entscheidung, ob, und wenn ja, wie die Soziokratie in alle Teile der Organisation eingeführt werden kann.

Potenzialentfaltung S. 26, S. 187
Aus der neueren Hirnforschung wissen wir, welche Potenziale in jedem Individuum stecken. Damit sich diese Möglichkeiten (Potenziale) verwirklichen (entfalten) können, ist eine fördernde Umgebung essentiell. Ein hohes Maß an Selbstbestimmung, sowie Zugehörigkeit, gute zwischenmenschliche Beziehungen und soziale Anerkennung sind ein guter Nährboden für Potenzialentfaltung. Je mehr die soziale Umgebung Mitgestaltung ermöglicht, umso mehr steigen Freude und Begeisterung, was wiederum die Lernfähigkeit stärkt und somit das Potenzial im Einzelnen erhöht.

Redestab S. 75
Ein Gegenstand (Stab) der in einem Kreis von Menschen herum gereicht wird. Wer den Redestab hat, kann sprechen ohne unterbrochen zu werden. Indigene Völker verwendeten den Redestab zur Unterstützung der Einhaltung einer Sprechordnung im Kreis.
→ Gemeinschaftsbildung

Regelkreis → Kreisprozess

Rolle S. 22 ff., S. 45, S. 51 ff., S. 71 ff., S. 104, S. 106 ff., S. 125, S. 127, S. 131, S. 173, S. 236, S. 244
Im Sinne der SKM verstehen wir unter „Rolle" die Funktion einer Person im Kreis. Eine Rolle lässt sich beschreiben als eine Sammlung definierter Aufgaben. Z. B. ist Gesprächsleitung eine Rolle im Kreis. Die Funktion- und Aufgabenbeschreibung für die Gesprächsleitung definiert diese Rolle. Das Wort Rolle verwenden wir gewöhnlich für längerfristig zugeteilte Aufgaben.

Salutogenese S. 118
Der israelisch-amerikanische Medizinsoziologe Aaron Antonovsky (1923–1994) prägte den Ausdruck in den 1980er-Jahren als komplementären Begriff zu *Pathogenese*. Nach

dem Salutogenese-Modell ist Gesundheit nicht als Zustand, sondern als Prozess zu verstehen. Es ist ein Resilienz-Modell, das die kognitiven Bewältigungsstrategien zur Abwendung von Gesundheitsrisiken betont.

Schwerwiegender Einwand S. 20, S. 36 ff., S. 86 ff., S. 135 f.
Bei der soziokratischen Beschlussfassung gilt eine Entscheidung dann als getroffen, wenn kein anwesendes Kreismitglied einen „schwerwiegenden und begründeten Einwand im Sinne des gemeinsamen Zieles" einbringt. Wird ein schwerwiegender Einwand vorgebracht, kann die Entscheidung zum jetzigen Zeitpunkt nicht getroffen werden. Ob ein Einwand „schwerwiegend" ist, entscheidet das Kreismitglied selbst. → Einwand

SCN → SCN-Norm S. VIII f., S. 3, S. 36, S. 42, S. 49, S. 61, S. 78, S. 85, S. 114, S. 116 f., S. 123, S. 127, S. 130 f., S. 135, S. 171, S. 186, S. 223, S. 239
Sociocratisch Centrum Nederland, Pr. Pieter Christianstraat 61, 3066 TB Rotterdam, *www.sociocratie.nl/*. Die SCN-Norm ist eine vom SCN herausgegebene Sammlung der soziokratischen Muster nach Gerard Endenburg. Siehe auch Literaturverzeichnis.

SDGs – Sustainable Development Goals der Vereinten Nationen (UN) S. 19, S. 61, S. 213
Die Agenda 2030 mit ihren 17 Zielen für nachhaltige Entwicklung (Sustainable Development Goals, **SDGs**) ist ein globaler Plan zur Förderung nachhaltigen Friedens und Wohlstands und zum Schutz unseres Planeten. Die politischen Zielsetzungen sollen weltweit der Sicherung einer nachhaltigen Entwicklung auf ökonomischer, sozialer sowie ökologischer Ebene dienen.

Selbstorganisation S. 93, S. 105, S. 153 ff.
Im Bereich der Biologie versteht man unter „Selbstorganisation" die natürliche Fähigkeit aller lebenden Systeme, unter verschiedensten Bedingungen zu überleben. Im Bereich der Organisation menschlicher Aktivitäten bedeutet „Selbstorganisation" die Fähigkeit von Individuen und Gruppen von Individuen, selbst Lösungen für die Umsetzung ihrer Ziele zu entwickeln und mit den vorhandenen Ressourcen auch umzusetzen. Voraussetzung zur Selbstorganisation sind ein eigener Entscheidungsbereich und die Möglichkeit, die Rahmenbedingungen für den eigenen Bereich mitbestimmen zu können.

Sekretär → Logbuchführer

SKM S. VII, S. 13 ff.
Soziokratische KreisorganisationsMethode oder „Soziokratie nach Gerard Endenburg". Das Wort „Soziokratie" bedeutet: „Die Gemeinschaft regiert". Um dieses Ziel umzusetzen, hat Gerard Endenburg eine Organisationsmethode entwickelt, die es jedem Mitglied der Organisation ermöglicht, alle Prozesse im Sinne der gemeinsamen Zielverwirklichung mitzusteuern, die SKM. Jedes Mitglied der Organisation hat die gleiche Macht und „regiert", verbunden mit den anderen Mitgliedern, „seine" Organisation selbst.

SKM-Trainerin S. XIII, S. 19, S. 25, S. 53, S. 125 ff., S. 133, S. 166, S. 172, S. 189
SKM-Trainer sind die Experten für die soziokratische Schulung von Kreisen. Die Ausbildung zur SKM-Trainerin ist ein integraler Bestandteil der Ausbildung zur Soziokratie-Expertin (Certified Sociocratic Expert – CSE), die als soziokratische Organisationsexpertin den Implementierungsprozess fachlich leitet. Im Implementierungsprozess wird ein internes Team aus SKM-Trainerinnen aufgebaut und die Kompetenz zur Schulung von Kreisen und Begleitung der Rollen im Kreis an dieses vermittelt. Will eine interne

SKM-Trainerin auch anderen Kunden ihre SKM-Kompetenz anbieten, kann sie dies durch eine Ausbildung zum Certified Sociocratic Expert – CSE erreichen. → Certified Sociocracy Expert

SKM-Beraterin → Certified Sociocratic Expert

SK-Prinzip → Systemisches Konsensieren

SMART-Ziele S. 62
S = spezifisch, M = messbar, A = attraktiv/akzeptierend, R = realistisch, T = terminiert. Diese Definitionen werden vor allem im Projektmanagement verwendet.

Soziokratie-Experte → CSE – Certified Sociocratic Experte, SKM-Beraterin, SKM-Trainerin

Soziokratie Norm → SCN

Soziokratie Zentrum Österreich (SoZeÖ) S. XI f., S. 18, S. 25, S. 79, S. 90, S. 139 f., S. 169, S. 171, S. 179, S. 187, S. 254
Die österreichische Organisation, die 2013 als TSG-Office gegründet wurde. 2018 trennte sich das SoZeÖ von TSG und gründete 2021 zusammen mit den Soziokratie Zentren Schweiz, Bodensee und Augsburg den Verband deutschsprachiger Soziokratie Zentren. Dieser hat zum Ziel, die SKM nach Gerard Endenburg im deutschsprachigen Raum zu verbreiten.

Soziokratische KreisorganisationsMethode → SKM

Soziokratischer Prozess → Kreisprozess

Soziokratisches Entlohnungsmodell S. 25, S.137
Ein System für individuelle, ergebnisbezogene Entlohnung von Individuen in Kombination mit einer Existenzmöglichkeitsgarantie (EMG). In dem von Gerard Endenburg entwickelten soziokratischen Entlohnungsmodell (finanzielles Beteiligungssystem) für Mitarbeitende, legt das EMG ein Niveau der Grundversorgung fest, das jedem Mitglied der Organisation zusteht. Die Verteilung der darüber hinaus erwirtschafteten Überschüsse wird auf „Kapital"-Geber (der sein Kapital einbringt) und auf „Arbeit"-Geber (der seine Arbeit einbringt) nach einem gemeinsam beschlossenen Verteilschlüssel verteilt. Beide Ressourcen, Kapital und Arbeitskraft, sind für Endenburg gleichwertig. Darüber hinaus sieht Endenburg die Existenzmöglichkeitsgarantie (EMG) als Grundrecht jedes Individuums in einer soziokratischen Gesellschaft.

Soziokratisches Entwicklungsgespräch S. 25, S. 29 f., S. 44, S. 106 ff., S. 130 f., S. 184, S. 189, S. 237, S. 239
Das Soziokratische Entwicklungsgespräch ist ein jährliches, moderiertes Feedback-Gespräch für Kreismitglieder bei welchem neben der Protagonistin, ihre Leitung, ein Kollege auf gleicher Ebene und eine angeleitete Mitarbeiterin teilnehmen. In Rederunden wird abgefragt, was gut läuft, wo die Stärken der zu beurteilenden Person liegen und was das Verbesserungspotenzial ist. In der letzten Runde wird um Unterstützung gebeten und diese auch verbindlich vereinbart.

Subsidiaritätsprinzip S. 28, S. 206
Das Wort „Subsidiarität" stammt aus dem Bereich der staatlichen Aufgaben. Es besagt, dass eine Aufgabe so weit als möglich von der untersten Ebene bzw. kleinsten Einheit

wahrgenommen werden soll. Wo das Problem entsteht, soll auch nach Lösungen gesucht und diese umgesetzt werden. Nur Probleme, die eine Zusammenarbeit auf der nächsthöheren Ebene benötigen, sollen nach oben delegiert werden.

Systemisches Konsensieren S. 20, S. 36, S. 58
Eine Entscheidungsfindungsmethode entwickelt von den Grazern Erich Visotschnig und Siegfried Schrotta. Sie ist sehr hilfreich für besonders große Menschengruppen, die nicht soziokratisch organisiert sind. Da bei der Entscheidung nicht der Wunsch für, sondern der Widerstand gegen einen Vorschlag abgefragt wird, werden hier diejenigen Lösungen „konsensiert" (im Gegensatz zu „konsentiert"), die den geringsten Gruppenwiderstand aufweisen. Um den Gruppenwiderstand zu messen, werden mehrere verschiedene Lösungsvorschläge erarbeitet und mit Widerstands-Punkten von 0 bis 10 bewertet. Man geht davon aus, dass derjenige Lösungsvorschlag mit den geringsten Widerstandspunkten auch das geringste Konfliktpotenzial enthält. *http://www.sk-prinzip.eu/*

Teamkreis, S. 161
Als „Team" bezeichnen wir kleinere Gruppen von ausführenden Personen innerhalb von größeren Abteilungen. Auch ausführende Teams können Kreisversammlungen haben um ihre Grundsätze für die Ausführung gemeinsam festzulegen, ihre Zielverwirklichungsprozesse zu planen, ihre Aufgaben zu verteilen, den Fortschritt zu messen, neue Teammitglieder aufzunehmen oder Mitglieder aus ihrem Kreis zu entlassen. In diesem Fall heißen sie „Teamkreis"

Topkreis S. 11, S. 25, S. 31, S. 114 ff., S. 123, S. 130 f., S. 137 ff., S. 159 f., S. 165 ff., S. 238
Der Topkreis dient dazu, eine Verbindung der eigenen Organisation mit den relevanten Umgebungsorganisationen zu schaffen. Der Topkreis hütet die Vision der Organisation und bestimmt die übergeordneten Grundsätze (Satzung). Er besteht aus der Geschäftsleitung, ein oder mehreren Delegierten aus dem Allgemeinen Kreis, und wenn möglich vier externen Expertinnen aus der relevanten Umgebung der Organisation.

Umsetzungsplan S. 27, S. 44
Auch „Implementierungsplan", „SKM-Prozessplan" oder „Prozessarchitektur". Die Einführung der SKM ist ein großer Veränderungsprozess für Organisationen. Wie für den Bau oder Umbau eines Hauses, brauchen auch Veränderungsprozesse in Organisationen eine Planung. Entlang der Bedürfnisse der Mitwirkenden und deren Zielen wird gemeinsam ein Umsetzungsplan für die stufenweise Einführung der SKM erstellt, und begleitet vom Implementierungskreis, zu dem auch die Soziokratie-Expertin gehört, umgesetzt. → Implementierungsprozess

TSG – The Sociocracy Group S. XII, S. 3, S. 20, S. 90, S. 252, S. 267
2011 gründete Gerard Endenburg zusammen mit Annewiek Reijmer (NL), John Buck (US) und Gilles Charest (CA) die TSG-Foundation – *The sociocracy Group*, mit dem Ziel, die SKM weltweit zu verbreiten. Es wurden mithilfe von Franchiseverträgen mehrere TSG-Offices gegründet, die sich um die Bekanntmachung der Soziokratie nach Gerard Endenburg in ihrer Region kümmern. *www.thesociocracygroup.com*

Vermögenspool S. 143
Ein von Dr. Markus Distelberger entwickelter Leihgeldvertrag, der Kapital in sozial und ökologisch verträglichen Immobilien zinsfrei aber Index gesichert „parkt", und dabei den Anforderungen der österr. Finanzmarktaufsicht gerecht wird.

Markus Distelberger (http://www.vermoegenspool.at/): „Ein Vermögenspool ist nicht einfach nur ein alternatives Vehikel, mit dem man sich (teure) Bankkredite ersparen kann, sondern bedeutet eine klare Abkehr vom Abzahlungsprinzip und Umstieg auf das Kreislaufprinzip. Das heißt, der Vermögenspool soll im Normalfall nie zurückgezahlt werden, sondern es sollen nur die Anleger wechseln. Denn gerade dies ist seine zentrale Errungenschaft, die einen sozialen Ausgleich und einen Stopp der Umverteilung von „unten" nach „oben" bewirkt."

Vision → Mission, Gemeinsames Ziel, Gemeinsame Ausrichtung
Die Vision einer Organisation, laut Endenburg, ist das Bild von einer Gesellschaft, die entsteht, wenn die Menschen die Angebote der Organisation annehmen.

Wahl → Offene Wahl

Ziel → Gemeinsames Ziel, Gemeinsame Ausrichtung, Vision, Mission, Angebot S. 16, S. 41, S. 61 ff., S. 92, S. 103, S. 135
Das Wort „Ziel" ist ein Überbegriff, der unterschiedliche Bedeutungen haben kann. Allgemein handelt es sich bei dem Wort Ziel um das zu erzielende Ergebnis von Bemühungen. Im Englischen gibt es viele Ausdrücke für „Ziel": aim, goal, target, destination. „Es ist unser Ziel, diesen Beitrag zu leisten!" Ebenso kann man den Beitrag, der „unser Ziel" ist, auch „unser Angebot" nennen. Wenn der Beitrag geleistet und das Angebot angenommen wurde, dann ist ein Ergebnis erzielt worden. Das Ziel einer Organisation ist laut Soziokratie-Norm 500: „Das gewünschte Ergebnis eines vereinbarten Austauschprozesses zwischen der Organisation und ihrer relevanten Umgebung".

Das Wort „Ziel" wird auf verschiedenen Ebenen genutzt, um klarzumachen, um welche Prozesse es geht. Kochen und Essen kann zuerst ein Ziel sein und dann ein Mittel fürs Leben, und Leben ist ein Ziel und dann wieder ein Mittel für Entwicklung. Das Ziel einer Abteilung ist für den Allgemeinen Kreis ein Mittel, um das Gemeinsame Ziel der Organisation zu erreichen.

Ziele definieren immer eine gemeinsame Richtung, nach der die Mitglieder einer Organisation ihre Entscheidungen ausrichten

ZVP – Zielverwirklichungsprozess S. 21, S. 24, S. 49, S. 73, S. 91 ff., S. 108, S. 113, S. 123, S. 128 f., S. 183, S. 237
Wird auch kurz „9-Schritte-Plan" genannt und besteht aus drei Haupt-Schritten: Input, Transformation und Output. Er ist das Planungsinstrument in der SKM und leitet sich von EAV – Eingabe/Verarbeitung/Ausgabe ab.

Das Ziel (Resultat, Ergebnis) einer Organisation ist es, mithilfe konkreter Angebote (Produkte, Dienstleistungen) einen Beitrag für den Austausch mit der Außenwelt zu leisten.

Der Zielverwirklichungsprozess von Input, Transformation, Output leitet Organisationen, Kreise und Rollen-Inhaber in Organisationen an, beim Input zu klären, was bieten wir an und wem? Bei der Transformation zu klären, wie das Tauschprodukt erzeugt, das Produkt oder Service hergestellt wird, und am Ende, beim Output zu beschreiben, wie das Tauschprodukt übergeben wird. Der ZVP kann auf alle Ebenen skaliert werden. Er gilt als das Herzstück der Selbstorganisation, weil er ermöglicht, für jedes Ziel, ob Kreis-Ziel oder Ziel einer einzelnen Aufgabe, den Prozess an der Schnittstelle zwischen Auftraggeber und Auftragnehmer mit Konsent zu vereinbaren.